高等教育规划教材

微型计算机原理及应用

赵全利　主编

张会敏　周　伟　副主编

机械工业出版社

本书综合了微处理器结构原理、汇编语言程序设计及接口应用技术 3 部分内容。首先，在概述计算机基础知识及微型计算机系统组成之后，以 8086 CPU 为基础，详细介绍 80x86 微处理器的硬件结构、工作原理、指令系统、汇编语言程序设计及 EMU8086 仿真软件应用示例。然后，对微型计算机存储器系统及接口设计、输入/输出接口、总线及中断应用技术做了详细的描述。最后，以常用集成可编程芯片为对象，以应用技术为核心，重点介绍了串行通信、并行通信、定时器/计数器、D-A 及 A-D 转换及接口电路软硬件设计，并通过 Proteus 电路原理设计对应用实例进行了仿真调试。

本书通俗易懂、构思清晰，应用与虚拟仿真并行，通过大量的实例及仿真环境调试，引导读者逐步认识、熟知、掌握微型计算机应用技术。

本书既可作为高等院校大学本专科电子、通信、计算机、自动控制、测控、机电及机械等专业的教学用书，也可作为相关技术人员的参考用书。

本书配有授课电子教案，需要的教师可登录 www.cmpedu.com 免费注册，审核通过后下载，或联系编辑索取（QQ：2850823885，电话：010-88379739）。

图书在版编目（CIP）数据

微型计算机原理及应用/赵全利主编. —北京：机械工业出版社，2016.4
高等教育规划教材
ISBN 978-7-111-53315-3

Ⅰ.①微… Ⅱ.①赵… Ⅲ.①微型计算机—高等学校—教学参考资料
Ⅳ.①TP36

中国版本图书馆 CIP 数据核字（2016）第 061474 号

机械工业出版社（北京市百万庄大街 22 号 邮政编码 100037）
策划编辑：和庆娣 责任编辑：和庆娣 张 恒
责任校对：张艳霞 责任印制：常天培
北京中兴印刷有限公司印刷
2016 年 6 月第 1 版 · 第 1 次印刷
184mm × 260mm · 21.75 印张 · 538 千字
0001—3000 册
标准书号：ISBN 978-7-111-53315-3
定价：49.90 元

出 版 说 明

当前，我国正处在加快转变经济发展方式、推动产业转型升级的关键时期。为经济转型升级提供高层次人才，是高等院校最重要的历史使命和战略任务之一。高等教育要培养基础性、学术型人才，但更重要的是加大力度培养多规格、多样化的应用型、复合型人才。

为顺应高等教育迅猛发展的趋势，配合高等院校的教学改革，满足高质量高校教材的迫切需求，机械工业出版社邀请了全国多所高等院校的专家、一线教师及教务部门，通过充分的调研和讨论，针对相关课程的特点，总结教学中的实践经验，组织出版了这套“高等教育规划教材”。

本套教材具有以下特点：

1）符合高等院校各专业人才的培养目标及课程体系的设置，注重培养学生的应用能力，加大案例篇幅或实训内容，强调知识、能力与素质的综合训练。

2）针对多数学生的学习特点，采用通俗易懂的方法讲解知识，逻辑性强、层次分明、叙述准确而精炼、图文并茂，使学生可以快速掌握，学以致用。

3）凝结一线骨干教师的课程改革和教学研究成果，融合先进的教学理念，在教学内容和方法上做出创新。

4）为了体现建设“立体化”精品教材的宗旨，本套教材为主干课程配备了电子教案、学习与上机指导、习题解答、源代码或源程序、教学大纲、课程设计和毕业设计指导等资源。

5）注重教材的实用性、通用性，适合各类高等院校、高等职业学校及相关院校的教学，也可作为各类培训班教材和自学用书。

欢迎教育界的专家和老师提出宝贵的意见和建议。衷心感谢广大教育工作者和读者的支持与帮助！

机械工业出版社

前 言

目前，微型计算机的应用已广泛深入到科学计算、信息处理、事务管理、系统控制、仪器仪表及人类学习、生活的各个领域，微型计算机应用技术已成为电子信息技术产业的核心。

微机原理、汇编语言程序设计及接口技术是微型计算机应用技术不可分割的三大核心内容，是高等院校计算机科学与技术、电子信息工程、通信工程、电气工程、机电工程、测控及自动化等专业的必修核心课程。

本书以微型计算机基本原理为基础，以应用为主要目的，内容包括：第 1 章介绍计算机基础知识及微型计算机系统组成；第 2 章以 8086 CPU 为基础，介绍 80x86 微处理器的硬件结构及工作原理；第 3、4 章介绍 80x86 CPU 的汇编指令系统、汇编语言、汇编语言程序设计及 EMU8086 仿真软件的应用；第 5 章介绍存储器原理、层次结构、与 CPU 接口及存储系统设计；第 6 章介绍输入/输出接口、DMAC 控制器及总线技术；第 7 章介绍中断概念、80x86 中断系统、中断控制器芯片及应用技术；第 8、9 章以常用集成电路可编程芯片为对象，详细介绍串行通信，并行通信，定时器/计数器，D-A 和 A-D 转换的基本原理、性能及接口应用技术。

本书以丰富的应用实例，将主要知识点贯穿其中，对程序示例引入 EMU8086 仿真运行，对接口电路软、硬件示例通过 Proteus 仿真调试运行，以方便读者深入地理解微型计算机工作过程，引导读者逐步认识、熟悉、掌握微型计算机应用技术。

本书概念清楚，且注重知识的内在联系与规律，采用归纳、类比的方法，使读者通过本书的学习掌握微型计算机的结构原理、汇编语言程序设计及接口应用系统的组成与设计方法，并能够解决微型计算机在自身设置、工业控制、电子技术系统开发等方面的一些实际问题。为了便于读者理解、掌握本书的内容，提高应用技能，每章均配有大量的例题与习题。

本书内容翔实、结构完整、概念清晰、实例丰富，既便于循序渐进地进行教学，又可按需对内容进行筛选；既便于学生自学，又很大程度上减少了教材内容的冗余度。

本书由赵全利主编，副主编为张会敏、周伟。赵全利编写第 1、2、3、8 章，罗婕编写第 4 章，周伟编写第 5、9 章，张会敏编写第 6 章，谢泽奇编写第 7 章，参与编写的还有赵众、刘瑞新、田金雨、骆秋容、王如雪、曹媚珠、陈文焕、刘有荣、李刚、孙明建、李索、刘大学、刘克纯、沙世雁、缪丽丽、田金凤、陈文娟、李继臣、王如新、赵艳波、王茹霞、田同福、徐维维、徐云林。全书由赵全利教授统稿，刘瑞新教授审校。

由于编者水平有限，书中难免存在疏漏和不足之处，敬请广大读者批评指正。

编 者

目　录

第 1 章　计算机基础知识

本章以计算机产生的结构思想为引导，首先对计算机的产生及冯·诺依曼计算机的经典设计方案进行了概述，然后介绍了计算机中表示信息的数制及其转换方法、二进制运算及实现电路、二进制数制编码，最后详细介绍了微型计算机的基本概念及系统组成。

1.1　计算机的产生、发展及应用特点

1946 年 2 月 14 日，在美国宾夕法尼亚（Pennsylvania）大学的一间大厅里，由美国陆军的一位将军按下了一个按钮，一件对现代世界影响巨大的事件发生了，世界上第一台电子多用途数字计算机（ENIAC）启动了，如图 1-1 所示。ENIAC 能够重新编程，解决各种计算问题。ENIAC 是按照十进制，而不是按照二进制来计算的。

图 1-1　ENIAC 电子数字计算机

1.1.1　计算机产生的结构思想

在 ENIAC 充分运行之前，离散变量自动电子计算机（EDVAC）的建造计划就被提出，其设计工作就已经开始。ENIAC 和 EDVAC 的建造者均为宾夕法尼亚大学的电气工程师约翰·莫奇利和普雷斯波·艾克特。和 ENIAC 一样，EDVAC 也是为美国陆军阿伯丁试验场的弹道研究实验室研制的。与 ENIAC 不同的是，冯·诺依曼（Von Neumann）以技术顾问形式加入，他总结和详细说明了 EDVAC 的逻辑设计，1945 年 6 月发表了著名的关于 EDVAC 的报告草案，提出了以“二进制存储信息”“存储程序（自动执行程序）”为基础的计算机结构思想，报告提出的体系结构一直延续至今，即冯·诺依曼结构。EDVAC 是冯·诺依曼结构的通用电子计算机，从 1951 年EDVAC成功运行开始，计算机经历了多次的更新换代，但使用的仍然是冯·诺依曼结构，冯·诺依曼与 EDVAC 计算机如图 1-2 所示。

图 1-2　冯·诺依曼与 EDVAC

冯·诺依曼计算机设计方案包含以下 3 个要点。

1）采用二进制数的形式表示指令和数据。

2）将指令和数据存放在存储器中。

3）计算机硬件由控制器、运算器、存储器、输入设备和输出设备 5 部分组成。

在计算机中，二进制数是计算机硬件能直接识别并进行处理的唯一形式。

计算机所做的任何工作都必须以二进制数据所表示的指令形式送入计算机内存中存储，一条条有序指令的集合称为程序。

根据冯·诺依曼的设计，计算机应能自动执行程序，而执行程序又归结为逐条执行指

令。计算机对任何问题的处理都是对数据的处理，计算机所做的任何操作都是执行指令的结果。充分认识和理解计算机产生的结构思想，才能理解数据、程序与计算机硬件之间的关系，这对于学习和掌握计算机基本原理是十分重要的。

按照冯·诺依曼结构思想，计算机由运算器、控制器、存储器、输入设备和输出设备组成，如图 1-3 所示。

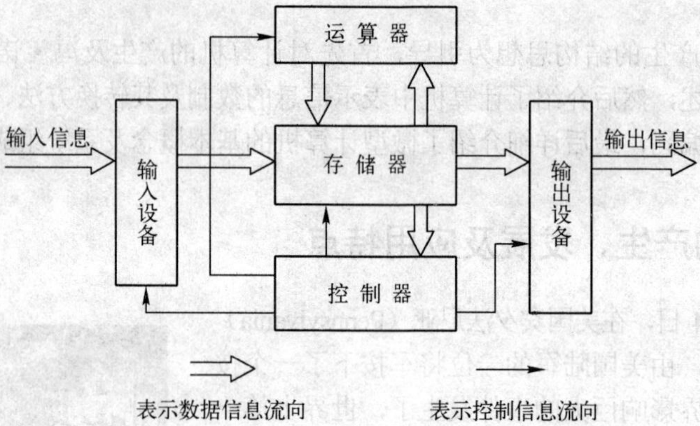

图 1-3　计算机硬件经典结构

计算机给出程序中第一条指令在存储器中的存储地址，控制器则依据第一条指令的地址顺序地取指令、分析（译码）指令、执行指令。在执行指令的过程中，运算器根据指令的要求完成对数据的处理，并把处理结果送入存储器存储。然后，由输出设备展示数据处理结果。这样，在控制器的控制下，计算机周而复始地完成全部的指令流操作，从而实现程序控制。

1.1.2　计算机的发展过程

从 ENIAC 的诞生到现在，计算机在体积、性能、速度、应用领域、生产成本等各方面都发生了巨大的变化。通常以计算机所使用的主要电子元器件为衡量标准，可以把计算机的发展历程划分为如下 4 代。

第 1 代：电子管计算机时代（约 1946～1957 年）。

采用电子管作为运算和逻辑元器件，以二进制代码和汇编语言编写指令和程序，主要用于科学和工程计算。

第 2 代：晶体管计算机时代（约 1958～1964 年）。

采用晶体管作为运算和逻辑元器件，产生了高级程序设计语言，主要用于科学计算、数据处理，并开始用于过程控制。

第 3 代：小规模集成电路计算机时代（约 1965～1971 年）。

采用半导体集成电路作为计算机的主要功能部件。计算机在科学计算、数据处理及过程控制等领域得到了更加广泛的应用。

第 4 代：大规模或超大规模集成电路计算机时代（1972 年开始至今）。

采用大规模集成电路（LSI）和超大规模集成电路（VLSI）作为计算机的主要功能部件。随着 CPU 技术的迅速发展，相继诞生了 32 位、64 位及双内核 64 位微处理器，时钟主频达到 2GHz，如图 1-4 所示。半导体存储器因集成度不断提高，容量也越来越大，外存广泛使用软硬磁盘和光盘，各种输入/输出设备相继出现。软件产业高速发展，各种系统软件、应用软件相继出现且日趋完善，尤其是 20 世纪 90 年代开始的计算机网络及多媒体技术的迅猛发展，使计算机广泛应用于社会各个领域。

图 1-4　超大规模集成电路制作的 CPU 芯片（Intel Core i、AMD A）

在应用需求的强力推动下，计算机未来发展趋势主要集中在以下几个方面。

1）提高计算机处理速度是计算机发展的主要目标。

2）在提高性能指标前提下，计算机继续朝着微型化方向发展。

3）计算机价格的下降趋势还在继续发展。

4）计算机的信息处理功能更加多媒体化。

5）网络通信更加完善、广泛。

6）计算机智能化可以模拟人的感觉、行为、思维过程的机理，使计算机尽量具备和人一样的思维和行为能力。

1.1.3　计算机的特点及应用

计算机是一种能迅速而高效地自动完成信息处理的电子设备，它能按照程序对信息进行加工、处理和存储。

1．计算机的特点

现代计算机具有以下主要特点。

1）具有很高的信息处理速度。中央处理器（CPU）的速度几乎每两年翻一番，计算机的运算速度已达上亿次/s。

2）CPU 芯片的集成化程度越来越高。CPU 芯片上的半导体管器件的数量每 18 个月翻一番。

3）具有极大的信息存储容量。

4）具有精确的计算能力和逻辑判断能力。

5）具有多样的输入/输出手段和多媒体信息处理能力。

6）计算机网络使资源能够共享，信息迅速而方便地向四面八方传递。

2．计算机的应用

计算机的主要应用有以下几个方面。

1）科学计算和科学研究。计算机主要应用于解决科学研究和工程技术中所提出的数学问题（数值计算）。

2）数据处理（信息处理）。主要是利用计算机速度快和精度高的特点来对数字信息进行加工。

3）工业控制。用单板微型计算机实现底层的分散过程控制级（DDC 级）控制，用微型计算机实现中间层的监督控制级（SCC 级）监督管理控制，用高档微型计算机实现 SCC 或低层

MIS 管理。

4）计算机辅助系统。计算机辅助系统主要有计算机辅助教学（CAI）、计算机辅助设计（CAD）、计算机辅助制造（CAM）、计算机辅助测试（CAT）、计算机集成制造（CIMS）等系统。

5）人工智能。人工智能主要是研究解释和模拟人类智能行为及其规律的一门学科，包括智能机器人、模拟人的思维过程、计算机学习等。其主要任务是建立智能信息处理理论，进而设计可以展现某些近似于人类智能行为的计算系统。

6）网络应用。计算机网络化实现资源共享、数据传输、电子商务、网络计算和控制等。

7）家用电器。目前，大多数家用电器都已嵌入单片微控制器，使其具有记忆、存储等智能化功能。

1.2 计算机中数据的表示及电路

人们要计算机执行的任何操作都必须转换为计算机所能识别的二进制数的形式，计算机对任何信息的处理实际上是对二进制数的处理。计算机中各种不同的信息形式，需要对其进行编码或进行不同码制之间的数据转换。

1.2.1 计算机使用的数制及转换

1．数制

数制就是计数方式。

日常生活中常用的是十进制计数方式，而计算机内部使用的是二进制数据。因此，计算机在处理数据时，必须进行数制之间的相互转换。

（1）二进制数

二进制数只有两个数字符号：0 和 1，计数时按“逢二进一”的原则进行计数，也称其基数为二。

一般情况下，二进制数可表示为：$(110)_2$、$(110.11)_2$、10110B 等。

在任何进制数制中，每个数所处位置不同，实际代表的数值也不相同，把不同位置所表示的数值称为权值，二进制也如同十进制一样可以写成一种展开的形式。

所谓按位权展开法，就是将任一 r 进制数的各位的权值乘以该位的数值，然后求和。

例如，十进制数 $123=1\times10^2+2\times10^1+3\times10^0$。

任一个 r 进制数都可以表示成：

$$N = d_m r^m + d_{m-1} r^{m-1} + \cdots + d_0 r^0 + d_{-1} r^{-1} + \cdots + d_{-n} r^{-n}$$

$$= \sum_{i=-n}^{m} d_i r^i \qquad (n, m \geqslant 0)$$

上式中，r 称为基数（二进制数为 2），d_i 表明第 i 位上可取的数字（如二进制数取 0 或 1）；i 为 0～m 时，从低到高依次表示整数位，i 为–1～–n 时，则依次表示小数位；r^i（即 r 的 i 次方）称为第 i 位的权值。

把一个 r 进制数 N 按权展开，则 N 可表示为 r 进制数的每位数字 d_i 乘以其权 r^i 所得积之和。

根据位权表示法，每一位二进制数在其不同位置表示不同的值。例如：

$$1 \rightarrow 1\ (\text{即}\ 2^0) \qquad 1+1=10 \rightarrow 2\ (\text{即}\ 2^1) \qquad 1+1+1+1=100 \rightarrow 4\ (\text{即}\ 2^2) \qquad 1+1+1+1+1+1+1+1=1000 \rightarrow 8\ (\text{即}\ 2^3)$$

对于 8 位二进制整数（由低位～高位分别用 D_0～D_7 表示）及小数部分（十分位～万分位分别用 D_{-1}～D_{-4} 表示），则各位所对应的权值如下。

整数部分								小数部分				
1	1	1	1	1	1	1	1	1	1	1	1	……
2^7	2^6	2^5	2^4	2^3	2^2	2^1	2^0	2^{-1}	2^{-2}	2^{-3}	2^{-4}	……
D_7	D_6	D_5	D_4	D_3	D_2	D_1	D_0	D_{-1}	D_{-2}	D_{-3}	D_{-4}	……

对于任何二进制数，可按位权求和展开为与之相应的十进制数，例如：

$(10)_2=1\times2^1+0\times2^0=(2)_{10}$

$(10.1)_2=1\times2^1+0\times2^0+1\times2^{-1}=(2.5)_{10}$

$(11)_2=1\times2^1+1\times2^0=(3)_{10}$

$(110)_2=1\times2^2+1\times2^1+0\times2^0=(6)_{10}$

$(111)_2=1\times2^2+1\times2^1+1\times2^0=(7)_{10}$

$(1111)_2=1\times2^3+1\times2^2+1\times2^1+1\times2^0=(15)_{10}$

$(10110)_2=1\times2^4+0\times2^3+1\times2^2+1\times2^1+0\times2^0=(22)_{10}$

对于 8 位二进制整数，其最大值为：

$(11111111)_2=1\times2^7+1\times2^6+1\times2^5+1\times2^4+1\times2^3+1\times2^2+1\times2^1+1\times2^0=(255)_{10}=2^8-1$

对于 16 位二进制整数，其最大值为：

$(1111111111111111)_2=65535=2^{16}-1$

对于 n 位二进制整数，其最大数值为：2^n-1。

例如，二进制数 10110111，按位权展开求和计算可得：

$$\begin{aligned}(10110111)_2&=1\times2^7+0\times2^6+1\times2^5+1\times2^4+0\times2^3+1\times2^2+1\times2^1+1\times2^0\\&=128+0+32+16+0+4+2+1\\&=(183)_{10}\end{aligned}$$

例如，二进制数 10110.101，按位权展开求和计算可得：

$$\begin{aligned}(10110.101)_2&=1\times2^4+1\times2^2+1\times2^1+1\times2^{-1}+0\times2^{-2}+1\times2^{-3}\\&=16+4+2+0.5+0.125\\&=(22.625)_{10}\end{aligned}$$

必须指出：在计算机中，一个二进制数（如 8 位、16 位或 32 位）既可以表示数值，也可以表示一种符号的代码，还可以表示某种操作（即指令），计算机在程序运行时按程序的规则自动识别，这就是所谓的一切信息都是以二进制数据进行存储的。

（2）十六进制数

计算机在信息输入/输出或书写相应程序或数据时，可采用简短的十六进制数表示相应的位数较长的二进制数。

十六进制数有 16 个数字符号，其中 0～9 与十进制相同，剩余 6 个为 A、B、C、D、E、F（或 a、b、c、d、e、f），分别表示十进制数的 10～15，见表 1-1。

表 1-1　二进制、十进制、八进制、十六进制转换表

十 进 制	二 进 制	八 进 制	十 六 进 制
0	0000B	000Q	0H
1	0001B	001Q	1H
2	0010B	002Q	2H
3	0011B	003Q	3H
4	0100B	004Q	4H
5	0101B	005Q	5H
6	0110B	006Q	6H
7	0111B	007Q	7H
8	1000B	010Q	8H
9	1001B	011Q	9H
10	1010B	012Q	AH
11	1011B	013Q	BH
12	1100B	014Q	CH
13	1101B	015Q	DH
14	1110B	016Q	EH
15	1111B	017Q	FH

十六进制数的计数原则是“逢十六进一”，也称其基数为 16，整数部分各位的权值由低位到高位分别为：16^0、16^1、16^2、16^3…。

例如：

$(31)_{16}=3\times16^1+1\times16^0=(49)_{10}$

$(2AF)_{16}=2\times16^2+10\times16^1+15\times16^0=(687)_{10}$

为了便于区别不同进制的数据，一般情况下可在数据后跟一后缀：

二进制数用“B”表示（如 00111010B）；

十六进制数用“H”表示（如 3A5H, ）；

十进制数用“D”表示（如 39D 或 39）；

八进制数用“Q”表示（如 123Q）。

对于以 A～F 或 a～f 开始的十六进制数，则在该数据前加 0。

例如：$0AF36H=0AH\times16^3+0FH\times16^2+3\times16^1+6\times16^0$

$=10\times16^3+15\times16^2+3\times16^1+6\times16^0$

（3）八进制数

八进制数使用 0、1、2、3、4、5、6、7 共 8 个数字符号，八进制数的计数原则是“逢八进一”，也称其基数为 8，整数部分各位的权值由低位到高位分别为：8^0、8^1、8^2、8^3…。

例如：$(127)_8=127Q=1\times8^2+2\times8^1+7\times8^0$

2．不同数制之间的转换

计算机中的数只能用二进制表示，十六进制数读写方便，而日常生活中使用的是十进制数。因此，计算机必须根据需要对各种进制数据进行转换。

（1）二进制数与十进制数相互转换

对任意二进制数均可按权值展开将其转化为十进制数。例如：

$$10111B=1\times2^4+0\times2^3+1\times2^2+1\times2^1+1\times2^0$$
$$=23D$$
$$10111.011B=1\times2^4+0\times2^3+1\times2^2+1\times2^1+1\times2^0+0\times2^{-1}+1\times2^{-2}+1\times2^{-3}$$
$$=23.375D$$

十进制数转换为二进制数，可将整数部分和小数部分分别进行转换，然后合并。其中整数部分可采用“除 2 取余法”进行转换，小数部分可采用“乘 2 取整法”进行转换。

1）除 2 取余法。

例如：采用“除 2 取余法”将 37D 转换为二进制数。

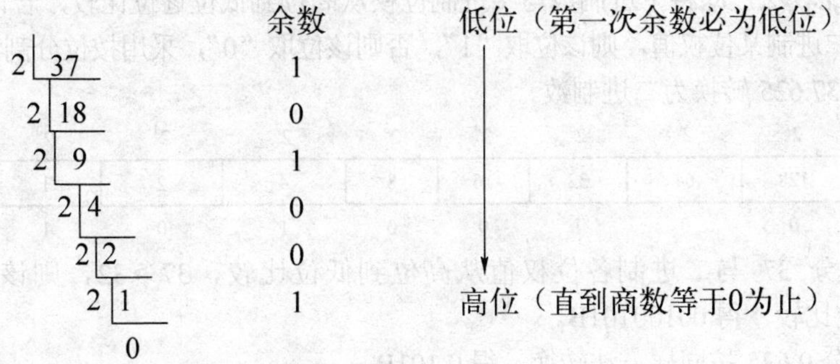

把所得余数由高到低排列起来可得：37=100101B。

2）乘 2 取整法。

例如：采用“乘 2 取整法”将 0.625 转换为二进制数小数。

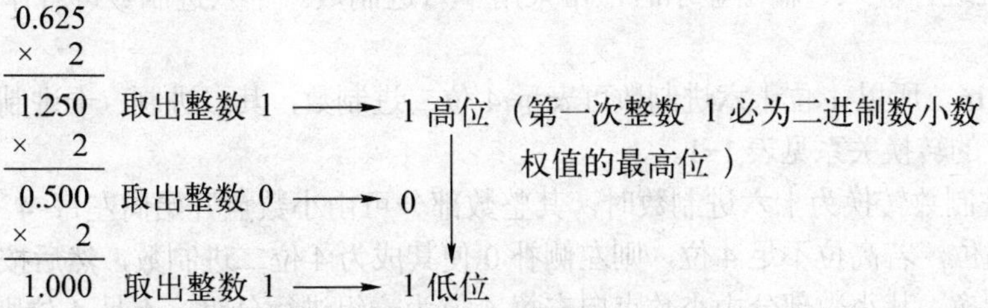

直至小数部分为 0（若不为 0，则根据误差要求取小数位）。

把所得整数由高到低排列起来可得：0.625=0.101B。

同理，把 37.625 转换为二进制数，只需将以上转换合并起来可得：37.625=100101.101B。

【例 1-1】 把十进制数 57.63 转换成二进制数。

可将十进制数 57.63 的整数部分和小数部分分别转换。十进制整数转换成二进制数，整数部分可以采取除 2 取余法。小数转换成二进制数可以采取乘 2 取整法。

求整数部分：

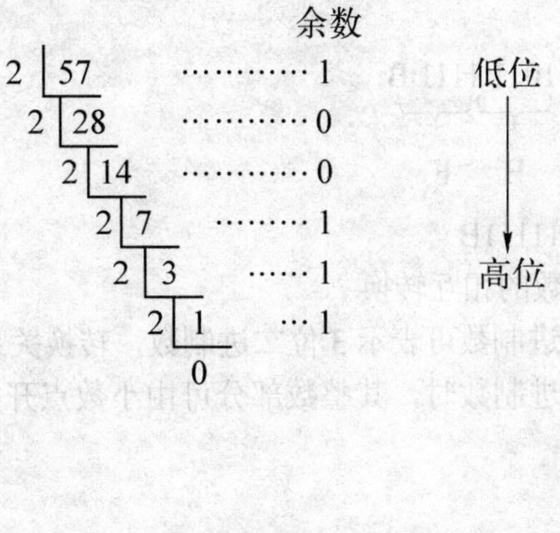

求小数部分：

0.63×2=1.26　整数部分=1　　高位

0.26×2=0.52　整数部分=0　　↓

0.52×2=1.04　整数部分=1

0.04×2=0.08　整数部分=0　　低位

则　　　57.63D=111001.1010B

十进制数转换为二进制数，也可以采用权值比较法。

所谓权值比较法，即将十进制数与二进制位权从高位到低位逐位比较，若该位十进制数权值大于或等于二进制某位权值，则该位取“1”，否则该位取“0”，采用按位分割法进行转换。

例如：将 37.625 转换为二进制数。

2^7	2^6	2^5	2^4	2^3	2^2	2^1	2^0
128	64	32	16	8	4	2	1
0	0	1	0	0	1	0	1

将整数部分 37 与二进制各位权值从高位到低位比较，37＞32，则该位取 1，剩余 37−32=5，逐位比较，得 00100101B。

将小数部分 0.625 按同样方法转换，得 0.101B。

结果为：37.625D=100101.101B。

（2）二进制数与十六进制数的相互转换

在计算机进行输入、输出显示时，常采用十六进制数。十六进制数可看作是二进制数的简化表示。

因为 2^4=16，所以 1 位十六进制数可表示 4 位二进制数，其二进制、十进制、八进制、十六进制对应数的转换关系见表 1-1。

在将二进制数转换为十六进制数时，其整数部分可由小数点开始向左每 4 位为一组进行分组，直至高位，若高位不足 4 位，则左侧补 0 使其成为 4 位二进制数，然后按表 1-1 中的对应关系进行转换。其小数部分由小数点向右每 4 位为一组进行分组，不足 4 位则末位补 0，使其成为 4 位二进制数，然后按表 1-1 的对应关系进行转换。

例如：

11000101.011B=1100,0101.0110B=0C5.6H

10001010B=1000,1010B=8AH

100101.101B=0010 0101.1010B=25.AH

需要将十六进制数转换为二进制数时，则为上述方法的逆过程。

例如：0C5.A7H=1100 0101. 1010 0111 B

例如：

7ABFH=0111 1010 1011 1111 B

7　A　B　F

即 7ABFH =111101010111111B

（3）二进制数与八进制数的相互转换

因为 2^3=8，所以 1 位八进制数可表示 3 位二进制数，转换关系见表 1-1。

在将二进制数转换为八进制数时，其整数部分可由小数点开始向左每 3 位为一组进行分组，直至高位。若高位不足 3 位，则补 0，使其成为 3 位二进制数，然后按表 1-1 的对应关系进行转换。其小数部分由小数点向右每 3 位为一组进行分组，不足 3 位则末位补 0，使其成为 3 位二进制数，然后按表 1-1 的对应关系进行转换。

例如：123Q=001 010 011B

　　　1011111B=001 011 111B=137Q

（4）十进制数与十六进制数的相互转换

十进制数与十六进制数的相互转换可直接进行，也可先转换为二进制数，然后再把二进制数转换为十六进制数或十进制数。

例如：将十进制数 37D 转为十六进制数。

37D=100101B==00100101B=25H

例如：将十六进制数 41H 转换为十进制数。

41H=01000001B=65D

也可按位权展开求和方式将十六进制数直接转换为十进制数，这里不再详述。

1.2.2 二进制运算及电路实现

对二进制数 0 和 1，既可以表示数值，也可以表示逻辑关系，因而二进制数有两种不同类型的运算，即算术运算和逻辑运算。

1. 二进制算术运算及电路实现

二进制加法运算是计算机的基本运算，其运算电路是计算机中最核心的功能电路。

（1）二进制算术运算

1 位二进制数的加法基本运算规则如下。

$$\begin{array}{r}0\\+0\\\hline 0\end{array}\qquad\begin{array}{r}0\\+1\\\hline 1\end{array}\qquad\begin{array}{r}1\\+0\\\hline 1\end{array}\qquad\begin{array}{r}1\\+1\\\hline 10\end{array}$$

（向高位进1）

对于多位二进制数的运算，从低位到高位依次进行相加，逢二进一，同时要考虑低位向高位产生的进位位。

例如，8 位二进制数加法

$$\begin{array}{r}11100101\\+\ 01110011\\\hline 01011000\end{array}$$

（2）1 位二进制加法电路

1）半加器电路。

设第 0 位二进制数输入量 A_0 和 B_0 相加，输出量为本位和 S_1 和进位位 C_0，其真值表如图 1-5a 所示。由真值表得到输入与输出之间的逻辑表达式如下。

$$S_0=\overline{A}_0B_0\vee A_0\overline{B}_0=A_0\oplus B_0$$

$$C_1=A_0\wedge B_0$$

由此得到 1 位二进制加法电路称为半加器电路，如图 1-5b 所示。

A_0	B_0	C_1	S_0
0	0	0	0
0	1	0	1
1	0	0	1
1	1	1	0
		与门	异或门

a)

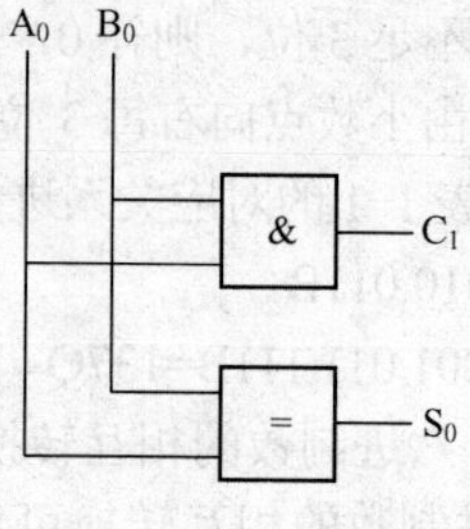

b)

图 1-5　半加器的真值表及逻辑电路

a) 真值表　b) 逻辑电路

半加器电路适用于多位二进制数加法的第 0 位（最低位）。

2）全加器电路。

设二进制数第 i 位输入量为 A_i、B_i 和 C_i（低位向高位的进位位），输出量为本位和 S_i、进位位 C_{i+1}，其真值表如表 1-2 所示。

由表 1-2 可得，实现输出 Si 和 C_{i+1} 的电路如图 1-6 所示，由此得到第 i 位二进制数相加的电路称为全加器。

表 1-2　全加器真值表

A_i	B_i	C_i	C_{i+1}	S_i
0	0	0	0	0
0	0	1	0	1
0	1	0	0	1
0	1	1	1	0
1	0	0	0	1
1	0	1	1	0
1	1	0	1	0
1	1	1	1	1

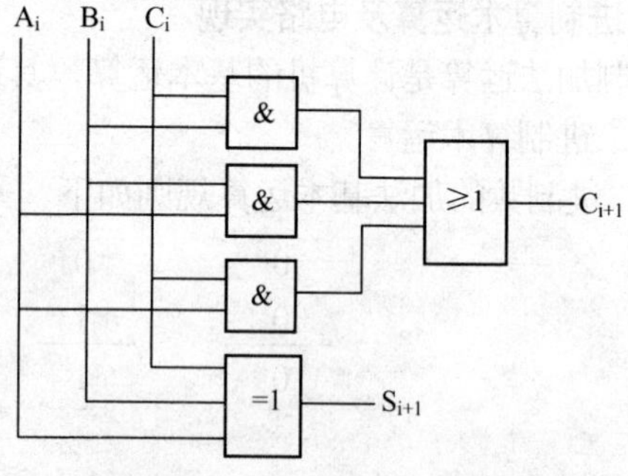

图 1-6　全加器电路

3）半加器及全加器符号。

上述半加器和全加器常用图 1-7 所示的符号来表示。HA（Half Adder）意为半加器，FA（Full Adder）是全加器。

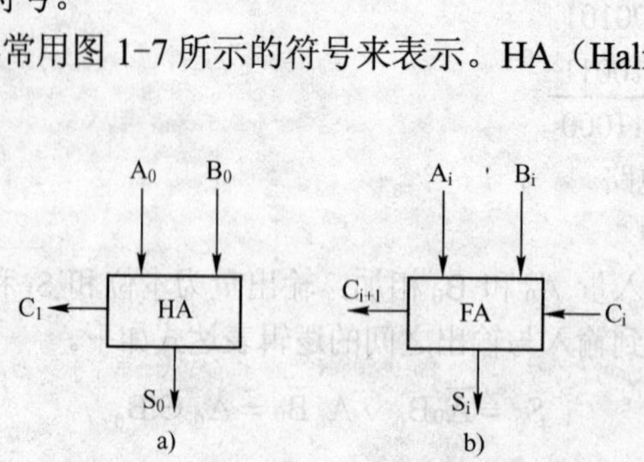

图 1-7　半加器与全加器的符号表示

a) 半加器符号　b) 全加器符号

（3）多位二进制数的加法电路

利用半加器和全加器，可以组合多位简单的加法电路，计算机运算器中的加法器一般为32位或64位，为分析方便，这里给出的4位二进制加法电路如图1-8所示。

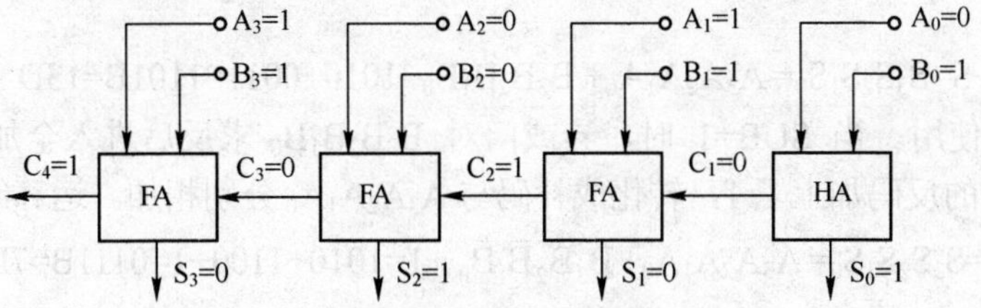

图1-8　4位二进制加法电路

设二进制数为 $A=A_3A_2A_1A_0=1010=10D$，$B=B_3B_2B_1B_0=1011=11D$，则按照图1-8所示电路完成A与B相加的过程，可写成如下竖式算法。

A：　1010
+）B：　1011
S：　[1]0101

（4）可控反相器及加法/减法电路

利用补码可以将减法变为加法运算，即减去一个数，等于加上这个数的补码（求反加1，见1.2.3节），4位二进制补码加法器/减法器如图1-9所示。

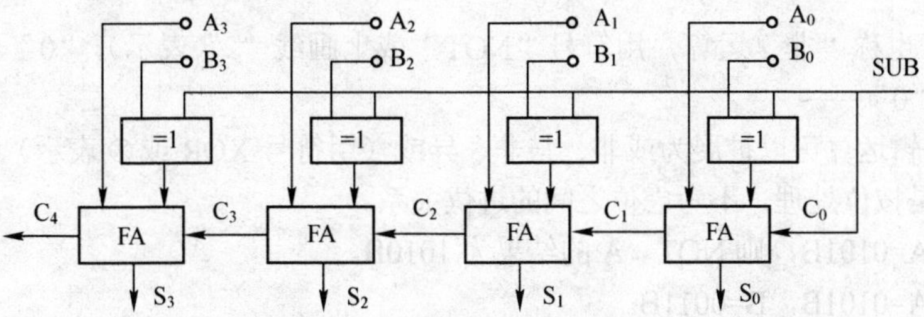

图1-9　4位二进制补码加法器/减法器

在图1-9中，由4个全加器FA和4个可控反相器（异或门）构成。异或门电路如图1-10所示，其真值表见表1-3。

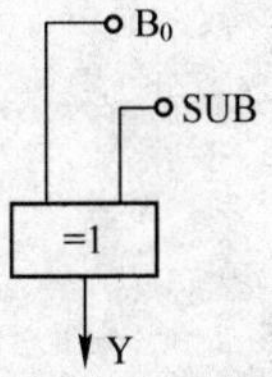

图1-10　可控反相器

表1-3　异或门真值表

SUB	B_0	Y与B_0的关系
0	0	Y与B_0相同
0	1	Y与B_0相同
1	0	Y与B_0相反
1	1	Y与B_0相反

可以看出，当加减控制信号SUB=0时，Y与B_i相同，电路可以作为加法器；当SUB=1时，Y与B_i相反，电路可作为减法器来使用。

设 $A=A_3A_2A_1A_0=1010B=10D$，$B=B_3B_2B_1B_0=0011B=03D$，将这两个数的各位分别送入该

电路的对应端 $A_3A_2A_1A_0$ 和 $B_3B_2B_1B_0$，其工作过程如下。

1）作加法器使用。当 SUB=0 时，使 $B_3B_2B_1B_0$ 的各位同相地进入相应的全加器，与 $A_3A_2A_1A_0$ 分别相加；而最低位的 C_0=SUB=0，使该位的全加器与半加器等价，运算结果如下。

$$S=S_3S_2S_1S_0=A_3A_2A_1A_0+B_3B_2B_1B_0=1010+0011=1101B=13D$$

2）作减法器使用。当 SUB=1 时，异或门对 $B_3B_2B_1B_0$ 求反后进入全加器，而最低位的 C_0=SUB=1，使 B 的反码加上了 1，转化成补码与 $A_3A_2A_1A_0$ 分别相加。运算结果如下。

$$S=S_3S_2S_1S_0=A_3A_2A_1A_0+\overline{B}_3\overline{B}_2\overline{B}_1\overline{B}_0+1=1010+1100+1=0111B=7D$$

2．二进制逻辑运算及电路实现

当二进制数 0 和 1 用来表示逻辑关系时，可以实现逻辑运算。

（1）二进制逻辑运算

二进制基本的逻辑运算如下。

1）逻辑加（也称“或”运算，用符号“OR”或“∨”或“+”表示），其运算规则如下。

$$\begin{array}{r}0\\+0\\\hline 0\end{array}\qquad\begin{array}{r}0\\+1\\\hline 1\end{array}\qquad\begin{array}{r}1\\+0\\\hline 1\end{array}\qquad\begin{array}{r}1\\+1\\\hline 1\end{array}$$

2）逻辑乘（也称“与”运算，用符号“AND”或“∧”或“·”表示），其运算规则如下。

$$\begin{array}{r}0\\\wedge 0\\\hline 0\end{array}\qquad\begin{array}{r}0\\\wedge 1\\\hline 0\end{array}\qquad\begin{array}{r}1\\\wedge 0\\\hline 0\end{array}\qquad\begin{array}{r}1\\\wedge 1\\\hline 1\end{array}$$

3）取反（也称“非”运算，用符号“NOT”或上画线“¯”表示），“0”取反后是“1”，“1”取反后是“0”。

4）基本逻辑运算可以扩展为或非、与非、异或（用符号 XOR 或⊗表示）等运算。

逻辑运算是按位处理，不考虑位之间的进位关系。

例如，设 A=0101B，则 NOT A 的结果为 1010B。

例如，设 A=0101B，B=0011B。

则 A OR B 的运算为

$$\begin{array}{r}0101\\\text{OR}\quad 0011\\\hline \text{A OR B}=0111\end{array}$$

A AND B 的运算为

$$\begin{array}{r}0101\\\text{AND}\quad 0011\\\hline \text{A AND B}=0001\end{array}$$

则 A XOR B 的运算为

$$\begin{array}{r}0101\\\text{XOR}\quad 0011\\\hline \text{A XOR B}=0110\end{array}$$

（2）二进制基本逻辑电路

计算机中的逻辑电路包括与门、或门和非门基本门电路（或称判定元素）及其组合，其电路的符号、名称及表达式如图 1-11 所示。

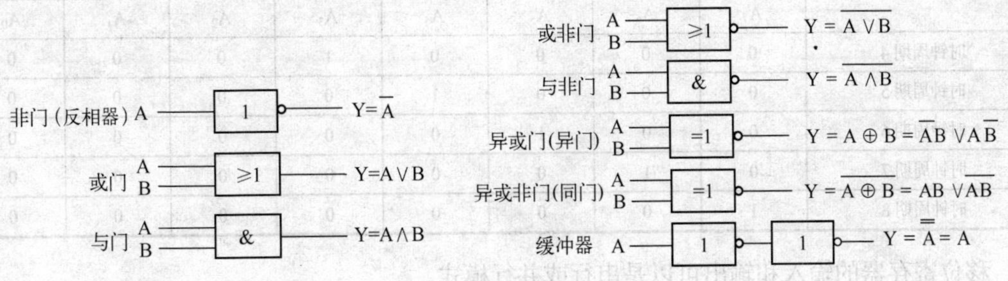

图 1-11　计算机逻辑门电路

（3）触发器

触发器是计算机中寄存器或存储器的基本单元电路。常用的触发器有 D 触发器、T 型触发器、S-R 触发器及 J-K 触发器。触发器一般由与、或、非门等基本逻辑电路组成。

一个触发器可用来储存一位二进制数据，将多个触发器连接在一起可存储多位元数据。

D 触发器是最常用的触发器之一，基于上升沿触发的 D 触发器原理图、符号及时序图如图 1-12 所示。对于上升沿触发 D 触发器来说，其输出 Q 只在 C1 由低到高的转换时刻才会跟随输入 D 的状态而变化，其他时刻输出 Q 则维持不变。

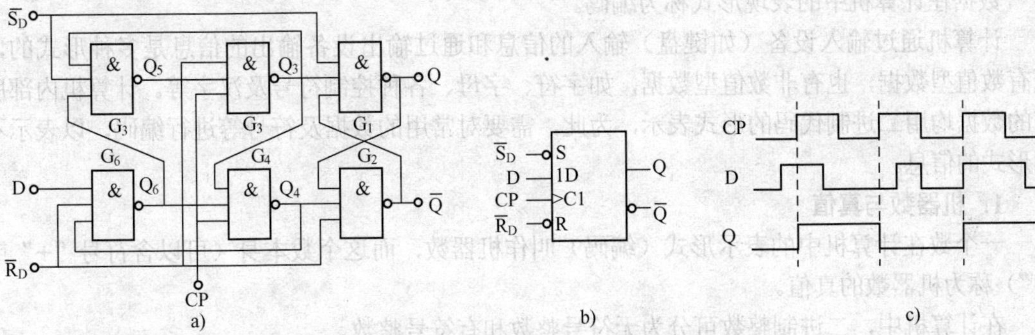

图 1-12　D 触发器原理图、符号及时序图

a) 原理图　b) 符号　c) 时序图

（4）移位寄存器

移位寄存器是一种多位元的寄存器，在每个时钟的转换时刻，寄存器中的数据进行一次移位。移位寄存器中一组触发器以串接的形式相连，即每个触发器的输出都连接到下一个触发器的输入。因此，每次时钟输入被触发时，数据会依次移位。表 1-4 列出了 8 位移位寄存器的移位过程。

表 1-4　8 位移位寄存器的移位过程

	A_7	A_6	A_5	A_4	A_3	A_2	A_1	A_0
初始状态	0	0	0	0	0	0	0	0
时钟周期 1	0	0	0	0	0	0	0	1
时钟周期 2	0	0	0	0	0	0	1	0
时钟周期 3	0	0	0	0	0	1	0	0

（续）

	A_7	A_6	A_5	A_4	A_3	A_2	A_1	A_0
时钟周期 4	0	0	0	0	1	0	0	0
时钟周期 5	0	0	0	1	0	0	0	0
时钟周期 6	0	0	1	0	0	0	0	0
时钟周期 7	0	1	0	0	0	0	0	0
时钟周期 8	1	0	0	0	0	0	0	0

移位寄存器的输入和输出可以是串行或并行模式。

1）串行输入-并行输出。串行输入是指逐一位元读入数据，而并行输出是指所有位元同一时间作为输出。

2）并行输入-串行输出。并行输入是指所有位元同一时间作为输入，串行输出是指逐一位元依次输出。

计算机中大部分电路是以多个位元的并行模式工作，而串行接口则具有结构简单、便于远距离传送等优点，这就需要移位寄存器来完成串行接口和并行接口之间的转换。

1.2.3　二进制数编码

数据在计算机中的表现形式称为编码。

计算机通过输入设备（如键盘）输入的信息和通过输出设备输出的信息是多种形式的，既有数值型数据，也有非数值型数据，如字符、字母、各种控制符号及汉字等。计算机内部所有的数据均用二进制代码的形式表示，为此，需要对常用的数据及符号等进行编码，以表示不同形式的信息。

1．机器数与真值

一个数在计算机中的表示形式（编码）叫作机器数，而这个数本身（可以含符号“+”或“–”）称为机器数的真值。

在计算机中，二进制整数可分为无符号整数和有符号整数。

（1）无符号整数

对于二进制无符号整数，所有位都有与之相应的权值作为该位所表示的数值，其机器数就是二进制数本身。

例如：

N1=105=01101001B（表示 N1 的真值），其机器数为 01101001。

8 位无符号二进制数的机器数表示范围为：$(00000000)_2$～$(11111111)_2$（即 0～2^8-1）。

16 位无符号二进制数的机器数表示范围为：

$$(0000000000000000)_2 \sim (1111111111111111)_2\text{（即 }0\sim 2^{16}-1\text{）}$$

n 位二进制无符号整数的表示范围为：0～2^n-1。

无符号整数在计算机中常用来表示存储器单元及输入/输出设备的地址。一般可用 8 位、16 位或 32 位二进制数来表示，其取值范围分别为 0～255、0～65535、0～$2^{32}-1$。

（2）有符号整数

对于二进制有符号整数的机器数（此类整数既可表示正整数，又可表示负整数），用二进制数的最高位表示符号位，最高位为“0”表示正数，最高位为“1”表示负数，其余各位取与之相应的权值作为该位所表示的数值。对于一个有符号数，可因其编码不同而有不同的机器数表示法。

2．原码、反码和补码

有符号数在计算机中的编码形式有原码、反码和补码 3 种。

（1）原码

如上所述，正数的符号位用“0”表示，负数的符号位用“1”表示，其数值部分不变，这种编码形式称为原码。

例如，以 8 位二进制数为例（以下均同），设两个数 N1、N2，其真值为：

N1=105=+01101001B

N2=－105=－01101001B

则对应的原码为：

$[N1]_{原}$=0 1101001B（最高位“0”表示正数）

$[N2]_{原}$=1 1101001B（最高位“1”表示负数）

原码表示方法简单、直观，便于与真值进行转换。但计算机在进行减法操作时，实际上是把减法运算转换为加法运算，因此，必须引进反码和补码。

（2）反码与补码

对于正数，其反码、补码与原码表示方式相同。

仍以上面 N1 为例，则有：

$[N1]_{补}$=$[N1]_{反}$= $[N1]_{原}$=0 1101001B

1）对于负数，其反码为对原码各位求反（即 0 变为 1，1 变为 0）但符号位不变）。由于反码在计算机中计算时比较麻烦，一般不直接使用。反码通常作为求补码运算时的中间形式。

2）负数的补码为：原码的符号位不变，其数值部分按位取反后再加 1（即负数的反码加 1），称为求补。

仍以上面为例，N2=－105，则有

$[N2]_{原}$=1 1101001B

$[N2]_{反}$=1 0010110B

$[N2]_{补}$=$[N2]_{反}$+1 =1 0010110B+1=1 0010111B

3）如果已知一个负数的补码，可以对该补码再进行求补码（即一个数的补码的补码），即可得到该数的原码，即$[[X]_{补}]_{补}$=$[X]_{原}$，而求出真值。

例如，已知：$[N2]_{补}$=1 0010111B

$[N2]_{原}$=$[[N]_{补}]_{补}$=11101000B+1=11101001B

可得真值：N2=－105

【例 1-2】 已知数据 A1、A2、A3、A4 在存储单元以补码存储，形式分别为：10000001B、11111111B、10000010B、11111110B，求 A1、A2、A3、A4 的真值。

由于补码的最高位为 1，表示负数，必须求出原码才能求其真值，故有：

$[A1]_{原}$=$[[A1]_{补}]_{补}$=$[10000001]_{补}$=11111110B+1B=11111111B，得：A1=－127

$[A2]_{原}$=$[[A2]_{补}]_{补}$=$[11111111]_{补}$=10000000+1B=10000001B，得：A2=－1

$[A3]_{原}$=$[[A3]_{补}]_{补}$=$[10000010]_{补}$=11111101B+1B=11111110B，得：A3=－126

$[A4]_{原}$=$[[A1]_{补}]_{补}$=$[11111110]_{补}$=10000001B+1B=10000010B，得：A4=－2

对采用补码形式表示的数据进行运算时，可以将减法转换为加法。可以证明，补码加减法的运算规则为：

$$[X\pm Y]_{补}=[X]_{补}+[\pm Y]_{补}$$

其中 X，Y 为正负数均可，符号位参与运算。

例如，设 X=10，Y=20，求 X−Y。

X−Y 可表示为 X+(−Y)，即 10+(−20)。

$[X]_{原}=[X]_{反}=[X]_{补}$=00001010B

$[-Y]_{原}$=10010100B

$[-Y]_{补}=[-Y]_{反}$+1=11101011B+1=11101100B

则有： $[X+(-Y)]_{补}=[X]_{补}+[-Y]_{补}$

=00001010B+11101100B（按二进制相加）

=11110110B（和的补码）

再对$[X+(-Y)]_{补}$求补码可得$[X+(-Y)]_{原}$，即

$[X+(-Y)]_{原}$=10001001B+1=10001010B

则 X−Y 的真值为−10D。

【例 1-3】 计算−7+3。

$(-7)_{补码}$=11111001B

$(+3)_{补码}$=00000011B

则运算如下：

被加数：		11111001	(−7)
加数：	+	00000011	(+3)
结果（和的补码）		11111100	−4

对结果 11111100 求补：10000011+1=10000100（原码），即−4。

必须指出：所有负数在计算机中都是以补码形式存放的，补码表示仅为负数时才与原码有所不同。采用补码表示的 n 位二进制有符号整数的有效范围是：-2^{n-1}～$2^{n-1}-1$。

计算机在运算过程中，结果超出此允许范围，则称为发生溢出，即运算结果错误。

应当注意：对于 8 位二进制数，作为补码形式，它所表示的范围为：-2^7～2^7-1（即−128～127）；而作为无符号数，它所表示的范围为：0～2^8-1 即（0～255）。对于 16 位二进制数，作为补码形式，它所表示的范围为：-2^{15}～$2^{15}-1$（−32 768～32 767）；而作为无符号数，它所表示的范围为：0～$2^{16}-1$（即 0～65 535）。所以，计算机中存储的任何一个数据，由于解释形式的不同，所代表的意义也不同。在编写汇编语言程序时，首先要确定数据的编码形式，然后按编码形式编写处理程序。因为计算机在执行程序时并不直接理解人们设置的编码，只是按照指令的功能对其进行运算和处理。

例如，某计算机存储单元的数据为 84H，其对应的二进制数表现形式为 10000100B，对于不同的编码，具有不同的含义。

1）该数若解释为无符号数编码，其真值为 132。

2）该数若解释为有符号数编码，最高位为 1 可确定为负数的补码表示，则该数的原码为 11111011B+1B= 11111100B，其真值为 124。

3）该数若解释为 BCD 编码，其真值为 84D。

3．二-十进制编码

二-十进制编码又称 BCD 编码，这种编码形式既具有二进制数的形式，以便于存储，又具有十进制数的特点，以便于进行运算和显示结果。在 BCD 码中，用 4 位二进制代码表示 1 位十进制数。

常用的 8421BCD 码的对应编码见表 1-5。

表 1-5　二-十进制编码（8421BCD 码）

十进制数	8421BCD 码
0	0000B（0H）
1	0001B（1H）
2	0010B（2H）
3	0011B（3H）
4	0100B（4H）
5	0101B（5H）
6	0110B（6H）
7	0111B（7H）
8	1000B（8H）
9	1001B（9H）

例如，将 27 转换为 8421BCD 码：

$27D=(0010\quad 0111)_{8421BCD码}$

↑十位 2　↑个位 7

将 105 转换为 8421BCD 码：

$105D=(0001\ 0000\ 0101)_{8421BCD码}$

↑百位 1　↑十位 0　↑个位 5

因为 8421BCD 码中只能表示 0000B～1001B（0～9）这十个代码，不允许出现代码 1010B～1111B（因其值大于 9），因而，计算机在进行 BCD 加法（即二进制加法）的过程中，若和的低四位大于 9（即 1001B）或低四位向高四位有进位时，为保证运算结果的正确性，低四位必须进行加 6 修正。同理，若和的高四位大于 9（即 1001B）或高四位向更高四位有进位时，为保证运算结果的正确性，高四位必须进行加 6 修正。

例如：

$17=(0001\ 0111)_{8421BCD}$

$24=(0010\ 0100)_{8421BCD}$

$101=(0001\ 0000\ 0001)_{8421BCD}$

17+24=41 在计算机中的操作为：

```
  0001 0111B
  0010 0100B
 ------------
  0011 1011B  ←—— 个位超过9，结果错误
+ 0000 0110B  ←—— 进行加6修正
 ------------
  0100 0001B  ←—— (0100 0001)8421BCD=41D，结果正确
```

4．ASCII 编码

前面介绍的是计算机中的数值型数据的编码，对于文字、符号、图像、声音等非数值信息在计算机中也必须以二进制数的形式存放在计算机存储器中。

这里仅介绍对于键盘字符型数据的 ASCII 编码。

美国标准信息交换码（American Standard Code for Information，ASCII）是一种国际标准信息交换码，它利用 7 位二进制代码来表示字符，再加上 1 位校验位，故在计算机中用 1 个字节 8 位二进制数来表示一个字符，这样有利于对这些数据进行处理及传输。

例如，键盘输入的十进制数字“0”“1”…“9”符号（不是指数值），26 个大小写英文字母，键盘控制符号“CR”（回车）等，这些符号在由键盘输入时不能直接装入计算机，必须将其转换为特定的二进制代码（即将其编码），以二进制代码所表示的字符数据的形式装入计算机。

常用字符的 ASCII 码表示见表 1-6。

表 1-6　常用字符的 ASCII 码

字　符	ASCII 码	字　符	ASCII 码
0	00110000B（30H）	C	01000011B（43H）
1	00110001B（31H）	⋮	⋮
2	00110010B（32H）	a	01100001B（61H）
⋮	⋮	b	01100010B（62H）
9	00111001B（39H）	c	01100011B（63H）
A	01000001B（41H）	⋮	⋮
B	01000010B（42H）	CR（回车）	00001101B（0DH）

ASCII 码表见附录 A。

英文字母 A～Z 的 ASCII 码从 1000001（41H）开始顺序递增，字母 a～z 的 ASCII 码从 1100001（61H）开始顺序递增，这样的排列对信息检索十分有利。

如字符 A 的 ASCII 码为 41H（65）；字符 B 的 ASCII 码为 42H（66）。

数字 0～9 的编码是 0110000B～0111001B，它们的高 3 位均是 011，后 4 位正好与其对应的二进制数代码相同。如：字符 1 的 ASCII 码为 31H（49）；字符 2 的 ASCII 码为 32H（50）。

〈Enter〉键（回车）的 ASCII 码为 0DH（13）。

1.2.4　数的定点和浮点表示

计算机中运算的数有整数，也有小数。在计算机中，小数通常有两种规定：一种是规定小数点的位置固定不变，这时的机器数称为定点数；另一种是小数点的位置可以浮动，这时的机器数称为浮点数。微型计算机多使用定点数。

1．定点数

定点数是指计算机中数的小数点位置是固定不变的。根据小数点位置的固定方法不同，又可分为定点整数及定点小数表示法。前面所介绍的整数均为定点整数，可以认为小数点固定在数的最低位之后。

（1）定点整数

如果小数点隐含固定在整个数值的最右端，符号位右边所有的位数表示的是一个整数，即为定点整数。例如，对于 16 位计算机，如果符号位占 1 位，数值部分占 15 位，于是机器数为 0111111111111111 的等效十进制数为+32767，其符号位、数值部分、小数点的位置示意如图 1-13 所示。

图 1-13　定点整数的符号位、数值部分和小数点位置示意图

（2）定点小数

如果小数点隐含固定在数值的某一个位置上，即为定点小数。

如果小数点固定在符号位之后，即为纯小数。假设机器字长为 16 位，符号位占 1 位，数值部分占 15 位，于是机器数 1.000000000000001 的等效的十进制数为-2^{-15}。其符号位、数值部分、小数点的位置示意如图 1-14 所示。

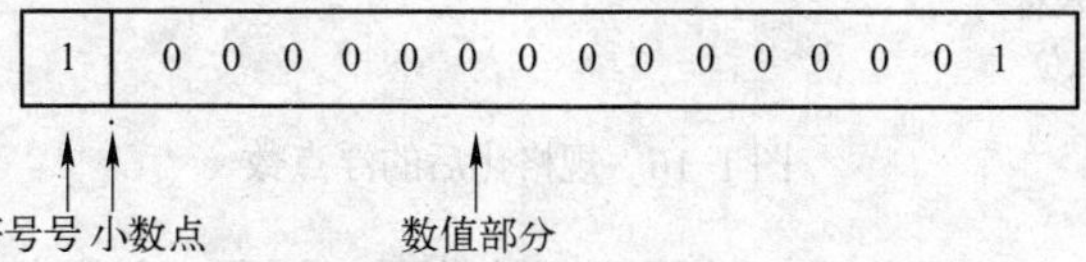

图 1-14　纯小数的符号位、数值部分和小数点的位置示意图

2．浮点数

所谓浮点数，是指计算机中数的小数点位置不是固定的，或者说是“浮动”的。在计算机中，浮点数法一般用来表示实数，可以采用“阶码表示法”来表示浮点数，它由整数部分和小数部分组成，一个实数可以表示成一个纯小数和一个乘幂之积。

采用浮点数最大的特点是比定点数表示的数值范围大。

例如，对于十进制数 $56.725=10^2\times0.56725$；对于二进制数 $110.11=2^2\times1.1011$

对于任何一个二进制数N，都可表示为：

$$N=(2^{\pm E})\times(\pm S)$$

浮点数在计算机中的编码基本格式为：

阶符	阶码 E(m 位)	尾符	尾数编码 S(n 位)

其中 E 称为阶码，阶符为 0 表示 E 为正、为 1 表示 E 为负。由此可知，小数点的实际位置随着阶码 E 的大小和符号而浮动决定；±S 为全部有效数据，称为尾数部分。

例如：$1001.011=2^{0100}\times(0.1001011)$

在这里，0100 部分称为阶码且为正，(0.1001011)部分称为尾数。

浮点数的格式多种多样，例如，某计算机用 4 字节表示浮点数，阶码部分为 8 位补码定点整数，尾数部分为 24 位补码定点小数，如图 1-15 所示。

其中，阶符表示指数的符号位；阶码表示幂次；数符表示尾数的符号位；尾数表示规格化后的小数值。

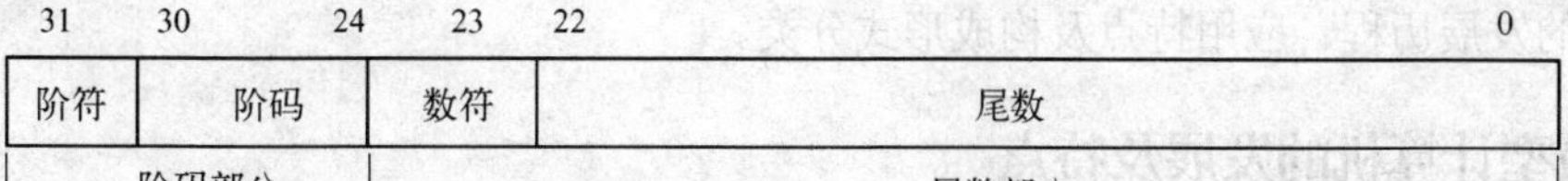

图 1-15　32 位浮点数的格式

【例 1-4】 描述用 4 字节存放十进制浮点数“136.5”的浮点格式。

由于$(136.5)_{10}=(10001000.1)_2$，将二进制数“10001000.1”进行规格化，即

$10001000.1=0.100010001\times2^8$

阶码 2^8 表示阶符为“+”，阶码“8”的二进制数为“0001000”；尾数中的数符为“+”，小数值为“100010001”。

十进制小数“136.5”在计算机中的表示如图 1-16 所示。

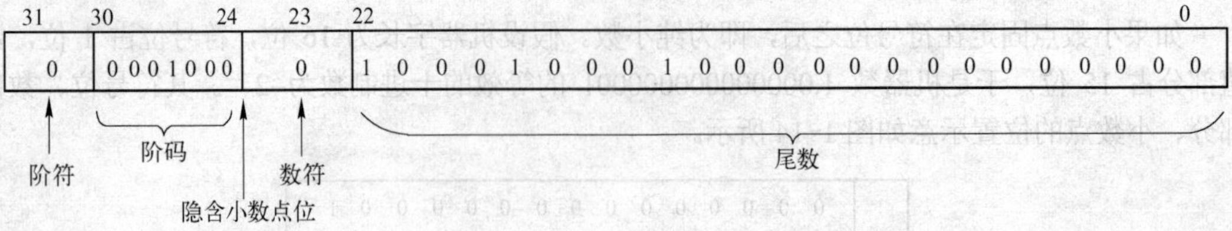

图 1-16　规格化后的浮点数

在实际应用时，由于阶码指数可选用不同的编码（原码、补码等），尾数的格式和小数点的位置也可以有不同的规定，所以，浮点数的表示方法不唯一，不同的计算机可以有不同的规定，这就出现了数据格式的不兼容问题。为此，IEEE 制定了有关工业标准，并为大多厂家所接受。

Pentium 处理器中的浮点数据格式完全符合 IEEE 标准，它表示为如下形式。

$$(-1)^S2^E(b_0⊿b_1b_2b_3\cdots b_{p-1})$$

其中，$(-1)^S$ 是该数的符号位，S=0 表示此数为正，S=1 表示此数为负；E 是指数，它是一个带偏移量的整数，表示成无符号整数；$(b_0b_1b_2b_3\cdots b_{p-1})$是尾数，其中 b_i=0 或 1，“⊿”代表隐含的小数点；P 是尾数的长度，它表示尾数共 P 位。

Pentium 微处理器中的浮点数有 3 种表示格式，分别为单精度浮点数（32 位）、双精度浮点数（64 位）、扩充精度浮点数（80 位）。它一般都表示成规格化形式，即尾数的最高位 b_0 总是 1，且它和小数点一样隐含存在，在机器中不明确表示出来。

在 Pentium 微处理器中，单精度浮点数的表示形式如图 1-17 所示。

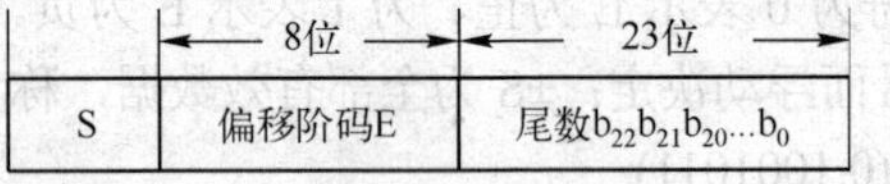

图 1-17　Pentium 微处理器单精度浮点数

1.3　微型计算机的发展、特点及分类

微型计算机的诞生及发展，使计算机在各个领域的广泛应用得以实现。本节主要介绍微型计算机的发展历程、应用特点及构成形式分类。

1.3.1　微型计算机的发展及特点

1971 年，美国 Intel 公司研究并制造了 I4004 微处理器芯片，该芯片能同时处理 4 位二进制数，集成了 2300 个晶体管，每秒可进行 6 万次运算，成本约为 200 美元。它是世界上第一个微处理器芯片，以它为核心组成的 MCS-4 计算机标志着世界第一台微型计算机的诞生。微型计算机的发展是以微处理器的发展来表征的，微处理器的集成度每隔 18 个月就会翻一番，芯片的性能也随之提高一倍。

1981 年，IBM 公司推出以 8086 为 CPU 的世界上第一台 16 位微型计算机 IBM 5150 Personal Computer，即著名的 IBM PC。8086 采用了 3μm 工艺，集成了 29000 个晶体管，工作频率为 4.77MHz。它的寄存器和数据总线均为 16 位，地址总线为 20 位，从而使寻址空间达

1MB。同时，CPU 的内部结构也有很大的改进，采用了流水线结构，并设置了可以存放 6B 指令的队列流。

1982～1984 年，80286 CPU 诞生。80286 采用 1.5μm 工艺，集成了 134000 个晶体管，工作频率为 6MHz。80286 的数据总线仍然为 16 位，但是地址总线增加到 24 位，使存储器寻址空间达到 16MB。

1985 年，IBM 公司推出以 80286 为 CPU 的微型计算机 IBM PC/AT，并制定了一个新的开放系统总线结构，这就是工业标准结构（ISA）。该结构提供了一个 16 位、高性能的 I/O 扩展总线。

20 世纪 80 年代中期到 90 年代初，80286 一直是微型计算机的主流 CPU。

1985～1988 年，80386 CPU 诞生。80386 是第一个实用的 32 位微处理器，采用 1.5μm 工艺，集成了 275000 个晶体管，工作频率达到 16MHz。80386 的内部寄存器、数据总线和地址总线都是 32 位的。通过 32 位的地址总线，80386 的可寻址空间达到 4GB。

1989～1992 年，80486 CPU 诞生。80486 采用 1μm 工艺，集成了 120 万个晶体管，工作频率为 25MHz～66MHz。80486 微处理器由三个部件组成：一个 80386 体系结构的主处理器、一个与 80386 兼容的数字协处理器和一个 8KB 容量的高速缓冲存储器。80486 在 80386 的基础上对内部硬件结构作了修改，大约有 50%的指令在一个时钟周期内完成，这样，80486 的处理速度一般比 80386 快 2～3 倍。

1993 年以来，奔腾（Pentium）处理器诞生，其制作工艺技术、工作频率、集成度等不断提高。Pentium III 处理器制作工艺为 0.18μm、时钟频率为 1GHz，集成度为 750 万个晶体管、采用二级高速缓存、2 级超标量流水线结构、一个时钟周期可以执行 3 条指令。

在 Intel 80x86 微处理器不断更新换代的推动下，微型计算机系统也在不断地推陈出新。2006 年，Pentium 4 制作工艺达到 65nm；支持 64 位计算；在不增加核心电压、原装风冷的情况下，竟能稳定超频至 4.5GHz；多功能性、超线程（HT）技术可提供卓越的性能和多任务处理优势，从而提高工作效率和效益；64 位内存扩展技术可支持系统提供的 4GB 以上的虚拟和物理内存，从而改进系统性能。随着 CPU 性能的不断提高，以及大容量存储器的广泛配置，使得微型计算机的整体性能进一步提高。

1.3.2 微型计算机分类

以微处理器为核心，配上由大规模集成电路制作的只读存储器（ROM）、读写存储器（RAM）、输入/输出接口电路及系统总线等所组成的计算机，称为微型计算机。

可以从不同角度对微型计算机进行分类。例如，按微处理器的制造工艺、微处理器的字长、微型计算机的构成形式、应用范围等进行分类。按微处理器字长来分，微型计算机一般分为 8 位、16 位、32 位和 64 位。按微型计算机的构成形式可分为单片机、单板机和 PC，具体内容如下。

1．单片机

单片机又称单片微控制器，它是将微处理器、存储器（RAM、ROM）、定时器及输入/输出接口等集成在一块集成电路芯片上，可嵌入各种工业、民用设备及仪器仪表内的芯片型计算机。

一块单片机芯片就是具有一定规模的微型计算机，再加上必要的外围器件，就可构成完整的计算机硬件系统。

由于单片机有特殊的结构形式，使其具有很多显著的优点，单片机在各个领域内的应用都得到迅猛的发展。随着微控制技术的不断完善和发展，以及自动化程度的日益提高，单片机的应用正在导致传统的控制技术发生巨大的变化，单片机的应用是对传统控制技术的一场革命。

单片机主要用于智能化仪器仪表、家用电器、机电一体化、工业控制等领域。

常用单片机主要包括51系列、51兼容 STC12及嵌入式ARM系列。

2．单板机

将计算机的各个部分都组装在一块印制电路板上，包括微处理器、存储器、输入/输出接口，还有简单的七段发光二极管显示器、小键盘、插座等，可以直接在实验板上操作，既适用于进行生产过程的控制，也适用于教学。

3．PC

PC（Personal Computer）又称个人计算机，可以实现各种计算、数据处理及信息管理等。PC又可分为台式个人计算机和便携式个人计算机。台式机需要放置在桌面上，它的主机、键盘和显示器都是相互独立的，通过电缆和插头连接在一起。便携式个人微机又称笔记本式计算机，它把主机、硬盘驱动器、键盘和显示器等部件组装在一起，可以用可充电电池供电，便于随身携带。

当PC运行单片机等微处理器开发环境软件时，可以通过PC方便地实现对单片机等微处理器芯片的编程、编译、代码下载及调试，这时的PC通常称为上位机。

1.4 微型计算机常用术语及性能指标

本节以衡量计算机工作性能为出发点，主要介绍计算机硬件常用的术语及性能指标参数。

1.4.1 常用术语

（1）位

位（bit）是计算机所能表示的最小数据单位，即一个二进制数值位（其值只能为0或1）。对于8位二进制数，可计作8bit或8b。

（2）字节

字节（Byte）由8个二进制位组成，字节的单位可用Byte或B表示，即1Byte=8bit。在计算机中存储器的容量通常是以字节为单位来度量的。

（3）字长

字长是微处理器一次可以直接处理的二进制数码的位数，字长越长，计算精度越高。

字长通常取决于微处理器内部通用寄存器的位数和数据总线的宽度。微处理器的字长有8位、16位、32位和64位。

（4）主频

主频也称为时钟频率（工作频率），用来表示微处理器的运行速度。一般说来，一个时钟周期完成的操作是固定的，所以主频越高，表明微处理器运行越快，主频的单位是MHz。通常说的赛扬433、PIII 550都是指CPU的主频而言的。

（5）外频与倍频系数

外频就是系统总线的工作频率，外频单位为MHz；倍频系数是微处理器的主频与外频之间的相对比例系数。

早期微处理器的主频与外部总线的频率相同，从80486DX2开始，则有：

$$主频=外部总线频率\times倍频系数$$

外频越高，说明微处理器与系统内存数据交换的速度越快，因而，微型计算机的运行速度也越快。

通过提高外频或倍频系数，可以使微处理器工作在比标称主频更高的时钟频率上，这就是所谓的超频。

（6）MIPS

MIPS（Millions of Instruction Per Second）用来表示微处理器的性能，即每秒钟能执行多少百万条指令。

由于执行不同类型的指令所需时间长度不同，所以 MIPS 通常是根据不同指令出现的频度乘以不同的系数求得的统计平均值。

主频为 25MHz 的 80486，其性能大约是 20MIPS；主频为 400MHz 的 Pentium II 的性能为 832 MIPS。

（7）iCOMP 指数

iCOMP 指数是 Intel 公司为评价其 32 位微处理器的性能而编制的一种指标，它是根据微处理器的各种性能指标在微型计算机中的重要性来确定的，iCOMP 指数包含的指标有整数数学计算、浮点数学计算、图形处理以及视频处理等，这些指标的重要性与它们在应用软件中出现的频度有关，所以，iCOMP 指数说明了微处理器在微型计算机中应用的综合性能。

（8）微处理器的生产工艺

在硅材料上生产微处理器时内部各元器件间连接线的宽度，一般以 μm 为单位，其数值越小，生产工艺越先进，微处理器的功耗和发热量越小。

目前微处理器的生产工艺已经达到 0.13μm 以下。

（9）微处理器的集成度

微处理器的集成度指微处理器芯片上集成的晶体管的密度。最早的 Intel 4004 的集成度为 2250 个晶体管，而 Pentium III 的集成度已经达到 750 万个晶体管以上，集成度提高了 3000 多倍。

1.4.2 性能指标

从硬件的角度来说，微型计算机的主要性能参数如下。

1）CPU 字长：指处理器内寄存器、运算器等部件同时处理二进制数据的宽度。

2）CPU 速度：指计算机每秒钟所能执行的指令（如加法指令）条数。

3）主存容量与存取速度：主存容量指计算机主存中能够存储字节数据的多少；存取速度是指存储器一次读写操作所需要的时间。

4）高速缓冲存储器缓存性能：缓存可以提高 CPU 的运行效率，由 CPU 内置的缓存（一级缓存）和外加的缓存（二级缓存）组成，其容量可为几百个千字节以上，存取速度应与 CPU 主频匹配。

5）硬盘存储器性能：硬盘存储器的主要技术指标为存储容量和平均访问时间。

6）系统总线的传输速率：指每秒传输二进制数据的字节数，以 MB/s 为单位。

7）系统的可靠性：指系统的平均无故障时间和平均故障修复时间。

综合评测微型计算机系统性能是一项复杂的工作，因为还涉及所运行的软件等方面，这里就不再详述。

1.5 微型计算机系统组成

微型计算机系统包括硬件系统（微型计算机硬件）和软件系统。

1.5.1 硬件组成

1．微型计算机的基本结构

微型计算机的硬件指有形的物理设备，是微型计算机系统中所有的实际物理装置的总称。

微型计算机的硬件系统主要包括：微处理器、主存储器/辅助存储器、接口电路、输入/输出设备、总线等。

把微处理器芯片、存储器芯片、输入/输出（I/O）接口芯片等部件通过一组通用的信号线（内总线）连接在印制电路板上，称为主机。

主机的 I/O 接口通过一组通用的信号线（外总线）把外部设备（如键盘、显示器及必要的 I/O 装置）连接在一起，构成了微型计算机，如图 1-18 所示。

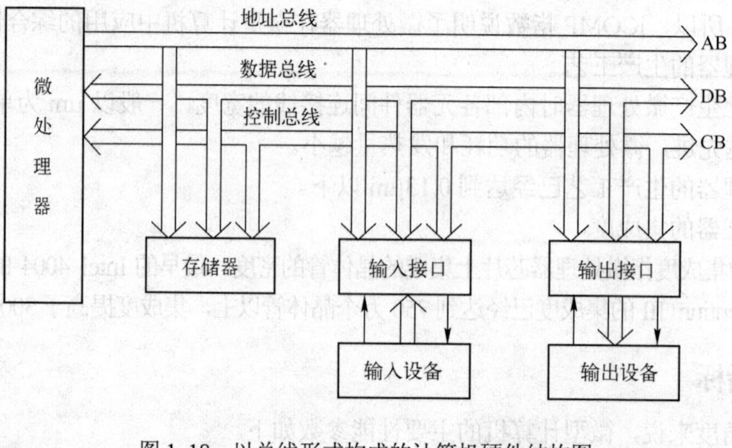

图 1-18　以总线形式构成的计算机硬件结构图

2．微处理器

微处理器是计算机的核心部件，如果把一台计算机比作一个加工厂，微处理器就是这个加工厂的总调度和核心加工车间。微处理器主要由运算器、控制器及通用寄存器组组成。

运算器用来对数据进行各种算术运算和逻辑运算，运算器也称为执行单元。

控制器是指挥中心，主要功能是依次从存储器中取出指令代码进行译码，根据计算机指令的功能发出一系列操作命令，控制计算机各个部件自动、协调一致地工作。

寄存器组用来临时存放 CPU 当前运算所需的频繁使用的数据、地址及状态信息，以提高 CPU 的工作速度。

3．存储器

存储器具有记忆功能，用来存放数据和程序。

存储器可以分为两类：主存储器（内存）和辅助存储器（外存）。

（1）主存储器（内存）

主存储器主要有随机存储器（RAM）和只读存储器（ROM）两种。

随机存储器一般用来存放程序运行过程中的中间数据，计算机掉电时数据不再保存。只读存储器一般用来存放程序，计算机断电时信息不会丢失。

由于内存的存取速度快而容量相对较小，它直接与 CPU 相连接，受 CPU 直接控制。计算机中正在运行的程序与数据都必须存放在内存中。

（2）辅助存储器（外存）

辅助存储器存取速度慢但容量相对较大，具有永久记忆功能，它存放着计算机系统中几乎所有的信息。但外存中的信息必须调入内存才能被 CPU 使用。

外存主要由磁表面存储器（硬盘）、闪存（U 盘）和光盘存储器等设备组成。常用的硬盘容量大（可达 160GB 以上），存取速度相对较快，是目前最主要的外存设备。U 盘即 USB 盘的简称（闪存），最大的特点是：小巧便于携带、存储容量大、价格便宜。现在常用的 U 盘容量有 8GB，16GB 等。光盘分为 CD 和 DVD，在计算机中得到了广泛的应用，因其成本低、存储容量大，深受欢迎。

存储器的容量常以字节为单位，表示如下。

千字节（KB） 1KB =1024B (2^{10}=1024)

兆字节（MB） 1MB=1024KB (2^{20}=1M)

吉字节（GB） 1GB=1024MB (2^{30}=1G)

太字节（TB） 1TB = 1024GB (2^{40}=1T)

若存储器内存容量为 1GB，即表示其容量为：

$$1GB=1024MB$$
$$=1024\times1024KB$$
$$=1024\times1024\times1024B$$

4. 输入设备

输入设备是指用来输入数据、程序及操作命令的部件。输入设备类型很多，常用的有命令输入设备（键盘、鼠标、触摸板等）、数字和文字输入设备（键盘、写字板等）、图形输入设备（扫描仪、数码相机等）、声音输入设备（传声器、MIDI 演奏器等）、视频输入设备（摄像机）和数据采集输入设备（用于工业控制）等。

5. 输出设备

输出设备一般是指输出数据处理结果的信息设备。常用的有显示器、打印机、绘图仪等。在计算机控制系统中，输出设备一般是指执行部件。输入/输出设备是系统中运行速度最慢的部件。

6. 总线

总线是连接计算机各部件之间的一组公共的信号线。一般情况下，总线可分为系统总线和外总线。

（1）系统总线

系统总线是以微处理器为核心引出的连接计算机各逻辑功能部件的信号线。利用系统总线可把存储器、输入/输出接口等部件通过标准接口方便地连接在总线上，如图 1-18 所示。

微处理器通过总线与各部件相互交换信息，这样可灵活机动、方便地改变计算机的硬件配置，使计算机物理连接结构大大简化。但是，由于总线是信息的公共通道，各种信息相互交错，非常繁忙，因此，CPU 必须分时地控制各部件在总线上相互传送信息，也就是说，总线上任一时刻只能有一个挂在总线上的设备传送一种信息。因此，系统总线应包括：地址总线（AB）、控制总线（CB）和数据总线（DB）。

地址总线（AB）：CPU 根据指令的功能需要访问某一存储器单元或外部设备时，其地址信息由地址总线输出，然后经地址译码单元输出信号选择相应的存储单元或外部设备。地址总线为 20 位时，可寻址范围为 2^{20}B=1MB，地址总线的位数决定了所寻址存储器容量或外设数量的范围。在任一时刻，地址总线上的地址信息是唯一对应某一存储单元或外部设备的。

控制总线（CB）：由 CPU 产生的控制信号是通过控制总线向存储器或外部设备发出控制命令的，以使在传送信息时协调一致地工作。CPU 还可以接收由外部设备发来的中断请求信号和状态信号，所以控制总线可以是输入、输出或双向的。

数据总线（DB）：CPU 是通过数据总线与存储单元或外部设备交换数据信息的，故数据总线应为双向总线。在 CPU 进行读操作时，存储单元或外设的数据信息通过数据总线传送给 CPU；在 CPU 进行写操作时，CPU 把数据通过数据总线传送给存储单元或外部设备。

（2）外总线

外总线又称为通信总线，是微型计算机各系统之间，或微型计算机系统与外部设备之间信息传输的通路。

（3）标准总线

为了使计算机与各个部件及外部设备连接标准化、通用化、系列化，将其连接的总线确定功能规范、机械结构规范及电气信号（高低电平、动态转换时间、负载能力），这样的总线称为标准总线。标准总线为计算机系统或计算机应用系统中各模块的互联提供了一个标准界面。该界面对界面两侧的模块而言都是透明的，界面任一方只需根据标准总线的要求实现接口的功能即可，而不必考虑另一方的接口方式。采用标准总线，可以为计算机接口的软、硬件设计提供方便，使各模块的接口芯片设计相对独立，为接口软件的模块化设计带来方便。

常见的系统总线标准有 EISA 总线、VESA 总线和 PCI 总线。

常用的通信总线标准有 RS-232C、RS-485 等。

7. 输入输出（I/O）接口

CPU 通过接口电路与外部输入/输出设备交换信息，如图 1-18 所示。

由于外部设备种类、数量较多，而且各种参量（如运行速度、数据格式及物理量）也不尽相同。CPU 为了实现选取目标外部设备并与其交换信息，必须借助接口电路。一般情况下，接口电路通过地址总线、控制总线和数据总线与 CPU 连接；通过数据线（D）、控制线（C）和状态线（S）与外部设备连接。在微型计算机系统中，常常把一些通用的、复杂的 I/O 接口电路制成统一的、遵循总线标准的电路板卡，CPU 通过板卡与 I/O 设备建立物理连接，使用十分方便。

1.5.2 软件系统

计算机软件指在硬件上运行的程序和相关的数据文档。计算机的工作过程也就是执行程序的过程，计算机所做的任何工作都是执行程序的结果，数据是程序处理的对象。

软件系统就是计算机上运行的各种程序、管理的数据和有关文档的集合。

微型计算机软件的功能主要有以下几个方面。

1）控制管理计算机硬件资源，提高资源的利用效率，协调计算机各组成部分的工作。

2）提供友好的人机交互界面。

3）为程序员提供开发应用软件的工具和环境。

4）完成特定应用信息的处理功能。

根据软件功能的不同，软件系统可分为系统软件和应用软件。

1．系统软件

系统软件是指使用和管理计算机的软件，包括操作系统、各种语言处理程序（MASM 汇编程序）、数据管理系统与工具软件等。系统软件一般由商家提供给用户。

（1）操作系统（Operating System）

操作系统是直接运行在计算机上的最基本的系统软件，它负责对计算机系统中各类资源进行统一控制、管理、调度和监督，合理地组织计算机的工作流程。其目的是提高各类资源利用率，方便用户使用，提供友好的人机交互界面。常见的操作系统有 Windows XP、Windows 7、UNIX、Linux 等。

（2）程序设计语言及其处理程序

程序设计语言又称计算机语言，即计算机所能识别的语言。任何软件或者说计算机所执行的任何操作都必须用计算机语言进行描述，这就是所谓的程序设计。

计算机语言是实现程序设计以便人与计算机进行信息交流的必备工具，又称程序设计语言。

计算机语言可分为 3 类：机器语言、汇编语言、高级语言。

1）机器语言（又称二进制目标代码）是 CPU 硬件唯一能够直接识别的语言，在设计 CPU 时就已经确定其代码的含义。人们要计算机所执行的任何操作，最终都必须转换为相应的机器语言由 CPU 识别、控制执行。CPU 系列不同，其机器语言代码的含义也不同。

2）汇编语言使用人们便于记忆的符号来描述与之相应的机器语言，机器语言的每一条指令，都对应一条汇编语言的指令。但是，用汇编语言编写的源程序必须翻译为机器语言，CPU 才能执行。把汇编语言源程序翻译为机器语言的工作由“汇编程序”完成，整个翻译过程称为“汇编”。

用汇编语言编写的程序运行速度快、占用存储单元少、效率高，但程序设计者必须熟悉计算机内部资源等硬件设施。

3）高级语言是一种接近人们习惯的程序设计语言，它使用人们所熟悉的文字、符号及数学表达式来编写程序，使程序的编写和操作都显得十分方便。由高级语言编写的程序称为“源程序”。在计算机内部，源程序同样必须翻译为 CPU 能够识别的二进制代码所表示的“目标程序”，具有这种翻译功能的程序称为“编译程序”，如图 1-19 所示。

图 1-19　源程序编译过程

每一种高级语言都有与其相应的编译程序，通过编译程序可以把源程序翻译成相应的机器语言的目标程序。

在操作系统的管理下，目标程序必须通过连接装配程序（link.exe）连接成可执行程序。目标程序和可执行程序都是以文件方式（文件扩展名分别为“obj”和“exe”）存放在磁盘上。可执行文件一旦生成，即可独立运行。

（3）数据库管理系统

在众多的计算机应用中，有一类主要的计算机应用，称为数据密集型应用，它涉及的数据量大，一般需放在辅助存储器中，它需要开发一种统一管理数据和共享数据为主要特征的数据系统。在数据库系统中，数据不再仅仅服务于某个程序或用户，而是看作一个单位的共享资源，它由一个叫作数据库管理系统（DataBase Management System，DBMS）的软件统一管理。

（4）实用程序与软件工具

实用程序是指一些日常使用的辅助性、工具性程序。它们能满足用户使用的功能要求。

软件工具则是指一类对软件开发特别有用的工具程序，它们可以用来帮助用户对其他程序进行开发、修复或者优化性能等。

2．应用软件

应用软件是由用户在计算机系统软件资源的平台上，为解决实际问题所编写的应用程序。在计算机硬件已经确定的情况下，为了让计算机解决各种不同的实际问题，就需要编写相应的应用程序。随着市场对软件的膨胀需求和软件技术的飞速发展，常用的应用软件已经标准化、模块化、商品化，用户在编写应用程序时可以通过指令直接调用。

应用软件主要包括以下两大类。

1）在许多行业和部门中广泛使用的应用软件（如 Office 等）。

2）为解决具体应用问题而设计的应用软件。

1.6 微型计算机工作过程

前已述及，计算机产生的结构思想是“二进制存储信息”和“存储程序（自动执行程序）”。

“存储程序”的概念，是理解计算机工作过程的基石。人们需要计算机执行的操作，必须通过计算机能够识别的指令来实现其操作，一条条指令的有序集合，就是程序。编写好的程序，通过输入设备送到存储器中保存起来。

微型计算机的工作过程就是在其中央处理器 CPU 的控制下，不断地从存储器单元中读取指令、分析指令和执行指令。

下面以微型计算机执行第 N 条指令的工作过程来说明其工作原理。

（1）取指令的过程

1）CPU 将指令指针寄存器中存放的第 N 条指令在存储器中的地址通过地址总线 AB 送到存储器的地址译码器并锁存，选中第 N 条指令所在的存储单元。

2）CPU 通过控制总线 CB 向存储器发出读取数据的控制信号。

3）存储器中被选中的存储单元的内容（第 N 条指令）送到数据总线 DB 上，CPU 通过 DB 读入该指令代码，送到 CPU 内部的指令寄存器暂存。

4）CPU 中指令指针寄存器的地址自动递增，指向下一条（第 N+1 条）指令的存储地址，为执行下一条指令做好准备。

（2）分析、执行指令过程

1）CPU 读取指令代码后，在其控制单元中对该指令进行译码，译出该指令对应的微操作。

2）CPU 根据微操作指令（微指令）发出为完成此指令所对应的控制信号，执行指令所规定的操作。

然后，CPU 根据存储器中下一条指令的地址，重复以上操作。

1.7 习题

1．选择题

（1）十进制数 147.625 转换成二进制数为（　　）。

A．10010011.101　　B．11000100.001

C．10000100.110　　D．10011111.001

（2）8 位二进制补码数 80H 所表示的真值是（　　）。

A．0　　B．−0

C．−128　　D．128

（3）计算机的主存储存器一般由（　　）组成。

A．ROM 和 RAM　　B．RAM 和 A:\磁盘

C．RAM 和 CPU　　D．RAM

（4）计算机经历了从器件角度划分的 4 代发展历程，但从系统结构来看，至今为止，绝大多数计算机仍是（　　）式计算机。

A．实时处理　　B．普林斯顿

C．并行　　D．冯 · 诺依曼

（5）十六进制数 93H 转换成八进制数是（　　）。

A．223Q　　B．233Q

C．323Q　　D．333Q

（6）完整的计算机系统应包括（　　）。

A．运算器、存储器、控制器　　B．外部设备和主机

C．主机和实用程序　　D．配套的硬件设备和软件系统

（7）至今为止，计算机中的所有信息仍以二进制方式表示的理由是（　　）。

A．节约元件　　B．运算速度快

C．物理器件性能所致　　D．信息处理方便

（8）代码 41H 所能表示的信息为（　　）。

A．字符'A'　　B．字符'A'或 41D 或二进制数或指令代码

C．字符'A'或 41D　　D．字符'A'或 41D 或指令代码

（9）计算机系统中的存储系统是指（　　）。

A．RAM 存储器　　B．ROM 存储器

C．主存　　D．主存和辅存

（10）下列（　　）属于应用软件。

A．诊断程序　　B．编译程序

C．操作系统　　D．文本处理

（11）目前大部分的微处理器使用的半导体技术称为（　　）。

A．TTL　　B．CMOS

C．DSP　　D．DMA

（12）计算机性指标中 MIPS 指的是（　　）。

A．平均无故障时间　　B．兼容性

C．百万条指令/s　　D．主频的单位

2．填空题

（1）用汇编语言编写的程序，需经________汇编（翻译）成机器语言程序后方可执行。

（2）把二进制数$(10111.011)_2$转换成十进制数为____________，转换为十六进制数为__________。

（3）把十六进制数$(2A02)_{16}$转换成十进制数为__________，转换为二进制数为__________。

（4）把十进制数 101.11 转换成二进制数为__________，转换为十六进制数为__________。

（5）某计算机浮点数运算结果为：阶码 1010、尾码 10110101（各自均有 1 位，符号位占最高位），设它们均是补码表示的，此数规格化后的阶码是________。

（6）字符“A”的 ASCII 码为 41H，因此，字符“F”的 ASCII 码为________H，前面加上偶校验后的代码为______H。

（7）110.101B=________H=________D。

（8）在计算机中，有符号数是以________形式存储的。

（9）–127 的补码若表示为 8 位二进制数为________，若表示为 16 位二进制数为__________________。

（10）已知一个数的补码为 11111001B，其真值为______________。

（11）已知一个数的补码为 1111111111111001B，其真值为________________。

（12）计算机某字节存储单元的内容为 10000111，若解释为无符号数，则真值为______；若解释为有符号数，则真值为________；若解释为 BCD 码，真值为______；若用十六进制数表示，则为_____H。

（13）某字节数据为 01100100B，若解释为无符号数，则真值为________；若解释为有符号数，则真值为________；若解释为 BCD 码，真值为______；若用十六进制数表示，则为_____H。

（14）在计算机中，无符号数常用于表示________。

（15）正数的补码与原码________。

（16）在计算机中浮点数的表示形式由________和________两部分组成。

（17）最基本的逻辑电路有________、________、________。

（18）微型计算机是指以__________、__________、__________、__________及系统总线所构成的硬件系统。

（19）计算机软件指在硬件上运行的______和相关的________，计算机的工作过程也就是__________的过程。

（20）____________是 CPU 硬件唯一能够直接识别的语言，在设计 CPU 时就已经确定其代码的含义。人们要计算机所执行的任何操作，最终都必须转换为相应的_________由 CPU 识别、控制执行。

3．名词解释

补码　BCD 码　ASCII 码　字节　字长　主频　MIPS　单片机　PC　I/O 接口　机器语言　编译程序　高级语言

4．已知 A=1011 1110B，B=1100 1100B，求下列运算结果：

（1）算术运算 A+B，A–B。

（2）逻辑运算 A AND B，A OR B，A XOR B。

5．问答题

（1）冯·诺依曼计算机的设计思想和方案是什么？

（2）简述微处理器、微型计算机、微型计算机系统的含义及联系。

（3）什么是总线？简述系统总线的构成。

（4）为什么说计算机所执行的任何操作都是执行程序的结果？

第 2 章　微处理器及其体系结构

微处理器（Microprocessor）是微型计算机中的核心部件，其功能决定了微型计算机的主要性能指标。本章重点介绍 8086 微处理器（以下简称 CPU），在此基础上介绍了 80x86 及 Pentium（奔腾）系列 CPU。

2.1　8086 微处理器

8086 是 Intel 公司推出的最早应用到个人微型计算机（PC）上 CPU 芯片，随着微处理器技术的飞速发展，在 8086 基础上，相继推出增强型 80x86 及奔腾系列等更高档 PC，但它们都兼容 8086 模式。本节主要介绍 8086 微处理器基本结构、功能、引脚分布、对存储器组织管理及一般工作过程。

2.1.1　8086 微处理器的内部结构和功能

8086 CPU 是 Intel 公司推出的第三代 16 位微处理器，其引入最大时钟频率为 10MHz，是 40 脚双列直插组件（DIP）封装的芯片。8086 CPU 有 16 位数据线、20 位地址线总线，最大可寻址空间为 1MB（即 2^{20}B）存储单元，支持 64KB 个输入/输出（以下简称 I/O）端口寻址。在结构设计上，8086 微处理器分为功能独立的两个逻辑部件模块，即总线接口部件（Bus Interface Unit，BIU）和执行部件（Execution Unit，EU）。8086 微处理器的 BIU 模块和 EU 模块的并行操作，使 8086 CPU 的工作效率和速度显著提高，同时也降低了对存储器存取速度的要求。其内部结构如图 2-1 所示。

1．总线接口部件 BIU

CPU 要处理的任何信息必须存放在存储单元或 I/O 端口中。总线接口部件 BIU 负责 CPU 内部与存储器或 I/O 接口之间的信息传递，为执行部件提供数据信息和控制命令。

总线接口部件由地址加法器、寄存器、地址总线和总线控制逻辑电路组成。其中，寄存器又可分为段寄存器（CS、DS、ES、SS 共 4 个）、指令指针寄存器（IP）和指令队列缓冲器。总线接口部件主要实现以下功能。

1）根据段寄存器和指令指针 IP 或 EU 传递过来的 16 位有效地址，在地址加法器中形成 20 位物理地址。

2）根据物理地址所确定的存储单元，取出指令或数据（可以保持 6B 预先取出的指令队列），并顺序送至 EU 执行。若遇转移类指令，指令队列立即清除，BIU 重新开始从内存中取转移目标处的指令代码送往指令队列。

3）负责传送在 EU 执行指令过程中需要的中间数据和 EU 运行的结果。

4）总线控制电路是微处理器同外部引脚的接口，它负责执行总线周期，并在每个周期内把相应的信号线同相应芯片的引脚接通，完成微处理器同存储器以及 I/O 设备之间的信息传递。

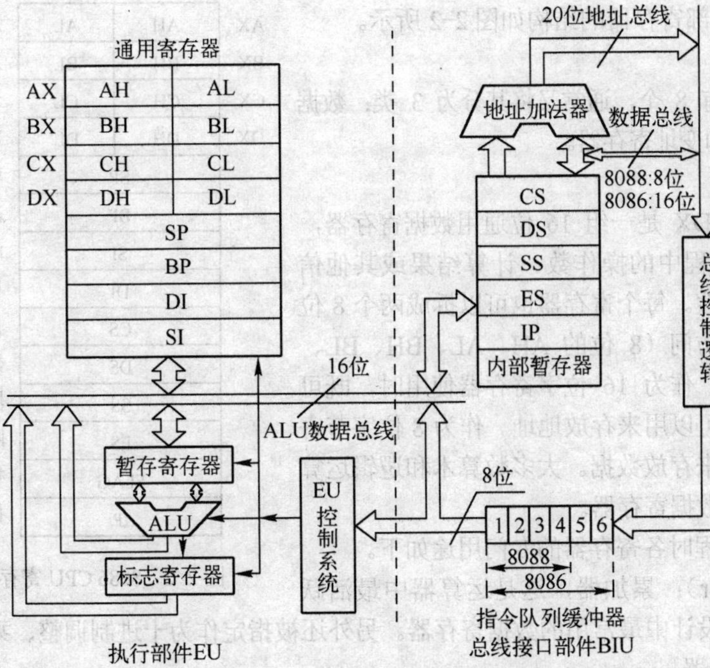

图 2-1　8086 微处理器的内部结构

2．执行部件 EU

执行单元由通用寄存器、暂存寄存器、算术逻辑运算单元（ALU）、标志寄存器和 EU 控制器组成。

执行部件 EU 负责指令的执行并产生相应的控制信号，主要包括以下功能。

1）通过 EU 控制系统自动连续地从指令队列中获取指令，并对指令进行译码。

2）根据指令译码所得的微操作码，向算术逻辑部件（ALU）及相关寄存器发出控制信号，完成指令的执行。对数据信息的任何处理都是通过 ALU 来完成的。

3）有 8 个 16 位通用寄存器和一个标志寄存器，主要用于暂存运算数据、结果特征，确定指令和操作数的寻址方式以及控制指令的执行等。根据有关寄存器中的数据以及指令中提供的位移量计算有效地址（即偏移地址），然后送 BIU 部件产生物理地址。

3．流水线技术

在 8086 CPU 中，BIU 和 EU 是两个独立部件，它们可以并行工作，即 EU 在执行当前指令的同时 BIU 可以取下一指令，为此引入了流水线作业的概念。引入流水线作业后，大大提高了处理器的工作速度和效率。

2.1.2　8086 微处理器的寄存器组

寄存器组是 CPU 的主要组成部分。8086 微处理器可以用来编程的有 14 个 16 位寄存器。按用途可以将其分为 4 类，即通用寄存器、指针寄存器、标志寄存器和段寄存器。它们通过不同的操作方式实现暂存 CPU 运行时所需的临时数据和信息。

由于寄存器组对 CPU 编程是可见的，故用汇编指令的程序设计在执行程序时可直接控制 CPU 对其操作，这不仅使 CPU 运行起来方便、快速，同时也便于理解和掌握 CPU 的工作原理及程序执行过程。

8086 微处理器内部寄存器的结构如图 2-2 所示。

AX	AH	AL	累加器
BX	BH	BL	基址寄存器
CX	CH	CL	计数寄存器
DX	DH	DL	数据寄存器
	SP		堆栈指针
	BP		基址指针
	SI		源变址寄存器
	DI		目标址寄存器
	CS		代码段寄存器
	DS		数据段寄存器
	SS		堆栈段寄存器
	ES		附加段寄存器
	FLAG		标志寄存器
	IP		指令指针

图 2-2 8086 CPU 寄存器结构

1．通用寄存器

通用寄存器一共有 8 个，通常又将其分为 3 类：数据寄存器、指针寄存器和变址寄存器。

（1）数据寄存器

AX、BX、CX、DX 是一组 16 位通用数据寄存器，通常用于暂存计算过程中的操作数、计算结果或其他信息，具有良好的通用性。每个寄存器也可以拆成两个 8 位寄存器使用，按字节访问（8 位的 AH、AL、BH、BL、CH、CL、DH、DL）。作为 16 位字寄存器使用时，既可以用来存放数据，又可以用来存放地址。作为 8 位字节寄存器使用时，只能用来存放数据。大多数算术和逻辑运算指令都可以使用这些数据寄存器。

一般情况下，编程时各寄存器的专门用途如下。

AX（Accumulator）：累加器，这是运算器中最活跃的寄存器，也是程序设计中最常用的数据寄存器。另外还被指定作为十进制调整、乘除法以及 I/O 等操作的专用寄存器。

BX（Base）：基址寄存器，用于存放数据段内存空间的基地址。

CX（Count）：计数寄存器，用于存放循环操作和字符串处理的计数控制数值。

DX（Data）：数据寄存器，用于乘除法运算时扩展累加器及 I/O 操作时提供间接端口地址。该类寄存器既可以用来存放操作数，又可以用来存放操作结果。

（2）指针寄存器和变址寄存器

SP、BP、SI 和 DI 是一组只能按字访问的 16 位寄存器，主要为访问内存时提供 16 位偏移地址。其中 SI、DI、BP 也可以用来暂存运算过程中的操作数。

一般情况下，编程时各寄存器的专门用途如下。

SP（Stack Pointer）：堆栈指针，用于确定堆栈在内存中的栈顶的偏移地址（唯一用途）。

BP（Base Pointer）：基址指针，用来提供堆栈中某指定单元的偏移地址作为基地址使用。

SI（Source Index）：源变址寄存器，串操作时提供 DS 段中指定单元的偏移地址，也可用来存放变址地址。

DI（Destintion Index）：目标变址寄存器，串操作时提供 ES 段中指定单元的偏移地址，也可存放变址地址。

通用寄存器除了具有上述功能外，还具有一些隐含用法，详细情况见附录 B。

2．指令指针寄存器（Instruction Pointer，IP）

IP 是一个 16 位专用寄存器，该寄存器的内容为当前需要执行指令的第一字节在存储器代码段内的地址。当该字节取出后，IP 自动加 1，即指向下一指令字节。IP 的内容又称偏移地址，程序员不能对该指针进行存取操作，要改变该指针的值，可以通过程序中的转移指令、返回指令或中断处理来完成。

3．标志寄存器（Flag Registe，FR）

FR 是一个 16 位的标志寄存器，如图 2-3 所示。在该标识寄存器中有意义的有 9 位，其中 CF、AF、SF、PF、OF 和 ZF 为状态标志。状态标志表示执行某种（指令）操作后 ALU 所处的状态，这些状态将会影响后面指令的操作。DF、IF 和 TF 为控制标志，控制标志是通过程序设置的，每个控制标志对某种特定的功能起控制作用。

15	14	13	12	11	10	9	8	7	6	5	4	3	2	1	0
				OF	DF	IF	TF	SF	ZF		AF		PF		CF

图 2-3　标志寄存器

（1）状态标志位

1）进位标志（Carry Flag，CF）。进位标志位反映指令执行后是否在最高位产生进位或借位，若产生进位或借位，则 CF=1，否则 CF=0。该标志主要用于多字节的加法或减法运算，各种移位指令和逻辑指令也影响 CF 的状态。

2）奇偶校验标志（Parity Flag，PF）。奇偶标志位反映运算结果低 8 位的奇偶性。若低 8 位所含 1 的个数为偶数，则 PF=1，否则 PF=0。该标志可用于检查数据传送过程中是否发生错误。

3）辅助进位标志（Auxiliary Carry Flag，AF）。在 8 位加减操作中，辅助进位标志位反映指令执行后低 4 位是否向高 4 位产生进位或借位，若产生进位或借位，则 AF=1，否则，AF=0。该标志用于 BCD 码加减法运算结果的调整。

4）零标志（Zero Flag，ZF）。零标志位反映运算结果是否为 0。若运算结果为 0，则 ZF=1，否则 ZF=0。

5）符号标志（Sign Flag，SF）。符号标志位用于带符号数的运算，若运算结果为负，则 SF=1，否则 SF=0。SF 的取值与运算结果的最高位（符号位）取值一致。

6）溢出标志（Overflow Flag，OF）。溢出标志位用于带符号数的算术运算，当运算结果超出机器所能表示的范围，即字节运算结果超出−128～+127 或字运算结果超出−32768～+32767 时，就产生溢出，置 OF=1，否则 OF=0。在实际使用中，为了便于判断 OF 的状态，可以根据运算结果的最高位进位位与次高位进位位的异或值来判断是否溢出。若异或值为 1，则溢出，置 OF=1，否则不溢出，置 OF=0。

（2）控制标志位

1）方向标志（Direction Flag，DF）。方向标志位用来决定数据串操作时变址寄存器中的内容是自动增量还是自动减量。若 DF=0，则变址寄存器自动增量；若 DF=1，则变址寄存器自动减量。该标志位可用 STD 指令置 DF=1，CLD 指令置 DF=0。

2）中断允许标志（Interrupt Enable Flag，IF）。中断允许标志表示系统是否允许响应外部的可屏蔽中断。IF=1，表示允许中断；IF=0 时，则禁止中断。该标志位可用 STI 和 CLI 指令分别置 1 和置 0。该标志对中断请求以及内部中断不起作用。

3）陷阱标志（Trap Flag，TF）。陷阱标志位用来控制单步操作。若 TF=1，则 CPU 工作于单步执行指令工作方式。CPU 每执行一条指令就会自动产生一个内部中断，并转去执行中断服务程序，借以检查每条指令执行的情况。该标志没有对应的指令操作，只能通过堆栈操作改变它的状态。

4．段寄存器

在 8086 系统中，存储着 3 类信息，即指令代码、数据和堆栈信息。指令代码信息表示微处理器可以识别并执行的操作；数据信息包括字符和数值，是程序处理的对象；堆栈信息保存着返回地址和中间结果。8086 CPU 要求不同类信息必须分别存放在存储器不同的存储段中。

每个存储段的最大存储空间为 64KB，而段的起始地址由 4 个 16 位的段寄存器决定。

1）代码段寄存器（Code Segment，CS）。代码段寄存器用来存放当前执行程序所在段的起始地址的高16位（亦称代码段地址）。

2）堆栈段寄存器（Stack Segment，SS）。堆栈段寄存器用来存放当前堆栈段起始地址的高16位（亦称堆栈段地址）。

3）数据段寄存器（Data Segment，DS）。数据段寄存器用来存放当前数据段起始地址的高16位（亦称数据段地址）。

4）附加段寄存器（Extra Segment，ES）。附加段寄存器用来存放当前附加段起始地址的高16位（亦称附加段地址），附加段通常也用来存放数据。

2.1.3 8086微处理器的引脚分布与工作模式

1．引脚分布

Intel 8086微处理器采用40条引脚的双列直插式封装，各引脚分布如图2-4所示。

各引脚标号从开有半圆标志的左端开始，按逆时针方向标注。

图中小括号标注的是最大工作模式下相应引脚的功能定义。

微处理器功能强大，片内信号线较多、外部引脚却很有限，为了解决封装要求，提高引脚利用率，对部分引脚采用了分时复用技术（即同一引脚在不同时刻连接不同的内部信号线）。

8086 CPU的引脚信号线按功能可以分为4类：地址总线、数据总线、控制总线和其他（时钟与电源）。地址总线由CPU发出，用来确定CPU要访问的内存单元或I/O端口的地址信号；数据总线用来在CPU与内存或I/O端口之间交换数据信息；控制总线用来在CPU与内存或I/O端口之间传送控制信息。

下面分三部分详细介绍各引脚的具体定义。

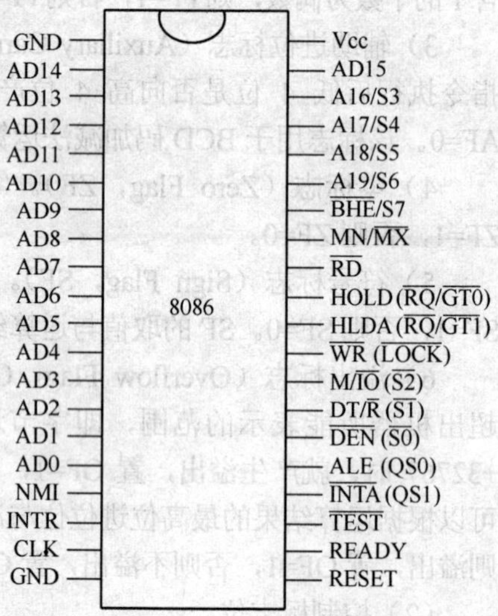

图2-4 8086微处理器各引脚分布

（1）地址/数据总线

1）AD15～AD0（输入/输出，三态）为分时复用地址/数据信号线，在执行存储器读写或I/O操作时，在总线周期的T1状态作为地址总线A15～A0使用。在其他时刻作为双向数据总线D15～D0使用。

2）A19/S6、A18/S5、A17/S4和A16/S3为分时复用地址/状态信号线，在进行存储器读/写操作的T1状态输出高4位地址A19～A16；对I/O操作时4个引脚全为低电平。在其他状态用来输出状态信息，S6始终为低电平；S5为中断允许标志位IF的当前状态；S4、S3表示当前使用的段寄存器，所表示的段寄存器如表2-1所示。

表2-1 S4、S3状态段寄存器

S4	S3	段寄存器
0	0	ES
0	1	SS
1	0	CS
1	1	DS

（2）控制总线

控制总线有 16 根，其中 8 个引脚有固定意义，另外 8 个引脚随工作模式的不同而有不同的意义。

引脚功能说明如下：

1）MN/$\overline{\text{MX}}$（输入，引脚 33）——工作模式控制线。

接+5V 电源为最小工作模式；接地时为最大工作模式。

2）$\overline{\text{RD}}$（输出、三态，引脚 32）——读控制信号。

低电平有效，有效时表示 CPU 正在执行读操作。

3）INTR（输入，引脚 18）——中断请求信号。

高电平有效，当该引脚为高电平时，并且中断标志位 IF 为“1”时，CPU 在执行完现行指令后，将控制转移到相应的中断服务程序。若中断标志位 IF 为“0”时，CPU 不响应中断请求，继续执行下一条指令。

4）NMI（输入，引脚 17）——不可屏蔽的中断请求信号。

上升沿有效，不响应软屏蔽，当一个上升沿到来时，CPU 在执行完现行指令后，立即进行中断处理，不受中断允许标志位 IF 影响。

5）RESET（输入，引脚 21）——复位信号。

高电平有效，当有效时，CPU 停止正在运行的程序，转而清除指令指针 IP、数据段寄存器 DS、附加段寄存器 ES、堆栈段寄存器 SS、标志寄存器 FR 和指令队列的值，使其值均为“0”，并置代码段寄存器 CS 为 FFFFH。该信号结束后，CPU 从地址为 CS:IP=FFFFH:0000H 开始的存储单元执行指令。

6）READY（输入，引脚 22）——输入准备好信号。

高电平有效，CPU 在总线周期的 T3 状态开始检测该信号，当有效时，下一个时钟周期将数据放置到数据总线上或从总线上读走；若无效，CPU 自动插入一个或若干个等待状态 T_W，直到该信号有效进入 T4 状态，完成数据传输。

7）$\overline{\text{TEST}}$（输入，引脚 23）——测试信号。

低电平有效，当 CPU 执行 WAIT 指令时，每隔 5 个时钟周期对该引脚采样，若为高电平，CPU 继续处于等待状态，直到出现低电平时，CPU 才开始执行下一条指令。

8）$\overline{\text{BHE}}$/S7（输出，三态，引脚 34）——分时复用信号线。

在总线周期 T1 状态输出 $\overline{\text{BHE}}$ 信号，$\overline{\text{BHE}}$ 低电平有效，有效时使用高 8 位数据线 AD15～AD8；无效时，使用低 8 位数据线 AD7～AD0。S7 目前尚未定义。

不同模式下的引脚功能说明如表 2-2 所示。

表 2-2　无固定功能的引脚说明

引脚号	最小工作模式	最大工作模式	
24	$\overline{\text{INTA}}$（输出）CPU发向中断控制器的中断响应信号	QS1	指令队列状态输出线，用来提供 8086 内部指令队列的状态
25	ALE（输出）地址锁存允许信号，高电平有效	QS0	
26	$\overline{\text{DEN}}$（输出，三态）数据允许信号，低电平有效	S0	状态信号输出线，它们的组合表示 CPU 当前总线周期的操作类型
27	DT/$\overline{\text{R}}$（输出，三态）数据收/发信号	S1	
28	M/$\overline{\text{IO}}$（输出，三态）用于区分是访问存储器还是访问 I/O 端口	S2	
29	$\overline{\text{WR}}$（输出，三态）低电平有效，表示 CPU 向存储器或向 I/O 端口写信息	$\overline{\text{LOCK}}$（输出，三态）总线锁定信号，低电平有效，输出此信号时不允许其他设备占用总线	

（续）

引脚号	最小工作模式	最大工作模式
30	HOLD（输入）总线申请信号，高电平有效，使 CPU 让出总线控制权，直到该信号撤销为止	$\overline{RQ}/\overline{GT0}$（输入/输出）总线请求信号，用于连接不同处理器
31	HLDA（输出）总线应答信号，高电平有效，当 CPU 让出总线使用权的时候发出该信号	$\overline{RQ}/\overline{GT1}$（输入/输出）总线授权信号，用于连接不同处理器

（3）其他信号

1）GND——地线。

引脚 1、20 为接地端，双线接地。

2）Vcc——电源线。

引脚 40 为电源输入端，电源要求为正电源 Vcc（+5V $\pm$ 10%）。

3）CLK——时钟信号输入端。

引脚 19 为 CLK，由 8284 提供所需的时钟频率，占空比要求为 33%（高电平占 2/3 周期、低电平占 1/3 周期），这样可以提供最佳的内部时钟。不同型号的 CPU 使用的时钟频率也不同，8086-1 使用的时钟频率为 10MHz。

2．工作模式

8086 微处理器根据 MN/$\overline{MX}$ 引脚连接形式不同，可以把工作模式分为两种，即最小工作模式与最大工作模式。

当 MN/$\overline{MX}$ 引脚接+5V 电源时，8086 CPU 工作在最小模式。在最小模式下整个系统只有一个能执行指令的 CPU 芯片，系统总线始终被该 CPU 控制，但允许系统中的 DMA 控制器临时占用总线。该方式适用于小系统情况，图 2-5 为最小工作模式下的 8086 CPU 系统配置图。

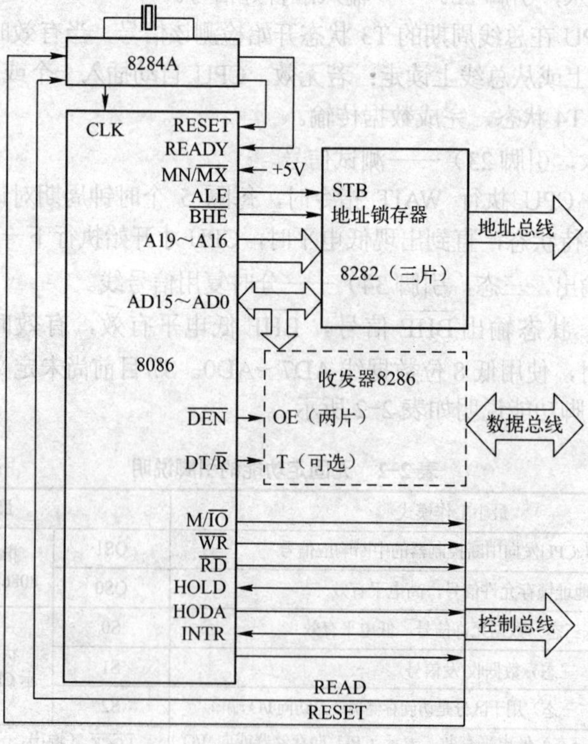

图 2-5　最小工作模式下的 8086 CPU 系统配置图

当MN/$\overline{MX}$引脚接地时，8086 CPU工作在最大模式。在最大模式下系统允许有多个能够执行指令功能的CPU芯片，系统总线属于多个CPU共有，通常需要8087协处理器的协调，在最大工作模式下存在总线竞争问题。图2-6为最大工作模式下的8086 CPU系统配置图。

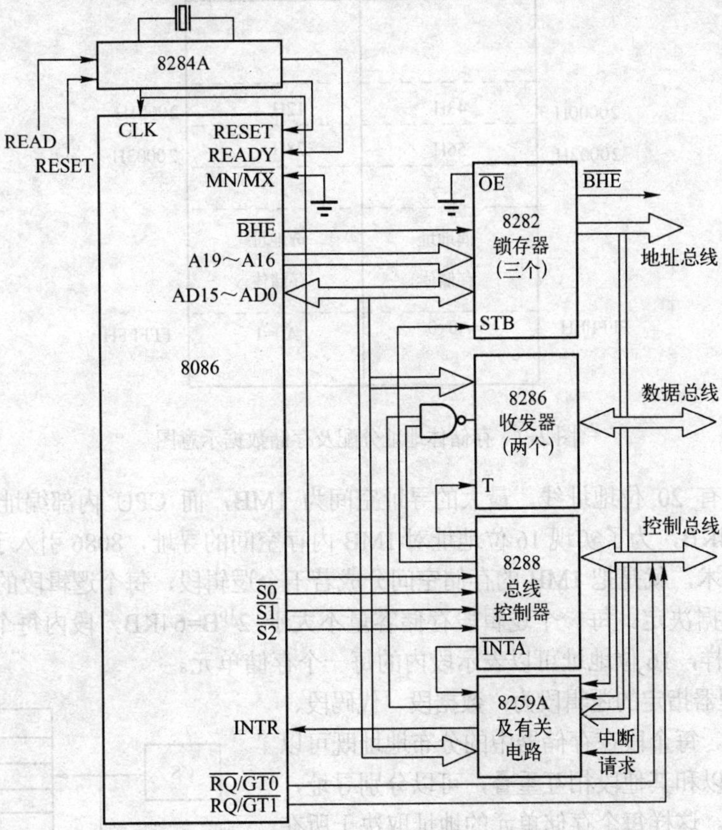

图2-6　最大工作模式下的8086 CPU系统配置图

2.1.4　8086微处理器对存储器的管理

1. 存储器的组织

存储器是由许多连续的存储单元组成的，每个存储单元可根据硬件电路被分配唯一的单元编码，即存储单元地址，由软件通过指令对存储单元进行读/写操作。

8086有20位地址线，最大的寻址空间为1MB（2^{20}B=1MB），其地址范围为：00000H～FFFFFH（用5位十六进制数可表示20位二进制地址线）。8086系统将存储空间分为两个512KB的存储体，一个由奇地址构成，一个由偶地址构成，由地址位A0来区分，存储体地址分配及存储数据如图2-7所示。

一般情况下，每个存储单元的长度为一个字节（8个二进制位），亦称为字节单元。8086 CPU的数据线为16位，由于微处理器内部的16位通用寄存器AX、BX、CX和DX可以分拆为两个8位寄存器使用，所以既可以进行8位数据（字节单元）的操作，也可以进行16位数据（字单元）的操作。在进行16位数据操作时，使用存储器的两个字节单元组成字单元，字单元的低8位数据存放在低地址字节单元中，而高八位数据存放在高地址字节单元中，为了提高读写速度，字单元地址必须为偶数。

在图 2-7 中，字节地址 20000H、20001H、20002H、20003H 单元的数据分别为 43H、12H、56H 和 78H；字地址 20000H 单元的内容为 1243H。

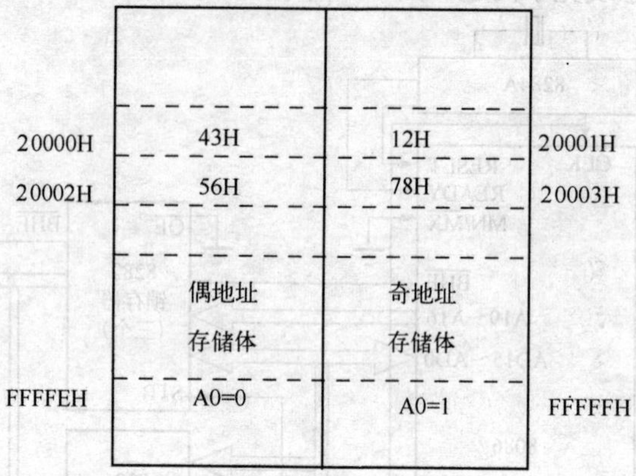

图 2-7　存储体地址分配及存储数据示意图

由于 8086 有 20 位地址线，最大的寻址空间为 1MB，而 CPU 内部编址寄存器只有 16 位，只能寻址 64KB，为了实现 16 位地址对 1MB 内存空间的寻址，8086 引入了分段技术。

所谓分段技术，就是把 1MB 的存储空间分成若干个逻辑段，每个逻辑段的起始地址由 16 位段寄存器的数据决定。每一个逻辑段存储容量不大于 2^{16}B=64KB，段内每个存储单元的地址是连续的，这样，16 位地址可以表示段内的每一个存储单元。

8086 微处理器指定的逻辑段为：数据段、代码段、堆栈段和附加段。每个段在存储器中的分布地址既可以完全独立，也可以和其他段相互重叠，可以分别寻址，也可以单独寻址。这样每个存储单元的地址取决于所在段的 16 位段地址和 16 位的段内地址（即偏移地址）。

存储器分段结构如图 2-8 所示。

2．物理地址和逻辑地址

在 8086 系统中，每个存储单元被分配唯一的地址编码（20 位二进制代码），称为物理地址。物理地址也就是存储单元的实际地址。CPU 与存储器交换数据时所使用的地址就是物理地址。

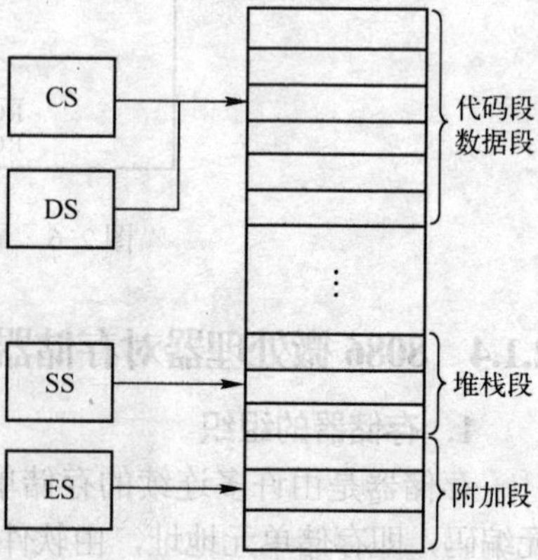

图 2-8　存储器分段结构

在编写程序时使用的 16 位地址编码被称为逻辑地址。逻辑地址是在编程的时候使用的一种虚拟地址，使用逻辑地址可以让程序员在编制程序时，不必关心自己的数据存放的物理位置，只需要按照 16 位地址信息编写就可以了。在程序运行时，微处理器内部的 BIU 单元将自动完成 16 位段地址和 16 位偏移地址向 20 位物理地址的转换。

8086 系统中，逻辑地址由段地址和段内偏移量组成。16 位的段地址必须存放在段寄存器中，它决定了一个逻辑段的起始地址，亦可称为段基址，它实际上是 20 位物理地址的高 16 位。为了便于管理，每个段的起始地址应能被 16 整除，也就是说，它的 20 位地址中低 4 位应该为 0，各个段的“段基址”分别存放在 16 位段寄存器 CS、DS、SS 或 ES 中。偏移地址为段内存储单元与所在段的起始地址之间的偏移量。若存储单元是该段的起始单元，则认为偏移量为 0，段内的最大偏移量为 $2^{16}-1$=FFFFH。段内偏移地址可分别由寄存器、存储单元的数据以及指令中所提供的位移量及其组合来确定。这样，就可以通过编写程序指出段寄存器内容及段内偏移地址，去访问任一段中的任一存储单元。

图 2-9 为逻辑地址与物理地址之间的关系。

段内任一单元的地址常用逻辑表达式“段地址：偏移地址”来描述。

例如，逻辑地址 0035H：0000H，表示段地址为 0035 H，偏移地址 0000H。

图 2-10 为物理地址的形成过程。可以看出，存储单元的 20 位物理地址是通过将 16 位的“段地址”左移 4 位后再加上 16 位的“偏移地址”形成的。逻辑地址和物理地址的转换关系为：

物理地址=段地址×10H（左移 4 位）+偏移地址

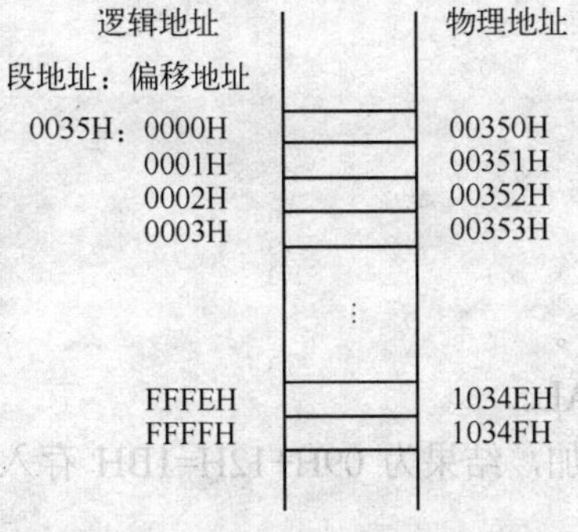

图 2-9　逻辑地址与物理地址

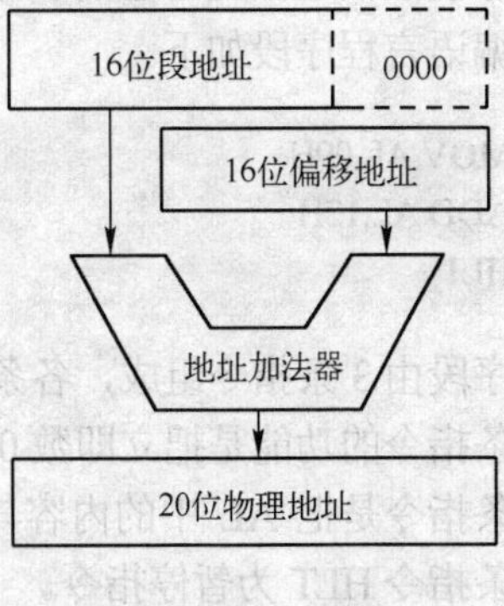

图 2-10　物理地址形成过程

例如：在图 2-9 中，逻辑地址 0035：0001，即段地址为 0035，偏移量为 0001H，则其物理地址为：

物理地址=0035H×10H+0001H

=00350H+0001H

=00351H

分段技术给编程寻址存储单元及存储器管理提供了方便，在实际使用时必须注意段地址与偏移地址的配合关系，见表 2-3。

表 2-3　8086 约定的段寄存器与偏移地址结合方式

存储器存取方式	约定段地址	可替换段地址	偏 移 地 址
取指令	CS	无	IP
堆栈操作	SS	无	SP
访问一般数据	DS	CS、ES、SS	有效地址 EA
源字符串	DS	CS、ES、SS	SI
目的字符串	ES	无	DI
BP 作基址寄存器	SS	CS、ES、DS	有效地址 EA

由表 2-3 可以看出：

1）当进行取指令操作时，8086 CPU 会自动选择代码段寄存器 CS 的值并左移 4 位后作为段基址，再加上由 IP 提供的偏移地址形成当前要执行的指令在存储器中的物理地址。

2）当进行堆栈操作或 BP 作基址寄存器时，8086 CPU 会自动选择堆栈段寄存器 SS 的值并左移 4 位后作为段基址，再加上由 SP 或 BP 提供的偏移地址形成物理地址。

3）当进行操作数存取操作时，8086 CPU 会自动选择数据段寄存器 DS 的值作为段基址，再加上 16 位偏移地址形成物理地址。16 位的偏移地址可以由指令直接提供，也可以由寄存器或者指令中的偏移量等信息组成的寻址方式产生。

2.1.5　8086 微处理器的工作过程

在计算机执行程序（指令）前，必须将程序连续地存储在存储单元中。微处理器的工作过程就是在硬件基础上不断执行指令的过程。虽然计算机的程序千变万化，功能不尽相同，但它们在计算机中的执行过程具有相同的规律。

为了方便地描述微处理器的工作过程，下面通过一个简单例子说明指令的执行过程。

设汇编语言程序段如下。

```
MOV AL,09H
ADD AL,12H
HLT
```

该程序段由 3 条指令组成，各条指令的功能如下。

第一条指令的功能是把立即数 09H 送入累加器 AL。

第二条指令是把 AL 中的内容与立即数 12H 相加，结果为 09H+12H=1BH 存入累加器。

第三条指令 HLT 为暂停指令。

微处理器不能直接识别汇编语言指令，必须把汇编指令编译（汇编）成微处理器能识别的机器码，机器码是微处理器能唯一识别的代码。它们的对照关系为：

```
MOV AL,09H  ──→  10110000B
                 00001001B
ADD AL,12H  ──→  00000100B
                 00010010B
HLT         ──→  11110100B
```

设 3 条指令在内存中的起始物理地址为 21000H，存放形式如表 2-4 所示。

表 2-4　3 条指令在内存中的存放形式

段 地 址(CS)	IP地址(偏移地址)	物 理 地 址	存储单元内容
2000H	1000H	21000H	10110000
2000H	1001H	21001H	00001001
2000H	1010H	21010H	00000100
2000H	1011H	21011H	00010010
2000H	1100H	21100H	11110100
2000H	1101H	21101H	xxxxxxxx
2000H	1110H	21110H	xxxxxxxx
2000H	1111H	21111H	xxxxxxxx
2000H	1111H	21112H	xxxxxxxx

该段程序（指令）执行过程如下。

1）总线接口部件 BIU 自动取出代码段寄存器 CS 中的 16 位段地址 2000H，然后取出指令指针寄存器 IP 中的 16 位偏移地址 1000H（取出后 IP 内容自动加 1 为 1001H），经地址加法器产生 20 位地址信息 21000H，通过外部 20 位地址总线输出 21000H，经存储器芯片译码后选定相应的存储单元。

2）CPU 给出读命令，从选定的 21000H 存储单元中首先取出指令代码“10110000”，通过外部数据总线传送到总线接口部件的指令队列缓冲器中。这时，执行部件 EU 可以从指令队列缓冲器中取出指令代码执行指令，总线接口部件可以同时并行地继续从存储器中读取下一单元的指令代码，IP 的内容也自动指向下一单元。

3）执行部件从总线接口部件的指令代码队列中按先进先出方式取出指令代码，经 EU 控制器分析产生一系列相应的控制命令。由于第一字节指令的功能是把该指令第二字节地址 1001H 单元的内容 09H 传送给累加器 AL，在控制器所发出的控制命令作用下，执行部件从指令队列缓冲器取出数据 09H 经内部数据总线送入累加器 AL。至此，第一条指令执行完毕。

4）执行部件继续从总线接口部件的指令队列中取第二条指令，经 EU 控制器分析产生一系列相应的控制命令，类似第一条指令的执行过程，完成累加器 AL 的内容 09H 加 12H 的和送给 AL。

5）执行第三条指令，其功能为程序暂停执行。

在执行部件执行指令的过程中，指令队列缓冲器中的指令字节在不断出队的同时，总线接口部件可以并行地从存储单元不断地取出指令字节加入指令队列缓冲器中，直至队列满为止，这就是所谓的取指令和执行指令的并行操作，从而大大提高 CPU 的工作速度和效率。

8086 微处理器的工作过程就是在 CPU 的控制和操作下，不断地取指令、分析指令和执行指令的过程。

2.2　8086 微处理器的总线周期和操作时序

计算机在运行时必须有严格的时序控制各种微操作。在时序的控制下，才能保障操作的有序进行。计算机中常用的时序控制信号有时钟周期、总线周期和指令周期，并在此基础上形成了和总线操作有关的几种基本操作时序。

2.2.1　时钟周期、总线周期和指令周期

1．时钟周期

时钟周期是 CPU 的时间基准，是 CPU 运行时的最小时间单位。8086 微处理器是在统一的时钟信号控制下，按节拍有序地工作。

时钟周期由计算机的主频决定，主频越高，时钟周期越小，计算机速度越快。例如，某计算机主频为 2GHz，则其时钟周期为 5×10^{-10}s。

2．总线周期

CPU 对存储器或 I/O 接口的访问，是通过总线来完成的。通常，将一次访问总线所需的时间称为一个总线周期，或称为机器周期。每当 CPU 要从存储器或输入/输出端口存取一个字节或字就需要一个总线周期，一个总线周期由若干时钟周期组成。

8086 系统中，总线周期通常由 4 个时钟周期（T1、T2、T3、T4）组成，处于时钟周期中

的总线称为 T 状态。

一个总线周期完成一次数据传送，至少要有传送地址和传送数据两个过程。传送地址在时钟周期 T1 内完成。传送数据必须在 T2、T3、T4 时钟周期内完成。否则在 T4 周期后，将开始下一个总线周期。

3．指令周期

每条指令都包括取指令、译码和执行等操作，完成一条指令执行过程所需的时间称为指令周期，指令不同，执行周期也不尽相同。

一个指令周期由若干个总线周期组成，一个总线周期由若干个时钟周期组成。

指令周期、总线周期、时钟周期的关系如图 2-11 所示。

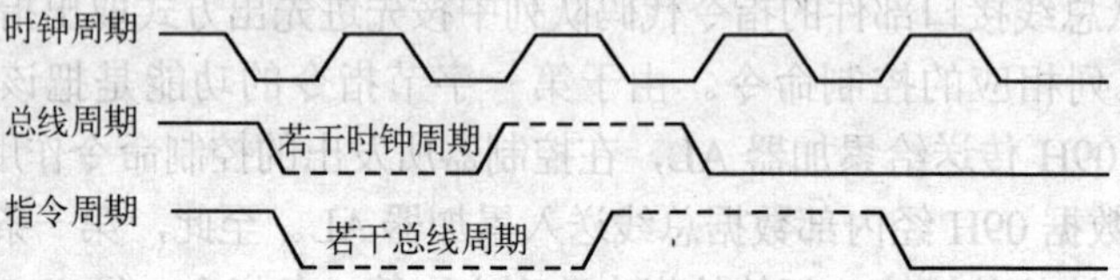

图 2-11　指令周期、总线周期、时钟周期的关系

2.2.2　基本的总线时序

所谓总线时序，就是 CPU 通过总线进行操作时，总线上各信号之间在时间上的配合关系。CPU 在总线上进行的操作，是指令译码器输出的微操作命令在外时钟信号时序控制联合作用下的执行过程。

常见的基本操作时序有：总线读操作时序、总线写操作时序、中断响应操作时序、总线保持与响应时序和系统复位时序。

1．总线读操作时序

8086 CPU 进行存储器或 I/O 端口读操作时，进入总线读周期，如图 2-12 所示。

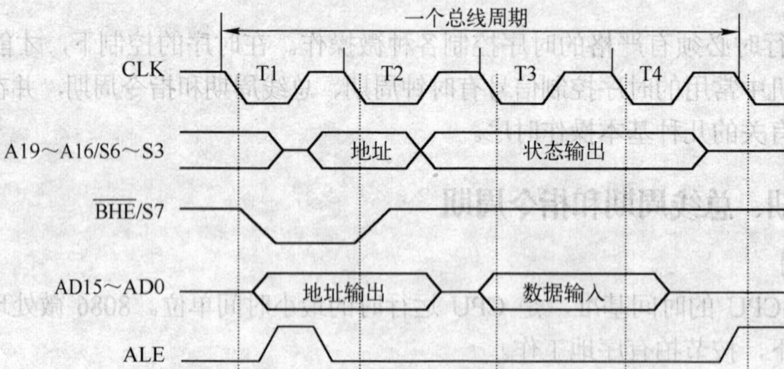

图 2-12　总线读操作时序

基本的读周期由 4 个 T 周期组成，在 CPU 的读周期内，有关总线信号的变化如下。

1）$M/\overline{IO}$：在 T1 状态开始有效直到总线周期结束，读存储器时 $M/\overline{IO}$ 为高电平；读 I/O 端口时 $M/\overline{IO}$ 为低电平。

2）A19/S6～A16/S3：T1 期间，输出存储器单元或 I/O 端口的高 4 位地址，T2～T4 期间输出状态信息 S6～S3。

3）$\overline{BHE}$/S7：在 T1 期间，$\overline{BHE}$ 为低电平，表示高 8 位数据线上的信息可以使用。T2～T4 期间输出高电平。

4）AD15～AD0：在 T1 期间，用来作为地址总线的低 16 位；T2 期间为高阻态；T3～T4 期间，用来作为 16 位数据总线线使用，可以从总线接收数据；若在 T3 状态不能将数据送到数据总线上，则在 T3～T4 之间插入等待状态 Tw，直到数据送入数据总线上，进入 T4 周期，在 T4 周期的开始下降沿，CPU 采样数据总线。

5）ALE：系统中的地址锁存器利用该脉冲的下降沿来锁存 20 位地址信息以及 $\overline{BHE}$。

6）$\overline{RD}$：读取选中的存储单元或 I/O 端口中的数据。

7）$DT/\overline{R}$ 在 T1 状态输出低电平，表示本总线周期为读周期，在接有数据总线收发器的系统中，用来控制数据传输方向。

8）$\overline{DEN}$ 低电平有效，在 T2～T3 期间表示数据有效，在接有数据总线收发器的系统中，用来实现数据的选通。

2．总线写操作时序

8086 CPU 进行存储器或 I/O 端口写操作时，进入总线写周期。CPU 的写周期如图 2-13 所示。

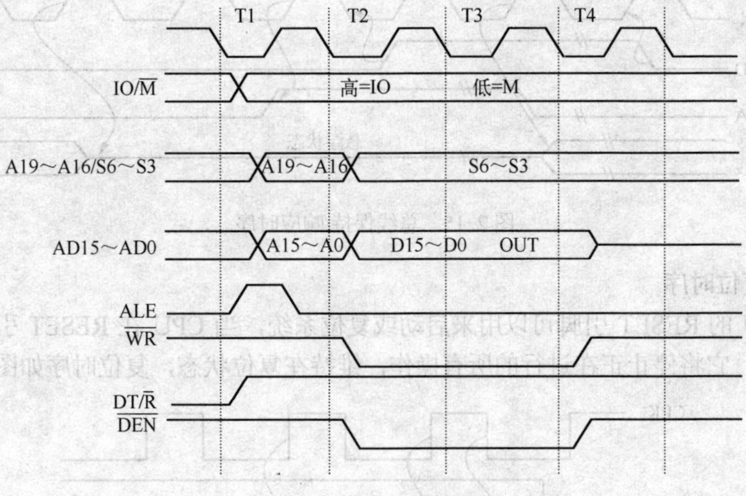

图 2-13　总线写操作时序

总线写操作时序与读操作时序很相似，大部分信号和读操作的信号相同，不同之处如下。

1）AD15～AD0：在 T2～T4 之间没有高阻态。

2）$\overline{WR}$：低电平有效，向选中的存储器或 I/O 端口写入数据。

3）$DT/\overline{R}$：高电平有效，在总线周期内保持为高电平，表示为写周期，在接有数据总线收发器的系统中，用来控制数据传输方向。

3．中断响应操作时序

执行中断响应操作时，需要经过两个总线操作周期，由硬件完成响应操作，然后才能转入中断服务程序执行。中断响应时序如图 2-14 所示。

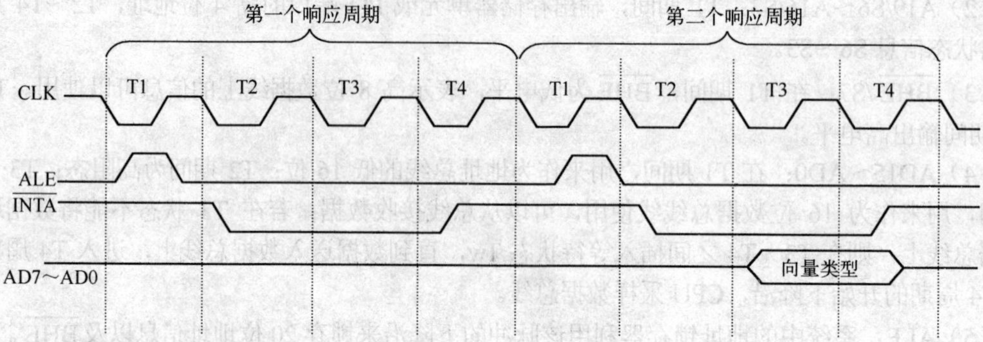

图 2-14　中断响应时序

4．总线保持与响应时序

系统中别的设备请求总线时，会向 CPU 发出请求信号 HOLD，当 CPU 收到 HOLD 有效信号后，会在总线周期的 T4 或下一个总线周期的 T1 的后沿，输出保持信号 HLDA，接着在下一个时钟开始，将让出总线控制权。当外设的 DMA 传送结束时，会使 HOLD 信号变低，则在下一个时钟的下降沿使 HLDA 信号变为无效。图 2-15 是总线保持/响应时序。

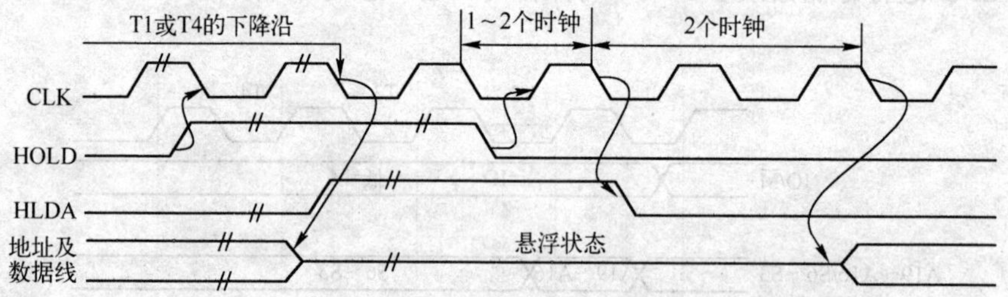

图 2-15　总线保持/响应时序

5．系统复位时序

8086 CPU 的 RESET 引脚可以用来启动或复位系统，当 CPU 在 RESET 引脚检测到一个脉冲上跳沿时，它将停止正在进行的所有操作，维持在复位状态，复位时序如图 2-16 所示。

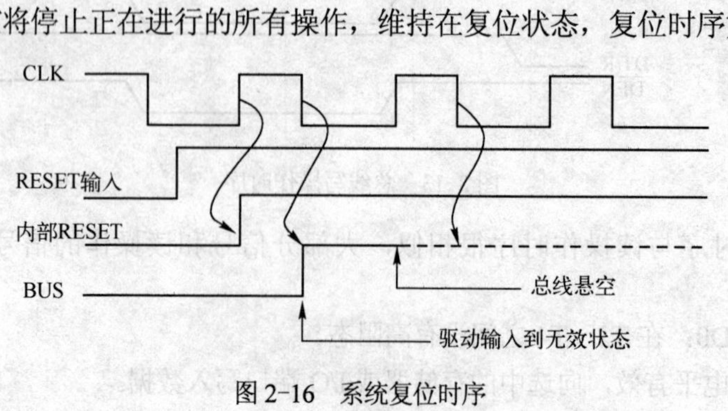

图 2-16　系统复位时序

在复位状态，除段寄存器 CS 被置为 FFFFH 外，CPU 内部寄存器（包括 IP）连同指令队列均被清 0，当 RESET 信号变为高电平时，再过一个时钟周期，所有三态输出线都被置为高阻状态，直到 RESET 信号回到低电平，只是在进入高阻状态的前半个时钟周期三态门不起作用，只有 CLK 又遇到一个上升沿才进入高阻状态。当 RESET 由高电平变到低电平时，CPU 内部一个复位逻辑电路经过 7 个 CLK 时钟信号之后，CPU 自动恢复正常，开始执行第一条指令的逻辑地址为 CS：IP=0FFFFH：0000H，其物理地址为 0FFFF0H。

2.3 从 8086 到 80x86 微处理器技术的发展

随着大规模集成电路的发展，Intel 公司先后又推出了 80286、80386、80486、Pentium 等 CPU。本节重点介绍 80486 CPU。

2.3.1 80286 和 80386

1．80286

1982 年 2 月 1 日，Intel 推出了 80286 CPU。80286 CPU 官方名称为 iAPX 286，是Intel公司的一款x86系列CPU。80286 芯片集成了 14.3 万个晶体管，机器字长为 16 位，时钟频率由最初的 6MHz 逐步提高到后来的 20MHz。其内部和外部数据总线皆为 16 位，地址总线 24 位。与 8086 相比，80286 寻址能力达到了 16MB，可以使用外存储设备模拟大量存储空间，从而大大扩展了 80286 的工作范围，还能通过多任务硬件控制使处理器在各种任务间来回快速切换，实现同时运行多个任务，其速度比 8086 提高了 5 倍甚至更多。

80286 处理器被广泛应用在 20 世纪 80 年代中期到 90 年代初期的IBM PC 中。这些 PC 被称为“286 计算机”，有时也简称“286”。

80286 有两种工作模式：实模式和保护模式。

实模式下，80286 与 8086 的工作方式一样，相当于一个快速 8086。在该方式下，80286 直接访问内存的空间被限制在 1MB，更多内存需要通过 EMS 或 XMS 内存机制进行映射才能进行访问。

保护模式下，80286 提供了虚拟存储管理和多任务的硬件控制，能直接寻址 16MB 主存和 1GB 的虚拟存储器，具有异常处理机制，这为后来微软的多任务操作系统准备了条件。

2．80386

80386 处理器被广泛应用在 20 世纪 80 年代中期到 90 年代中期的IBM PC 中。这些 PC 被称为“386 计算机”，有时也简称“386”。

80386 的广泛应用，将 PC 从 16 位时代带入了 32 位时代。80386 的强大运算能力也使 PC 的应用领域得到巨大扩展，在商业办公、科学计算、工程设计、多媒体处理等应用领域得到迅速发展。

（1）80386 的特点

80386 的特点如下。

1）首次在x86处理器中实现了 32 位系统。

2）可配合使用 80387 数字辅助处理器增强浮点运算能力。

3）首次采用高速缓存（外置）解决内存速度瓶颈问题。由于这些设计，80386 的运算速度比其前代产品 80286 提高了几倍。

4）80386 DX 版本的内部和外部数据总线是 32 位，地址总线也是 32 位，可以寻址到

4GB 内存，并可以管理 64TB 的虚拟存储空间。

（2）工作模式

80386 有 3 种工作模式：真实模式、保护模式、虚拟 86 模式。

真实模式为DOS系统的常用模式，直接内存访问空间被限制在 1MB；保护模式下，80386 DX 版本可以直接访问 4GB 的内存，并具有异常处理机制；虚拟 86 模式可以同时模拟多个 8086 处理器来加强多任务处理能力。

（3）分类

80386 为了满足不同的人群，发布了多个版本。

1）80386 DX：主流版本。内部和外部数据总线以及地址总线都是 32 位。

2）80386 SX：1988 年末推出的廉价版本。外部数据总线为 16 位，位址总线为 24 位，与 80286相同，从而方便 80286 计算机的升级。由于内部的 32 位结构及其他优化设计，80386 SX 性能仍大大优于 80286，而价格只相当于 80386 DX 的 1/3，因而很受市场的欢迎。与之相配的数学辅助处理器型号为 80387 SX。

3）80386 SL：1990 年推出的低功耗版本，基于 80386 SX 结构。增加了系统管理方式（SMM）工作模式，具有电源管理功能，可以自动降低运行速度乃至休眠状态以实现节能。

4）80386 DL：1990 年推出的低功耗版本，基于 80386 DX，与 80386 SL 类似。

初期推出的 80386 DX 处理器集成了大约 27.5 万个晶体管，工作频率为 12.5MHz。此后，80386 处理器工作频率逐步提高到 20MHz、25MHz、33MHz 直至最后的 40MHz。

2.3.2 80486 CPU

1. 80486 CPU 概述

几经变迁，Intel 公司推出了 80486 微处理器，其内部通用寄存器、标志寄存器、指令寄存器、地址总线和外部数据总线都是 32 位。与以前微处理器相比，80486 CPU 在性能上有了很大改进，主要表现在以下几点。

1）把浮点数学协处理器和一个 8KB 的高速缓存首次集成进了 CPU 内部，减小了外部数据传输环节，大大提高了微机的运行速度。

2）指令系统首次采用精简指令集计算机（RISC）设计思想，使得 80486 CPU 既具有复杂指令集计算机（CISC）类微处理器的特点，又具有 RISC 类微处理器的特点，采用该技术使其核心指令在 1 个时钟周期内就可完成。

3）在总线接口部件中没有突发式总线控制和缓存（Cache）控制电路，支持突发式总线周期中从内存或外部 Cache 高速读取指令或数据。

4）将 CPU 内部通用寄存器扩展为 32 位，名称为 EAX、EBX、ECX、EDX、ESI、EDI、EBP、ESP，这些寄存器的低 16 位与 8086 兼容，既可以按 32 位使用，也可以按 8086 规定的 16 位或 8 位寄存器使用。

这些改进使得 80486 成为一款高性能的 32 位微处理器，对多任务处理以及先进存储管理方式的支持更加完善、可靠，性能大大得到了改进。

段寄存器仍为 16 位，但增加了数据段寄存器 FS 和 GS。

2. 80486 CPU 功能结构

80486 CPU 内部结构如图 2-17 所示，与以往 CPU 比较，除某些功能有了进一步改善外，内部又新增了浮点运算器和 Cache 部件。前者用于完成协处理器的功能，后者用于存放 CPU

最近使用的程序和数据。当 CPU 要访问存储器时，先访问缓存部件，只有要访问的数据不在缓存内时，才去访问存储器，经过这一改进，明显提高了 CPU 的访问速度。

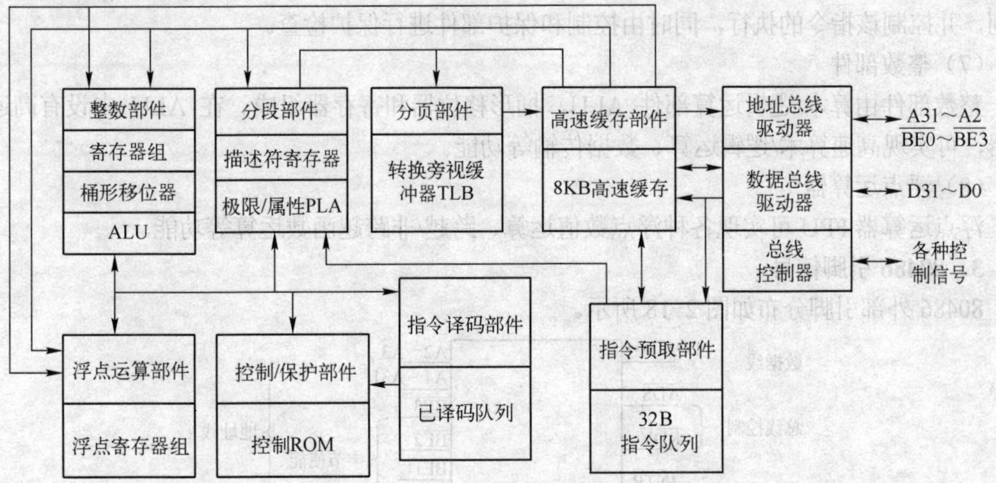

图 2-17　80486 CPU 内部结构

该微处理器由总线接口部件、指令预取部件、指令译码部件、控制和保护部件、算术与逻辑运算部件、浮点运算部件 FPU、分段部件、分页部件和 8KB 的缓存部件几部分组成。

这些部件既可以独立工作，也可以并行工作。在取指令和执行指令时，每个部件完成一项任务或某一个操作步骤，这样既可以同时对不同的指令进行操作，又可以对同一指令的不同部分同时并行处理。各部件的功能如下。

（1）总线接口部件 BIU

BIU 是 CPU 与外部的通路，负责完成 CPU 与主存、外围设备等部件进行数据传送的任务。

（2）分段部件

在 80486 CPU 中设有 6 个 16 位段寄存器，用来实现对主存分段管理。在实地址方式下，用来存放段基址，其内容左移 4 位与偏移地址形成 20 位物理地址；在保护方式下，段寄存器作为选择器使用，用来存放选择符以指示相应的段描述符在其段描述表中的地址。分段部件通过段描述符把逻辑地址转换成 32 位线性地址。

（3）分页部件

分页部件是分段部件之后的下一级存储管理部件。若分页禁止，则线性地址就是物理地址；若允许分页，则由分页部件再将线性地址转换成 32 位物理地址。通过分页管理，80486 可寻址 4GB 的物理地址内存地址空间。通过分段分页管理可实现 64TB 虚拟存储器的映像管理。

（4）缓存部件

片内 8KB 缓存采用 4 路相连映像方式，用来存储待执行的程序数据，也就是作为外部主存的副本。它通过 16 位的总线与指令预取部件连接，使指令和数据的传输时间缩短。它通过 64 位数据线与整数部件、浮点运算器和分段部件相连接，并与外部采用突发式传输方式，来提高数据传输速率。为了保持与主存的一致性，片内缓存采用“写贯穿”方式进行写入操作。

（5）指令预取部件

指令预取部件一次可从片内缓存取出 16 位指令代码，送入指令队列排队，等候执行。

（6）指令译码器

指令译码器从指令队列获取指令代码，并对其译码。而后由微程序控制器 ROM 输出代码序列，并控制该指令的执行，同时由控制和保护部件进行保护检查。

（7）整数部件

整数部件由算术/逻辑运算部件 ALU、桶形移位器和寄存器组成。在 ALU 中设有高速加法器，可实现高速算术/逻辑运算、数据传输等功能。

（8）浮点运算器

浮点运算器 FPU 可实现各种浮点数值运算、跨越/非跨越函数运算等功能。

3．80486 引脚信号

80486 外部引脚分布如图 2-18 所示。

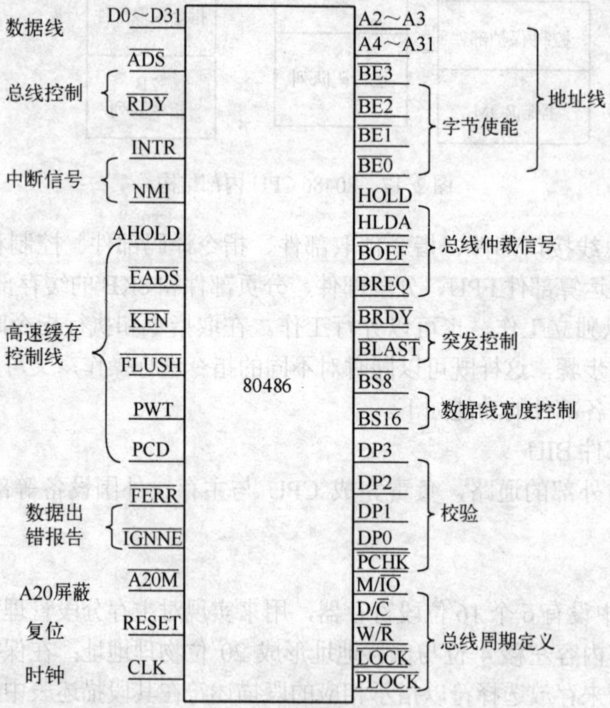

图 2-18　80486 外部引脚分布示意图

（1）32 位数据总线

单一功能的 32 位数据总线（D31～D0），双向，三态。借助 $\overline{BE16}$、$\overline{BE8}$ 两根输入信号能够完成总线宽度控制，使数据总线可以用来传输 32 位、16 位、8 位 3 种宽度的数据。

（2）32 位地址总线

32 位地址总线（A31～A2，$\overline{BE3}$～$\overline{BE0}$），输出，三态。该总线提供物理存储器地址或 I/O 端口地址。在 80486 中为了实现 32 位、16 位、8 位数据访问，设有 4 位允许输出信号 $\overline{BE3}$～$\overline{BE0}$，用来控制不同存储体的数据宽度。高 30 位地址线（A31～A2）与 4 位允许输出信号 $\overline{BE3}$～$\overline{BE0}$（4 位输出相对于 2 位地址线）形成 32 位地址总线。该信号由 80486 根据指令类型产生。低 2 位地址（A1，A0）没有相应的输出线。

（3）总线控制信号

1）$\overline{\text{ADS}}$：地址状态信号，输出，低电平有效，表示总线周期中地址信号有效。

2）$\overline{\text{RDY}}$：非突发式传送准备好信号，输入，低电平有效，当该信号有效时，表示存储器或I/O设备已经准备好数据输出。

（4）总线周期定义信号

用来定义正在执行的总线周期类型。

1）W/$\overline{\text{R}}$：表示写/读周期。

2）D/$\overline{\text{C}}$：表示数据/控制周期。

3）M/$\overline{\text{IO}}$：表示访问存储器或I/O接口。

4）$\overline{\text{LOCK}}$：总线锁定信号，低电平有效，用来表示是锁定总线周期还是开启总线周期。

5）$\overline{\text{PLOCk}}$：伪总线锁定信号，低电平有效，表示现行总线的处理需要多个总线传送周期。

（5）总线宽度控制信号

1）$\overline{\text{BS16}}$：16位总线宽度控制信号，输入，低电平有效。

2）$\overline{\text{BS8}}$：8位总线宽度控制信号，输入，低电平有效。

（6）总线仲裁信号

1）HOLD：总线保持请求信号，输入，高电平有效。该信号有效时表示80486以外的某些设备控制总线。

2）HLDA：总线保持相应信号，输出，高电平有效。该信号有效时表示80486已经响应HOLD信号，并且让出总线控制权，进入总线保持状态。

3）$\overline{\text{BOEF}}$：总线占用信号，输入，低电平有效。该信号有效时，强制总线为高阻悬空状态。

4）BREQ：总线请求信号，输出，高电平有效。该信号有效时，表示80486需要一个总线周期。

（7）突发式总线控制信号

1）$\overline{\text{BRDY}}$：突发式传送准备好信号，输入，高电平有效。有效时可以进行突发式数据传送。

2）$\overline{\text{BLAST}}$：最后数据传送信号，输出，低电平有效，有效时表示正在进行本批数据的最后数据传送。

（8）中断信号

1）INIR：可屏蔽中断请求信号，输入，高电平有效。

2）NMI：非屏蔽中断请求信号，输入，高电平有效。

3）RESET：复位信号，输入，高电平有效。

（9）缓存控制信号

1）$\overline{\text{KEN}}$：缓存允许信号，输入，低电平有效。有效时表示可以将存储器中的数据复制到片内缓存中。

2）$\overline{\text{FLUSH}}$：缓存刷新信号，输入，低电平有效。用来通知80486将缓存内容全部清空。

3）AHOLD 及$\overline{\text{EADS}}$：AHOLD 地址保持信号，输入，低电平有效，修改主存内容后，发出该信号，使地址总线悬空至高阻态；$\overline{\text{EADS}}$外部地址有效信号，输入，低电平有效，有效时表明地址线上已经有有效地址。

4）PWT 和 PCD：PWT 为页贯穿信号，输出，高电平有效，有效时，表示在修改缓存的同时将修改写回主存中的相应单元；PCD 为页式缓存禁止信号，输出，高电平有效。

（10）浮点处理信号

1）$\overline{\text{FERR}}$：浮点数据出错处理信号，输出，低电平有效。

2）$\overline{\text{IGNNE}}$：忽略数值处理器出错信号，输入，低电平有效。

（11）奇偶校验信号

1）DP3～DP0：奇偶校验信号，双向。写入数据时，系统会随之加入 4 个偶校验位 DP3～DP0，每个校验位对应数据总线的 1B；读数据时，系统也会对每个数据字节进行偶校验。

2）$\overline{\text{PCHK}}$：奇偶校验状态信号，输出，低电平有效。有效时，表明发生了奇偶校验错。

（12）地址 A20 屏蔽信号

$\overline{\text{A20M}}$：地址 A20 屏蔽信号，输入，低电平有效。该信号只适用于实地址工作方式，有效时，80486 在总线上查找内部 Cache 或发生某存储周期之前屏蔽 A20。

4．功能模式

（1）实地址方式

80486 CPU 在加电开机或复位时，被初始化为实地址方式。在此方式下，它和 8086 具有相同的存储空间和管理方式，最大寻址空间为 1MB，物理地址等于段地址左移 4 位与偏移地址相加所得的值。

（2）保护地址方式

80486 CPU 在保护方式下能支持 4GB 的物理内存空间及 64TB 的虚拟存储空间，使得程序可在 64TB 的虚拟存储器中运行。保护方式下，80486 先进的存储器管理部件及相应的辅助保护机构，为现代多任务操作系统的顺利运行提供了强大的硬件基础。

在保护方式下，80486 的基本结构保持不变，实地址方式下的寄存器结构、指令和寻址方式仍然有效。从程序员的观点看，保护方式和实地址的主要区别是地址空间和寻址机构的不同。

在保护方式下，48 位的逻辑地址由 16 位的段选择子和 32 位的段内偏移量组成。与实地址方式不同的是，在保护方式下，某个段寄存器中的内容不是段的基址。

为了加快由线性地址向物理地址的转换过程，80486 芯片内置了 1 个页描述符高速缓冲存储器，它也称为转换旁视缓冲器（TLB）。TLB 中存放着最近经常用到的线性地址的高 20 位及其对应的页表项。

（3）虚拟 8086 方式

80486 的虚拟 8086 方式是实地址方式和保护方式的结合。在虚拟 8086 方式下，80486 的段寄存器的用途与实地址方式相同，并且也允许执行以前 8086 的程序。在虚拟 8086 方式下执行 8086 应用程序时，可以充分利用 80486 的存储保护机制。

2.4 Pentium（奔腾）CPU

Pentium 微处理器由 Intel 公司于 1993 年 3 月推出，根据生产的时间不同，可以分为：普通 Pentium、Pentium Pro（高能奔腾）、Pentium MMX（多能奔腾）以及 Pentium Ⅱ、Pentium

Ⅲ（简称 PⅢ）和 Pentium 4（简称 P4）等系列产品。

2.4.1 Pentium（奔腾）CPU 概述

Pentium 微处理器在结构上比 80486 有较大的改进，内部采用 32 位结构，其内部寄存器仍然是 32 位，不过其 64 位的外部数据总线及 64 位、128 位、256 位宽度可变的内部数据通道使得 Pentium 的内外数据传输能力增强很多。它的地址总线仍为 32 位，所以，物理寻址范围仍为 4GB。Pentium 微处理器内部采用了先进的超标量流水线结构，拥有两个 ALU，能同时执行两条流水线，从而使 Pentium 在一个时钟周期内能完成两条指令。在软件方面，它兼容了 80486 的全部指令且有所扩充。

1．Pentium CPU 的组成

Pentium 微处理器的基本组成包括总线接口部件、分页部件、片内 16KB Cache 存储器、浮点部件、控制部件、执行部件以及分支目标缓冲器等。Pentium 微处理器内部结构框图如图 2-19 所示。

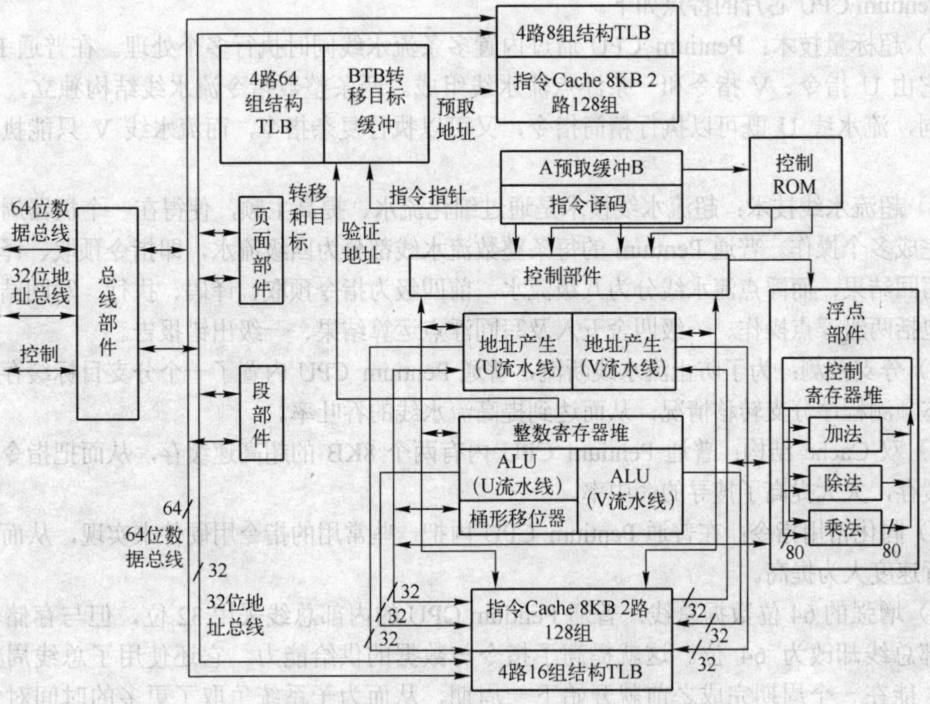

图 2-19 Pentium 微处理器内部结构框图

（1）总线接口部件

它用于与外部系统总线的连接，以实现数据的高速传输。其中数据总线 64 位，地址总线 32 位。

（2）分页部件

它用于实现主存分页管理等功能。

（3）片内 Cache

16KB 的片内 Cache 分为两个 8KB 且相互独立的代码 Cache 和数据 Cache。代码 Cache 和数据 Cache 分开，减少了二者之间的冲突，且提高了命中率，从而提高了系统的整体性能。

（4）控制部件

控制部件包括预取缓冲器、指令译码器、控制 ROM 及控制逻辑电路。它的功能是控制指令代码的预取、译码和执行。

（5）执行部件

执行部件主要由整数寄存器组、ALU 流水线、地址流水线和桶型移位器组成。它的功能是在控制部件的控制下执行指令序列。

（6）浮点部件

浮点部件在 80486 的基础上改进了很多，速度大大提高。

（7）分支目标缓冲器

分支目标缓冲器也称分支预知部件，用来判断程序各分支的走向，确定下一条指令能否并行执行。

2．Pentium CPU 芯片的特点

Pentium CPU 芯片的特点如下。

1）超标量技术：Pentium CPU 通过内置多条流水线同时执行多个处理。在普通 Pentium 中，它由 U 指令、V 指令和一条浮点流水线组成。两条整数指令流水线结构独立，功能不尽相同，流水线 U 既可以执行精简指令，又可以执行复杂指令，而流水线 V 只能执行精简指令。

2）超流水线技术：超流水线技术是通过细化流水、提高主频，使得在一个机器周期内能同时完成多个操作。普通 Pentium 的每条整数流水线都分为四级流水，即指令预取、译码、执行、写回结果；而浮点流水线分为八级流水，前四级为指令预取、译码、执行、写回结果，后四级包括两级浮点操作、一级四舍五入及写回浮点运算结果、一级出错报告。

3）分支预测：为了防止流水线断流，普通 Pentium CPU 内置了一个分支目标缓存器，用来动态预测程序分支转移情况，从而达到提高流水线的吞吐率。

4）双 Cache 结构：普通 Pentium CPU 内有两个 8KB 的超高速缓存，从而把指令和数据分开缓存，大大提高了搜寻的命中率。

5）固化常用指令：在普通 Pentium CPU 内把一些常用的指令用硬件来实现，从而使指令的运行速度大为提高。

6）增强的 64 位数据总线：普通 Pentium CPU 的内部总线采用 32 位，但与存储器之间的外部总线却改为 64 位。这就提高了指令与数据的供给能力。它还使用了总线周期通道技术，能在一个周期完成之前就开始下一周期，从而为子系统争取了更多的时间对地址进行译码。

7）采用 PCI 标准局部总线：普通 Pentium CPU 采用先进的 PCI 标准局部总线，从而能够容纳更先进的硬件设计，支持多处理、多媒体以及大数据量的应用。

8）错误检测及功能冗余校验技术：普通 Pentium CPU 具有内部错误检测功能和冗余校验技术，可在内部多处设置偶校验，以保证数据的正确传送；通过双工系统的运算结果比较，判断系统是否出现异常操作，并报告错误。

9）内建能源效率：当系统不进行工作时，自动进入低耗电的睡眠模式。只需毫秒级的时间系统就能恢复到全速状态。

10）支持多重处理：多重处理指多 CPU 系统，它是高速并行处理技术中常用的体系结构之一。

3．工作模式

一般说，Pentium 微处理器有 3 种工作模式：实地址模式、保护虚地址模式和虚拟 8086 模式。

（1）实地址模式

处理器加电或复位时均处于实地址工作模式。在此模式下，微处理器的存储管理、中断控制以及应用程序的运行环境等都与 8086 相同。在此模式下，高档的微处理器只相当于一个快速的 8086，只能处理 16 位数据。

（2）保护虚地址模式

保护虚地址模式简称为保护模式。所谓“保护”，是指处理器对多任务操作时，对不同任务使用的虚拟存储器空间进行完全地隔离，以保护每个任务顺利执行。

保护模式是 80286 以上的高档微处理器最常用的工作模式。在保护模式下，存储器空间采用逻辑地址、线性地址和物理地址来进行描述。逻辑地址就是通常所说的虚拟地址，它是应用程序所使用的地址，不能直接映射到存储器空间。为此，必须把逻辑地址变为线性地址，才有可能对存储空间进行访问。

（3）虚拟 8086 模式

虚拟 8086 模式是保护模式下的一种工作方式，也称为虚拟 8086 模式，或者简称为虚拟 86 模式。在虚拟 86 模式下，处理器类似于 8086。寻址的地址空间是 1MB；段寄存器的内容作为段值解释；20 位存储单元地址由段值乘以 16 加偏移量构成。在虚拟 86 模式下，代码段总是可写的，这与实模式相同。同理，数据段也是可执行的，只不过可能会发生异常。所以，在虚拟 8086 模式下，可以运行 DOS 及以其为平台的软件。但虚拟 86 模式毕竟是虚拟 8086 的一种方式，所以不完全等同于 8086。

8086 程序可以直接在虚拟 86 模式下运行，而虚拟 86 模式受到称为虚拟 86 监控程序的控制。虚拟 86 监控程序和在虚拟 86 模式下的 8086 程序构成的任务称为虚拟 8086 任务，或者简称为虚拟 86 任务。虚拟 86 任务形成一个由处理器硬件和属于系统软件的监控程序组成的“虚拟 8086 机”。虚拟 86 监控程序控制虚拟 86 外部界面、中断和 I/O。硬件提供该任务最低端 1M 字节线性地址空间的虚拟存储空间，包含虚拟寄存器的 TSS，并执行处理这些寄存器和地址空间的指令。

微处理器把虚拟 86 任务作为与其他任务具有同等地位的一个任务。它可以支持多个虚拟 86 任务，每个虚拟 86 任务是相对独立的。所以，通过虚拟 86 模式这种形式，运行 8086 程序可充分发挥处理器的能力和充分利用系统资源。

2.4.2 Pentium 4 简介

2000 年，Intel 发布了 Pentium 4 处理器。Pentium 4 在结构设计上没有沿用 Pentium III 的架构，而是采用了全新的设计理念。包括等效于 400MHz 的前端总线（100x4）、SSE2 指令集、256～512KB 的二级缓存、全新的超管线技术及 NetBurst 架构等技术。

Pentium 4 处理器集成了 4200 万个晶体管，改进版的 Pentium 4（Northwood）更是集成了高达 5500 万个晶体管，并且开始采用 0.18μm 技术进行制造，初始速度就达到了 1.5GHz。

第一个 Pentium 4 核心为 Willamette，采用全新的 Socket 423 插座，集成 256KB 的二级缓存，支持更强大的 SSE2 指令集，多达 20 级的超标量流水线，搭配 i850/i845 系列芯片组，这使得 Pentium 处理器的性能大幅度提高。随后，Intel 陆续推出了 1.4～2.0GHz 的 Willamette P4 处理器，但后期的 P4 处理器均转到了针脚更多的 Socket 478 插座。

2001 年，Intel 发布了第二个 Pentium 4 核心，代号为 Northwood，改用了更精细的 0.13μm 技术，集成了更大的 512KB 二级缓存，性能有了大幅提高。其后，Intel 又不断改进系统总线技术，推出了 FSB533、FSB800 的新规格，将数据传输速度进一步提升，并且在最新的 Pentium 4 处理器中，Intel 已经支持双通道 DDR 技术，让内存与处理器传输速度也有很大的改进。加上 Intel 不断的推广和主板芯片厂家的支持，目前 Pentium 4 已经成为很受欢迎的中高端处理器。

Pentium 4 还提供了 SSE2 指令集，这套指令集增加了 144 个全新的指令。例如，在进行 128 位数据压缩时，在 SSE 执行时，仅能以 4 个单精度浮点值的形式来处理，而在 SSE2 指令集上执行时，能采用多种数据结构来处理，即 4 个单精度浮点数（SSE）对应 2 个双精度浮点数（SSE2）；对应 16 字节数（SSE2）；对应 8 个字数（word）；对应 4 个双字数（SSE2）；对应 2 个四字数（SSE2）；对应 1 个 128 位长的整数（SSE2）等。

用户使用基于 Pentium 4 处理器的个人计算机，可以创建专业品质的影片，通过因特网传递电视品质的影像，实时进行语音、影像通信、实时 3D 渲染及快速进行 MP3 编码解码运算，在连接因特网时运行多个多媒体软件等。

Pentium 4 还引入了 NetBurst 新架构，NetBurst 架构的好处主要包括如下内容。

1）较快的系统总线（Faster System Bus）。

2）高级传输缓存（Advanced Transfer Cache）。

3）高级动态执行（Advanced Dynamic Execution）：包含执行追踪缓存（Execution Trace Cache）、高级分支预测（Enhanced Branch Prediction）。

4）超长管道处理技术（Hyper Pipelined Technology）。

5）快速执行引擎（Rapid Execution Engine）。

6）高级浮点以及多媒体指令集（SSE2）。

2.4.3 新一代微处理器——Itanium（安腾）CPU 简介

Itanium 是与其他 CPU 完全不同的 64 位 CPU，它是面向工作站和服务器的专用 CPU。安腾处理器是构建在 IA-64（Intel Architecture 64）上的，IA-64 与 x86 不同，它是为未来设计的专门用于高端企业级 64 位计算环境中，主要用于对抗基于 IBM Power、HP PA-RISC、SUN UltraSparc-III 及 DEC Alpha 的服务器。64 位只是 Itanium 处理器的一个技术特征，瞄准的是高端企业市场。相对于 Intel 其他系列的处理器来说，Itanium CPU 价格昂贵，即使最便宜的型号价值仍然超过 1000 美元。

Itanium 已经经历了两代的变化。

1．Itanium 1 处理器

Intel Itanium 处理器是 Intel 公司 64 位处理器家族的第一位成员，它可使客户以更经济的成本（相比专用技术而言）获得针对高端 64 位服务器和工作站的更广泛的平台和应用选择。基于 Itanium 处理器的系统通过诸多产品和体系结构的创新，能够为客户提供一流的性能和可靠性。

Itanium 处理器的清晰并行指令计算（EPIC）设计，在万亿字节（Terabytes of Data）数据处理、高速安全在线购物和交易及复杂计算处理方面都取得了突破性成果。这些特性能够满足数据通信、存储、分析和安全等日益增长的需求，同时与专有的产品相比，它具有更高的性价比、可扩充性和可靠性。应用的领域包括大型数据库、数据挖掘、电子商务安全处理、计算机辅助设计、机械工程及高性能科学计算等。

与专用 RISC 系统相比，基于 Itanium 处理器系统的性能提升可达 12 倍。Itanium 处理器的体系结构还包括独特的可靠性设计，它是通过增强机器校验架构（Enhanced Machine Check Architecture，EMCA）来实现的，该功能可以进行错误的检测、修改和记录，还具有错误修改指令（Error-Correcting Code，ECC）和奇偶校验的特性。Itanium 处理器具有 2MB 或 4MB 的 L3 高速缓存，主频为 800MHz 或 733MHz。

2．Itanium 2 处理器

Itanium 2 处理器得到了广泛的技术支持，这些支持包括由 40 多家领先硬件厂商的具有出色可扩充的开放标准 64 位解决方案，诸如 Windows Server 2003、HP-UX 和 Linux 等的超过 5 款操作系统，以及数百种应用和工具。此外，Intel Itanium 处理器还为现有的 Intel Itanium 架构软件提供了出色的二进制兼容性，进而可使用户获得强大的投资保护。Itanium 2 处理器家族支持 32 位 Intel 架构（IA-32）应用，并将随着 32 位 Intel 架构（IA-32）执行层技术的推出进一步增强。

带有 6MB 三级高速缓存（带有 9MB 三级缓存的 Fanwood 年底推出）的 Itanium 2 处理器具有出色的并行计算能力、可扩充和可靠性，全面支持数据库、企业资源规划、供应链管理、业务智能以及诸如高性能计算（HPC）等其他数据密集型应用。通过采用兼容原有 Intel Itanium 2 处理器的插座设计，它可以为 OEM 和用户带来出色的投资保护。

此外，它还兼容现有 Intel 安腾架构软件，并且还可以提供比原有安腾 1 处理器高出 30%～50%或更高的性能。具有大量执行资源、6.4GB/s 的系统总线带宽、6MB 的集成三级高速缓存和 1.5GHz 的主频等性能。

2.5 习题

1．填空题

（1）8086/8088 CPU 主要由________、________两大部件组成。

（2）微处理器 8086 的地址总线为________位，可直接寻址空间为________字节。

（3）在总线周期，8086 CPU 与外设需交换________、________、________。

（4）8086 用________和________引脚信号来确定是访问内存还是访问外设。

（5）8086 用________和________引脚信号来确定是写操作还是读操作。

（6）8086 用________和________引脚信号来确定当前操作是读存储器数据。

（7）8086 用________和________引脚信号来确定当前操作是写存储器数据

（8）8086 用________和________引脚信号来确定当前操作是写入外部设备端口数据。

（9）8086 用________和________引脚信号来确定当前操作是读取外部设备端口数据。

（10）8086 引脚 AD15～DA0 称为________线，其功能为________。

（11）8086 引脚 ALE 的作用是________。

（12）数据段、代码段、堆栈段及附件段地址分别存放在________、________、________及________中；段内地址可以由________、________、________提供。

（13）逻辑地址是指________，物理地址是指________。

（14）逻辑地址为 2000H：1200H，段地址为________，有效地址为________，物理地址为________。

（15）一个数据的有效地址是 2140H、（DS）=1016H，则该数据所在内存单元的物理地址为____。

（16）执行当前指令所在的存储段为________，段内偏移地址为________，物理地址为____。

（17）引脚 $DT/\overline{R}$ 在低电平时，表示本总线周期为________，在接有数据总线收发器的系统中，用来控制数据传输方向。

（18）当 8086CPU 时钟频率为 5MHz，则其总线周期________。

（19）常见的基本操作时序有：________、________、________、________及________。

（20）系统中的地址锁存器利用 ALE 脉冲的________沿来锁存 20 位地址信息以及 $\overline{BHE}$。

（21）地址总线的作用是________，控制总线的作用是________，数据总线的作用是________。

（22）Pentium、Pentium Pro、Pentium MMX 这 3 种处理器的中文名分别是________、________、________。

（23）80486 和 Pentium 微处理器为____位微处理器，内部通用寄存器都是____位，这些寄存器的低 16 位和________通用寄存器兼容使用，其中________寄存器也可以分别作为两个 8 位寄存器使用。

（24）Pentium 微处理器有 3 种工作模式：________、________、________。

（25）Pentium 微处理器内部采用了先进的________结构，拥有________ALU，能同时执行______流水线，使 Pentium 在一个时钟周期内能完成______指令。在软件方面，它兼容了________的全部指令且有所扩充。

（26）微型计算机中，CPU 反复执行的基本操作是________、________、________。

2．问答题

（1）8086 CPU 由哪两部分组成？它们的主要功能是什么？

（2）8086 微处理器有哪些寄存器？其主要作用是什么？

（3）举例简述微处理器执行程序（指令）的工作过程。

（4）状态标志位和控制标志位有何不同？8086/8088 的状态标志位和控制标志位有哪些？

（5）在 8086/8088 系统中，何为分时复用总线？其优点何在？试举例说明。

（6）什么是时钟周期、总线周期、指令周期？它们之间有什么关系？

（7）试比较总线读周期和总线写周期的差别。

（8）80x86 相对于 8086 来说有哪些主要变化？

（9）Pentium（奔腾）CPU 芯片的特点是什么？

（10）Pentium 微处理器的虚拟 8086 模式的含义是什么？

第3章　微型计算机指令系统

指令是计算机完成某一特定操作的命令，指令系统是微处理器能够识别并执行全部指令的集合。计算机所进行的全部操作都是执行程序的结果，而程序是一条条指令的有序集合。指令系统是微处理器功能的具体体现，同时也是学习微处理器工作原理及过程的重要途径。本章重点介绍 8086 微处理器的指令系统及指令的寻址方式。在此基础上，介绍 80x86 指令系统的扩展。

3.1　指令系统简介

本节主要介绍指令系统的基本概念及指令的一般格式。

3.1.1　指令及指令系统

计算机处理的任何问题，都必须转换为计算机能够识别和执行的操作命令，这些命令用计算机与程序设计员都能识别的信息表示出来，就称其为指令。在计算机系统中，指令的表示一般有机器指令和汇编指令两种形式。

1）机器指令是以二进制代码的形式表示的，也称目标代码。在设计 CPU 时由其硬件电路根据输入逻辑电平（高电平为“1”，低电平为“0”）所实现的功能定义机器指令。所以，CPU 能够直接执行机器指令，执行速度最快。但是，机器指令使用时非常烦琐费时，不易阅读和记忆。

2）汇编指令是在机器指令的基础上，用英文单词或英文单词缩写及数字等符号表示的机器指令。汇编指令实际上是符号化的机器指令，一条汇编指令必有一条机器指令与之对应。由于汇编指令既具有易读、便于记忆、编程方便等优点，又具有机器指令的功能，因而，通过汇编指令形式学习指令系统既方便又实用。但是，用助记符号表示的汇编指令，CPU 是不能直接识别和执行的，汇编指令必须经汇编程序的汇编（翻译），将其转换为机器指令，CPU 才能执行。

指令系统是 CPU 能够识别和执行的全部命令的集合，CPU 的主要功能必须通过它的指令系统来实现。每条指令的功能与 CPU 的一种基本操作相对应，计算机所做的全部工作都必须转换为与之对应的指令序列交由 CPU 执行。不同系列的 CPU 有不同的指令系统，但是指令的基本格式、操作数的寻址及指令功能却具有共同的特征。

必须认识到，指令系统中的命令是离 CPU 最近的命令，也称为低层命令或低层软件，任何计算机语言编写的任何程序都必须转换为指令系统中相应机器指令代码的有序集合，CPU 才能执行。

3.1.2　指令格式

1. 机器指令格式

计算机机器指令一般由操作码（指令助记符）和操作数两部分组成，其基本格式如图 3-1

所示。

操作码	操作数

图 3-1 指令的基本格式

操作码用来指示指令所要完成的操作，操作数指示指令执行过程中所需要的数据。

在计算机中，任何信息都是以数据形式存储的，所以，实现指令功能的主要方式就是对数据的处理。只有一个操作数的指令称为单操作数指令。有两个操作数的指令，一个称为源操作数，另一个称为目的操作数。而有些指令可以没有操作数。

2. 汇编指令格式

汇编指令格式由以下几个部分组成：

```
[标号: ]  操作码 [目的操作数] [,源操作数] [;注释]
例如，LOOP:  MOV  AL,       20H       ; A←20H
```

其中，[ ]中的项表示为可选项。

标号：又称为指令地址符号，一般是由 1～6 个字符组成，标号是以字母开头的字母-数字串，它与操作码之间用冒号分隔。

操作码：是由助记符所表示的指令的操作功能，任何指令都必须具有操作码。

操作数：是指参加操作的数据或数据的地址。操作数与操作码之间必须用空格分隔，操作数与操作数之间必须用西文逗号“,”分隔。

注释：是为该条指令作的说明，以便于阅读，注释部分不产生目标代码。

操作码是指令的核心，不可缺少。其他几项（方括号内的）根据指令、程序的要求不同为可选项。

在指令系统中，不同功能的指令，操作数的个数也不同。指令可以分为：双操作数指令、单操作数指令和无操作数指令。

传送类指令多为两个操作数，写在左面的称为目的操作数（表示操作结果存放的寄存器或存储器单元地址），写在右面的称为源操作数（指出操作数的来源）。

例如：

```
MOV   AX,  1234H          ;双操作数传送指令
INC   SI                  ;单操作数加 1 指令
HLT                       ;无操作数暂停指令
```

3.2 8086 指令的寻址方式

寻址方式就是寻找或获得操作数的方式，是指令和指令系统的重要组成部分。

3.2.1 操作数及分类

计算机对任何问题的处理都归结为对数据的处理，指令在执行过程中所需要操作的数据称为操作数。

在 8086 指令系统中，操作数分为两大类：数据操作数和转移地址操作数。

1．数据操作数

数据操作数是计算机需要处理的真实数据。根据在计算机中的存放位置，数据操作数可分为以下 4 种。

（1）立即数操作数

立即数操作数是指指令中要处理的数据就在指令中（一般为多字节指令），其存放位置在指令操作码的下一个存储单元。

（2）寄存器操作数

寄存器操作数是指指令中要处理的中间数据临时存放在 CPU 内部的寄存器中，这样，可以提高计算机处理数据的速度。

（3）存储器操作数

存储器操作数是指指令中要处理的数据存放在指定的存储器存储单元中。

（4）输入/输出操作数

输入/输出操作数是指指令中要处理的数据由指定输入/输出设备端口提供。

2．转移地址操作数

转移地址操作数是转移指令操作的数据，该数据用来表示地址。转移地址操作数决定了 CPU 执行下一条指令要转移的地址或相对地址。

3.2.2 8086 数据寻址方式

所谓寻址方式，是指指令中寻找或获得操作数的方式，可由不同的寻址方式指定需要传送或运算的操作数或操作数的地址。寻址方式是指令系统中最重要的内容之一，寻址方式越多样，则计算机处理问题的功能越强，灵活性越大。

8086 数据操作数的寻址方式有以下 5 种类型。

1．立即寻址

立即寻址是指操作数直接存放在指令中，即操作数就存放在操作码之后的存储单元中。这种操作数称为立即数。立即数可以是 8 位或 16 位，对于 16 位立即数，则低字节存放在低地址单元，高字节存放在高地址单元，即低位在前，高位在后。80386 以上的微处理器，其立即数可为 32 位。立即寻址方式常用于程序中需要寄存器处理的数据，可以给寄存器赋初值。立即寻址只能作源操作数，不能作目的操作数。

1）8 位立即数只能传送给 8 位寄存器和字节存储单元中。

例如：

```
MOV AL, 23H          ;执行后, (AL)=23H, 立即数 23H 作为源操作数赋给寄存器 AL
MOV BH,0FFH          ;执行后, (BH)=0FFH, 立即数 0FFH 作为源操作数赋给寄存器 BH
```

2）16 位立即数只能传送给 16 位寄存器和字存储单元中。

例如：

```
MOV AX, 1234H        ;执行后，立即数 1234H 作为源操作数赋给寄存器 AX
                     ; (AH)=12H，(AL)=34H
```

该指令执行过程如图 3-2 所示。

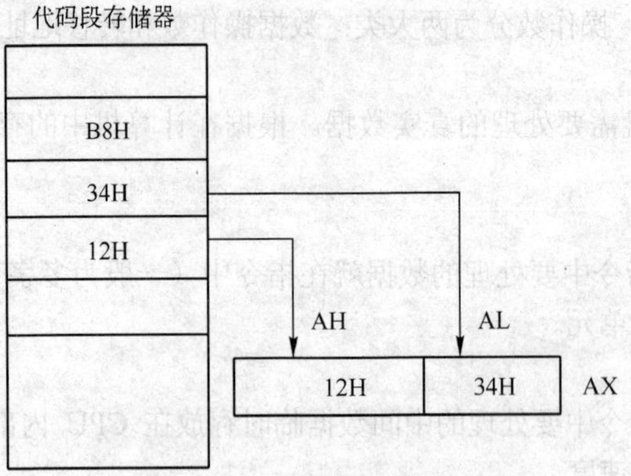

图 3-2　16 位立即数寻址方式执行过程

该指令机器码“B8H 34H 12H”，指令第 1 字节为操作码“B8H”，第 2、3 字节为 16 位立即数“34H”“12H”。

2．寄存器寻址

寄存器寻址是指操作数就在 8 位或 16 位通用寄存器中。例如：

```
MOV AL,CL        ; 8 位寄存器 CL 的内容为源操作数传送给目的寄存器 AL，即 AL←(CL)
MOV AX,BX        ; 16 位寄存器 BX 的内容为源操作数传送给目的寄存器 AX，即 AX←(BX)
```

CPU 执行指令时，立即寻址方式和寄存器寻址方式寻找操作数的操作均在 CPU 内进行，因此，执行速度较快。

3．存储器寻址

存储器寻址是指操作数在存储器单元数据区中。

当 CPU 需要访问某一存储单元时，应首先确定段地址，然后根据指令中提供的偏移量（有效地址）形成物理地址，才能对它进行读/写操作。偏移量可以直接在指令中给出，也可以间接通过其他方式经汇编程序对其汇编（计算）实现。通常，经过计算得到的段内偏移量称之为有效地址（Effective Address，EA）。

8086 几种存储器寻址方式如下。

（1）直接寻址

直接寻址是指存储器操作数的有效地址（EA）就在指令中，通过指令中提供的地址寻找操作数。操作数的有效地址以 8 位、16 位偏移量的形式作为指令的一部分，与操作码一起存放在代码段中。直接寻址时，操作数的段基地址默认为 DS（即数据段）。该操作数在存储器中的物理地址为操作数所在段的段寄存器 DS 的内容左移四位再加上有效地址 EA。

物理地址=(DS)×10H+EA。

直接寻址所确定的物理地址可以是字节数据单元，也可以是字数据单元，可根据目标寄存器的位数确定。

例如，直接寻址字节单元。

```
MOV   AL, [1234H]        ; 1234H 为源操作数字节存储单元的偏移量
```

该指令中，为了与立即数相区别，地址码前后加括号。由于目标寄存器 AL 为 8 位数据，所以，源操作数也必须为 8 位数据。假设数据段寄存器 DS 的内容为 2000H，则源操作数

的物理地址为 2000H×10H+1234H=21234H，执行过程如图 3-3 所示。

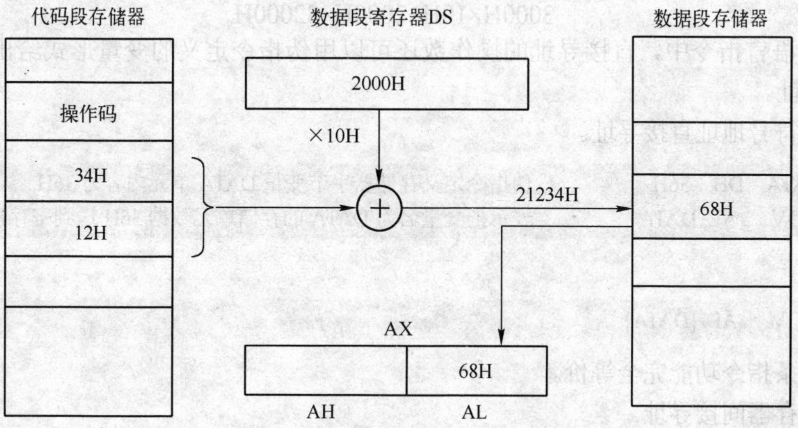

图 3-3　直接寻址字节单元执行过程

执行结果为：(AL)=68H。

例如：直接寻址字单元。

```
MOV   AX, [1234H]          ; 1234H 为源操作数字存储单元的偏移量
```

该指令中，由于目标寄存器 AX 为 16 位数据，所以，源操作数也必须为 16 位数据。假设数据段寄存器 DS 的内容为 2000H，则源操作数的物理地址为 2000H×10H+1234H=21234H，源操作数存放在 21234 和 21235 连续两个存储单元中（低位在前，高位在后）。

由图 3-4 所示，执行结果为：(AX)=9F68H。

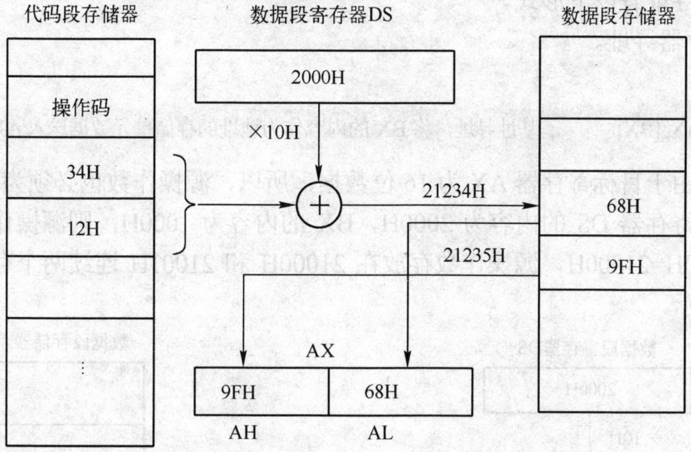

图 3-4　直接寻址字单元执行过程

若要对代码段、堆栈段或附加段中的数据进行直接寻址，应在指令中增加段跨越前缀。

例如，段跨越直接寻址。

```
MOV   AX, ES:[2000H]   ; 把附加段段内地址为 2000H 单元的内容传送给 AX
```

该操作数在存储器中的物理地址为附加段寄存器的内容左移四位再加上有效地址 EA。即：物理地址=(ES)×10H+EA。

假设附加段寄存器 ES 的内容为 3000H，则源操作数的物理地址为：

3000H×10H+2000H=32000H

在汇编语言指令中，直接寻址的操作数还可以用伪指令定义的变量形式给出，该变量名称为符号地址。

例如，符号地址直接寻址。

```
DATA  DB  36H          ; 伪指令定义存储器字节变量 DATA 单元内容为 36H
MOV   AL, DATA         ; 表示把变量名为 DATA 的存储单元数据 36H 送到寄存器 AL
```

或

```
MOV   AL, [DATA]
```

以上两条指令功能完全等价。

（2）寄存器间接寻址

寄存器间接寻址是指存储器操作数的有效地址就在寄存器中。

在寄存器间接寻址方式中，使用寄存器 BP 作间接寻址时，操作数的段地址为 SS（即堆栈段），而使用其他寄存器作间接寻址时，操作数的段地址一律默认为 DS（即数据段）。所在的段内有效地址必须存放在 16 位寄存器中，这些寄存器可以是：

- 基址寄存器 BX 或 BP。
- 变址寄存器 SI 或 DI。
- 一个基址寄存器和一个变址寄存器中的内容之和。

若单独使用基址寄存器或变址寄存器，则分别称为基址寻址或变址寻址；若同时使用基址寄存器和变址寄存器，则称为基址加变址的寄存器间接寻址。

寄存器间接寻址有以下形式。

1）基址寄存器寻址。

例如：

```
MOV   AX, [BX]      ; 基址寻址，将 BX 的内容作为地址的存储单元数据送入 AX，即 AX←((BX)).
```

该指令中，由于目标寄存器 AX 为 16 位数据，所以，源操作数也必须为 16 位数据。

假设数据段寄存器 DS 的内容为 2000H，BX 的内容为 1000H，则源操作数的物理地址为 2000H×10H+1000H=21000H，源操作数存放在 21000H 和 21001H 连续两个存储单元中。执行过程如图 3-5 所示。

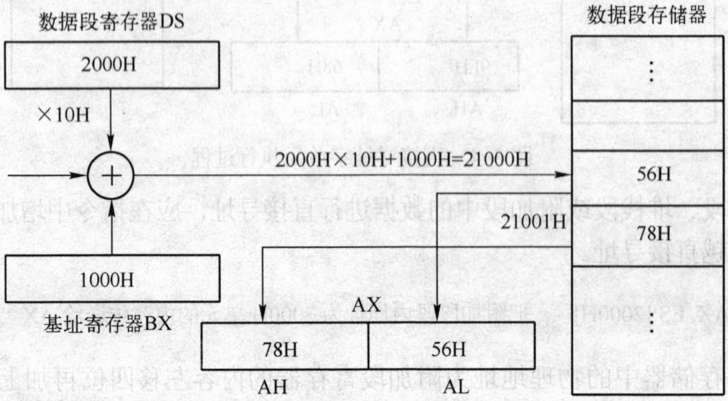

图 3-5　寄存器间接寻址字单元执行过程

执行结果为：(AX)=7856H。

例如：

```
MOV   AX, [BP]          ;基址寻址，将 BP 的内容为地址的存储单元数据送入 AX，即 AX←((BP))
```

该指令中，由于目标寄存器 AX 为 16 位数据，所以，源操作数也必须为 16 位数据。寄存器 BP 间接寻址时操作数所在的段为堆栈段 SS，假设堆栈段寄存器 SS 的内容为 3000H，BP 的内容为 2000H，则源操作数的物理地址为 3000H×10H+2000H=32000H，源操作数存放在 32000 和 32001 连续两个存储单元中。执行过程如图 3-6 所示。

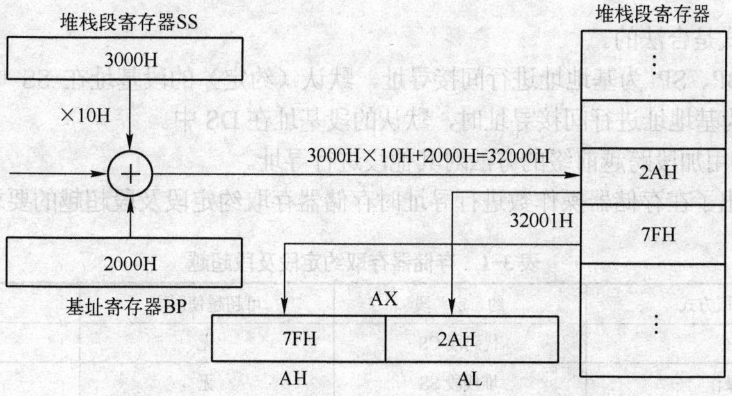

图 3-6　寄存器间接寻址字单元（SS 段）执行过程

执行结果为：(AX)=7F2AH。

2）变址寄存器寻址。

例如：

```
MOV   AX, [SI]     ; 变址寻址，将 SI 的内容为地址的存储单元数据送入 AX，即 AX←((SI))
MOV   AX, [DI]     ; 变址寻址，将 DI 的内容为地址的存储单元数据送入 AX，即 AX←((DI))
```

该指令中，假设数据段寄存器 DS 的内容为 2000H，DI 的内容为 2000H，则源操作数的物理地址为：

2000H×16+2000H=22000H

源操作数存放在 22000H 和 22001H 连续两个存储单元中。

3）基址加变址寄存器寻址。

例如：

```
MOV   AX, [BX][SI]        ;基址加变址寻址,AX←((BX)+(SI))
```

或

```
MOV   AX,[BX+SI]
```

以上两条指令完全等价。假设数据段寄存器 DS 的内容为 2000H，BX 的内容为 1000H，SI 的内容为 200H，则源操作数的物理地址为：

2000H×10H+(1000H+200H)=21200H

源操作数存放在 21200H 和 21201H 连续两个存储单元中。

在使用寄存器间接寻址时，必须注意以下问题。

1）基址加变址的寻址方式中，只能是基址和变址相加减，而不能是两个基址寄存器相加减或两个变址寄存器相加减。

例如，指令 MOV AX,[SI][DI] 是错误的。

当然，对于 80386 以上微处理器为 32 位的寻址方式，由于基址寄存器和变址寄存器已经不局限于 BX 和 BP，因此，下面指令：

```
MOV   DX, [EBX＋EBP]
```

其寻址方式是合法的。

2）若以 BP、SP 为基地址进行间接寻址，默认（约定）的段基址在 SS 中；而采用其他通用寄存器作为基地址进行间接寻址时，默认的段基址在 DS 中。

3）可以采用加段跨越前缀的方法对其他段进行寻址。

表 3-1 给出了在存储器操作数进行寻址时存储器存取约定段及段超越的要求和关系。

表 3-1　存储器存取约定段及段超越

存储器存取方式	约　定　段	可超越使用段	偏　移　量
取指令	代码段 CS	无	IP
堆栈操作	堆栈段 SS	无	SP
串操作中源字符串	数据段 DS	CS/ES/SS	SI
串操作中目的字符串	附件段 ES	无	DI
使用 BP 作基址	堆栈段 SS	CS/ES/DS	有效地址 EA
通用寄存器间址/直接寻址	数据段 DS	CS/ES/SS	有效地址 EA

由表 3-1 可以看出，取指令操作时所在段必须为代码段（CS），段内偏移量指定为指令指针寄存器 IP；通用数据读写操作时，约定段为数据段（DS），但允许使用段跨越前缀选择代码段（CS）或堆栈段（SS）或附件段（ES）。

【例 3-1】 执行 MOV　AX, [BX] 后，AX 的内容是什么？

设(DS)=2000H，(BX)=1000H，(21000H)=3412H，则源操作数的物理地址为：

(DS) ×10H+(BX)=2000H×10H+1000H
=20000H+1000H
=21000H(字地址）

指令执行后，(AX)=3412H。

（3）寄存器相对寻址

寄存器相对寻址是指存储器操作数的有效地址为寄存器的内容与位移量之和。在这种寻址方式中，存储器操作数的有效地址可以是基址或变址寄存器的内容与指令中指定的位移量之和，分别称为基址相对寻址或变址相对寻址；也可以是基址寄存器加变址寄存器的相对寻址。

例如：

```
MOV   AX, [BX＋64H]              ; 相对的基址寻址,AX←((BX)+64)
```

或

```
MOV   AX, 64H[BX]
```

以上两条指令完全等价。该指令中，假设数据段寄存器 DS 的内容为 2000H，BX 的内容为 1000H，位移量为 64H，则源操作数的物理地址为 2000H×10H+1000H+64H=21064H，操作数存放在 21064H 和 21065H 连续的两个存储单元中，执行过程如图 3-7 所示。

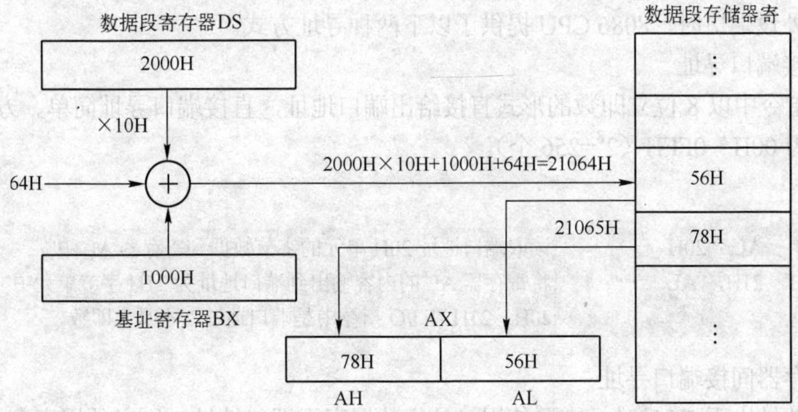

图 3-7　寄存器相对基址寻址字单元执行过程

执行结果为：(AX)=7856H。

例如：

```
MOV    AX,   [SI+16H]            ;相对的变址寻址
```

或

```
MOV    AX,   16H[SI]
```

以上两条指令完全等价。

例如：

```
MOV    AX, [BP+SI]               ;基址加变址寻址
```

例如：

```
MOV    AX, [BX＋SI＋16H]          ;相对的基址加变址寻址
```

或

```
MOV    AX, 16H[BX][SI]
```

以上两条指令完全等价。

【例 3-2】 执行 MOV　AL, 80H[BP] 后，AL 的内容是什么？

设(BP)=2040H，(SS)=2000H，(220C0H)=56H，则源操作数的物理地址为：

(SS)×10H+(BP)+80H=2000H×10H+2040H+80H

=20000H+20C0H=220C0H

指令执行后，(AL)=56H。

4. 输入/输出端口寻址方式

计算机在与外部设备交换信息时，需要通过输入/输出（I/O）指令访问外部设备。8086 CPU 对外部设备采用独立编址 I/O 端口，每个端口可以是 8 位字节数据单元，也可以是 16 位字数据单元，并设有专用的可以访问 I/O 端口的指令，其最大访问空间为 2^{16}B=64KB 端口或 32×1024 个字端口。

在寻址外设端口时，8086 CPU 提供了以下两种寻址方式。

（1）直接端口寻址

在 I/O 指令中以 8 位立即数的形式直接给出端口地址，直接端口寻址简单、方便，可访问的端口地址为 00H～0FFH（2^8=256 个）。

例如：

```
IN     AL,  20H          ;读取端口地址 20H 单元的字节数据到寄存器 AL 中
OUT    21H,  AL          ;将寄存器 AL 的内容输出到端口地址为 21H 字节单元中
                         ;20H、21H 在 I/O 指令中是端口地址，不是立即数
```

（2）寄存器间接端口寻址

当端口地址大于 255 时，需要使用 16 位数据表示端口地址，则必须用寄存器（DX）间接寻址方式，即将 16 位地址数据存放在寄存器 DX 中，通过 DX 间接访问外设端口。

例如：

```
MOV   DX,  200H          ;将立即数(端口地址)200H 传送给寄存器 DX
IN     AL,  DX           ;读取端口地址为 200H 单元的字节数据到寄存器 AL 中
```

```
MOV   DX,  300H          ;将立即数(端口地址)300H 传送给寄存器 DX
OUT   DX,   AL           ;将寄存器 AL 的内容输出到端口地址为 300H 的字节单元中
```

5. 隐含寻址

在 8086 系统中，有些指令形式没有给出操作数的任何说明，但 CPU 可以根据操作码确定要操作的数据，这些指令采用的寻找方式称为隐含寻址。

例如，在后面要介绍的 8086 指令系统中的指令：

```
AAA                ;十进制调整指令隐含对 AL 操作
XLAT               ;换码指令隐含对 AL、BX 操作
MOVSB              ;字节串操作指令隐含对 SI/ DI/ CX 操作
LOOP     标号      ;隐含对寄存器 CX 的操作
```

3.2.3 8086 转移地址寻址方式

在 8086 指令系统中，改变程序执行顺序的指令有控制转移指令和调用指令。这两类指令的操作数所表示的是转移地址或者调用地址的提供方式，一般也称为指令地址的寻址方式。8086 转移地址寻址方式有以下 4 种。

1. 段内直接寻址

段内直接寻址是由转移指令（机器指令）直接给出一个补码表示的 8 位或 16 位偏移量，要转移的地址（即下一条要执行的指令地址）为当前指令指针 IP 的内容加上偏移量（即相对

于 IP 的地址变化），所以又称相对寻址。指令所在段仍为代码段 CS。

当偏移量为 8 位数据时，其相对于当前指令的跳转范围为（–128～+127），称其为相对短转移。在条件转移指令中，必须使用此种寻址方式。

当偏移量为 16 位数据时，其相对于当前指令的跳转范围为（–32768～+32767），称其为相对近转移。

在汇编指令中，转移指令要转移的地址通常是通过符号地址（标号）表示的，使用起来非常方便，程序员只需要确定采用相对近转移还是相对短转移，不需要计算偏移量（偏移量的计算由汇编程序完成）。

例如：

```
JMP    SHORT   LOP1                 ;短转移符号地址 LOP1 为下一条要执行指令的地址
JMP    LOP5                         ;符号地址 LOP5 为下一条要执行指令的地址
```

2．段内间接寻址

段内间接寻址是指转移指令要转移的 16 位地址存放在寄存器或存储器中。指令执行后，存放在寄存器或存储器中的地址直接送入 IP 中。指令所在段仍为代码段 CS。

例如：

```
JMP   BX                            ;BX 的 16 位数据作为转移有效地址
```

3．段间直接寻址

段间直接寻址是在转移指令中直接给出要转移的 16 位段基址和 16 位段内偏移地址（可称为 32 位地址）。指令执行后，指令提供的段基址和段内偏移地址分别送入 CS 和 IP，即下一条要执行指令的地址为 CS:IP。

4．段间间接转移

段间间接转移是指由转移指令提供的 32 位地址必须存放在存储器中连续的 4 个字节单元中，两个低地址单元的内容作为偏移量送入 IP，两个高地址单元作为段基址送入 CS，即下一条要执行指令的地址为 CS:IP。

综上所述，寻址方式是指令系统的重要组成部分，是指令中寻找数据的表现方式，不同的寻址方式所寻址的存储空间是不同的，其寻址时间也不相同。正确地使用寻址方式不仅取决于寻址方式的形式，而且取决于寻址方式所对应的存储空间，从而利于以最快的执行速度完成指令的功能。

3.3 8086 指令系统

8086 指令系统包括约百种指令助记符，它们与寻址方式结合，构成具有不同功能的指令。这些指令按其功能可分为 6 种类型：数据传送指令、算术运算指令、逻辑运算指令、串处理指令、控制转移指令、处理机控制等操作指令。

在学习汇编指令时，要注重以下几方面内容。

1）指令的功能及操作数的个数、类型。

2）操作数的寻址方式。

3）指令对标志位的影响或标志位对指令的影响。

4）指令的执行周期，对可完成同样功能的指令要选用执行周期短的指令（可查阅附录 B）。

3.3.1 数据传送指令

数据传送指令用于寄存器、存储单元或输入/输出端口之间传送数据或地址。

（1）MOV 指令

指令格式：MOV DST, SRC

指令功能：DST ← (SRC)

该指令为双操作数指令，其中 MOV 为指令助记符；DST 表示某一特定寻址方式所确定的目的操作数（以下表示相同），如寄存器、存储单元等；SRC 表示某一特定寻址方式所确定的源操作数（以下表示相同）。MOV 指令功能是把源操作数传送到目的操作数，指令执行后，源操作数的内容不变，目的操作数原来的内容被源操作数的内容所覆盖。

MOV 指令用来在以下限定的范围内传送数据。

1）在寄存器和寄存器之间相互传送字或字节数据。

2）寄存器和存储器之间相互传送字或字节数据。

3）将一个立即数传送到寄存器或存储单元中。

例如：

```
MOV   AL, 05H          ;8 位立即数送寄存器 AL
MOV   DX,1234H         ;16 位立即数送寄存器 DX
MOV   DATA1 ,20H       ;立即数送入符号地址(变量)DATA1 存储器字节单元
MOV   AL, BL           ;AL←(BL)即 8 位寄存器 BL 的字节内容传送给寄存器 AL
MOV   BX,   AX         ;16 位寄存器 AX 的字内容传送给寄存器 BX
MOV   DS, AX           ;AX 内容传送给段寄存器 DS
MOV   CL, [BX+80H]     ;存储器操作数传送给寄存器 CL
MOV   [BP+5AH], AL     ;源操作数寄存器 AL 内容传送给存储器
```

在使用 MOV 指令时应注意以下几点。

1）两个段寄存器之间不能直接传送数据。

2）两个存储单元之间不能直接传送数据。

3）立即数和段寄存器 CS 不能作为目的操作数，立即数也不能直接传送到段寄存器。

4）源操作数和目的操作数的类型和长度必须一致，数据在有效范围内（无溢出）。

下列指令是非法的。

```
MOV   DS，CS           ;段寄存器之间不能直接传送数据
MOV   [BP], [DI]       ;两个存储单元之间不能直接传送数据
MOV   2000H, AX        ;立即数不能作为目的操作数
MOV   CS, AX           ;段寄存器 CS 不能作为目的操作数
MOV   DS, 2000H        ;立即数也不能直接传送到段寄存器
MOV   BL, 28AH         ;源操作数和目的操作数的长度不一致
```

【例 3-3】 下列指令段执行后，指出各寄存器和有关存储单元的内容。

```
MOV AX, 20A0H                ;AX←20A0H(AL←0A0H,AH←20H)
MOV DS,  AX                  ;DS←20A0H
MOV BX,1000H                 ;BX←1000H
MOV AL, 12H                  ;AL←12H
MOV [BX], AL                 ;(DS) ×10H+(BX)←12H
MOV DX,5678H                 ;DX←5678H
MOV [BX+100H], AX            ;(DS) ×10H+1000H+100H←2012H
```

该指令段执行完后：AX=2012H，DS=20A0H，BX=1000H，(21A00)=12H，DX=5678H，(21B00H)=12H，(21B01H)=20H。

（2）XCHG 指令

指令格式：XCHG　OPR1, OPR2

该指令为双操作数指令，其中 XCHG 为指令助记符，OPR1、OPR2 分别表示操作数 1 和操作数 2。

XCHG 指令的功能：在操作数 OPR1 和操作数 OPR2 之间相互交换数据。

XCHG 指令用来在以下限定的范围内相互交换数据。

1）必须有一个操作数在寄存器中。

2）可以在寄存器和寄存器之间。

3）可以在寄存器和存储器之间。

例如：

```
XCHG  AL, CL           ;字节交换
XCHG  BX, SI           ;字交换
XCHG  AX, [BX+SI]      ;寄存器和存储器之间交换数据
```

在使用 XCHG 指令时应注意以下方面。

- 指令的操作数可以是寄存器或存储单元，但不能是段寄存器或立即数。
- 不能同时为两个存储器操作数。

（3）PUSH 和 POP 指令

PUSH 和 POP 指令是 8086 进行堆栈操作的指令。所谓堆栈，就是以“先进后出”方式进行数据操作的存储器中某一地址连续的存储块。堆栈只有一个数据出入口，称为栈顶。微处理器内部的堆栈指针寄存器 SP 始终指向栈顶存储单元，SP 可由指令设置。进行堆栈操作时，栈底单元的位置（即存储单元的地址）是不变的，而栈顶位置（SP）则随着数据入栈操作向低地址方向变化（即 SP 内容递减）；随着出栈操作向高地址方向变化（即 SP 内容递增）。

堆栈常用于程序在执行过程中，存储需要保护的现场数据和子程序断点。

1）PUSH 指令：PUSH 指令又称压栈指令。

指令格式：PUSH　　SRC

PUSH 指令的功能：先将堆栈指针 SP 的内容减 2，再将源操作数 SRC（字）压入 SP 所指向的堆栈栈顶存储单元（低 8 位在前，高 8 位在后）。

例如：

```
PUSH  AX               ;SP←(SP)-2，将 AX 内容压入堆栈，SP 指向栈顶
```

2）POP 指令：POP 指令又称出栈指令。

指令格式：POP　DST

POP 指令的功能：先将 SP 所指向的堆栈栈顶存储单元的内容（字）弹至目的操作数 DST，再将 SP 的内容加 2。

例如：

```
PUSH   AX          ;(AX)最先入栈
PUSH   BX
PUSH   CX          ;保护现场，最后入栈的栈顶元素是(CX)
……
POP    CX          ;将栈顶元素最先弹出到 CX，然后 SP←(SP)+2
POP    BX
POP    AX          ;恢复现场，最先入栈的(AX)最后弹出到 AX
```

在使用 PUSH 和 POP 指令时应注意以下方面。

- PUSH 和 POP 指令只对 16 位操作数执行进栈和出栈操作。
- 不允许立即数入栈，目的操作数 DST 不能为立即数和代码段寄存器 CS。
- PUSH 和 POP 指令不影响标志位。

（4）XLAT 指令

XLAT 指令又称查表指令。

指令格式：XLAT

该指令的寻址方式是隐含的。

XLAT 指令的功能：把寄存器 BX 的内容与累加器 AL 的内容相加形成有效地址，将该有效地址存储单元的内容传送到 AL 中。可表示为：

有效地址：EA=(BX)+(AL)

指令功能：AL←((BX)+(AL))

该指令可用于查表技术，也可用于换码操作。表的首地址存在 BX 中，根据 AL 设置的偏移地址，可以将该有效地址单元的内容传送到 AL 累加器中，从而达到将代码转换为另一种代码的目的。

【例 3-4】 设(DS)=2000H，(BX)=1000H，(21001H)=31H，(21002H)=32H。

指令段为：

```
MOV    AL,  2H
XLAT
```

执行后，AL 的内容是什么？

在执行 XLAT 时，源操作数的物理地址为：

$$\begin{aligned}(DS)\times 10H+(BX)+(AL) &= 2000H\times 10H+1000H+2H\\ &= 20000H+1000H+2H\\ &= 21002H\end{aligned}$$

指令执行后，(AL)=32H。

可以看出，本例中第一条指令执行后 AL 的内容为数值 2H，执行 XLAT 后，AL 的内容变为 32H。在 ASCII 码中，32H 表示字符“2”。

（5）IN/OUT（输入/输出）指令

在 8086 系统中，所有外部设备的 I/O 端口与 CPU 之间的数据传送都是由 IN 和 OUT 指令来完成的。

IN/OUT 指令对 I/O 端口的访问只能使用直接寻址或寄存器间接寻址。

1）IN（输入指令）。

指令格式：

```
IN   AL,  PORT          ;直接寻址，输入字节操作。
IN   AX,  PORT          ;直接寻址，输入字操作。
IN   AL,  DX            ;间接寻址，输入字节操作。
IN   AX,  DX            ;间接寻址，输入字操作。
```

指令功能：将端口数据传送给累加器 AL/AX。

当端口地址小于 2^8（=256）时，可采用直接寻址方式。在指令中指定 8 位端口地址 PORT；当端口地址大于或等于 256 时，必须采用间接寻址方式，16 位端口地址应先存入 DX 寄存器中，然后使用 IN 指令实现端口数据输入操作。指令中必须用 AL 或 AX 接收数据，若用 AL 接收数据，则读取外设端口的 8 位字节数据；若用 AX 接收数据，则读取外设端口的 16 位字数据。

例如：

```
IN     AX,    18H       ;直接寻址，从地址为 18H 端口读入一个字到 AX
MOV    DX,    12CH      ;把端口地址 12CH 传送到 DX
IN     AL,    DX        ;间接寻址，从地址为 12CH 端口读入一个字节到 AL
```

2）OUT（输出指令）。

指令格式：

```
OUT   PORT, AL          ;直接寻址，输出字节操作
OUT   PORT, AX          ;直接寻址，输出字操作
OUT   DX，AL            ;间接寻址，输出字节操作
OUT   DX,  AX           ;间接寻址，输出字操作
```

指令功能：将 AL/AX 内容传送至端口。

该指令端口地址寻址方式的确定同 IN 指令，输出的数据必须用 AL 或 AX 发送。若用 AL 发送数据，则输出到外设端口的为字节数据，若用 AX 发送数据，则输出到外设端口的为字数据。

例如：

```
OUT     15H,  AL        ; 直接寻址，把 AL 的字节内容输出到端口地址为 15H 的单元中
MOV     DX,   2000H     ; 端口地址送入 DX
OUT     DX,   AX        ; 间接寻址，把 AX 的字内容输出到端口地址为 2000H 的字单元中
```

（6）目标地址传送指令

目标地址传送指令功能是传目标地址到指定的寄存器内。该类指令有以下 3 条。

1）LEA 指令。

指令格式：LEA　DST, SRC

指令功能：将源操作数 SRC 的有效地址传送给目的操作数 DST。源操作数必须是一个存储器地址，目的操作数是任一个 16 位通用寄存器。

例如：

```
MOV   BX, 2000H
LEA   SI, [BX]            ; (SI)=2000H
```

【例 3-5】 设(DS)=2000H，(BX)=1000H，(21000H)=30H，(21001H)=31H。指出下列各指令的功能。

```
MOV    AX, [BX]                  ;AX←3130H
LEA    AX, [BX]                  ;AX←1000H
MOV    SI, OFFSET BUFFER         ;变量 BUFFER 的段内地址→SI
```

第一条指令是将 1000H 为有效地址的字存储单元的内容 3130H 传送给 AX。

第二条指令是将存储单元有效地址 1000H 传送给 AX。

第三条指令中的目的数，在下一章汇编语言程序设计中介绍。

2）LDS 指令。

指令格式：LDS　DST, SRC

LDS 指令的功能：把源操作数指定的 4 个连续存储单元中存放的 32 位地址指针传送到两个 16 位寄存器中，其中两个低位字节（地址偏移量）送入 16 位通用寄存器 DST，而两个高位字节（段地址）送入段寄存器 DS。

例如：

```
DATA  DD  10A02000H
LDS    SI, DATA
```

执行上面指令后，(DS)=10A0H，(SI)=2000H。

3）LES 指令。

指令格式：LES　DST, SRC

LES 指令的功能：该指令与 LDS 都是取 32 位地址指针指令，不同之处是该指令把源操作数指定的 4 个连续存储单元中存放的 32 位地址指针的高两字节送入段寄存器 ES 中，而不是 DS 中。

在使用目标地址传送指令时有以下规定。

- 指令中指定的目的寄存器不能使用段寄存器。
- 源操作数必须使用存储器寻址方式。
- 该类指令不影响标志位。

（7）标志传送指令

标志传送指令专门用于对标志寄存器进行操作的指令。8086 指令系统提供了以下 4 条标志传送指令。

1）LAHF 指令功能：将标志寄存器的低 8 位送入 AH。

2）SAHF 指令功能：将 AH 中的内容送入标志寄存器的低 8 位。

3）PUSHF 指令功能：将标志寄存器的内容压入堆栈。

4）POPF 指令功能：将栈顶内容弹出到标志寄存器。

【例 3-6】 设置标志寄存器中的 TF 位（TF=1，CPU 为单步方式执行指令）。

由于 CPU 没有直接设置 TF 的操作指令，必须通过堆栈操作改变其状态。

指令段如下：

```
PUSHF                    ;标志寄存器的内容进栈
POP AX                   ;标志寄存器的内容弹至 AX
OR   AX, 0100H           ;设置 AX 中对应 TF 位置 1
PUSH   AX                ;将 AX 的内容压栈
POPF                     ;栈顶 AX 的内容送标志寄存器，TF← "1"
```

3.3.2 算术运算指令

8086 的算术运算指令可实现 8 位/16 位二进制数的加、减、乘、除基本运算。可用于有符号数、无符号数及 BCD 码的各种算术运算。

1．加法指令

（1）ADD（Addition）

指令格式：ADD　DST,　SRC

ADD 指令的功能：DST ← (DST)+(SRC)

ADD 指令是一条双操作数加法指令，它将源操作数 SRC（字节或字）和目的操作数 DST（字节或字）进行二进制数相加，结果存放在 DST 中，源操作数（SRC）不变。该指令执行后，影响状态标志位：AF、CF、PF、OF、ZF、SF。

在使用 ADD 指令时应注意以下原则。

1）参与运算的两个操作数类型（编码）和长度必须一致，应该同时为带符号数或不带符号数或 BCD 码数，其运算结果也必须和操作数的类型和长度一致。

2）该指令不能识别数据类型，只能按二进制数进行按位相加。对于有符号数，若两个操作数符号相同时，有可能发生溢出（置位 OF=1）。程序员必须根据编程时所定义的数据编码类型，对运算结果作相应的处理。

3）该指令的操作数可以是通用寄存器或基址、变址寄存器或存储器数，但不能同时为存储器数；立即数只能作源操作数，不能作目的操作数；操作数不能是段寄存器。

例如：

```
ADD   AL, 12H
ADD   AX, BX
ADD   DX, [BP]
ADD   AL, [SI+BX]
ADD   SI,  0FFF0H
ADD   AX, DATA[BX]
ADD   AX, [BP+DI+100H]
```

【例 3-7】 设(AL)=0A4H，(BL)=5CH。

执行 ADD　AL, BL 指令：

```
              AL        1010 0100
             +BL        0101 1100
      ─────────────────────────────
      向高位进位  ──→ 1 0000 0000
```

指令执行后(AL)=0，OF=0，SF=0，ZF=1，AF=1，PF=1，CF=1。

（2）ADC（ADD with carry）

指令格式：ADC　DST,　SRC

ADC 指令的功能：DST ← (DST)+(SRC)+CF

ADC 指令是一条带进位的加法指令，其操作是在 ADD 指令功能的基础上再加上标志位 CF，该指令应用于多字节加法。

【例 3-8】 编写指令段实现 4 字节数（32 位数双字）20008A04H+23459D00H 相加，高位字存放在寄存器 DX，低位字存放在累加器 AX 中。

指令段如下：

```
MOV   DX, 2000H
MOV   BX, 2345H
MOV   AX, 8A04H                 ;AX←8A04H
ADD   AX, 9D00H                 ;AX←8A04H+9D00H,进位置 CF=1
ADC   DX, BX                    ;DX←2000H+2345H+CF
```

本指令段运行后，DX 中存放着被加数的高两字节，AX 中放着被加数的低两字节。ADD 指令实现低字节相加，相加后(AX)=2704H，CF=1。ADC 指令实现高字节相加，且将 CF 加至 DX，使 DX 的内容为 4346H。

（3）INC（INcrement）

指令格式：INC　OPR

该指令为单操作数指令，OPR 即为源操作数，又作为目的操作数。

INC 指令的功能：OPR 作为源操作数加 1 后，其结果仍然返回 OPR。该指令执行后，影响状态标志位：AF、PF、OF、ZF、SF。注意：CF 状态不受影响。

【例 3-9】 编写指令段实现 2000H 单元和 2001H 单元的内容之和送 AL。

指令段如下：

```
MOV   SI, 2000H
MOV   AL, [SI]
INC   SI             ; SI=(SI)+1
ADD   AL, [SI]       ; (AL)为 2000H 单元和 2001H 单元内容之和
```

（4）BCD 码加法调整指令

CPU 中的 ALU 对所有算术运算都是按二进制数进行的。在执行 ADD 指令后，当操作数是 BCD 码且 BCD 码的某一位运算结果超过 9，就得不到正确的 BCD 结果。为此，必须进行 BCD 码调整，才能得到正确的十进制数结果。

BCD 码加法的调整指令有如下两条。

- 非压缩 BCD 码调整指令 AAA。
- 压缩 BCD 码调整指令 DAA。

所谓压缩 BCD 码，是用一字节表示 2 位 BCD 码。而非压缩 BCD 码是用一个字节的低 4 位表示 1 位 BCD 码，高 4 位为 0。

DAA 和 AAA 指令格式无操作数，采用隐含寻址方式，需要调整的数据必须在累加器中。

1）AAA 指令的功能（在 AAA 指令前，应该已使用 ADD 或 ADC 或 INC 指令）。

将 AL 的内容调整为一位非压缩 BCD 码数。该指令首先检查 AL 的低 4 位是否为合法的 BCD 码（0～9），若合法，就清除 AL 的高 4 位以及 AF 和 CF 标志，不需要进行调整；若 AL 低 4 位表示的数大于 9 或者 AF=1 时，则为非法的 BCD 码，其调整操作为：

AL←(AL)+6

AH←(AH)+1

AF←“1”

CF←AF

AL←AL∧0FH（清除 AL 的高 4 位）

由于任何一个 A～F 的数加上 6 以后，都会使 AL 的低 4 位产生 0～9 的数，从而达到十进制加法的调整目的。

【例 3-10】 非压缩 BCD 码 00000111（7D）与 00001000（8D）相加，结果存放在 1000H 单元。

指令段如下：

```
MOV   AX,0007H          ; AL←00000111B，AH←0
MOV   BL,08H            ; BL←00001000B
ADD   AL, BL            ; AL←(AL)+(BL)=00001111B
AAA                     ;AL←(AL)+0110B
MOV   [1000H], AL
```

本题为 1 位 BCD 码相加，正确结果应为 7+8=5。但在执行 ADD AL,BL 后，AL=00001111=0FH，显然属非法 BCD 码。执行 AAA 指令后，AL←(AL)+6=0001 0101，清除 AL 的高 4 位后，得正确结果：AL=0000 0101（5D）。

2）DAA 指令的功能（在 DAA 指令前，应该已使用 ADD 或 ADC 或 INC 指令）。

加法的十进制调整指令，它的作用是将 AL 的内容调整为两位压缩的 BCD 码数（即一个字节内存放两位 BCD 码数）。调整方法与 AAA 指令类似，不同的是 DAA 指令要分别考虑 AL 的高 4 位和低 4 位，若 AL 低 4 位为非法 BCD 码（大于 9 或者 AF=1），则 AL←(AL)+6，并置位 AF=1；如果 AL 高 4 位为非法 BCD 码（大于 9 或者 CF=1），则 AL←(AL)+60H。

2．减法指令

（1）SUB（Subtract）

指令格式：SUB　DST,　SRC

SUB 指令的功能：DST←(DST)-(SRC)

SUB 是一条双操作数减法指令，它将目的操作数 DST 减去源操作数 SRC，结果存入目的操作数 DST 中，源操作数 SRC 的内容不变。该指令执行后，影响状态标志位：AF、CF、PF、OF、ZF、SF。

在使用 SUB 指令时应注意以下方面。

1）参与运算的两个操作数类型（编码）和长度必须一致，应该同时为带符号数或不带符号数或 BCD 码数，其运算结果也必须和操作数的类型和长度一致。

2）该指令不能识别数据类型，只能按二进制数进行按位相减。对于有符号数，若两个操作数符号相反时，有可能发生溢出（置位 OF=1）。程序员必须根据编程时所定义的数据编码类型，对运算结果作相应的处理。

3）该指令的操作数可以是通用寄存器或基址、变址寄存器或存储器数，但不能同时为存储器数。立即数只能作源操作数，不能作目的操作数。

例如：

```
SUB   AL, 12H           ;AL←(AL)-12H
```

```
SUB  BX,1234H          ;BX←(BX)-1234H
SUB  AL, [2000H]       ;AL←(AL)-[2000H]
SUB  AX,  DX           ;AX←(AX)-(DX)
SUB  [2000H], BL       ;2000H←[2000H]-BL
```

下列指令是错误的：

```
SUB  AX, 12H           ;源操作数 8 位，目的操作数为 16 位，数据长度不一致
SUB  [BX], [2000H]     ;源操作数和目的操作数均为存储器数
SUB  DS,  AX           ;操作数不能是段寄存器
```

（2）带借位位减法指令 SBB（Subtract）

指令格式：SBB　DST,　SRC

SBB 指令的功能：带借位的减法指令。其操作与 SUB 指令基本相同，它不仅将目的操作数 DST 减去源操作数 SRC，还要减去借位位 CF 的值，结果存入目的操作数 DST 中。

（3）减 1 指令 DEC（Decrement）

指令格式：DEC　OPR

该指令为单操作数指令，OPR 既为源操作数，又作为目的操作数。

DEC 指令的功能：OPR 作为源操作数减 1 后，其结果仍然返回 OPR。该指令执行后，影响状态标志位：AF、PF、OF、IF、SF。

（4）求补指令 NEG（Negative）

指令格式：NEG　OPR

NEG 指令的功能：单操作数（有符号数）取补指令，即对操作数的各位取反，末位加 1，结果送回目的操作数。该指令执行的实质是：已知一个补码表示的操作数，求这个数的相反数的补码。

【例 3-11】 指令 NEG　AL 的功能是对 AL 的内容求补。

指令段：

```
MOV  AL,  13H          ;AL←00010011B(即 13H=(+19D)=00010011B)
NEG  AL                ;AL←11101100B+1B=11101101B=0EDH
```

执行后，(AL)=0EDH=11101101B（即−19 的补码）。

（5）CMP（Compare Two Operands）

指令格式：CMP　DST,　SRC

CMP 指令的功能：用于操作数 DST 与 SRC 的比较。该指令同 SUB 指令操作相同，但不传送运算结果。其实现方法是：用目的操作数 DST 减去源操作数 SRC，影响标志位，两个操作数保持原值不变。CMP 指令后一般设有条件转移指令，根据 CMP 指令对标志位的影响，为转移指令提供条件判断依据。

例如：判断累加器 AL 的内容是否为 30H（字符“0”）。若是“0”，则转标号 LOP 处执行，否则顺序执行。

指令段如下。

```
CMP  AL, 30H
JZ   LOP
```

```
        ........
        ........
LOP: .......
        ........
```

（6）BCD 码减法调整指令

BCD 码的减法运算与加法指令类似，也需要进行调整，以便得到正确的 BCD 码所表示的结果。

BCD 码减法的调整指令有如下两条。

1）非压缩 BCD 码调整指令 AAS。

2）压缩 BCD 码调整指令 DAS。

3．乘法指令

（1）无符号数乘法指令 MUL（Multiply，Unsigned）

指令格式：MUL SRC　(隐含目的操作数 AL/AX/DX)

MUL 指令的功能：执行两个无符号数的乘法操作。被乘数隐含在累加器 AL/AX 中，乘数由 SRC 确定。

（2）有符号数乘法指令 IMUL（Integer Multiply，Signed）

指令格式：IMUL SRC　（隐含目的操作数 AL/AX/DX）

IMUL 指令的功能：执行两个有符号数的乘法操作。被乘数隐含在累加器 AL/AX 中，乘数由 SRC 确定。

指令中的源操作数 SRC 可以是通用寄存器、指针和变址寄存器或存储器数，但不能是立即数。

MUL 和 IMUL 都规定累加器的内容与指定的源操作数 SRC 相乘。

1）如果指令中源操作数是 8 位字节数据，则与 AL 中的内容相乘，乘积为 16 位字数据，存放在 AX 中（高 8 位在 AH，低 8 位在 AL）。

2）如果指令中的源操作数是 16 位字数据，则与 AX 中的内容相乘，乘积为 32 位双字长，存放在 DX 和 AX 中（高位字在 DX，低位字在 AX）。

例如：

```
MUL   CL                    ;AL 与 CL 中的无符号数之积送 AX
MUL   BX                    ;AX 与 BX 中的无符号数之积送 DX-AX
IMUL  SI                    ;AX 与 SI 中的有符号数之积送 DX-AX
```

乘法指令影响标志位 CF 和 OF。

（3）非压缩 BCD 码乘法调整指令 AAM（ASCII Adjust for Moltiplication）

AAM 指令的功能：用于将两个非压缩 BCD 码的乘积存放在 AX 中，结果调整转换成两个非压缩 BCD 码存放在 AH（高位）和 AL（低位）中。

【例 3-12】 计算 6×9，乘积以非压缩 BCD 码存放在 AH 和 AL 中，指令段如下。

```
MOV  BL, 6              ;BL←0000 0110B
MOV  AL, 9              ;AL←0000 1001B
MUL  BL                 ;AX←6×9=54D=0036H
AAM                     ;AX  ←0504H
```

本题中，执行 MUL 指令后，累加器 AX 的内容为 0036H（6×9=54 的二进制代码）；执行 AAM 指令后，AX 的内容被调整为两个非压缩 BCD 码 0504H（AH=05H,AL=04H）。

需要指出：AAM 是唯一的十进制乘法调整指令。因此，在进行乘法操作需要调整时，必须转为非压缩 BCD 码相乘后送 AX，由于乘积不大于“9×9=81”，有效结果仅需存入 AL，故 AAM 指令只需对 AL 的内容进行调整，得到两个非压缩 BCD 码送入 AH 和 AL 中。

4．除法指令

（1）无符号数的除法指令 DIV（Division，Unsigned）

指令格式：DIV　SRC　（隐含目的操作数 AX、DX）

DIV 指令的功能：执行两个无符号数的除法操作。被除数隐含在累加器 AX 或 DX-AX 中，除数由 SRC 确定。

指令中的源操作数 SRC 可以是通用寄存器、指针和变址寄存器或存储器数，但不能是立即数。

若除数为 8 位，则被除数必须在 16 位累加器 AX 中，所得整数商送入 AL，余数送入 AH。

若除数为 16 位，则被除数必须为 32 位数据且存放在 DX-AX 中，所得整数商送入 AX，余数送入 DX。

（2）有符号数除法指令 IDIV（Integer Division，Signed）

指令格式：IDIV　SRC　（隐含目的操作数 AX、DX）

IDIV 指令的功能：执行有符号数的除法操作，被除数隐含在累加器 AX 或 DX-AX 中，由除数 SRC 确定。执行操作及对数据的要求同 DIV 指令。

1）若商超过指令所规定的寄存器能存放的最大值时，系统产生 0 号类型中断，并且商和余数均不确定。

2）若被除数及除数是 8 位，则应把被除数送入 AL 后执行符号扩展指令 CBW，将其符号位扩展到 AH 中（使被除数为 16 位数据），以符合除法指令对数据格式的要求。

3）若被除数及除数是 16 位，则应把被除数送入 AX 后执行 CWD，将其符号位扩展到 DX 中（使被除数为 32 位），以符合除法指令对数据格式的要求。

【例 3-13】 求 16 位数 1001H 与 8 位数 20H 的商。

指令段如下。

```
MOV   AX, 1001H        ;1001H(相当于十进制数 4097)送 AX
MOV   CL, 20H          ; 20H(相当于十进制数 32)送 CL
DIV   CL               ; (AX)与(CL)相除，商 128 送 AL，余数 1 送 AH
```

5．符号扩展指令

CBW 指令功能：将 AL 中数的符号扩展到 AH 寄存器中，即将 AL 中的 8 位字节数据扩展为 16 位字数据（正数扩展位补“0”，即 AH=00H，负数扩展位补“1”，即 AH=0FFH）。

CWD 指令功能：将 AX 中数的符号扩展到 DX 寄存器中，即将 AX 中的 16 位字数据扩展为 32 位双字数据 DX-AX（正数扩展 DX=0000H，负数扩展 DX=0FFFFH）。

这两条指令用于解决不同长度的数据进行算术运算而设计的。

【例 3-14】 求 8 位数 32H 与 0FH 的商。

指令段如下：

```
MOV BL, 0FH             ;BL←0FH=15D
MOV AL, 32H             ;AL←32H=50D
CBW                     ;AX←0032H
IDIV    BL              ;AL←3,AH←5
```

3.3.3 逻辑运算及移位指令

1．逻辑运算指令

逻辑运算指令用来对字或字节操作数进行按位操作。8086 系统提供了逻辑与、逻辑或、逻辑非、逻辑异或及测试运算指令。

（1）逻辑与指令（AND）

指令格式：AND　DST, RSC　　　;DST←(DST)∧(RSC)

AND 指令功能：进行逻辑“与”操作的双操作数指令。当两个操作数的对应位都为 1 时，目的操作数对应位结果为 1，否则为 0。

操作数可以是通用寄存器、基址或变址寄存器、存储器数；立即数只能作为源操作数，不能作为目的操作数；两个操作数不能同时为存储单元；段寄存器也不能作为操作数使用。

该指令影响标志位：PF、SF、ZF，置 CF=0，OF=0。

该指令可借助某个给定的操作数屏蔽另一操作数的某些位，并把其他位保留下来。

【例 3-15】 设(AL)=10111111B，屏蔽 AL 的低 4 位，保留高 4 位。

执行指令：AND　AL, 0F0H

```
        AL        1011 1111
  ∧  0F0H        1111 0000
  -------------------------
        AL ←      1011 0000
```

运行结果：(AL)=10110000B

（2）逻辑或指令（OR）

指令格式：OR　DST, RSC　　　;DST←(DST)∨(RSC)

OR 指令功能：进行逻辑“或”操作的双操作数指令。当两个操作数的对应位中有一个是 1 或两个都是 1 时，目的操作数的对应位置 1。

该指令对操作数的要求及对标志位的影响同 AND 指令。

【例 3-16】 设(AL)=00101111B，使 AL 的最高位为 1，其余各位不变。

执行指令：OR　AL, 80H

```
        AL        0010 1111
  ∨   80H        1000 0000
  -------------------------
        AL←       1010 1111
```

运行结果：(AL)=10101111B

（3）逻辑非指令（NOT）

指令格式：NOT　OPR　　　;OPR←（$\overline{\text{OPR}}$）

NOT 指令功能：单操作数 OPR 的取反指令，该指令将操作数的每一位取反后，其结果返回对应位。

该指令对操作数的要求同 AND 指令。

该指令不影响标志位。

【例 3-17】 设(AL)=00101111B，对 AL 的各位求反。

执行指令：NOT　AL

```
        AL      0010 1111
        求反
   ------------------------
        AL  ←  1101 0000
```

运行结果：(AL)=11010000B

（4）逻辑异或指令（XOR）

指令格式：XOR　DST, RSC　　;DST←(DST) ⊕ (RSC)

XOR 指令功能：进行逻辑“异或”操作的双操作数指令。若两个操作数中对应位的值不同时，目的操作数的对应位置 1，否则置 0。

对操作数的要求及对标志位的影响同 AND 指令。

该指令常用于改变指定位的状态、累加器及 CF 清 0 等。

【例 3-18】 设(AL)=00101111B，若使 AL 的最高位不变，其余各位求反。

执行指令：XOR　AL, 7FH

```
        AL          0010 1111
      ⊕ 7FH         0111 1111
   ----------------------------
      AL ←          0101 0000
```

可以看出，AL 中的各位与 1 异或，本位变反；与 0 异或，本位不变。

运行结果：(AL)=01010000B

该指令可对通用寄存器自身相异或，使其清 0，且置 CF 为 0。

例如：

```
XOR   AX,  AX      ;AX 和 CF 清 0
ADD   AX,  BX
ADD   AX,  BX      ;AX←(BX) ×2
```

（5）测试指令（TEST）

指令格式：TEST　OPR1, OPR2

TEST 指令功能：双操作数的测试指令。对两个操作数的对应位进行“与”操作，并根据结果设置状态标志位，本指令与 AND 指令不同之处是不改变原操作数的值。

对操作数的要求同 AND 指令。

该指令可以在不改变操作数的情况下，利用 OPR2 的设置来检测 OPR1 某一位或某几位是 0 还是 1，通过运算结果对标志位的影响，作为条件转移指令的判断依据。

【例 3-19】 设 AL 中为有符号数，测试该数是正数还是负数。由于负数的最高位为 1，正数最高位为 0，可用 TEST 指令测试 AL 的最高位来判别。

执行指令：TEST　AL, 80H

```
            AL          xxxx xxxx
            ∧           1000 0000
        -------------------------
影响标志位  ←           x000 0000
```

可以看出，测试 AL 的最高位，可设置源操作数为 80H=10000000B。如果运算结果为全 0，则 AL 的最高位必为 0，置标志位 ZF=1，表示该数为正数。否则，AL 的最高位为 1，置标志位 ZF=0，则表示该数为负数。由 ZF 位的状态作为转移指令的判断依据。

【例 3-20】 测试 AL 的第 7、5、3、1 位是否为 0。若全为 0，则 ZF=1，否则 ZF=0。

设(AL)=00100101B，根据测试要求，OPR2 应设为 0AAH。

执行指令：TEST AL, 0AAH

	AL	0010 0101
	∧ 0AAH	1010 1010
影响标志位	←	0010 0000

由于 AL 中的第 5 位不为 0，测试结果为非 0，置 ZF=0。

在以上 5 种逻辑运算指令中，仅 NOT 指令不影响标志位。其他指令执行后，均使 OF=CF=0，ZF、DF 和 SF 的状态则根据运算的结果特征确定，AF 为不定状态。

2．移位和循环移位指令

移位指令是指对操作数进行二进制数的移位操作。移位指令包括：逻辑移位、算术移位和循环移位指令。

（1）逻辑左移指令（SHL）

指令格式：SHL DST, CL/1 ;CL/1 表示移位次数可以放在 CL 中或移位 1 次

SHL 指令的功能：将 DST 中的二进制位进行逻辑左移，移位次数放入 CL 中（若移位一次可直接在指令中给出）。每次移位，操作数依次左移一位，最低位补 0，最高位进入标志位 CF。指令操作过程如图 3-8 所示。

图 3-8 逻辑左移指令 SHL 操作示意图

DST 可以是除了立即数以外的任一寻址方式，操作数可以是 8 位数据，也可以是 16 位数据。该指令影响标志位：CF、OF、PF、SF 和 ZF。

由 SHL 指令的功能可以看出，若 DST 为无符号数，则该指令执行一次，可实现对 DST 进行乘 2 的操作。

【例 3-21】 设(SI)=1234H，将 SI 的内容扩大 4 倍。

已知(SI)=0001 0010 0011 0100B，将其左移 2 位，即可实现乘 4 操作。

指令段如下：

```
MOV   CL, 2
SHL   SI, CL
```

指令执行后，(SI)左移 2 位，（SI）=0100 1000 1101 0000B=48D0H。

（2）逻辑右移指令（SHR）

指令格式：SHR DST, CL/1 ; CL/1 表示移位次数可以放在 CL 中或移位 1 次

SHR 指令的功能：将 DST 中的二进制位进行逻辑右移，移位次数放入 CL 中（若移位一次可直接在指令中给出）。每次移位，操作数依次右移 1 位，最高位补 0，最低位进入标志位 CF。指令操作过程如图 3-9 所示。

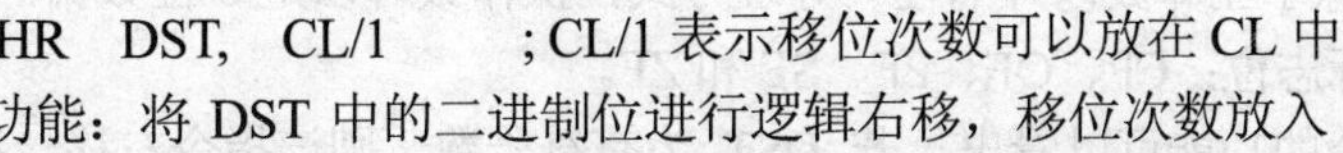

图 3-9 逻辑右移指令 SHR 操作示意图

DST 可以是除了立即数以外的任一寻址方式，操作数可以是 8 位数据，也可以是 16 位数据。该指令影响标志位：CF、OF、PF、SF 和 ZF。

由 SHR 指令的功能可以看出，若 DST 为无符号数，则该指令执行一次，可实现对 DST 进行除以 2 的操作。

【例 3-22】 设(SI)=1234H，将 SI 的内容缩小 4 倍。

已知(SI)=0001 0010 0011 0100B，将其右移 2 位即可实现除以 4 操作。

指令段如下：

```
MOV   CL, 2
SHR   SI, CL
```

指令执行后，(SI)右移 2 位，(SI)=0000 0100 1000 1101B=048DH。

（3）算术左移指令（SAL）

指令格式：SAL　DST,　CL/1　　; CL/1 表示移位次数可以放在 CL 或移位 1 次

SAL 指令的功能：将 DST 中的二进制位进行算术左移，移位次数放入 CL 中（若移位一次可直接在指令中给出），每次移位，操作数依次左移，最高位移至 CF，最低位补 0。

SAL 指令与 SHL 指令执行操作完全相同，常用作有符号数乘 2 的操作，每次左移后，若 CF 位与最高位值相同，置 OF=0，表示结果没有溢出，否则，结果错误。

【例 3-23】 实现(AX) ×5/2 的运算。

```
MOV   DX, AX
SAL   AX, 1            ; AX 的内容左移 1 位，相当于 AX 乘以 2 送给 AX
SAL   AX, 1            ; AX 再乘以 2
ADD   AX, DX           ; AX=(AX) ×5
SAR   AX, 1            ; AX 的内容右移 1 位，相当于 AX/2 送给 AX
```

（4）算术右移指令（SAR）

指令格式：SAR　DST,　CL/1　　; CL/1 表示移位次数可以放在 CL 或移位 1 次

SAR 指令的功能：将 DST 中的二进制位进行算术右移，移位次数放入 CL 中（若移位一次可直接在指令中给出），每次移位，操作数依次右移，最低位进入标志位 CF，最高位保持不变。指令操作过程如图 3-10 所示。

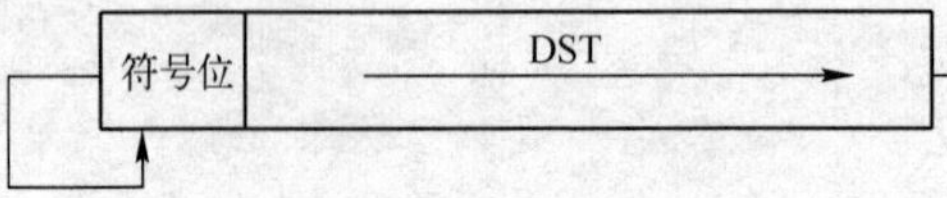

图 3-10　算术右移指令 SAR 操作示意图

DST 可以是除了立即数以外的任一寻址方式，操作数可以是 8 位数据，也可以是 16 位数据。该指令影响标志位：CF、OF、PF、SF 和 ZF。

由 SAR 指令的功能可以看出，若 DST 为有符号数，则该指令右移一次，符号位没有改变，可实现对 DST 进行除 2 的操作。

（5）循环左移指令（ROL）

指令格式：ROL　DST,　CL/1　　; CL/1 表示移位次数可以放在 CL 或移位 1 次

ROL 指令的功能：将 DST 中的二进制位进行循环左移，移位次数放入 CL 中（若移位一

次可直接在指令中给出），每次移位，操作数依次左移，最高位进入标志位 CF 和最低位。指令操作过程如图 3-11 所示。

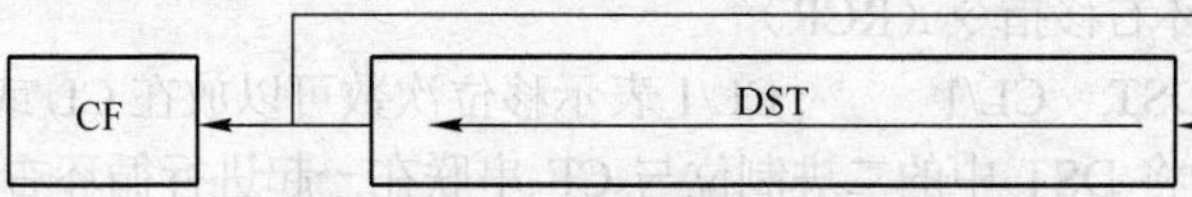

图 3-11　循环左移指令 ROL 操作示意图

DST 可以是除了立即数以外的任一寻址方式，操作数可以是 8 位数据，也可以是 16 位数据。该指令只影响标志位：CF 和 OF。

由 ROL 指令的功能可以看出，若指令执行使操作数循环左移 4 次，可实现对 DST 的高 4 位与低 4 位数据交换，若指令执行使操作数循环左移 8 次，可实现对 DST 的循环复位的操作。

例如：(AL)=00110011B。

指令　ROL　AL,1

执行后，CF=0，AL=01100110。

（6）循环右移指令（ROR）

指令格式：ROR　DST,　CL/1　　;CL/1 表示移位次数可以放在 CL 或移位 1 次

ROR 指令的功能：将 DST 中的二进制位进行循环右移，移位次数放入 CL 中（若移位一次可直接在指令中给出），每次移位，操作数依次右移，最低位进入标志位 CF 和最高位。指令操作过程如图 3-12 所示。

图 3-12　循环右移指令 ROR 操作示意图

DST 可以是除了立即数以外的任一寻址方式，操作数可以是 8 位数据，也可以是 16 位数据。该指令影响标志位：CF 和 OF。

由 ROR 指令的功能可以看出，若指令执行使操作数循环右移 4 次，可实现对 DST 的高 4 位与低 4 位数据交换，若指令执行使操作数循环右移 8 次，可实现对 DST 的循环复位的操作。

例如，(AL)=10111001B。

指令　　MOV　CL, 4

　　　　ROL　AL, CL

执行后，CF=1，AL=10011011B。

（7）带进位位的循环左移指令（RCL）

指令格式：RCL　DST,　CL/1　　;CL/1 表示移位次数可以放在 CL 或移位 1 次

RCL 指令的功能：将 DST 中的二进制位与 CF 串联在一起进行循环左移，移位次数放入 CL 中（若移位一次可直接在指令中给出），每次移位，操作数依次左移，标志位 CF 的内容移至 DST 的最低位，最高位进入 CF。指令操作过程如图 3-13 所示。

图 3-13　带进位位的循环左移指令 RCL 操作示意图

DST 可以是除了立即数以外的任一寻址方式，操作数可以是 8 位数据，也可以是 16 位数据。该指令影响标志位：CF 和 OF。

（8）带进位位的循环右移指令（RCR）

指令格式：RCR　DST，CL/1　　；CL/1 表示移位次数可以放在 CL 或移位 1 次

RCR 指令的功能：将 DST 中的二进制位与 CF 串联在一起进行循环右移，移位次数放入 CL 中（若移位一次可直接在指令中给出），每次移位，操作数依次右移，标志位 CF 的内容移至 DST 的最高位，最低位进入 CF。指令操作过程如图 3-14 所示。

图 3-14　带进位位的循环右移指令 RCR 操作示意图

DST 可以是除了立即数以外的任一寻址方式，操作数可以是 8 位数据，也可以是 16 位数据。该指令影响标志位：CF 和 OF。

3.3.4 串操作类指令

数据串是指存储器中连续存储的字节串或字串。数据串可以是数值型数据，也可以是字符型（如 ASCII 码）数据。8086 系统对数据串的处理提供了实用的串操作指令及与之配合使用的重复前缀，使用这些指令的简单组合可以对数据串序列进行连续操作，从而大大提高了编程效率。

构成数据串操作的指令可由基本串操作指令和重复串操作助记符组成。

数据串操作类指令见表 3-2。

表 3-2　数据串操作类指令

指令类型	指令格式	指令功能	Flags 状态 ODITSZAPC	备注
基本数据串操作	MOVSB	字节串传送	---------	[ES:DI]←[DS:SI]，并修改 SI，DI
	MOVSW	字串传送	---------	[ES:DI]←[DS:SI]，并修改 SI，DI
	CMPSB	字节串比较	s---sssss	[DS:SI]-[ES:DI]，并修改 SI，DI
	CMPSW	字串比较	s---sssss	[DS:SI]-[ES:DI]，并修改 SI，DI
	SCASB	字节串搜索	s---sssss	AL-[ES:DI]，并修改 DI
	SCASW	字串搜索	s---sssss	AX-[ES:DI]，并修改 DI
	LODSB	取字节串	---------	AL←[DS:SI]，并修改 SI
	LODSW	取字串	---------	AX←[DS:SI]，并修改 SI
	STOSB	存字节串	---------	[ES:DI]←AL，并修改 DI
	STOSW	存字串	---------	[ES:DI]←AX，并修改 DI
重复前缀	REP	无条件重复	---------	CX←CX-1，直到 CX=0
	REPE/REPZ	当相等/为零时重复	---------	CX←CX-1，直到 CX=0 或 ZF=0
	REPNE/REPNZ	当不相等/不为零时重复	---------	CX←CX-1，直到 CX=0 或 ZF=1

注：“-”不影响此标志，“s”根据结果设置此标志。

尽管串操作指令功能有所不同，但在确定操作数的寻址方式等方面却具有共同特点，具体如下。

1）串操作指令助记符最后一个字母为“B”，表示该指令为字节操作；最后一个字母为“W”，表示该指令为字操作。

2）所有串操作指令操作数都可以采用隐含寻址。

源操作数必须在数据段 DS，由源变址寄存器 SI 指向段内地址。

目的操作数必须在附加段 ES，由目的变址寄存器 DI 指向段内地址。

所以，在使用串操作指令前，必须对 DS、ES、SI 和 DI 进行设置。如存储器某一数据段名为 DATA，在本段内进行串操作，则应设置：

```
MOV AX, DATA
MOV DS, AX          ;DATA 段为数据段
MOV ES, AX          ;DATA 段又为附加段
```

3）基本串操作指令每执行一次后，就自动改变源变址指针 SI 和目的变址指针 DI，其变化方向取决于标志寄存器中的方向标志位 DF。若使 DF 置 0（可执行指令 CLD），则地址指针 SI 和 DI 的内容为增量方向（操作数为字节时，地址指针增加 1；操作数为字时，地址指针增加 2)。若使 DF 置 1（可执行指令 STD），则地址指针 SI 和 DI 的内容为减量方向（操作数为字节时，地址指针减少 1；操作数为字时，地址指针减少 2）。设置方向标志还可以解决当源串与目的串在出现数据区域重叠的情况下，可能出现的数据传送或存放错误的情况。在图 3-15b 中，源串在目的串的上部且两者有重叠，在数据串传送时，就应该从串尾向串首按照地址递减的方向传送；图 3-15c 中，则应该从串首向串尾按照地址递增的方向传送；图 3-15a 中源串和目的串没有重叠，则两种传送方向均可。

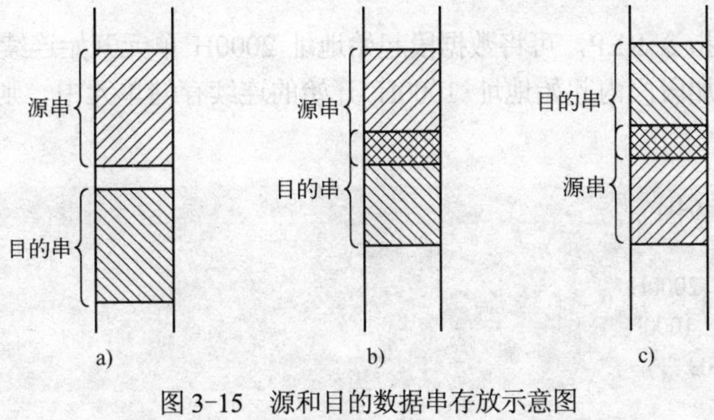

图 3-15　源和目的数据串存放示意图

a) 源与目的不重叠　b) 源与目的下重叠 c) 源与目的上重叠

4）可以重复操作的串指令可加重复前缀 REP，重复次数由寄存器 CX 给出。

1．基本串操作指令

串操作指令按其功能可分为 5 种：串传送指令（MOVS）、串比较指令（CMPS）、串搜索指令（SCAS）、串存储指令（STOS）和取字符指令（LODS）。

（1）串传送指令（MOVS）

1）串传送字节操作指令格式：MOVSB。

MOVSB 指令的功能：实现数据串字节传送指令。

该指令首先执行操作：ES:(DI) ← (DS:(SI))

即将 DS:SI 指向的字节（源操作数）传送到 ES:DI 指向的内存区（目的操作数）。

然后执行操作：当 DF=0 时，SI ← (SI)+1，DI ← (DI)+1

当 DF=1 时，SI ← (S)−1，DI ← (DI)−1

该指令可以使用重复前缀实现**字节数据串**的块传送。

2）串传送字操作指令格式：MOVSW。

MOVSW 指令的功能：实现数据串字传送指令。

该指令首先执行操作：ES:(DI) ← (DS: (SI))

即将 DS:SI 指向的字（源操作数）传送到 ES:DI 指向的内存区（目的操作数）。

然后执行操作：当 DF=0 时，SI ← (SI)+2， DI ←(DI)+2

当 DF=1 时，SI ← (S)−2， DI ←(DI)−2

该指令可以使用重复前缀实现**字数据串**的块传送。

【例 3-24】 将数据段地址为 2000H 单元的字节数据传送到附加段段内地址 1000H 单元中。

用一般传送指令实现：

```
MOV   AL,    [2000H]
MOV   ES:[1000H],   AL
```

用串传送指令实现：

```
MOV    SI,    2000H
MOV    DI,    1000H
MOVSB
```

若使用重复前缀指令 REP，可将数据段起始地址 2000H 单元开始连续的 100 字节存储单元的数据，传送到附加段段内起始地址 1000H 开始的连续存储单元中。则指令段只需做如下变化：

```
MOV   CL,    64H
CLD
MOV    SI,    2000H
MOV    DI,    1000H
REP    MOVSB
```

【例 3-25】 将数据段地址为 2000H 单元的字数据传送到附加段段内地址 1000H 单元中。

用一般传送指令实现如下。

```
MOV   AX,       [2000H]
MOV   ES:[1000H],   AX
```

用串传送指令实现如下。

```
MOV SI,  2000H
MOV DI,  1000H
MOVSW
```

（2）串比较指令（CMPS）

1）串比较字节操作指令格式：CMPSB。

CMPSB 指令的功能：实现数据串字节比较指令。

执行操作：　(DS:(SI))−(ES:(DI))　　;源操作数减去目的操作数的结果影响标志位，

　　　　　　　　　　　　　　　　　;比较结果相同，置 ZF=1，操作数值不改变。

当 DF=0 时，SI ← (SI)+1，　DI ←(DI)+1

当 DF=1 时，SI ← (S)−1，　DI ←(DI)−1

指令执行后，影响标志位 SF、ZF、AF、CF、PF、OF。

该指令可以使用重复前缀实现字节数据串的比较。

2）串比较字操作指令格式：CMPSW。

CMPSW 指令的功能：实现数据串字比较指令。

执行操作：　(DS:(SI))− (ES:(DI))　　;源操作数减去目的操作数的结果影响标志位，

　　　　　　　　　　　　　　　　　;比较结果相同，置 ZF=1，操作数不改变。

当 DF=0 时，SI ← (SI)+2，　DI ←(DI)+2

当 DF=1 时，SI ← (SI)−2，　DI ←(DI)−2

指令执行后，影响标志位 SF、ZF、AF、CF、PF、OF

该指令可以使用重复前缀实现字数据串的比较。

【例 3-26】 设字符串 1 存储在数据段内起始地址为 2000H 开始的连续 100 个字节单元中，字符串 2 存储在附加段内起始地址为 1000H 开始的连续 100 个字节单元中。比较两个字符串是否相等，若相等，置 AL=00H，否则，置 AL=0FFH。

指令段如下。

```
        MOV  SI,  2000H
        MOV  DI,  1000H
        MOV  CX,  64H
        CLD
LOP1:   CMPSB
        JNZ  EXIT
        DEC  CX
        JNZ  LOP1
        MOV  AL, 00H
        JMP  NEXT                ;无条件转移到标号 NEXT 处执行
EXIT:   MOV  AL, 0FFH
NEXT:   ......
```

（3）串搜索指令（SCAS）

1）串搜索字节操作指令格式：SCASB。

SCASB 指令的功能：实现搜索关键字（AL）字节指令。

执行操作：(AL)－(ES:(DI))　　;隐含操作数(AL)减去(ES:(DI))的结果影响标志位;

　　　　　　　　　　　　　　;搜索结果相同，置 ZF=1，操作数不改变。

当 DF=0 时，DI ←(DI)+1

当 DF=1 时，DI ←(DI)−1

指令执行后，影响标志位 SF、ZF、AF、CF、PF、OF。

该指令要搜索的关键字存放在 AL 中，指令执行后，通过标志位 ZF 判断 ES:(DI)所指向的存储单元的内容是否与关键字相同。可以使用重复前缀实现字节数据串的搜索。

例如，判断 ES:(DI)所指向的连续 COUNT（符号常数）个字节存储单元的内容是否含关键字“0”（字符 0），若有，则转标号 LOP2 处执行，否则顺序执行。

指令段如下。

```
        MOV   CX, COUNT
        MOV   AL, '0'
        CLD
LOP1:   SCASB
        JZ   LOP2                ;搜索到关键字“0”转 LOP2
        DEC CX
        JNZ   LOP1
        MOV   AX, 2000H          ;未搜索到关键字“0”顺序执行
        .
        .
        .
LOP2:   .........
```

2）串搜索字操作指令格式：SCASW。

SCASW 指令的功能：实现搜索关键字（AX）字指令。

执行操作：(AX)–(ES:(DI)) ;隐含操作数(AX)减去(ES:(DI))的结果影响标志位，
;搜索结果相同，置 ZF=1，操作数不改变。

当 DF=0 时，DI ←(DI)+2。

当 DF=1 时，DI ←(DI)–2。

指令执行后，影响标志位 SF、ZF、AF、CF、PF、OF

该指令要搜索的关键字存放在 AX 中，指令执行后，通过标志位 ZF 判断 ES:(DI)所指向的存储单元的内容是否与关键字相同。可以使用重复前缀实现字数据串的搜索。

（4）串存储指令（STOS）

1）串存储字节操作指令格式：STOSB。

STOSB 指令的功能：实现对（AL）存储指令。

执行操作：ES:(DI) ←(AL) ;隐含操作数（AL）传送到 ES:(DI)存储单元中。

当 DF=0 时， DI ←(DI)+1

当 DF=1 时， DI ←(DI)–1

该指令执行后不影响标志位。

2）串存储字操作指令格式：STOSW。

STOSW 指令的功能：实现对（AX）存储指令。

执行操作：ES:(DI) ← (AX) ;隐含操作数（AX））存入 ES:(DI)单元。

当 DF=0 时，DI ←(DI)+2

当 DF=1 时，DI ←(DI)–2

该指令执行后不影响标志位。

可以使用重复前缀实现数据串的存储。

（5）取串中元素指令（LODS）

1）取串中元素字节操作指令格式：LODSB。

LODSB 指令的功能：实现从串中取出字节元素的指令。

执行操作：AL ← (DS:(SI))

当 DF=0 时，SI ← (SI)+1

当 DF=1 时，SI ← (SI)–1

该指令执行后不影响标志位，一般情况下不使用重复前缀。

2）取串中元素字操作指令格式：LODSW。

LODSW 指令的功能：实现从串中取出字元素指令。

执行操作：AX ← (DS:(SI))

当 DF=0 时，SI ← (SI)+2

当 DF=1 时，SI ← (SI)–2

该指令执行后不影响标志位，一般情况下不使用重复前缀。

2．重复串操作助记符

重复串操作助记符可作为重复前缀，与基本串操作指令配合，可以多次重复执行基本串操作指令，从而完成对数据串序列的操作。

重复串操作助记符不能单独使用。执行重复前缀指令不影响标志位。重复执行的次数预置在寄存器 CX 中。

（1）重复操作前缀 REP

格式：REP　MOVSB/MOVSW　（或 STOS，LODS）

REP 的功能：重复执行串操作指令直到计数寄存器 CX（80386 以上为 32 位寄存器 ECX）的内容等于 0 为止。

执行的操作如下。

1）首先检查当前 CX 的内容，CX=0，则退出当前指令。若 CX≠0，则执行下一步骤 2)。

2）修改重复次数：CX ←(CX)–1。

3）执行一次其后的串操作指令。

4）重复进行上述步骤 1）～3)，直到 CX=0 结束。

与 REP 配合的串操作指令可以是 MOVS、STOS、LODS。

【例 3-27】 将内存首地址为 DS 段 SRC 单元开始的源字符（字节）串传送到 ES 段 DST 单元为首地址的内存区，字符串长度为 100。

比较下面 3 种实现方法的指令段。

方法 1（不使用串操作指令）

```
        LEA  SI, SRC
        LEA  DI, DST
        MOV  CX, 64H
        CLD
LOP1:   MOV  AL, [SI]
        MOV  ES:[DI], AL
```

```
        INC   SI
        INC   DI
        DEC   CX
        JNZ   LOP1                  ;未传送完转 LPO1 继续传送
        .......
```

方法 2（使用串操作 MOVSB 指令）

```
        LEA   SI,  SRC
        LEA   DI,  DST
        MOV   CX,  64H
        CLD
LOP2:   MOVSB
        DEC CX
        JNZ   LOP2                  ;未传送完转 LPO2 继续传送
        .......
```

方法 3（使用重复前缀 REP+MOVSB 指令）

```
        CLD                         ;DF=0,增量方向
        LEA   SI,  SRC              ;字符串首地址送 SI
        LEA   DI,  ES:DST           ;目标地址送 DI
        MOV   CX,  64H              ;字符串长度 100 送 CX
        REP   MOVSB                 ;重复字符串传送直到 CX=0
        ......
```

由以上 3 种方法的指令段可以看出：使用重复前缀“REP+MOVSB”指令实现传送效率最高。

（2）相等/为 0 重复操作前缀 REPE/REPZ

格式：REPE/REPZ　CMPS（或 SCAS）　;REPE 和 REPZ 功能完全相同。

REPE/REPZ 的功能：当 CX≠0 并且 ZF=1（即对于串操作指令 CMPS，表示比较相等）时，重复执行串操作指令。

执行的操作如下。

1）首先检查当前 CX 的内容和标志位 ZF，若 CX=0 或 ZF=0（即某次比较的结果两个操作数不等）则退出当前指令；若 CX≠0 并且 ZF=1（即某次比较的结果两个操作数相等），则执行下一步骤 2）。

2）修改重复次数：CX ←(CX)−1。

3）执行一次其后的串操作指令。

4）重复进行上述步骤 1）～3），直到 CX=0 或 ZF=0 结束。

与 REPE/REPZ 配合的串操作指令可以是 CMPS、SCAS。

（3）不相等/不为 0 重复操作前缀 REPNE/REPNZ

格式：REPNE/REPNZ　CMPS(或 SCAS)　; REPNE 和 REPNZ 功能完全相同。

REPNE/REPNZ 的功能：当 CX≠0 并且 ZF=0（即对于串操作指令 CMPS，表示比较不相等）时，重复执行串操作指令。

执行的操作如下。

1）首先检查当前 CX 的内容和标志位 ZF，若 CX=0 或 ZF=1（即某次比较的结果两个操作数相等），则退出当前指令。若 CX≠0 且 ZF=0（即某次比较的结果两个操作数不相等），则执行下一步骤 2）。

2）修改重复次数：CX ←(CX)−1。

3）执行一次其后的串操作指令。

4）重复进行上述步骤 1）～3），直到 CX=0 或 ZF=1 结束。

与 REPNE/REPNZ 配合的串操作指令可以是 CMPS、SCAS。

【例 3-28】 在首地址为 ES:DST 的存储单元中存放着 COUNT 个字节的字符串，搜索是否有字符“X”，若有“X”，则置 AL=00H，否则置 AL=0FFH。

指令段如下。

```
          LEA   DI,  DST          ;目标地址送 ES:DI
          MOV   CX,  COUNT        ;字符串长度
          MOV   AL,  'X'          ;搜索字符送 AL
          CLD                     ;DF=0，增量方向
          REPNE  SCASB            ;重复搜索字符串是否有字符“X”
          JZ  LOP1                ;ZF=1（搜索到）转 LOP1 执行，否则顺序执行
          MOV   AL, 0FFH
          JMP   NEXT
LOP1:     MOV   AL, 00H
NEXT:     ......
```

以上指令段中，若串扫描指令 SCASB 在字符串中没有搜索到“X”，则一直重复执行，直至(CX)=0 转入下一条指令（JZ LOP1）继续执行。一旦搜索到“X”，则 SCASB 指令立即停止执行，并影响标志位 ZF=1 后，转入下一条指令（JZ LOP1）继续执行。

综上所述，为了能够实现串操作，在程序设计时应掌握以下 4 个要点。

1）利用方向标志 DF 设定串操作中地址修改的方向：DF=0 为递增，DF=1 为递减。

2）利用 DS:SI 和 ES:DI 设定源串和目标串的首地址。

3）利用 CX 设定被处理数据串的字节个数或字个数。

4）CMPS 和 SCAS 常与 REPE/REPZ、REPNE/REPNZ 配合使用。而 MOVS、LODS 和 STOS 指令与 REP 配合使用。

3.3.5 控制转移类指令

一般情况下，程序中的指令是顺序执行的，但为了实现不同的功能，往往需要改变指令的执行顺序，转去执行某一指令（段），实现这种功能的指令称为控制转移类指令。

8086 系统由代码段寄存器 CS 和指令指针寄存器 IP 决定当前要执行指令的地址，控制转移类指令就是通过改变 CS 和 IP 的值，实现程序执行顺序的改变。

8086 系统提供的控制转移指令包括：无条件转移指令、条件转移指令、循环控制指令，以及子程序调用和中断指令。

1．无条件转移指令 JMP

无条件转移指令的一般格式：　　JMP　DST

DST 为要转移的目标地址，一般情况下，DST 应设计为标号地址，使程序清晰，便于

阅读。

JMP 指令的功能：无条件转移到 DST 所指向的目标地址执行（程序）。该指令既可以在段内转移，也可以在段与段之间转移。

该类指令不影响标志位。

无条件转移指令的目标地址 DST 的属性和寻址方式可以不同，但可以使用相同的指令格式，即 JMP　DST，由系统自动识别 DST。

（1）段内转移指令

段内转移指令转移范围限定在指令所在段内，即只改变指令指针 IP 的内容，段寄存器 CS 的内容不变。

1）段内直接短转移指令格式：　JMP　SHORT　DST。

执行操作：IP ← (IP)+8 位偏移量，CS 内容不变。

DST 为指令控制的转移目标地址，指令中一般使用符号地址（也称标号）。SHORT 是汇编语言（下一章介绍）规定的地址属性运算符，用于指示汇编程序将符号地址汇编成目标代码 8 位偏移量（有符号数，其补码表示范围为：–127～+128），该指令执行后，要转移的目标地址是当前 IP 的内容与指令中 8 位偏移量之和，又称相对转移。

例如，设转移指令 JMP SHORT LOP1 存放在 CS 段段内地址为 1000H 和 1001H 单元，标号 LOP1 的地址为 1064H，由于当 IP=1000H 时，在给出取指令地址 IP 的内容后，当前 IP 的内容立即自增 2（IP ← 1000H+2）指向下一条指令。所以，指令中偏移量应为目标地址 1064H 减去 IP 的当前值 1002H，即偏移量为 62H。该指令执行后，IP 的内容为 1064H。

以上操作是系统自动完成的，程序员只需要确定标号 DST 所在的位置不超出转移范围即可。

例如：

```
        ......
        JMP   L1              ;无条件转标号 L1 处执行    ┐
        .......                                          │
        ........                                         ├ 同一段内
L1:     XOR AL, AL                                       │
        ADD AL, BL                                       │
        .......                                          ┘
```

2）段内直接近转移指令格式：JMP NEAR PTR　DST。

执行操作：IP←（IP）+ 16 位位移量，CS 内容不变。

该指令中 NEAR PTR 是汇编语言规定的地址属性运算符，用于指示汇编程序将符号地址 DST 汇编成目标代码 16 位偏移量（有符号数，其补码表示范围为：–32767～32768），其执行情况与 JMP SHORT DST 类同。

3）段内间接转移指令格式：JMP　WORD PTR　DST。

执行操作：IP← EA　;DST 不能为标号，CS 内容不变。

由 DST 的寻址方式决定有效地址 EA 的内容。WORD PTR 为汇编操作符，指出转向地址是一个字的有效地址。DST 仅限定为 16 位寄存器寻址或存储器寻址（即除了立即数以外的任何一种寻址方式）取得的数据，并用这些数据直接作为有效地址 EA 送入 IP。这种方式又称绝对转移。

例如，设(BX)=2000H。

执行指令：JMP BX 后，(IP)=2000H，CS 不变。

例如，设(BX)=1000H，(DS)=2000H，数据段物理地址为 DS:BX=2000H:1000H=21000H，(21000H)=12H，(21001H)=34H。则：

执行指令 JMP　WORD PTR[BX]后，(IP)=3412H，CS 不变。

（2）段间转移指令

1）段间直接转移指令格式： JMP　FAR PTR DST。

执行操作：IP ← 标号 DST 所在的段内偏移地址

　　　　　CS ← 标号 DST 所在段的段地址

该指令中 FAR PTR 是汇编语言规定的地址属性运算符，用于指示汇编程序符号地址 DST 为直接寻址且不在同一段内。指令执行后，将 DST 所在段的偏移量送入 IP，DST 所在的段地址送入 CS，从而实现段间转移。

例如：

```
CODE1   SEGMENT                  ┐
        .......                  │
        JMP FAR PTR DST2         │
        .........                ├ 代码段 1
                                 │
CODE1   ENDS                     ┘

CODE2   SEGMENT                  ┐
        ........                 │
DST2:   ........                 ├ 代码段 2
        ........                 │
CODE2   ENDS                     ┘
```

2）段间间接转移指令格式： JMP　DWORD PTR DST。

执行操作：IP ← DST 寻址存储器低字数据

　　　　　CS ←DST 寻址存储器高字数据

该指令中 DWORD PTR 是汇编语言规定的地址属性运算符，用于指示汇编程序符号地址 DST 为间接寻址且不在同一段内。由它所寻址的目标地址代码存放在数据段存储器（双字）。指令执行后，将存储器双字的低位字送入 IP；将存储器双字的高位字送入 CS，从而实现段间转移。

2．条件转移指令

所谓条件转移指令，就是根据运算或比较结果对标志位的影响，来决定下一条要执行指令的目标地址。条件转移指令目标地址属于段内短转移类型，相对偏移量必须在-128～+127 范围内。

条件转移指令分以下 3 类。

1）基于标志位状态的条件转移指令。

2）基于无符号数的条件转移指令。

3）基于有符号数的条件转移指令。

条件转移指令分类及转移条件见表 3-3。

表 3-3　条件转移指令

转 移 指 令	转移条件（标志位）	运 算 结 果
1　JC label	CF=1	有进位/错位
2　JNC label	CF=0	无进位/错位
3　JE/JZ label	ZF=1	相等/等于零
4　JNE/JNZ label	ZF=0	不相等不等于零
5　JS label	SF=1	是负数
6　JNS label	SF=0	是正数
7　JO label	OF=1	有溢出
8　JNO label	OF=0	无溢出
9　JP/JPE label	PF=1	有偶数个“1”
10　JNP/JPO label	PF=0	有奇数个“1”
11　JA/JNBE label	CF=0 且 ZF=0	无符号数比较：大于转移
12　JAE/JNB label	CF=0 或 ZF=1	无符号数比较：大于等于转移
13　JB/JNAE label	CF=1 且 ZF=0	无符号数比较：小于转移
14　JBE/JNA label	CF=1 或 ZF=1	无符号数比较：小于等于转移
15　JG/JNLE label	SF 与 OF 同号且 ZF=0	有符号数比较：大于转移
16　JGE/JNL label	SF 与 OF 同号 或 ZF=1	有符号数比较：大于等于转移
17　JL/JNGE label	SF 与 OF 异号 且 ZF=0	有符号数比较：小于转移
18　JLE/JNG label	SF 与 OF 异号 或 ZF=1	有符号数比较：小于等于转移
19　JCXZ	(CX)=0	CX 的内容为 0 时转移

条件转移指令的一般格式：

```
JXX   lable（标号）
```

其中 XX 为条件助记符，如 JZ、JNZ 等。

图 3-16 为条件转移指令操作流程图。

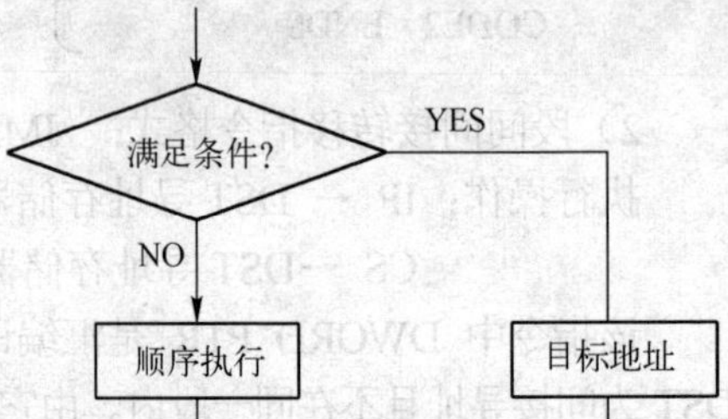

图 3-16　条件转移流程图

JXX 指令的功能：所有条件转移指令都是以标志位的状态或者以标志位的逻辑运算结果作为转移依据的。如果满足转移条件，则程序转移到标号所指示的目标地址处执行指令，否则，顺序执行下一条指令。

（1）单标志位条件转移指令

单标志位条件转移指令是指根据某一标志位的现行状态确定程序流向，见表 3-3 中 1～10 条指令。

该类指令一般适用于测试某种运算结果，并根据不同的状态标志决定程序是否转移，以便做不同的处理。

例如，指令段：

```
        ADD   AX, BX
        JC   LP              ;若加法有进位，(即 CF=1)转至 LP 处理，否则顺序执行
        SUB   AX, BX
        JNZ   ZERO           ;若减法结果不为 0(即 ZF=0)，转至 ZERO 处理，否则顺序执行
LP:     ……
```

```
        ……
ZERO: ……
```

例如，指令段：

```
      SUB   AX, BX
      JNS   LP          ;若减法结果为正数(即 SF=0)转至 LP 处理，否则顺序执行
      NEG
LP:   ……
      ……
```

（2）无符号数比较结果条件转移指令

该类指令是根据两个无符号数进行减法或比较操作，其结果对标志位 CF 和 ZF 影响决定是否转移。见表 3-2 中的 11～14 条指令。

例如，比较无符号数 0AFH 和 80H 的大小，显然 0AFH>80H，执行下面的指令。

```
        MOV   AL, 0AFH
        CMP   AL, 80H       ;比较两数，0AFH 大于 80H,PF=0，ZF=0，CF=0
        JA    ABOVE         ;作为无符号数 0AFH 大于 80H，程序转移 ABOVE 处执行
        ……
        ……
ABOVE: ADD   AL, AL
        ……
        ……
```

运行结果：转移到 ABOVE 处继续执行指令。

（3）有符号数比较结果条件转移指令

该类指令是根据两个有符号数相比较所产生的状态标志 CF 和 ZF 决定是否转移。见表 3-3 中的 15～19 条指令。

例如，比较有符号数 0AFH 和 80H 的大小。

已知有符号数 0AFH=10101111B，80H=10000000B，在机器中 0AFH 和 80H 均为负数的补码表示，其真值分别为–81 和–128。显然，–81>–128。

指令段如下。

```
      MOV   AL, 0AFH
      CMP   AL, 80H     ;比较两数，执行结果，SF=0，0F=0，ZF=0，有符号数 0AFH 大于 80H
      JG    LP          ;对于有符号数，AL>80H，则转标号 LP 执行，否则顺序执行
      ADD   AL, 12H
LP:   ……
```

以上指令在执行“CMP AL, 80H”时，并不能识别操作数是否为有符号数，该指令功能只是按位相减后进行比较，比较结果影响标志位。在执行下一条指令（JG LP）时，由该指令判断标志位是否符合转移条件，但是作为程序员，仅需考虑只要有符号数 0AFH 大于 80H 就符合转移条件，程序转至 LP 所指定的目标地址执行，否则，顺序执行下一条指令。

由此可见，虽然 JG（Jump on Greater than）和 JA（Jump on Above）都是以“比较大于”作为转移条件的，在指令前都要执行比较指令 CMP，但必须区别 JG 比较的两个数是有符号数，而 JA 比较的两个数是无符号数。

（4）JCXZ 指令

JCXZ 指令不影响 CX 的内容，此指令在(CX)=0 时，控制转移到目标标号，否则顺序执行 JCXZ 的下一条指令。

3．循环指令

循环指令可以实现某一程序（指令）段的重复执行，8086 系统的循环指令以 CX 寄存器的内容为循环次数计数器，根据 CX 内容以及状态标志位的测试结果决定程序是循环执行还是退出循环（顺序执行下一条指令）。其流程图如图 3-17 所示。

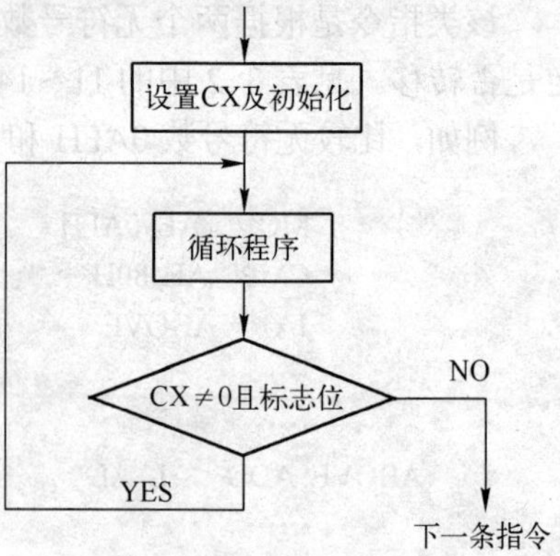

图 3-17　循环程序控制流程图

循环指令中以标号 DST 为循环控制的目标地址，其属性为段内直接短转移（转移范围在-128～128）。

按控制循环的方式，循环指令有以下 3 种形式。

（1）循环控制指令（LOOP）

循环控制指令指令格式：LOOP　DST

执行操作：CX ← (CX)–1

若 CX≠0，转标号 DST 所指定的目标地址执行（程序）；若 CX=0，则顺序执行。

（2）为 0/相等时循环控制指令（LOOPE/LOOPZ）

为 0/相等时循环控制指令的格式：LOOPE/LOOPZ　DST

执行操作：CX ← (CX)–1

若 CX≠0 且 ZF=1，转标号 DST 所指定的目标地址执行（程序）；否则顺序执行。

（3）不为 0 或不相等循环控制指令 LOOPNE/LOOPNZ

不为 0 或不相等循环控制指令的格式：LOOPNE/LOOPNZ　DST

执行操作：CX ← (CX)–1

若 CX≠0 且 ZF=0，转标号 DST 所指定的目标地址执行（程序）；否则顺序执行。

不难看出，LOOP 指令与 REP 指令有近似相同的控制形式，在程序设计中极为灵活、方便。

【例 3-29】 使用多重循环构成延时程序。

程序（指令）段如下。

```
MOV     BX, 8FH                 ; 外循环的次数在 BX 中预置
L1:     MOV     CX, N2          ; 内循环次数在 CX 中
L2:     LOOP    L2
DEC     BX
        JNZ     L1
```

【例 3-30】 求 BUFF 数据区中的第一个零元素之前的各字节之和，存入 SUM 变量。该数据区为 10 个元素且首地址元素不为 0。

完整的汇编语言源程序如下。

```
DATA    SEGMENT
BUFF    DB   38H,28H,0Fh,5H,05H,0,16H,3H,0,20H
SUM     DW   ?
DATA    ENDS          ……
CODE    SEGMENT
        ASSUME DS;DATA,CS:CODE
START:  MOV AX, DATA
        MOV DS, AX                 ;以上部分汇编语言程序要求格式（第 4 章介绍）
        XOR AX, AX                 ;以下为循环程序段
        MOV SI, OFFSET BUFF        ;BUFF 数据区的起始地址送 SI
        MOV CX, 0AH
AGAIN:  ADD AL, [SI]               ;循环入口，SI 所指向的数据送 AL（第一次数据为 38H）
        ADC AH,   0
        INC  SI                    ;SI←(SI+1)，使 SI 指向下一数据单元
        CMP   BYTE PTR[SI],   0
        LOOPNZ   AGAIN             ;CX←(CX-1)，CX 不为 0，且 CMP 指令使 ZF=0，转
                                   ;标号 AGAIN 重复执行
        MOV SUM, AX                ;存结果
        MOV AH, 4CH                ;以下为汇编语言程序要求格式（第 4 章介绍）
        INT 21H
CODE    ENDS
        END   START
```

分析该程序，BUFF 数据区第一个零元素之前的各字节之和应为：

38H+28H+0FH+5H+05H=79H

执行结果为：AL=79H。

为了方便及时地学习和理解汇编指令设计的源程序（或指令段）的执行过程和执行结果，可以使用 8086CPU 汇编仿真软件（即 Windows 环境下运行的 Emu8086 软件）对程序进行仿真调试，操作过程详见 4.7.1 节。

对源程序进行仿真调试的方法步骤如下。

1）启动 EMU8086，在启动窗口单击 new 选项，弹出选择对话框，选择 empty workspace 选项后，进入编辑窗口，编辑输入本题源程序。

2）单击工具栏上的 compile 按钮，对源程序编译、输入文件名存盘后返回。

3）然后，单击命令 emulate 弹出仿真窗口。在仿真窗口，单击 single step 按钮，单步调试程序，可以观察每一条指令仿真执行结果；单击 run 按钮，程序连续执行并显示仿真运行结果。

对本例中汇编语言源程序在 EMU8086 仿真环境中的调试结果如图 3-18 所示，可以看到 AX=4C79H，其中 AL=79H，与分析结果相同。

控制转移指令类除了以上介绍的三大类外，还有在控制类程序中使用频繁的子程序调用、返回指令和中断指令，这些内容在后续章节中将详细介绍。

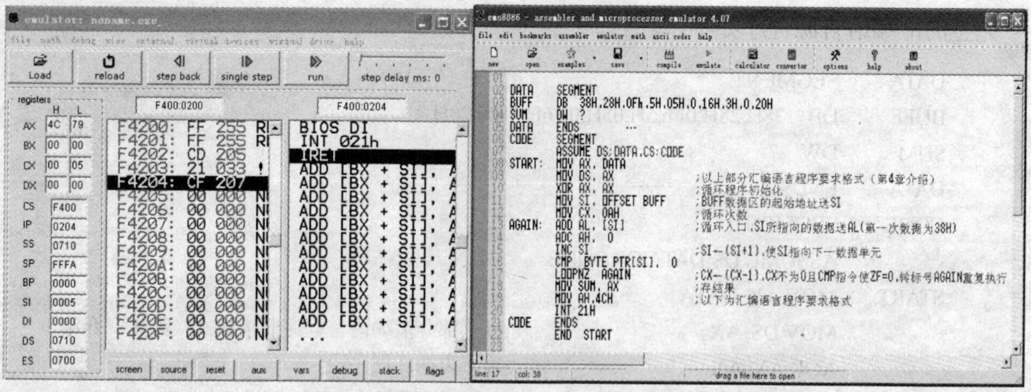

图 3-18　EMU8086 仿真调试结果

3.3.6　处理器控制指令

处理器控制指令用于控制处理器的某些动作和状态标志位的设置等。

1．标志位设置指令

标志位设置指令可以直接设置标志位的状态，主要应用在算术运算、串操作及中断控制程序中。

指令格式	指令功能
STC	;进位标志位 CF 置 1（Set Carry）。
CLC	;进位标志位 CF 清 0（Clear Carry）。
CMC	;进位标志位 CF 取反（Complement Carry）。
STD	;方向标志位 DF 置 1（Set Direction）。
CLD	;方向标志位 DF 清 0（Clear Direction）。
STI	;中断允许标志位 IF 置 1（Set Interrupt）。
CLI	;中断允许标志位 IF 清 0（Clear Interrupt）。

2．外部同步指令

指令格式	指令功能
HLT	;使处理器处于暂停状态，仅复位（RESET）、非屏蔽中断请 ;求（NMI）和中断请求（INTR）信号可以使其退出暂停状 ;态，转去执行相应的操作。
WAIT	;使处理器处于等待状态。定期检查 $\overline{TEST}$ 信号是否为低电平， ; $\overline{TEST}$ =1 为等待状态，否则执行下一条指令。
ESC	;换码指令，向处理器提供数据。
LOCK	;封锁指令，可作为其他指令的前缀联合使用，以保持总线的 ;封锁信号。

该类指令不影响标志位。

3．空操作指令 NOP

NOP 指令的功能是执行空操作（执行时间在 8086 系统中需要 3 个指令周期，在 Pentium 系统中需要 1 个指令周期）后，接着执行下一条指令。

3.4　从 8086 到 80x86 指令系统的变化

随着计算机技术和大规模集成电路技术的发展，在 8086 微处理器的基础上，又相继推出 80x86 及 Pentium 等微处理器。80386 以上及 Pentium 微处理器内部寄存器是 32 位的，本节介绍在兼容 16 位 8086 指令系统的基础上，80x86 系统扩展增加的寻址方式和指令。

3.4.1　80x86 系统寻址方式

80x86 寻址方式的分类和 8086 一样，可分为：立即寻址、寄存器寻址、存储器寻址、I/O 寻址和隐含寻址。

1．立即寻址

立即寻址：立即数可以是 8 位、16 位或 32 位二进制数（低位在前，高位在后）。

例如：

```
MOV AX, BX              ;16 位数据传送，兼容 8086 系统的所有指令
MOV EAX, 12345678H      ;执行后，(AX)=5678H，1234H 在 EAX 的高 16 位中
ADD EAX, 80H            ;(AX)=56F8H
```

2．寄存器寻址

寄存器寻址：操作数就在 8 位、16 位或 32 位通用寄存器中。

例如：

```
MOV EAX, EBX        ; 32 位寄存器 EBX 的内容传送给 EAX
MOV ESP, EBP        ; 32 位寄存器 EBP 的内容传送给 ESP
```

3．存储器寻址

在 80x86 中，存储器的物理地址由段基址及段内偏移量组成。段内偏移量（即有效地址 EA）可以由以下 4 种地址分量组合而成。

1）基地址：用来指示某局部存储区的起始位置，可以是 8 个 32 位通用寄存器 EAX / EBX / ECX / EDX / ESP / EBP / ESI / EDI。

2）变地址：可以方便地访问数组或字符串，可以是除 ESP 以外的 32 位通用寄存器。

3）位移量：8 位、16 位或 32 位二进制数。

4）比例因子：专为 32 位寻址方式设置的一种地址分量，取值为 1、2、4 或 8。

计算 80x86 有效地址的一般方法如下。

$$EA=基地址+（变地址\times比例因子）+位移量$$

这里，作为有效地址的 4 个分量的取值，对于 16 位寻址方式和 32 位寻址方式存在差异，其使用规定见表 3-4。

表 3-4　有效地址中 4 个地址分量的使用规定

有效地址分量	16 位寻址	32 位寻址
基地址寄存器	BX, BP	任何 32 位通用寄存器
变地址寄存器	SI, DI	除 ESP 以外的任何 32 位通用寄存器
位移量	0, 8, 16	0, 8, 32
比例因子	1	1, 2, 4, 8

80x86 几种存储器寻址方式如下。

（1）直接寻址

直接寻址：存储器操作数的有效地址就在指令中。

操作数的有效地址以 8 位、16 位或 32 位偏移量的形式作为指令的一部分，与操作码一起存放在代码段中。操作数的段基地址默认为 DS（即数据段）。例如：

```
MOV   EAX, [2000H]          ; 2000H 为 32 位操作数的有效地址
```

（2）寄存器间接寻址

寄存器间接寻址：存储器操作数的有效地址就在寄存器中。

例如：

```
MOV    CL,   [EDX]           ;32 位寄存器间接寻址，传送 8 位字节数据
MOV    AX,   [EDX]           ;32 位寄存器间接寻址，传送 16 位字数据
MOV    EAX,   [EDX]          ;32 位寄存器间接寻址，传送 32 位双字数据
MOV    SP, ES: [ECX]]        ;段跨越在附加段的 32 位寄存器间接寻址，传送 16 位字数据
```

对于 32 位寻址方式，由于基址寄存器和变址寄存器已经不局限于 BX 和 BP，因此，下面指令仍然是有效的。

```
MOV   DX, [EBX＋EBP]
```

若以 EBP、ESP 为基地址进行间接寻址，默认的段基址在 SS 中；而采用其他通用寄存器作为基地址进行间接寻址时，默认的段基址在 DS 中。同样，可以采用加段跨越前缀的方法对其他段进行寻址。

（3）寄存器相对寻址

寄存器相对寻址：存储器操作数的有效地址为寄存器的内容与位移量之和。

在这种寻址方式中，存储器操作数的有效地址是基址或变址寄存器的内容与指令中指定的位移量之和。

例如：

```
MOV   ECX, [BX＋16H]         ;相对的基址寻址
MOV   EAX, [SI＋16H]         ;相对的变址寻址
```

（4）基址加变址寻址

基址加变址寻址：存储器操作数的有效地址为一个基址寄存器和一个变址寄存器的内容之和。

例如：

```
MOV EDX, [EBX+ESI]
```

（5）相对基址加变址寻址

相对基址加变址寻址：存储器操作数的有效地址为一个基址寄存器和一个变址寄存器的内容之和再加上位移量。例如：

```
MOV   EDI,   [ESP+EBP+1000H]        ;相对的基址加变址寻址
```

```
MOV   EAX,   16H[BX][SI]                 ;相对的基址加变址寻址
```

（6）寄存器比例寻址

寄存器比例寻址可分为以下形式。

1）比例变址方式，即变址寄存器的内容乘以比例因子，再加上位移量。

2）基址比例变址方式，即变址寄存器的内容乘以比例因子，再加上基址寄存器的内容。

3）相对基址比例变址方式，即变址寄存器的内容乘以比例因子，再加上基址寄存器的内容和位移量。

例如：

```
MOV   EAX,   X[EDI*4]            ; EA=(EDI)×4+X, 其中 X 是 8 位或 32 位位移量
MOV   EAX,   EBX[EDI*8]          ; EA=(EDI)×8+(EBX)
MOV   EAX,   X[ESI*4][EBP]       ; EA=(ESI)×4+(EBP)+X, 其中 X 是 8 位或 32 位位移量
```

4．I/O 端口寻址

80x86 和 8086 对于 I/O 端口的寻址范围是相同的，即最大寻址范围为 0～65535 个按字节编址的 I/O 端口。可以按地址连续的字节端口的个数定义 16 位字端口和 32 位双字端口。

I/O 端口寻址方式同 8086。

3.4.2　80x86 增强和扩展指令

下面仅介绍 80386 以上增强和扩展的部分指令，指令中与 8086 系统相应指令的相同部分不再说明。

1．数据传送扩展指令

（1）MOVSX　DST, SRC　　　　　;带符号扩展传送指令

该指令源操作数可以是 8 位或 16 位寄存器或存储器数，目的操作数必须为 16 位或 32 位寄存器。

该指令功能：源操作数的符号位扩展到目的操作数。

（2）MOVZX　DST, SRC　　　　　;带 0 扩展传送指令

该指令对操作数的要求同 MOVSX，其差别只是 MOVZX 令高位扩展 0。

（3）PUSHA/PUSHAD　　　　　　;所有寄存器进栈指令

PUSHA 指令的功能：16 位通用寄存器按序 AX、CX、DX、BX、SP、BP、SI、DI 依次进栈，然后 SP←(SP)–16。

PUSHAD 指令的功能：32 位通用寄存器按序 EAX、ECX、EDX、EBX、ESP、EBP、ESI、EDI 依次进栈，然后 SP←(SP)–32。

（4）POPA/POPAD　　　　　　　;所有寄存器出栈指令

POPA 指令的功能：16 位通用寄存器按序 DI、SI、BP、SP、BX、DX、CX、AX 依次出栈，SP←(SP)+16。

POPAD 指令的功能：32 位通用寄存器按序 EDI、ESI、EBP、ESP、EBX、EDX、ECX、EAX 依次出栈，SP←(SP)+32。

（5）BSWAP

它是 80486 扩充的指令，其功能是对指定的 32 位通用寄存器中，以字节为单位将 31～24

位与 7～0 位、23～16 位与 15～8 位进行交换。

2．加法扩展指令

（1）XADD　　;交换且相加指令

指令格式：XADD　DST,　SRC

执行操作：TEMP←(SRC)+(DST)　　;TEMP 为一中间变量

SRC←(DST)

DST←(TEMP)

该指令是 80486 新增加的指令，操作数可以是 8 位、16 位或 32 位寄存器数或存储器数。DST 操作数传送给 SRC 操作数；DST 操作数与 SRC 寄存器数相加，其结果传送给 DST 操作数。

（2）CMPXCHG　　;比较并交换指令

指令格式：CMPXCHG　DST,　SRC

执行操作：（累加器）=（DST），若相等，则 DST←（SRC），否则，（累加器）←（DST）。

累加器可以是 AL、AX、EAX。

该指令 80486 新增加的指令，操作数可以是 8 位、16 位或 32 位寄存器数或存储器数。DST 操作数与累加器的内容进行比较，若相等，置 ZF=1，并将存放 SRC 寄存器中的源操作数送到 DST 目的操作数；否则，ZF=0，并将 DST 操作数的内容送相应的累加器。

3．位测试及位扫描指令

（1）BT　　;位测试指令

指令格式：BT　DST,　SRC

执行操作：将 DST 中由源操作数 SRC 所指定的位送入标志位 CF。

例如，若(AX)=1234H=0001001000110100，则

执行指令：

```
BT    AX, 4       ;测试 AX 中的第 4 位
```

执行结果：CF=1。

（2）BSF/BSR　　;正/反向位扫描指令

指令格式：BSF/BSR　REG，SRC

执行操作：从低位/高位到高位/低位扫描 SRC 确定的各个位，若各个位都为 0，则置中断允许标志 IF=1；否则 IF=0，并且把扫描到第一个 1 的位号送入寄存器 REG 中。

4．串操作指令

（1）INS　　;串输入指令

指令格式：INS　ES:DI,　DX

INSB（字节）

INSW（字）

INSD（双字）（386 以上）

执行操作：将 DX 的内容为地址的 I/O 端口数据传送到附加段由变址寄存器所指向的存储单元中。

（2）OUTS　　;串输出指令

指令格式：　OUTS　DX,　DS:SI

指令操作：将源变址寄存器所指向的存储单元的数据传送到DX所指向的I/O端口中。

（3）MOVSD　;将 DS:SI 指向的双字源操作数传送到 ES:DI 指向的目标存储单元中。

5. Cache 操作指令

（1）INVD

INVD 是 80486 新增加的指令，其功能为将 Cache 的内容无效。

执行操作：刷新内部 Cache，并分配一个专用的总线周期刷新外部 Cache。执行该指令不会将外部 Cache 中的数据写回主存。

（2）WBINVD

WBINVD 是 80486 新增加的指令，其功能类同 INVD 指令，先刷新内部 Cache，并分配一个专用总线周期，外部 Cache 的数据写回主存，并在此后的一个专用总线周期刷新外部 Cache。

6. Pentium 增强和扩展部分指令

（1）INVLPG

INVLPG 是 Pentium 新增加的指令，该指令将页式管理机构内的高速缓冲器 TLB 中的某一项作废。如果 TBL 中含有一个存储器操作数映像的有效项，则该 TLB 项被标记为无效。

（2）CMPXCHG8B

CMPXCHG8B 是 Pentium 新增加的指令，其功能与 CMPXCHG 类似，不同之处只是该指令为 64 位比较交换指令，并且规定目的操作数必须为内存变量，源操作数和累加器分别为 ECX:EBX 和 EDX:EAX。

（3）RDMSR

RDMSR 是 Pentium 新增加的指令，其功能是将 ECX 指示的实模式描述寄存器内容读入 EDX:EAX 中。

（4）WRMSR

WRMSR 是 Pentium 新增加的指令，其功能是将 EDX:EAX 中的值写入 ECX 指示的实模式描述寄存器中。

（5）RSM

RSM 是 Pentium 新增加的指令，其功能是恢复系统管理方式。

（6）CPUID

CPUID 是 Pentium 新增加的指令，其功能是读出 CPU 的标识码等信息。

（7）RDTSC

RDTSC 是 Pentium 新增加的指令，其功能是把时间戳读入 EDX:EAX 中。

3.5　汇编指令 EMU8086 仿真调试

EMU8086 是 Windows 环境下运行的 8086 CPU 汇编仿真软件，是学习汇编指令编程的十分方便的工具（操作过程详见 4.7.1 节）。

本节通过几个汇编指令程序段执行结果分析，对照给出 EMU8086 仿真调试结果。

分析下列指令段功能，求出 AX、BX 寄存器及标志位 CF、SF、ZF 和 OF 的内容，并通过 EMU8086F 仿真调试比较结果。

1）在 EMU8086 编辑窗口输入如下指令段。

```
ORG 100H
```

```
MOV AL,5EH
MOV BL,3CH
ADD AL,BL
END
```

分析以上指令，执行结果为：AL=9AH、BL=3CH。

EMU8086 仿真调试结果如图 3-19 所示，与分析结果相同。

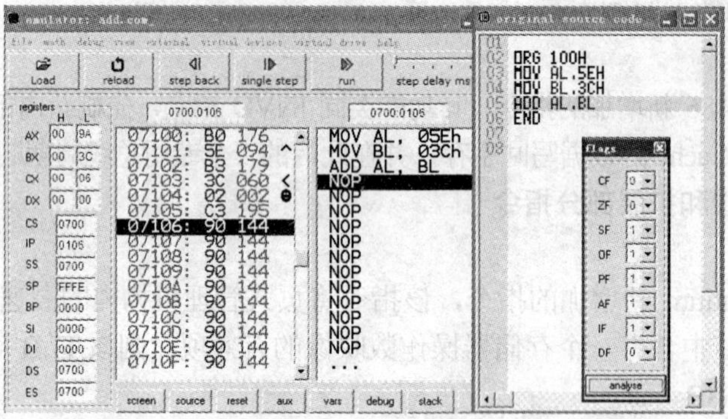

图 3-19 （指令段 1）EMU8086 仿真调试结果

2）在 EM8086 编辑窗口输入如下指令段。

```
  ORG 100H
START:
MOV AH,0EH
MOV AL,10001010B
MOV CL,03H
SHR AL,CL
MOV BX,2000H
MOV DS:[BX],AL
RET
```

读者自行分析执行结果。

EMU8086 仿真调试结果如图 3-20 所示。

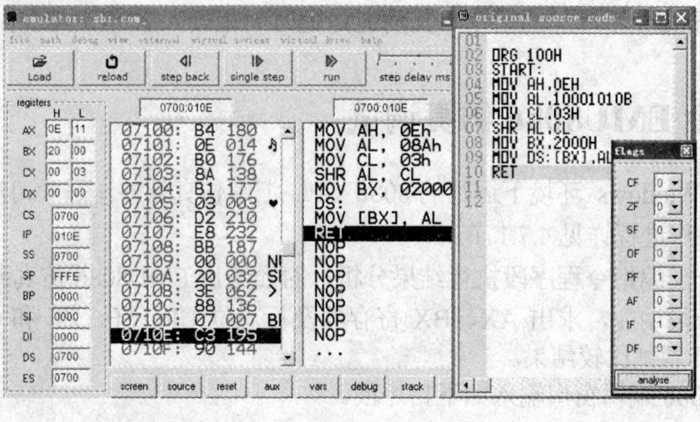

图 3-20 （指令段 2）EMU8086 仿真调试结果

3）在 EM8086 编辑窗口输入如下指令段。

```
  ORG 100H
START:
MOV AL,0EAH
MOV BL,0DCH
MUL BL
MOV BX,2000H
MOV DS:[BX],AL
RET
```

读者自行分析执行结果。

EMU8086 仿真调试结果如图 3-21 所示。

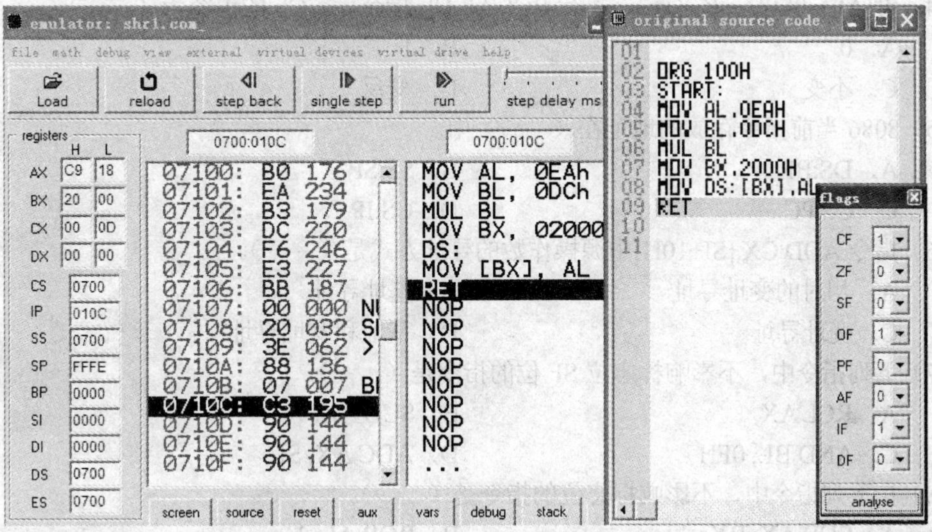

图 3-21 （指令段 3）EMU8086 仿真调试结果

3.6 习题

1．指出下列指令中操作数的寻址方式及指令的功能。

（1）MOV CL, 64H

（2）MOV AX, [2000H]

（3）MOV AL, 100H[SI+DI]

（4）XLAT

（5）XCHG AX,BX

（6）PUSH AX
POP DS

（7）ADC AX, [BX]

（8）SUB AL, [BP+20H]

（9）DEC BYTE PTR[BX+SI]

（10）AND AX, 00FFH

（11）TEST AL, 80H

（12）CMPSB

（13）SAL AL, CL

（14）MOV DX, 2000H
IN AL, DX

（15）LOOPNZ LOP

（16）JZ LOP1

2．选择题

（1）指令 MOV AL，[2000H]，源操作数的物理地址为（　　）。

A．CS ×16+2000H　　B．DS×16+2000H

C．SS ×16+2000H　　D．ES×16+2000H

（2）8086 指令系统中，不可以用来访问存储器操作数的是（　　）。

A．直接寻址方式　　B．寄存器间接寻址方式

C．寄存器寻址方式　　D．寄存器相对寻址方式

（3）下列 80x86 指令中，不合法的指令是（　　）。

A．ADD　AL,　378H　　B．MOV BL, AL

C．MOVSB　　D．SHL AX, 1

（4）设(AL)=0E0H，(CX)=3，执行 RCL AL,CL 指令后，CF 的内容为（　　）。

A．0　　B．1

C．不变　　D．变反

（5）8086 当前指令存放的地址在（　　）中。

A．DS:BP　　B．SS:SP

C．CS:PC　　D．CS:IP

（6）指令 ADD CX,[SI+10H]中源操作数的寻址方式是（　　）。

A．相对的变址寻址　　B．基址寻址

C．变址寻址　　D．基址和变址寻址

（7）下列指令中，不影响标志位 SF 位的指令是（　　）。

A．RCL AX, 1　　B．SUB AX, 1

C．AND BL, 0FH　　D．ADC AX, SI

（8）在下列指令中，不影响标志位的指令是（　　）。

A．SUB AX, BX　　B．ROR AL, 1

C．JNC LABLE　　D．INT n

（9）下列指令中，不合法的指令是（　　）。

A．PUSH AL　　B．ADC AX, [SI]

C．INT 21H　　D．IN AX, 03H

（10）指令 MOV AL，[BP+10H]，源操作数的物理地址为（　　）。

A．CS×16+BP+10H　　B．DS×16+BP+10H

C．SS×16+BP+10H　　D．ES×16+BP+10H

（11）完成将 BX 清零，并使标志位 CF 清零，下面指令错误的是（　　）。

A．SUB BX, BX　　B．XOR BX, BX

C．MOV BX, 00H　　D．AND BX, 00H

（12）在程序运行过程中，确定下一条指令的物理地址的计算表达式是（　　）。

A．CS×16+IP　　B．DX×16+DI

C．SS×16+SP　　D．ES×16+SI

（13）对于指令段：

```
LOP:  MOV AL, [SI]
      MOV ES:[DI], AL
      INC   SI
      INC   DI
      LOOP  LOP
```

具有同样功能的指令为（　　）。

A．REP　MOVSB　　　　B．REP　SCASB

C．REP　MOVSW　　　　D．REP　STOSB

（14）条件转移指令 JNE 的测试条件是（　　）。

A．ZF=1　　　　B．CF=0

C．ZF=0　　　　D．CF=1

（15）表示一条指令所在的存储单元的符号地址称（　　）。

A．标号　　　　B．变量

C．偏移量　　　　D．类型

（16）设 AL、BL 中都是带符号数，当(AL)≤(BL)时转至 NEXT 处，在 CMP AL, BL 指令后应选用正确的条件转移指令是（　　）。

A．JBE　　　　B．JNG

C．JNA　　　　D．JNLE

3．填空题

（1）在 MOV　AL, [1234H]指令的机器代码中，最后一个字节是______。

（2）假设(SP)=0100H，(SS)=2000H，执行 PUSH　BP 指令后，栈顶的物理地址是_____。

（3）假定(AL)=26H，(BL)=55H，依次执行 ADD AL, BL 和 DAA 指令后，(AL)=_______。

（4）对于乘法、除法指令，其目的操作数存放在_____或_____中，而其源操作数可以用除_____以外的任一种寻址方式。

（5）条件转移指令的目标地址应在本条件转移指令的下一条地址的_____字节范围内。

（6）执行下列程序段后，(DX)=_____。

```
     MOV  CX, 5
     MOV  DX, 12
LP:  ADD  DX, CX
     DEC  CX
     JNZ  LP
     ......
```

（7）如果执行指令前，(DS)=1000H，(10100H)=00H，(10101H)=02H，(10102H)=00H，(10103H)=20H，则执行 LDS SI, [100H]指令后，(DS)=______。

（8）执行以下程序段后，(AL)=_____。

```
MOV   AL, 10
SHL   AL, 1
MOV   BL, AL
SHL   AL, 1
SHL   AL, 1
ADD   AL, BL
```

（9）执行以下程序段后，(AX)=_____H。

```
MOV   AL, 87H
MOV   CL, 4
MOV   AH, AL
AND   AL, 0FH
OR    AL, 30H
SHR   AH, CL
OR    AH, 30H
```

（10）执行以下程序段后，(AL)=_____。

```
BUF  DW   2152H, 3416H, 5731H, 4684H
     LEA  BX,  BUF
     MOV AL,   3
     XLAT
```

（11）执行以下程序段后，(AX)=_____。

```
     MOV     CX, 5
     MOV     AX, 50
NEXT:SUB     AX, CX
     LOOP    NEXT
     HLT
```

4．阅读下面程序段，指出各指令段的功能。

```
（1） MOV AX, 2000H
      MOV DS, AX
      MOV BX, 2000H
      MOV AX, 0
      MOV CX, 1
  LP: ADD AX, CX
      INC CX
      CMP CX, 64H
      JBE  LP
      MOV [BX], AX
        ......
```

```
（2） LEA  SI， BUFFER
      MOV  CX, 20
      MOV  AL, 0
      DEC  SI
  LP: INC  SI
      CMP  AL,  [SI]
      LOOPZ  LP
      JZ  NEXT
      MOV  ADDRES,  SI
NEXT: ........
```

5．编写程序段

（1）实现(AL)*10/32。

（2）将数据段内地址为 1000H 存储单元的连续 100 个字数据传送到同一段内地址为 2000H 存储单元中。

（3）搜索数据段由 DI 寄存器所指向的数据区（连续 100 个字节存储单元）是否有关键字 0H，若有，则把该单元的数据 0 改写为 30H。

（4）将数据 00000001B 循环左移，最高位移至最低位，连续循环。每左移一次，该数据输出给外设端口 20H。

第 4 章　80x86 汇编语言及程序设计

本章首先介绍 80x86 汇编语言的语法基本知识、常用伪指令、增强和扩展伪指令及汇编语言源程序结构组成。然后，通过汇编语言程序实例介绍结构化程序及子程序设计技术。最后介绍汇编语言上机环境、常用仿真调试软件及应用示例。

4.1　汇编语言语法基本知识

本书在介绍汇编语言基本概念的基础上，详细说明了汇编语言数据、表达式形式、语句组成及源程序的结构。

4.1.1　汇编语言和汇编程序

1．汇编语言

汇编语言是一种采用助记符表示的机器语言指令，即用助记符号来表示指令的操作码和操作数，用标号或符号代表地址、常数或变量。助记符一般都是英文单词的缩写，因此，相对于机器语言来说，使用汇编语言编写的程序便于记忆、阅读，使用方便。

汇编语言编写的程序，产生的目标代码短、执行速度快，可以直接控制系统硬件，具有高级语言不可替代的作用。学习汇编语言也是理解和掌握计算机工作原理和过程的主要途径。但使用汇编语言编写程序，程序员必须熟悉系统硬件结构，其功能描述不如高级语言直观，编程效率较低。

汇编语言作为计算机一种语言，就必然有其程序员和计算机都能识别的符号、功能代码及语法约定来描述。

汇编语言主要包括：指令语句、伪指令语句和词法（语法）。

（1）指令语句

指令语句是指第 3 章介绍的汇编指令构成的语句，是计算机可以执行的语句。

一条指令语句必产生一条相应的目标代码，在汇编语言编写的源程序中，程序的主要功能是通过指令语句来实现的。

（2）伪指令语句

伪指令语句是指为了方便用户设计程序，由伪指令提供给汇编程序完成的一些操作。

伪指令又称汇编控制指令，它是控制汇编（翻译）过程的一些命令，即程序员通过伪指令设置汇编程序在进行汇编（翻译）时的一些操作，主要包括源程序存放的起始地址、定义存储段及过程等。因此，伪指令不产生机器语言的目标代码，是汇编语言程序中的不可执行语句。

（3）词法（语法）

词法用于规定程序中允许使用的符号、运算符、表达式及程序的结构要求等。程序员必须按照词法（语法）约定编写程序。

2．汇编程序

用汇编语言编写的程序称为源程序。源程序必须翻译成机器语言的目标代码（亦称目标程序），计算机才能执行。其翻译工作可由汇编程序自动完成。汇编程序的功能就是将汇编语言编写的源程序翻译成用机器语言表示的目标程序，这一过程称为汇编。如图 4-1 所示。

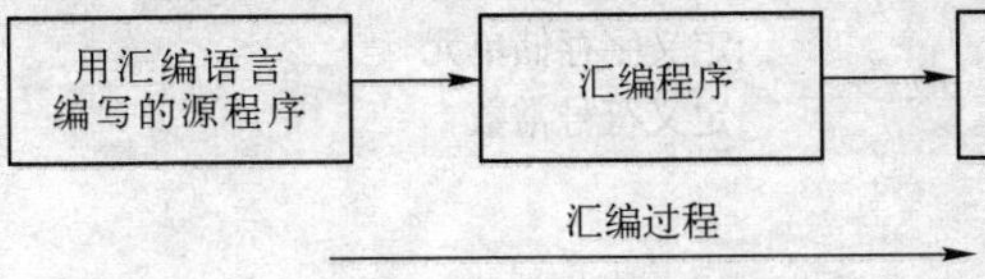

图 4-1　汇编程序的功能示意图

必须说明的是：汇编过程和程序的执行过程是两个不同的概念。

1）汇编过程是将源程序翻译成机器语言的目标代码，此代码按照伪指令的安排存入存储器中。

2）程序的执行过程是 CPU 从存储器中逐条取出目标代码并逐条执行，完成程序设计的主要功能。

80x86 系统的汇编程序完全兼容，统称为 ASM-86。目前，普遍使用的是宏汇编程序 MASM-86。用户可以方便地在汇编程序 MASM 环境下对源程序进行汇编生成目标程序，然后目标程序经连接程序 LINK 生成可执行文件。

4.1.2 汇编语言语句

语句是程序的基本组成，在汇编语言源程序中，主要包括指令语句、伪指令语句和宏指令语句。

1．指令语句

指令语句格式由以下几个部分组成：

```
[标识符：]  操作码  [目的操作数]  [,源操作数]  [; 注释]
```

例如：

```
LOP:    MOV   AL , DATA1        ;双操作数指令, 标号 LOP 为指令地址
        ADD   AL , [2000H]      ;双操作数指令
        DEC   AL                ;单操作数指令
        NOP                     ;无操作数指令
```

一条语句应在一行内完成。

2．伪指令语句

伪指令语句格式：

```
[标识符]  伪操作符   [操作数]    [; 注释]
```

其中，[ ]中的项表示为可选项。

标识符：根据伪指令作用的不同，可以是变量名、段名、过程名及符号常数等。

标识符与伪操作符之间用空格分隔。

伪操作符：又称定义符/伪指令助计符，表示伪操作功能。如定义变量名、段名、过程名及符号常数等。

操作数：又称伪指令参数，根据不同的伪指令，可以是一个或多个。

例如：

```
DATA1   DB  30H, 31H, 32H        ;定义字节变量 DATA1 开始的 3 个连续存储单元
DATA2   DB  33H                  ;定义字节变量 DATA2 单元
        DW  1234H                ;定义字存储单元
   PI   EQU  3.14                ;定义符号常数
```

3．宏指令语句

宏指令语句是由若干条指令语句形成的语句体。一条宏指令语句的功能相当于若干条指令语句的功能。

4.1.3 汇编语言的数据和表达式

数据是汇编语言语句中操作数的基本组成部分。汇编语言所能识别的数据是常量、变量和标识符，并通过不同的运算符组成表达式，以实现对数据的加工。

1．常量

在程序中，数据固定不变的值称为常量。

（1）数值常量

数值常量表示形式有二进制数、八进制数、十六进制数、十进制数，其后分别跟字母 B、Q、H、D（十进制数可省略 D）。十六进数以 A～F 开头时，前面加数字 0，以避免和操作码混淆。

例如：

0010111B、1234H、0FFFFH、121Q

常量可以是数值，也可以为其定义一个名字，用名字表示的常量称为符号常量。在编程时使用，符号常量可使用伪指令“EQU”进行定义。

例如：

```
CNT    EQU    100        ;CNT 为符号常量，等值 100
```

（2）字符串常量

字符串常量是由包含在引号中的若干个字符形成的。字符串在计算机中存储的是相应字符的 ASCII 码。如“A”的值是 41H，“AB”的值是 4142H 等。

2．变量

变量是在程序运行中可随时改变的量，它实际上是存储器的某一个数据存储单元。对变量的访问就是对这个存储单元的访问。在程序中是通过变量名的形式来实现对存储单元的操作的。变量名被称为存放数据的存储单元的符号地址。

变量有以下 3 个属性。

1）段属性：指变量所表示的存储单元所在段的段基址。

2）偏移地址属性：指变量所表示的存储单元地址与段基地址之间的偏移量。

3）类型属性，指变量占用存储单元的字节数。

- 字节变量为 1 个字节单元时，类型为 BYTE。
- 字变量为 2 个字节单元时，类型为 WORD。

● 双字变量为 4 个字节单元时，类型为 DWORD。

3．标识符

标识符就是一个符号名称，标识符在源程序中可以表示标号、变量、常量、过程名、段名等。标识符必须是大小写英文字母、数字及一些特殊符号的组合。

指令语句中的标号表示该指令的符号地址，它可作为转移类指令的操作数，以确定程序转移的目标地址。

标号有以下 3 个属性。

1）标号所在段必定是代码段。

2）标号所在地址与段基址之间的偏移量为 16 位无符号数。

3）当标号只允许作为段内转移或调用指令的目标地址时，类型为 NEAR；当标号可作为段间转移或调用指令的目标地址时，类型为 FAR。

伪指令语句中的标识符可作为常数、变量名等数据参加运算，也可作为段名及过程名等。

4．运算符和表达式

用运算符把常量、变量或标识符组合起来的式子就是表达式，由汇编程序在汇编时对其进行运算，目标代码得到的是运算结果数据。

运算符主要包括算术运算符、逻辑运算符、关系运算符、分析运算符和属性运算符 5 种类型。

（1）算术运算符

算术运算符包括+（加）、-（减）、*（乘）、/（除）、MOD（模除），参加运算的数和运算结果均为整数。

例如：

```
MOV   AL, 10H*2          ;在汇编时完成源操作数 10H*2
ADD   AL, 7 MOD 2        ;在汇编时完成 7 MOD 2=1
```

汇编后与机器指令对应的汇编指令为：

```
MOV   AL, 20H            ;
ADD   AL, 1              ;
```

（2）逻辑运算符

逻辑运算符包括 AND（与）、OR（或）、XOR（异或）、NOT（非），其作用是对操作数进行按位操作，其结果不影响标志位。

必须注意到，逻辑运算符号与逻辑运算指令中的助记符完全相同，但逻辑运算符组成的表达式只能作为指令的操作数部分，在汇编时完成逻辑运算，其结果自然不影响标志位；逻辑运算指令中，逻辑运算助记符出现在指令的操作码部分，在执行目标代码（指令）时完成逻辑运算，其结果影响标志位。

【例 4-1】 分析指令：AND　AL,　PORT AND 80H 的含义。

该指令功能为逻辑与，双操作数指令，源操作数为逻辑表达式：PORT AND 80H（作用是保留 PORT 的 D7 位），该表达式在汇编时运算产生的数据作为该指令的源操作数。

（3）关系运算符

关系运算符包括 EQ（相等）、NE（不等）、LT（小于）、GT（大于）、LE（小于或等于）、GE（大于或等于）共 6 种，该运算符可实现两个数据的比较运算。若关系成立，结果为全 1（逻辑真），否则为全 0（逻辑假）。

（4）分析运算符

分析运算符的运算对象必须为变量或标号，运算符总是加在运算对象之前。它可以将变量或标号的属性（如段、偏移量、类型）分离出来。

1）SEG 运算符。SEG 运算符组成的表达式可以得到该变量或标号所在段的段基址。

例如：

```
MOV   BX,  SEG   DATA
```

2）OFFSET 运算符。OFFSET 运算符组成的表达式可以得到该变量或标号在段内的偏移地址。

例如：

```
MOV   SI, OFFSET SOURCE
```

在该例中，倘若变量 SOURCE 在数据段内的偏移地址是 1200H，则该指令执行的结果为(SI)=1200H。该指令与指令 LEA　SI, SOURCE 等价。

3）TYPE 运算符。TYPE 运算符组成的表达式可以得到该变量或标号的类型属性。当其加在标号之前时，可以得到这个标号的类型属性。它们的返回值与属性的关系见表 4-1。

表 4-1　TYPE 返回值与属性的关系

变量/标号属性	返回数值
字节变量 BYTE	1
字变量　WORD	2
双字变量 DWORD	4
标号 NEAR	−1
标号 FAR	−2

例如：

```
DATA1 DB    10H, 20H, 30H, 40H
DATA2 DW    2000H
      .......
MOV   AL, TYPE DATA1                ;汇编后为 MOV AL, 1
MOV   BL, TYPE DATA2                ;汇编后为 MOV BL, 2
```

4）LENGTH 运算符。LENGTH 运算符组成的表达式可以得到分配给变量的连续单元的个数（也称为数组）。该运算符只针对用 DUP 重复操作符定义的数组产生正确结果。

例如：

```
DATA1 DW    20H DUP(0)
MOV   AL,   LENGTH   DATA1          ;汇编后为 MOV AL, 20H
```

5）SIZE 运算符。SIZE 运算符组成的表达式可以得到分配给变量所占有的总字节数。

例如：

```
DATA1 DW    20H DUP(0)
MOV   AL,   SIZE   DATA1     ; SIZE   DATA1=(LENGTH DATA1)*(TYPE DATA1)=40H
                             ;汇编后为 MOV AL, 40H
```

（5）属性运算符

变量、标号或地址表达式的属性可以使用一些运算符来修改。

1）PTR 运算符。PTR 运算符用来指定或临时修改某个变量、标号或地址表达式的类型或距离属性，它们原来的属性不变。

类型可以是：BYTE、WORD、DWORD、NEAR 或 FAR。

例如：

```
DATA    DB 12H, 34H, 56, 78H
INC     BYTE PTR[DI]              ;指明目的操作数为字节类型
MOV     AX, WORD PTR DATA         ;临时修改 DATA 为字类型，(AX)=3412H
JMP     DWORD PTR[BX]             ;指明为段间转移
```

2）段前缀“:”运算符。该运算符的作用是指定变量、标号或地址表达式所在的段。

例如：

```
MOV   AX, ES:[BX]          ; 用附加段 ES 取代默认的数据段 DS
```

3）SHORT 运算符。SHORT 运算符用于说明转移指令的目标地址的属性，取值范围为 −128～+127。

例如：

```
JMP   SHORT   LP
```

另外，还有用于改变运算符优先级的圆括号运算符和用于变量下标或地址表达式的方括号运算符等。

4.1.4 汇编语言源程序的结构

下面给出的是一个简单的完整汇编语言源程序及程序注释。

源程序文件名为： ex1.asm。源程序如下。

```
DATA      SEGMENT                             ;定义数据段开始
     A1   DW    0012H
     A2   DW    0034H
  SUM     DW    0H
DATA      ENDS                                ;数据段结束
STACK     SEGMENT PARA STACK'STACK'           ;定义堆栈段开始
          DB 100 DUP(?)
STACK     ENDS                                ;堆栈段结束
CODE      SEGMENT                             ;定义代码段开始
  ASSUME   CS:CODE,DS: DATA,SS:STACK          ;说明 CODE 为代码段, DATA 为数据段, STACK
                                              ;为堆栈段
START:    MOV      AX, DATA
          MOV      DS, AX                     ;赋数据段基地址
          MOV      AX, STACK
          MOV      SS, AX
          MOV      AX, A1                     ;功能指令段
          MOV      BX, A2
```

```
            MOV     CL, 8
            ROL     AX, CL
            ADD     AX, BX.
            MOV     SUM, AX                 ;和存入 SUM 单元
            MOV     AH, 4CH                 ;返回
            INT 21H
    CODE    ENDS                            ;代码段结束
            END     START                   ;结束汇编
```

该程序的功能为将 A1 单元的低 8 位与 A2 单元的低 8 位装配在一起存入 SUM 单元。

汇编语言程序的一般结构如下。

1）汇编语言源程序必须以 SEGMENT 和 ENDS 定义段结构，整个程序是由存储段组成的。80x86 宏汇编语言规定，源程序至少包含一个代码段。一般情况下，源程序可根据需要由代码段、数据段、堆栈段和附加段组成。每个段在程序中的位置没有限制。

本例中，源程序定义了数据段（段名为 DATA）、堆栈段（段名为 STACK）、代码段（段名为 CODE）。

2）程序中需要处理和存储的数据应存放在数据段，指令在代码段内。

3）代码段内用 ASSUME 伪指令说明段寄存器为某一段的段基址，并通过传送指令填充数据段、附加段（需要时）基址。代码段基址由系统自动完成。

4）代码段内第一条可执行指令应设置标号（这里为 START）。

5）实现功能指令段从 MOV AX, A1 开始，至 MOV SUM, AX 结束。

6）指令段最后两条指令为 DOS 系统功能调用，返回 DOS。

7）源程序最后的 END 语句表示汇编程序到此为止，并指出该程序执行的启动地址从 START 开始。

4.2 常用汇编伪指令

伪指令语句通过各种伪操作命令，为汇编程序提供一些信息，在汇编过程中实现数据定义、分配存储区、段定义、过程定义等功能。

伪指令语句的目的是能正确地把可执行的指令性语句翻译成相应的机器指令代码。本节介绍在汇编语言源程序中常用的一些汇编伪指令。

4.2.1 符号定义伪指令

符号定义伪指令有“EQU”等值伪指令和“=”伪指令两种形式。

1．“EQU”等值伪指令

格式：符号名　EQU　表达式

功能：符号定义伪指令是给一个标识符号赋予一个常量、表达式或其他符号名，是一种等值伪操作命令。

例如：

```
    HUNDER   EQU   100               ;定义符号常数 HUNDER 替代 100
    NUM      EQU HUNDER*2            ;定义 NUM 替代数值表达式 HUNDER*2
```

```
A        EQU  AX                ;定义符号A替代AX
```

“EQU”等值语句只作为符号定义用，不产生目标代码，不占用存储单元，符号名不允许重新定义。

2．“=”伪指令

功能同EQU，但它定义过的符号名允许重新定义。

例如：

```
DATA1=100
MOV AL, DATA1
DATA1=2000H
MOV DX, DATA1
```

4.2.2 数据定义伪指令

数据定义伪指令的作用是为数据分配一定的存储单元，并为这些存储单元的起始单元定义一个变量名。

1．定义字节变量伪指令

格式：[变量名]　DB　表达式或数据项表

功能：将表达式或数据项表的数据按字节依次连续存放到[变量名]开始的存储单元中。存储单元的地址是递增的。

例如：

```
A    DB   30H,3H1,32H,33H,34H        ;定义从变量A开始的连续10个字节单元(数组)
     DB   35H,36H,37H,38H,39H        ;A～A+9单元依次存放30H～39H
B    DB   100 DUP(?)                 ;定义变量B开始的100个字节单元，内容不定
C    DB   64H                        ;定义变量C单元内容为64H
S    DB    'ABCDEF '                 ;定义变量S(数组S)为连续6个字节单元，存放字符串
```

其中，（？）用来定义一个预留内容不确定的存储单元，以备使用；带DUP的表达式用来为若干个重复数据分配存储单元。

例如：

```
TAB1   DB   5H DUP(?)                ;分配从TAB1开始的连续5H个内容不确定的字节单元
```

2．定义字变量伪指令

格式：[变量名]　DW　表达式或数据项表

功能：将表达式或数据项表的数据按字依次连续存放到[变量名]开始的存储单元中。存储单元的地址是递增的。

例如：

```
D1   DW   4A00H                      ;定义变量D1单元内容为4A00H
D2      DW   0035H,3678H,3700H       ;定义变量D2开始连续3个字单元, D2单元存放0035H,
                                     ;D2+2单元存放3678H, D2+4单元存放3700H
```

3．定义双字变量伪指令

格式：[变量名]　DD　表达式或数据项表

功能：将表达式或数据项表的数据按 4 字节（双字）依次连续存放到[变量名]开始的存储单元中。存储单元的地址是递增的。

4．定义 8B 变量伪指令 DQ 和 10B 变量伪指令 DT

使用方法与上面类同。

【例 4-2】 下列伪指令：

```
STR    DB    'HELLO'
       DB    41H,42H
       DW    1234H
```

经汇编程序汇编后的内存分布如图 4-2 所示。

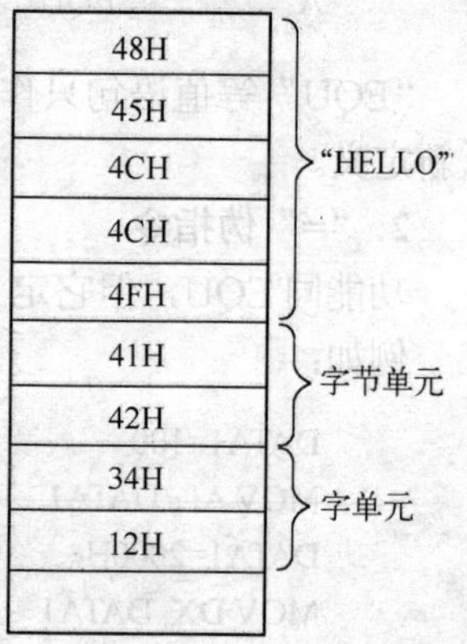

图 4-2　变量定义伪指令汇编后的内存分布

4.2.3　程序分段定义伪指令

1．段定义伪指令

格式：

段名　SEGMENT [定位类型，][组合类型，][类别名]

　　…

指令语句序列

　　…

段名　ENDS

功能：定义数据段、代码段、堆栈段、附件段。

段名用来指出为该段分配的存储器起始地址。3 个参数任选，其作用解释如下。

1）定位类型表示某段装入内存时，对段的起始边界的要求。

若定位类型为 BYTE，表示本段起始单元可以从任一地址开始，段间不留空隙。

若定位类型为 WORD，表示本段起始单元是一个偶地址。

若定位类型为 PARA，表示本段起始单元地址一定能被 16 整除（系统默认定位类型）。

若定位类型为 PAGE，表示本段起始单元地址一定能被 256 整除。

2）组合类型。

组合类型表示多个程序模块连接时，本模块与其他模块的同名段的组合类型。

若组合类型为 NONE，表示本段与其他段无组合关系（系统默认组合类型）。

若组合类型为 PUBLIC，表示本段和其他同名同类段重新连接成一个新逻辑段。

若组合类型为 COMMON，表示把两个段置成相同的起始地址。

若组合类型为 STACK，表示本段为堆栈段，把所有同名段连接成一个段，自动初始化 SS 和 SP。

3）类别名。类别名是用单引号括起来的字符串，连接时把类别名相同的所有段存放在连续的存储区内。

2．ASSUME 段寻址伪指令

格式：ASSUME 段寄存器 :段名，　[段寄存器:段名，] [段寄存器:段名]

功能：通知汇编程序设置 CS、DS、SS、ES 为哪些段的段基址寄存器。

该指令只是说明段名和段寄存器的关系，并未把段基址装入对应的寄存器。段寄存器 DS、ES、SS 的装入一般由程序实现，CS 的装入是系统自动完成的。

4.2.4 定位操作伪指令

1．定位伪指令

格式：ORG　数值表达式

功能：指出 ORG 后面的指令语句或数据区从数值表达式（地址偏移量）所确定存储单元开始存放。

例如：

```
CSEG  SEGMENT
ORG   2000H                        ;从 2000H 开始存放“HELLO”
D1    DB  'HELLO'
CSEG  ENDS
```

2．当前位置计数器$

$表示当前地址，即在汇编时为程序分配下一个存储单元的偏移地址。它可以在表达式中使用。例如：

```
D1        DB   'abcdefghijk'
LEN       EQU  $-D1                ;LEN 为字符串长度
```

4.2.5 程序模块的定义和通信

所谓模块，是指独立的源程序。

汇编语言可以把程序分成具有独立功能，独立进行汇编和调试的模块。将各模块分别汇编后，再将它们连接成为一个完整的可执行程序。

（1）模块定义伪指令

格式：

```
[NAME   模块名 ]              ;可省略
    …
END [标号]                    ;只有主模块允许有标号
```

模块命令名伪操作命令 NAME 可以省略，则源程序文件名即为该模块名。

汇编程序处理到模块结束语句 END 为止。如果该模块就是主模块，END 语句后必须是一个标号，用于表示主模块内的程序启动地址。

（2）全局符号伪指令

格式：PUBLIC　符号表

功能：说明该模块中定义了公共的常量、变量、标号以及过程名，可以被其他模块引用。

（3）外部符号伪操作命令

格式：EXTRN　符号表

功能：说明该模块中需要引用其他模块中已经定义并说明为 PUBLIC 的符号。

若符号为变量，类型可以是 BYTE、WORD 或 DWORD；若符号为标号或过程，则类型是 NEAR 或 FAR。

4.2.6 宏操作伪指令

宏操作伪指令简称宏指令，其作用是把某一程序段定义成一条（宏）指令。在源程序中直接引用，对于重复出现的程序段，使用宏指令可以提高编程效率。

宏操作分为 3 个过程：宏定义、宏调用和宏扩展。

（1）宏定义

格式：

```
宏指令名   MACRO [形式参数 1，2...]
        宏体
          ...
ENDM
```

从 MACRO 到 ENDM 之间的所有语句为宏体。若宏体中需要参数，可以以形式参数给出。

（2）宏调用

在程序中引用宏指令称为宏调用。

格式：宏指令名　[实际参数]

（3）宏扩展

当宏汇编程序扫描到源程序中的宏指令时，将其替换成相应宏体中的指令代码，并用实际参数替代形式参数，这一过程称为宏扩展。

在 80x86 宏汇编语言中，还有如过程定义（本章 4.5 节子程序设计）、列表控制、输出控制、条件汇编以及在高级汇编技术中使用的记录和结构等伪指令，这里不再介绍，读者可参考相关资料。

4.3 80x86 宏汇编伪指令增强与扩充

在 MASM 5.0 版本以上的宏汇编语言中，增加了用.DATA、.CODE（注意，关键词前有一个小数点“.”）等伪指令简化对逻辑段的定义，称为模型方式编程格式。

1．定义存储模式伪指令

存储（内存）模式是用户程序的数据和代码的存放格式，以及它们占用内存的大小，在使用简化段定义伪指令时，要先定义存储模式。

格式：.MODEL　存储模式

功能：存储模式为 SMALL 时，表示所有的变量必须在一个数据段内，所有的代码也必须在一个代码段内；存储模式为 MEDIUM 时，表示所有的数据变量必须在一个数据段内，代码段可以为多个；存储模式为 COMPACT 时，表示数据段可定义多个，代码段只能一个。

2．简化段定义伪指令

简化段定义伪指令在定义一个段开始的同时，也说明了上一段的结束；使用简化段定义，对于程序员来说，不必设置段名；若是程序中的最后一个段，则以 END 伪指令结束。

（1）定义代码段

格式：.CODE

功能：说明以下程序为代码段内容。

（2）定义数据段

格式：.DATA / DATA? / CONST

功能：说明以下程序（如变量定义）为数据段内容。在源程序中，可以多次使用 .DATA 定义数据段；.DATA?表示下面程序是未进行初始化的数据段；CONST 表示下面程序是常量数据段。

（3）定义堆栈段

格式：.STACK[长度]

功能：说明以下程序为堆栈段。长度表示堆栈段的存储字节数，默认值为 1KB；若段中的数据不确定，则以 DUP（?）来定义。

3．简化代码伪指令

格式 1：.STARTUP

功能：该伪指令位于代码段的开始，自动对 DS、SS、SP 初始化。

格式 2：.EXIT 0

功能：该伪指令位于代码段的结束，返回 DOS 系统。

与指令

```
MOV AH,4CH
INT   21H
```

功能完全相同。

【例 4-3】 使用简化伪指令编写程序实现字单元 W1、W2 的无符号数相加，结果写入 W3 单元。

源程序如下：

```
.MODEL   SMALL
.DATA                              ;定义数据段
      W1   DW   0BFFH
      W2   DW   2800H
      W3   DW   ?                  ;数据段结束
.STACK    512                      ;定义堆栈段
.CODE                              ;定义代码段
      .STARTUP                     ;初始化 DS、SS、SP
      MOV  AX,   W1
      ADD  AX,   W2
      MOV  W3,   AX
.EXIT 0                            ;程序运行结束,返回系统
      END
```

4．使汇编产生特定微处理器指令的伪指令

格式：.486 或 .586 等

功能：MASM 在默认情况下，只能汇编 8086/8088 处理器指令集和 8087 协处理器指令集，采用 .486 或 .586 等伪指令说明，MASM 则能够汇编相应的处理器指令。该类伪指令一般放在源程序开头或 MODEL 伪指令后面。

例如：

```
.586P              ;选择 Pentium 保护模式指令系统
```

```
.387                ;选择 80387 数字处理器
```

5．段定义伪指令的扩充与增强

（1）段定义类型的扩充

格式：USE 类型

功能：说明段的寻址方式，它位于段定义中的“组合类型”和“类型名”之间。

若类型为 16（即 USE 16），则指示汇编程序将 80486、Pentium CPU 使用 8086 实地址模式，段基址和偏移量均为 16 位。

若类型为 32（即 USE 32），则指示汇编程序将 80486、Pentium CPU 使用 32 位指令模式，段基址为 16 位，偏移量均为 32 位，段的最大空间为 2^{32}B=4GB。

（2）等价名的使用

段等价名用@代替，即@CODE 代表 .CODE 定义的段名。

例如：

```
.MODEL   SMALL
.586                                    ;选择 Pentium 指令系统
.DATA
A  DB   12H,0AAH
.CODE
START:    MOV    AX, @DATA              ;数据段的段基址
          MOV    DS, AX
          ...
          ...
          MOV AH, 4CH
          INT   21H
          END   START
```

4.4 汇编语言程序设计的基本方法

本节主要介绍汇编语言程序设计的一般步骤、编程技术要点及结构化程序设计方法。

4.4.1 程序设计步骤及技术

汇编语言是面向 CPU 进行编程的语言。汇编语言程序设计除了应具有一般程序设计的特征外，还具有其自身的特殊性。

1．程序设计步骤

汇编语言程序设计一般经过以下步骤。

1）分析问题，明确任务要求，对于复杂的问题，还要将要解决的问题抽象成数学模型，即用数学表达式来描述。

2）确定算法，即根据实际问题和指令系统的特点，确定完成这一任务需经历的步骤。

3）根据所选择的算法，确定内存单元的分配；使用哪些存储器单元；使用哪些寄存器；程序运行中的中间数据及结果存放在哪些单元，以利于提高程序的效率和运行速度。然后制定出解决问题的步骤和顺序，画出程序的流程图。

4）根据流程图编写源程序。

5）上机对源程序进行汇编、连接、（仿真）、调试、运行。

2．程序设计技术

在进行汇编语言程序设计时，对于同一个问题，会有不同的编程方式，但都应按照结构化程序设计的要求编写，即程序的结构应采用顺序、选择和循环 3 种基本结构。而实现基本结构的指令语句也会有多种不同的形式，因而，在执行速度、所占内存空间、易读性和可维护性等方面就有所不同。

因此，在进行程序设计时，应注意以下事项和技巧。

1）把要解决的问题转化成一个个具有一定独立性的功能模块，各模块尽量采用子程序完成其功能。

2）力求少用无条件转移指令，尽量采用循环结构。

3）对主要的程序段要下功夫精心设计。如果在一个重复执行 100 次的循环程序中多用了 2 条指令，或者每次循环执行时间多用了 2 个机器周期，则整个循环就要多执行 200 条指令或多执行 200 个机器周期，从而使整个程序运行速度大大降低。

4）一般情况下，数据应定义在数据段，代码应定义在代码段。程序中应根据问题的复杂程度设置访问数据段的寻址方式。寻址方式越复杂，指令执行速度就越慢，但解决复杂问题的能力越强，用简单寻址方式能解决问题的，就不要用复杂的寻址方式。

5）能用 8 位数据解决的问题就不要使用 16 位数据。

6）在中断处理程序中，要保护好现场（包括标志寄存器的内容），中断结束前要恢复现场。

7）累加器是信息传递的枢纽，在调用子程序时，一般应通过累加器传送子程序的参数，通过累加器向主程序传送返回参数。若需保护累加器的内容时，应先把累加器的内容推入堆栈或存入其他寄存器单元，然后再调用子程序。

8）为了保证程序运行的安全可靠，应考虑使用软件抗干扰技术，如数字滤波技术、指令冗余技术、软件陷阱技术，用汇编语言程序实现这些技术，不需要增加硬件成本，可靠性高、稳定性好、方便灵活。

用汇编语言编写程序，对于初学者来说是会遇到困难的，程序设计者只有通过实践，不断积累经验，才能编写出较高质量的程序。

汇编语言的程序结构有 4 种，即顺序结构、选择结构、循环结构和子程序结构。下面将分别举例介绍这 4 种结构的程序设计方法。

4.4.2 顺序程序设计

在所有的程序结构中，顺序结构是最简单的一种，在程序中按顺序依次执行语句，如图 4-3 所示。

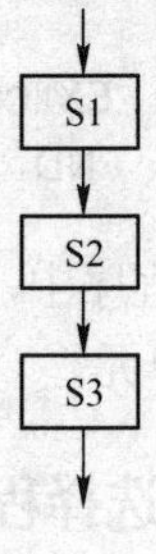

图 4-3 顺序结构流程图

【例 4-4】设有多项式：$f(x)=5x^3+4x^2-3x+21$，编程计算自变量 x=6 时，函数 f(6)的值。

可以把上式化成 $f(x)=((5x+4)x-3)x+21$ 的形式，以简化运算。

源程序如下。

```
DATA    SEGMENT
X       DW      6
RESU    DW      ?
DATA    ENDS
```

```
CODE    SEGMENT
        ASSUME CS:CODE, DS:DATA
START   MOV     AX,  DATA
        MOV     DS,  AX             ;设置 DS
        MOV     AX,  5
        MUL     X                   ; 5*X→DX, AX
        ADD     AX, 4               ; 5X+4→AX
        MUL     X                   ; (5X+4)X→DX,AX
        SUB     AX, 3               ; (5X+4)X-3→AX
        MUL     X                   ; ((5X+4)X-3)X→DX,AX
        ADD     AX, 21              ; ((5X+4)X-3)+21→AX
        MOV     RESU, AX            ;保存运算结果
        MOV     AX,4C00H            ;返回系统
        INT     21H
CODE    ENDS
        END     START
```

实现同样功能（模型方式编程格式）的源程序如下。

```
.DATA
X       DW      6
RESU    DW      ?
.CODE
.STARTUP
        MOV     AX,  DATA
        MOV     DS,  AX             ;设置 DS
        MOV     AX,  5
        MUL     X                   ; 5*X→DX, AX
        ADD     AX, 4               ; 5X+4→AX
        MUL     X                   ; (5X+4)X→DX,AX
        SUB     AX, 3               ; (5X+4)X-3→AX
        MUL     X                   ; ((5X+4)X-3)X→DX,AX
        ADD     AX, 21              ; ((5X+4)X-3)+21→AX
        MOV     RESU, AX            ;保存运算结果
.EXIT 0
END
```

该程序中，执行 MUL 指令实现累加器 AX 与存储器操作数 X 无符号数相乘，结果存入 RESU 单元。

4.4.3 选择程序设计

在设计程序时，有时要根据条件做出不同的处理，计算机可根据给定的条件，作出判断并转向相应的处理程序，这种程序结构称为选择程序。

【例 4-5】 比较两个无符号数（字节变量 A、B）的大小，将其大数存入 MAX 单元，流程图如图 4-4 所示。

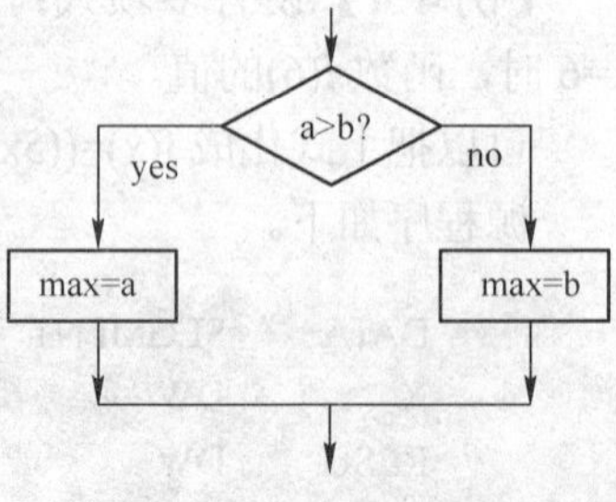

图 4-4 选择结构流程图

源程序如下。

```
DATA    SEGMENT
A       DB      89H
B       DB      98H
MAX     DB      ?
DATA    ENDS
CODE    SEGMENT
    ASSUME CS:CODE, DS:DATA
START:  MOV     AX,  DATA
        MOV     DS,  AX             ;设置 DS
        MOV     AL,  A
        CMP     AL,  B              ;A-B 影响标志位比较大小
        JNC     NEXT                ;无借位转 NEXT
        MOV     AL,  B
NEXT:   MOV     MAX,AL              ;大数存入 MAX
        MOV     AH,4CH
        INT  21H
CODE    ENDS
        END     START
```

4.4.4 循环程序设计

在设计程序时，有时某一程序段要反复执行多次，可以通过循环结构实现其操作。计算机可根据循环操作的条件作出判断。若满足条件，继续执行循环程序，周而复始，直到条件不满足时，结束循环程序执行下一条语句。

循环程序一般包括以下 5 个部分。

1）初始化部分：设置循环初始值及循环体中使用的数据初始值等。

2）循环体部分：循环程序要实现的功能一般应重复执行多次。

3）修改部分：对循环体中参加运算的数据或循环条件进行修改。

4）控制部分：控制循环程序按设定的循环次数或条件进行正常循环或结束循环。

5）结果处理：在需要时，对循环程序处理数据结果进行处理。

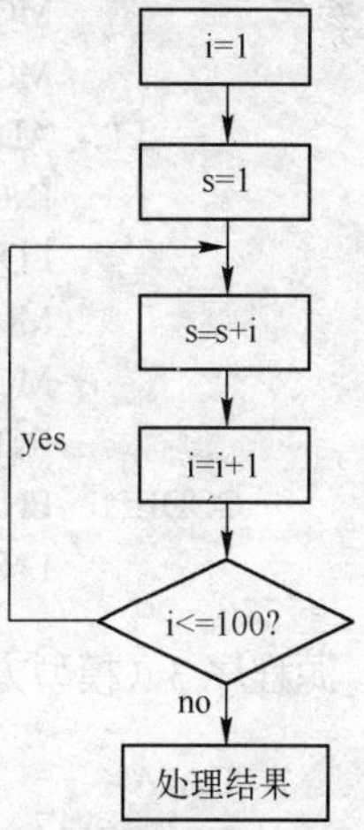

图 4-5 循环结构流程图

【例 4-6】 要求用循环结构程序实现 S=1+2+3+ 4+…+100，将结果存入 RESULT 单元。

流程图如图 4-5 所示。

源程序 1（使用转移指令实现循环）如下。

```
DATA    SEGMENT
RESULT  DW  ?
CN      EQU  100
DATA    ENDS
```

```
CODE      SEGMENT
     ASSUME   DS:DATA, CS:CODE
START:     MOV AX, DATA
           MOV DS, AX
           MOV AX, 0
           MOV CX, 1
     LP:   ADD AX, CX
           INC CX
           CMP CX, CN
           JBE   LP              ;转移指令实现循环
           MOV RESULT, AX
           MOV AH, 4CH
           INT 21H
CODE       ENDS
           END START
```

源程序 2（使用循环指令实现循环）如下。

```
DATA   SEGMENT
  RESULT   DW   ?
DATA   ENDS
CODE   SEGMENT
    ASSUME   DS:DATA,CS:CODE
START:     MOV AX, DATA
           MOV DS, AX
           MOV AX, 0
           MOV SI, 1
           MOV CX, 100
     LP:   ADD AX, SI
           INC SI
           LOOP   LP              ;循环指令:CX ← (CX)-1，若 CX≠0，则转标号 LP
           MOV RESULT, AX
           MOV AH, 4CH
           INT 21H
CODE       ENDS
           END START
```

源程序 3（模型方式编程格式）如下。

```
.DATA
S      DW ?                      ;存放结果
CN EQU 100                       ;符号常数
.CODE
.STARTUP
           MOV AX, 0             ;累加器清 0
           MOV CX, 1             ;计数器置初值 1
LP:        ADD AX, CX
```

```
            INC CX
            CMP CX,CN
            JBE   LP                ;判断计数器是否到达 CN 定义的值 100
            MOV RESULT,AX           ;保存结果到存储器变量
    .EXIT 0
    END
```

【例 4-7】 对数据段 STRING 单元的字符串，以“#”为结束标志，统计其串的长度存放在 LEN 单元。

源程序如下。

```
    DATA      SEGMENT
    STRING    DB   "ABCDEFG123459876 89H# "
    STR2DB    'HELLO'
    LEN       DW       ?
    DATA      ENDS
    CODE      SEGMENT
    ASSUME    CS:CODE, DS:DATA
    START:    MOV   AX,   DATA
              MOV   DS,   AX                    ;设置 DS
              MOV   SI,   OFFSET   STRING
              MOV   DX,   0
    LOP:      MOV   AL,   [SI]
              CMP   AL,   '#'
              JZ    LOP1                        ;结束转 LOP1
              INC   DL
              INC   SI
              JMP   LOP                         ;无条件转 LOP，判断下一个字符
    LOP1:     MOV   LEN,   DX
              MOV   AH, 4CH
              INT   21H
    CODE      ENDS
              END        START
```

【例 4-8】 对数据段 STRING 单元中以“#”为结束标志的字符串中数字字符的个数进行统计，将结果存放在 NUMLEN 单元中。

模型方式编程格式源程序如下。

```
    .DATA
    STRING DB "ABCDEFG123459876       89H#"
    NUMLEN DW ?
    .CODE
    .STARTUP
              MOV SI, OFFSET STRING         ;获取字符串的地址，SI 指向首字符
              MOV DX, 0                     ;对计数器清 0
    LOP:      MOV AL, [SI]
              CMP AL, '#'
```

```
            JZ   NEXT                       ;遇到字符串结束符#，转 NEXT
            CMP AL, '0'
            JB NOC                          ;遇到 0 以下的字符，不计数，转 NOC
            CMP AL, '9'
            JA   NOC                        ;遇到 9 以上的字符，不计数，转 NOC
            INC DX                          ;对 0~9 的字符计数，转 NOC
NOC:        INC SI                          ;修改字符指针
            JMP LOP                         ;无条件转 LOP，转去判断下一个字符
NEXT:       MOV NUMLEN, DX                  ;存放结果
.EXIT 0
END
```

4.5 子程序设计

为了实现模块化程序设计，往往把具有某一功能的程序段设计成一个独立的程序模块。在需要使用该程序段时，可由主程序或其他程序一次或多次调用，每次执行结束后再返回原来的程序继续执行，这样的程序模块段称为子程序（或称过程）。

子程序可以由过程定义伪指令定义，子程序调用和返回可以通过指令系统的相关指令实现。

4.5.1 过程定义伪指令

伪指令格式：

```
过程名  PROC  类型
        子程序体
        RET
过程名  ENDP
```

功能：用来定义一个过程并赋予过程名。若类型为 FAR，则为段间调用和段间返回，即调用程序和子程序不在同一代码段内；若类型为 NEAR（或默认），则为段内调用和段内返回，即调用程序和子程序在同一代码段内。

例如，在代码段内定义延时子程序：

```
DELAY   PROC    FAR                 ;该子程序可以被段间调用
        MOV     CX, 8A00H
LOP:    MOV     AX, 2000H
LOP1:   DEC     AX
        NOP
        NOP
        JNZ  LOP1
        LOOP    LOP
        RET
DELAY   ENDP
```

一般情况下，调用程序正在使用的数据（如 AX 等）在子程序运行结束返回后仍需继续使用。为此，在调用子程序前需要对现场数据进行保护，返回时再恢复现场。这种操作可以在调

用程序完成后，也可以在执行子程序体之前先将有关寄存器的内容推入堆栈，当子程序执行结束返回主程序之前，再将其内容弹入相应的寄存器中。

例如：

```
S1  PROC    NEAR
    PUSH    AX
    PUSH    CX
        子程序体
    POP  CX
    POP  AX
    RET
S1  ENDP
```

在定义子程序时应注意以下方面。

1）子程序可以在代码段内直接定义，应位于可执行指令段的最前或最后，但不能插入指令段中间。

2）若子程序为 NEAR 属性，则 RET 指令被汇编为段内返回指令，这样的子程序也可以不用过程定义语句，直接以标号作为子程序的入口即可。

4.5.2　子程序调用与返回指令

在已定义子程序的基础上，程序中就可以调用该子程序。

1．子程序调用指令

格式：CALL　过程名

功能：将当前调用程序的断点 CS:IP 压入堆栈保存，然后子程序地址送入 CS：IP，转去执行子程序。

2．返回指令

格式：RET

功能：位于子程序的最后，恢复调用程序断点，返回到调用程序继续执行原来的程序。

例如：

```
CODEA  SEGMENT
       ...
         CALL  S1             ;段内调用 S1 子程序
         CALL  S2             ;段间调用 S2 子程序
         ...
         ...
    S1   PROC    NEAR
         PUSH    AX
         PUSH    CX
             子程序体
         POP  CX
         POP  AX
         RET
    S1   ENDP
CODEA    ENDP
```

```
CODEB   SEGMENT
     S2   PROC   FAR
          子程序体
          RET
     S2   ENDP
CODEB  ENDS
```

4.5.3 子程序设计举例

【例 4-9】 在计算机通信中，往往需要对字符数据加校验位，以提高数据传输的正确性。设程序中有一字符串，要求调用子程序实现对每一个字符（ASCII 码）加偶校验位，然后调用另一子程序实现串行发送。

所谓偶校验位，即字符代码中“1”的个数为奇数，则最高位置为 1，否则为 0，使整个字符代码中的“1”的个数为偶数。

程序中利用寄存器作为调用程序和子程序之间的参数传递，这里，主程序通过 SI 向子程序传递字符串的地址；子程序通过 DI 向主程序返回偶校验处理后的字符串地址。

源程序如下。

```
DATA    SEGMENT
STR     DB   "1234567ABCD9876FE0END"
CNT     DW   $-OFFSET  STR
STROUT  DB   200 DUP(?)
D1      DB   10 DUP(?)
DATA    ENDS
STACK   SEGMENT PARA STACK 'STACK'
        DB   200 DUP(?)
STACK   ENDS
CODE    SEGMENT
        ASSUME  CS:CODE , DS:DATA, SS:STACK
START:  MOV     AX, DATA
        MOV     DS, AX
        MOV     AX, STACK
        MOV     SS, AX                    ;以上为源程序结构通用部分
;下面为主程序块
        LEA     SI,   STR                 ;通过 SI 向子程序 PARI 传递参数
        LEA     DI, STROUT                ;DI 作为子程序 PARI 出口参数
        MOV     CX, CNT
        CALL    PARI                      ;调用偶校验子程序 PARI
        NOP
        CALL    CHOUT                     ;调用发送子程序（略），DI 作为入口参数
        MOV     AH,  1H                   ;人-机之间缓冲，等待从键盘输入任一字符
        INT     21H
        MOV     AH,  4CH                  ;返回系统
        INT     21H
;下面为子程序
```

```
PARI    PROC
LOP:    MOV     AL, [SI]        ;取一个字符
        AND     AL, AL
        JPE     LOP2            ;该字符的 ASCII 码为偶数个 1 转 LOP2
        ADD     AL, 80H         ;为奇数个 1,高位补 1
LOP2:   MOV     [DI], AL
        INC     SI
        INC     DI
        LOOP    LOP
        RET
PARI    ENDP
CODE    ENDS
        END  START
```

4.6 汇编语言程序上机过程

本节主要介绍汇编语言程序上机步骤及 DEBUG 常用调试命令。

4.6.1 上机步骤

汇编语言上机过程要经过编辑源程序、对源程序汇编、连接及调试运行，如图 4-6 所示。

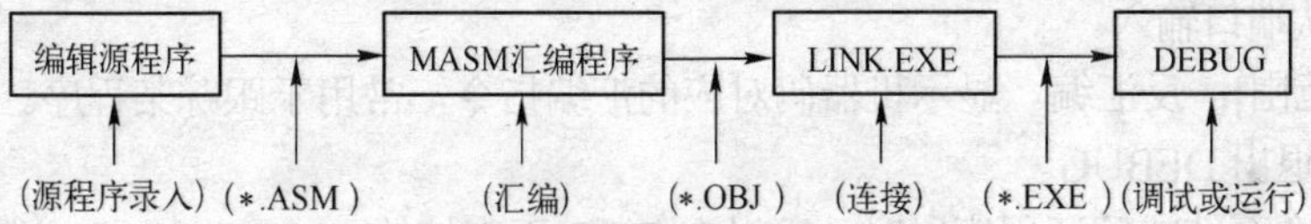

图 4-6 汇编语言上机过程

1．编辑源程序

汇编语言源程序可以用任何一种纯文本编辑工具录入、编辑，早期使用 DOS 环境下 EDIT 等编辑软件，后逐渐出现了诸多如 PCEditor、Windows 环境下的编辑工具等软件，在存储时源程序扩展名必须是 ASM。

在编辑与修改汇编语言源程序时应注意以下几点。

1）由键盘输入完整的具有段定义的源程序，而不能仅输入某一程序段。

2）每行写一条语句，在换行时注释部分和代码部分不要串行。

3）每一个标识符都必须有确定的含义。

4）对于除字符以外的数据或代码，字母大小写等价。

5）有些软件要求必须在英文输入格式下输入分隔符。

6）不要将十六进制数前面的数字 0 误写成字母 O；也不要将代码中的字母 O 误写成数字 0。

2．汇编源程序

运行 MASM 宏汇编程序，在 Windows 窗口下用鼠标单击 MASA 可执行文件图标运行。

根据界面提示输入源程序文件名、欲生成的目标程序文件名等。

当不需要某一文件时，按〈Enter〉键即可。该过程称为汇编，汇编后生成目标文件，扩展名为 OBJ。

在汇编过程中，若出现语法错误，汇编程序会指出错误原因，用户可根据提示进行修改，再重新汇编，反复进行，直至汇编成功。

3．连接目标文件

运行连接程序 LINK.EXE，对目标程序进行连接操作，生成可执行文件，扩展名为EXE。

4．动态调试可执行文件

若程序不存在问题，可以在操作系统下直接运行生成的可执行文件；也可以运行调试程序 DEBUG，通过 T 或 G 命令进行调试，发现逻辑错误，修改程序，直至运行成功。注意，每次修改后的程序必须重新进行保存、汇编、连接，才能再次调试运行。

4.6.2 调试工具 DEBUG

利用 DEBUG 工具可以对任何扩展名为 EXE 或 COM 的文件进行调试、反汇编（即由可执行文件得出其指令代码）等操作。

DEBUG 启动后的提示符为“-”，其命令均为单字母形式。常用命令形式和功能如下。

命令 R：显示 CPU 内部各寄存器当前内容。

命令 D[范围]：显示指定内存单元的内容。

命令 A：汇编命令。在该命令下，可以输入不含标识符的指令段并对其进行汇编。

命令 T [=地址]：从给定地址开始单步执行指令。

命令 G= [地址][断点]：从给定地址开始执行指令，断点结束。

命令 I：从端口输入。

命令 U [范围]：反汇编。显示机器码对应的汇编指令，常用于跟踪某程序。

命令 Q：退出 DEBUG。

在学习指令系统或验证程序段时，可以在 DOS 下直接输入“DEBUG”，进入 DEBUG 环境，在使用时应注意以下方面。

1）输入汇编命令 A，此时可以逐条输入汇编指令，按〈Enter〉键后，执行 T 命令（T=xxxx:xxxx），对指令进行单步执行，利用 R 命令、D 命令观察寄存器和内存单元的内容，以增加对指令的理解。

2）DEBUG 环境下使用的所有数据和地址均为十六进制数，但后缀不加 H。

3）所有地址均表示为 xxxx:xxxx，即段地址:段内地址。

4）DEBUG 不是对源程序调试，而是对可执行的目标代码调试。因此，不能输入变量、标识符及伪指令等，必须直接输入它们的实际地址、数据、指令或指令段（可以手工汇编处理）。

4.7 常用汇编语言仿真软件及程序调试示例

本节主要介绍常用汇编语言仿真软件，并以 EMU8086 汇编语言仿真软件为环境，详细介绍该软件的使用及程序调试方法，并通过典型汇编语言程序应用实例，描述 EMU8086 汇编语言程序仿真调试的全过程。

4.7.1 EMU8086 汇编语言仿真软件简介

EMU8086-Assembler and Microprocessor Emulator 是一个可在 Windows 环境下运行的

8086 CPU 汇编仿真软件，是一款学习汇编语言编程的一种组合语言模拟器（虚拟机器）工具。它集成了文本编辑器、编译器、反编译器、仿真调试、虚拟设备和驱动器为一体，并具有在线使用指南。

汇编语言源代码可以在模拟器中单步或连续地编译成机器代码并执行，其可视化的工作环境让使用者操作更容易。用户可以在程序执行过程中查看寄存器、标志和存储器相关单元的内容。模拟器在虚拟 PC（个人计算机）中执行程序，可以使程序与实际硬件（如磁盘等）相隔离，仅在虚拟机器上执行组合程序，使程序纠错变得更加容易。EMU8086 特别适用于初学汇编语言的读者，是一个十分方便有用的工具。EMU8086 完全兼容 Intel 新一代处理器，包括 PentiumⅢ、Pentium4 的指令。

EMU8086 操作过程如下。

（1）启动 EMU8086

启动 EMU8086，在如图 4-7 所示的启动窗口，单击 new 按钮，弹出选择对话框，如图 4-8 所示。

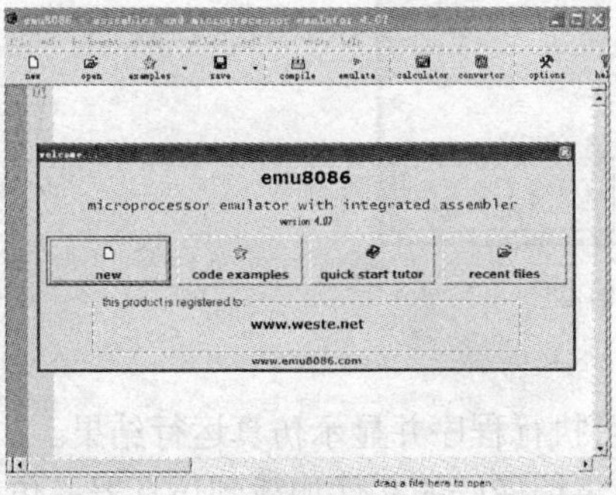

图 4-7　EMU8086 启动窗口

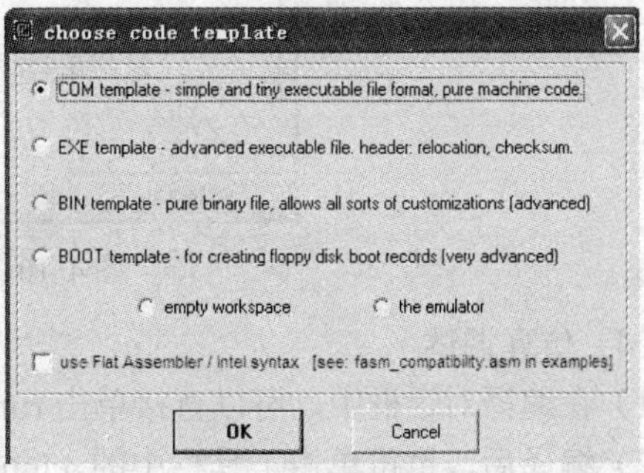

图 4-8　选择对话框

（2）进入编辑窗口

在图 4-8 中选中 empty workspace 单选按钮，单击 OK 按钮，进入编辑窗口，如图 4-9 所示。

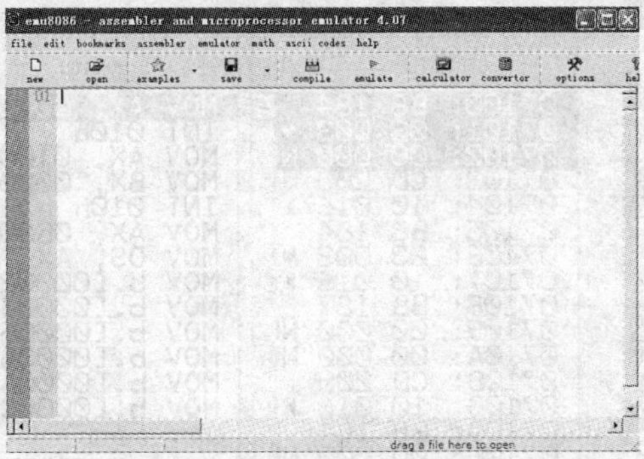

图 4-9　EMU8086 对汇编语言源程序的编辑窗口

该编辑窗口集文档编辑、指令编译、程序加载、系统工具、在线帮助为一体。

在图 4-9 中，单击 new 按钮可以新建一个源代码编辑窗口；单击 open 按钮可以从外存中打开一个已存在的汇编语言源程序文件；单击 save 按钮或 save as 按钮可以对修改过的源程序进行保存或另存一个新文件；单击 samples 按钮可以选择打开一个源程序范例文件；单击 compile 按钮可以对窗口中的源代码进行汇编，产生 OBJ 目标文件；单击 help 按钮则可以得到功能强大的帮助信息。

（3）对源程序编译

输入编辑程序后，单击工具栏上的 compile 按钮，即可完成程序的编译工作，弹出编译状态对话框，如图 4-10 所示。

如果编译出错则在窗口中提示；编译成功则弹出保存界面，提示用户将编译好的文件保存至相应的文件夹中。

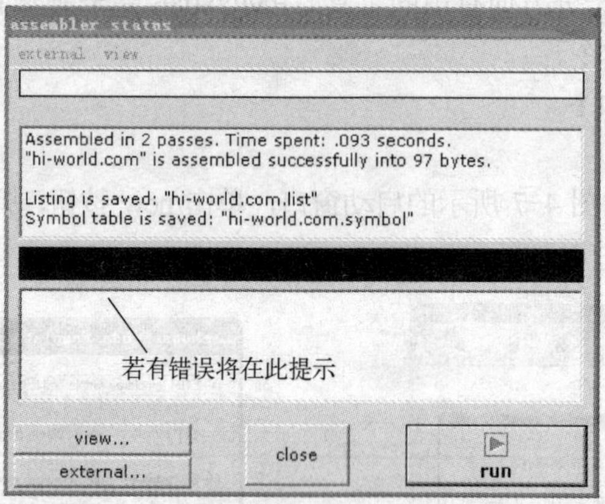

图 4-10　编译状态对话框

（4）仿真调试

1）在编译对话框中，可以直接单击 run 按钮，即可执行程序并显示仿真运行结果。

2）编译后，也可单击工具栏中的 emulate 按钮，将编译好的文件加载到仿真器，仿真器窗口界面如图 4-11 所示。在该窗口可以看到指令在内存中的代码及 CPU 寄存器当前的数据。

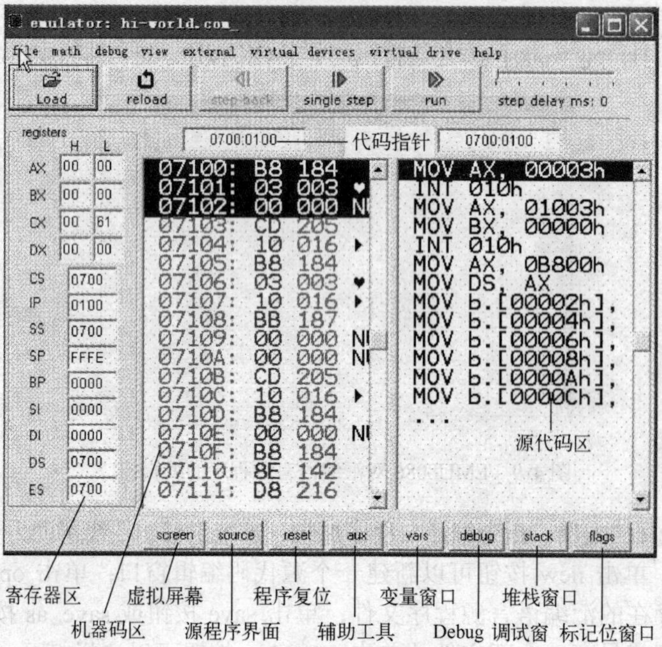

图 4-11　EMU8086 仿真器窗口

在图 4-11 所示的仿真器 emulator 窗口中，单击 single step 按钮，单步执行程序，用户可以看到每一条指令执行后的仿真结果；单击 run 按钮，连续执行程序。在执行程序的同时，可以看到各条指令的机器代码及其在内存中的存放地址、CPU 内部各寄存器的值、各标志位（flags）的状态、堆栈区的内容（stack），也可以有选择地查看相关存储单元及变量的内容。EMU8086 使用的伪指令与 MASM 基本兼容，个别地方稍有差异，可参阅帮助信息。

4.7.2 Masm for Windows 集成实验环境简介

Masm for Windows 集成实验开发环境（网址：http://www.jiaminsoft.com），是一个简单易用的汇编语言学习与实验软件。

Masm for Windows 集成实验环境的基本用户界面如图 4-12 所示，该软件具有如下功能特点。

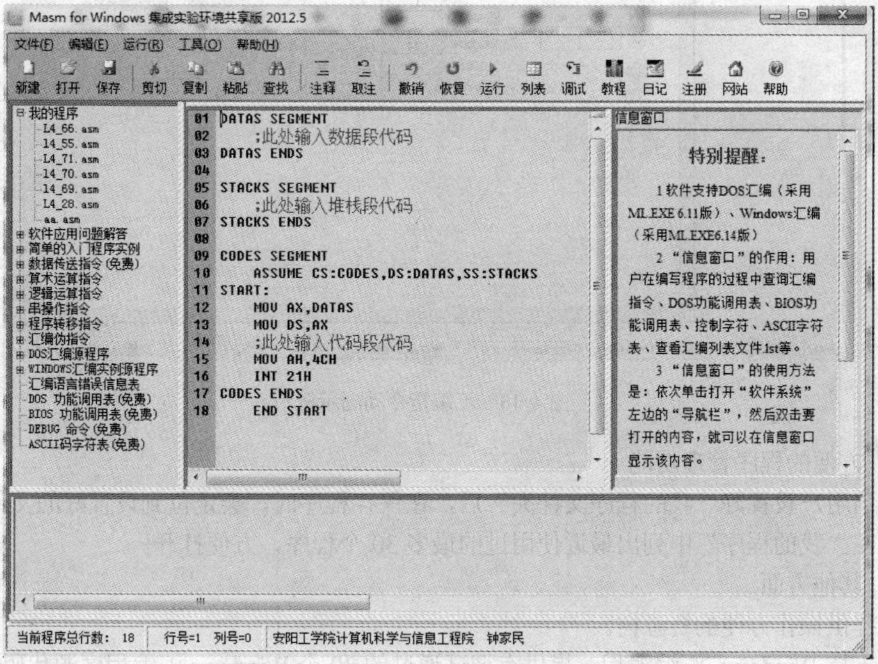

图 4-12 Masm for Windows 基本用户界面

（1）错误信息的自动定位功能

运行程序时，自动定位到发生错误的程序行，便于纠正程序的错误。

（2）智能排版功能

运用本软件编写程序，不需要人为添加或删除空格，软件自动地排出层次清晰、可读性好的程序来。

（3）语法着色功能

当输入的是保留字，而没有发生颜色变化时，说明该保留字输入有错误，应给予纠正。

（4）实时帮助功能

编写程序时，可能忘记某个指令的用法，只要在需要获得帮助的指令上单击鼠标右键，从弹出的快捷菜单中选择“实时帮助”就可以获得该指令的帮助。

（5）窗口显示程序行号的功能

便于找到程序某一行；右击"定位到行"可准确定位到某一行；鼠标滚动，行号随之滚动。

（6）汇编指令动画演示有助于汇编语言初学者理解汇编指令，如图 4-13 所示。

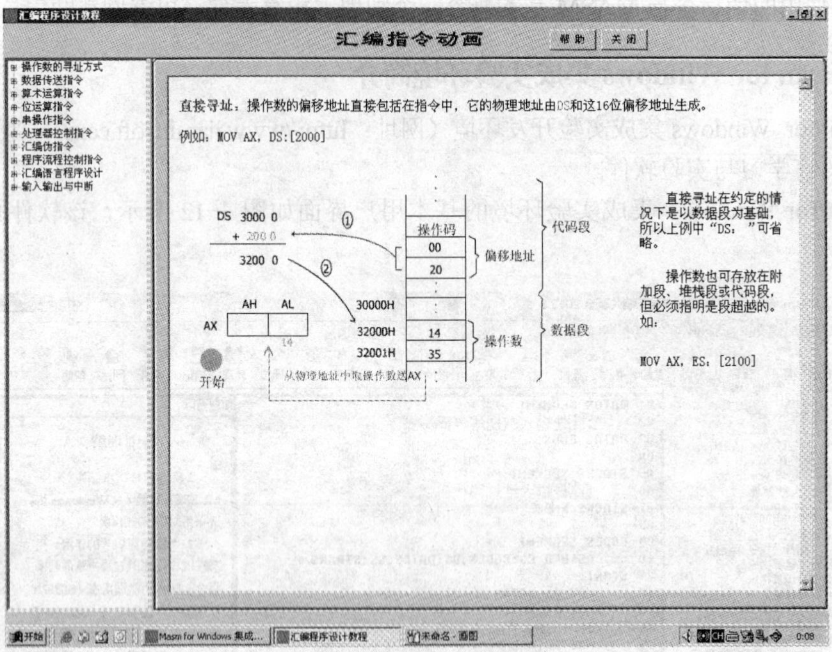

图 4-13　汇编指令动画示例

（7）方便的程序管理功能

1）当用户设置好"我的程序文件夹"后，在保存程序时，会定位到设置好的文件夹。

2）在"我的程序"中列出最近使用过的最多 30 个程序，方便打开。

（8）其他方面

1）提供操作方便的资源树。

2）支持 Windows 汇编编程，提供有调试通过的 30 个 Windows 汇编程序源代码实例。

3）支持中文长文件名。

4）软件可以安装在任意文件夹，编写的程序可以保存在任意文件夹，且文件名不受限制。

5）具有 Microsoft Office Word 文档式的查找、替换，定位功能。

6）具有无限次撤销、恢复等功能。

4.7.3　使用 EMU8086 汇编语言仿真软件调试示例

本节通过实例介绍 EMU8086 对汇编语言源程序的仿真和调试。

【例 4-10】 以【例 4-4】顺序程序设计为例，使用 EMU8086 仿真软件对程序调试。

1）启动 EMU8086，在启动窗口单击 new 按钮，弹出选择对话框，选中 empty workspace 单选按钮后，进入编辑窗口，编辑输入源程序。

2）单击工具栏上的 compile 按钮，对源程序编译后存盘。

3）单击 emulate 按钮后，再单击 single step 或 run 按钮进行仿真调试。

仿真运行结果如图 4-14 所示。

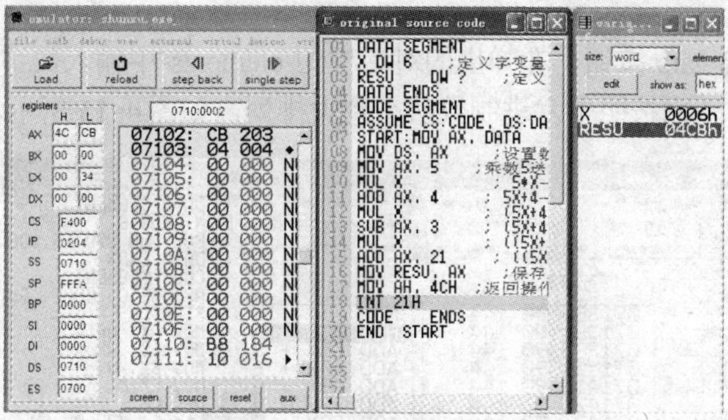

图 4-14　顺序程序示例仿真运行结果

【例 4-11】 循环程序设计 EMU8086 仿真示例。

有一首地址为 BUF 的字数组，数组的长度为 N，编制程序使此数组中的数据按从小到大次序排列。

1）程序设计如下。

```
DATA SEGMENT
N    EQU 8
BUF   DW 370,15,300,768,0A768H,1FFH,250,20
DATA ENDS
CODE SEGMENT
ASSUME CS:CODE, DS:DATA
START:
        MOV AX, DATA
        MOV DS, AX                 ;初始化数据段寄存器
        MOV BX, 0                  ;BX 指向数组的首个字单元
        MOV CX, N                  ;取个数
        DEC CX                     ;内循环次数
L1:     MOV DX, CX                 ;外循环次数
L2:     MOV AX, BUF[BX]            ;取 BUF[i]
        CMP AX, BUF[BX+2]          ;与 BUF[i+2]比较
        JA   CON1                  ;若≤，则转去 CON1，不交换；否则，交换
        XCHG AX, BUF[BX+2]
        MOV BUF[BX], AX
CON1:   ADD BX, 2                  ;指向下一个字
        LOOP L2                    ;内循环
        MOV CX, DX
        MOV BX, 0                  ;指向第一个字
        LOOP L1                    ;外循环
CODE    ENDS
END     START
```

2）仿真调试。

打开 EMU8086，输入汇编语言程序编译后保存文件。

单击 emulate 按钮后，再单击 single step 或 run 按钮进行仿真调试，观察寄存器或存储器变化。

在窗口下面单击 vars 按钮，在弹出的对话框的 elements 中输入数字“8”，运行结果 BUF 中的 8 个数据在窗口下面按照十六进制数从小到大排列，如图 4-15 所示。

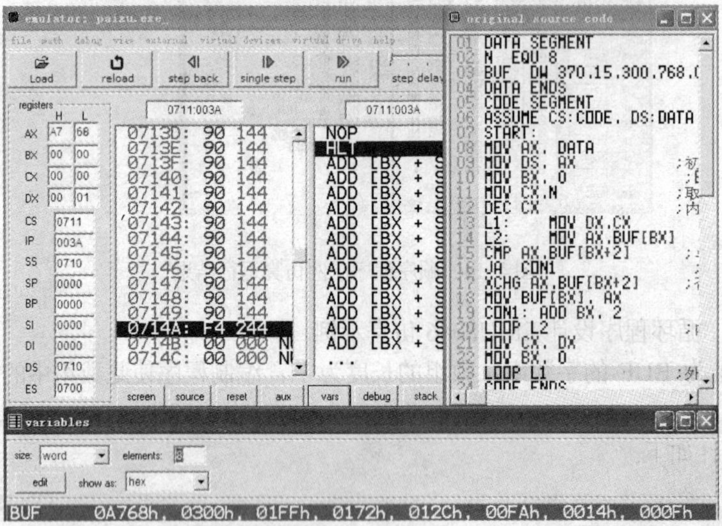

图 4-15　循环程序示例仿真运行结果

【例 4-12】 子程序调用 EMU8086 仿真示例。

设计程序，将存储器地址为 2200H～220FH 单元置 0AH，2230H～223FH 单元置 0BH，2250H～225FH 单元置 55H。要求写出主程序和子程序。

1）程序设计如下。

```
DATA    SEGMENT
BUF1    EQU 2200H
BUF2    EQU 2230H
BUF3    EQU 2250H
DATA    ENDS
STACK   SEGMENT
SP1     DB 20 DUP(0)
STACK   ENDS
CODE    SEGMENT
        ASSUME CS:CODE, DS:DATA, SS:STACK
START:
        MOV AX, 0
        MOV DS, AX
        MOV AX, STACK
        MOV SS, AX
        MOV BX, BUF1
```

```
            MOV AL, 0AH
            CALL FMOV
            MOV BX, BUF2
            MOV AL, 0BH
            CALL FMOV
            MOV BX, BUF3
            MOV AL, 55H
            CALL FMOV
            MOV AH, 4CH
            INT 21H
FMOV:
            MOV CX, 16
FMOV_LOP:
            MOV [BX], AL
            INC BX
            LOOP FMOV_LOP
            RET
      CODE      ENDS
END START
```

2）仿真调试。

打开 EMU8086，输入汇编语言程序编译后保存文件。

单击 emulate 按钮后，有单击 single step 或 run 按钮进行仿真调试，观察寄存器或存储器变化。

仿真运行结果如图 4-16 所示。运行结果存储地址 0000：2200H 到 0000：220FH 内容为 0AH，0000：2230 到 0000：223F 内容为 0BH，0000：2250 到 0000：225F 内容为 55H。

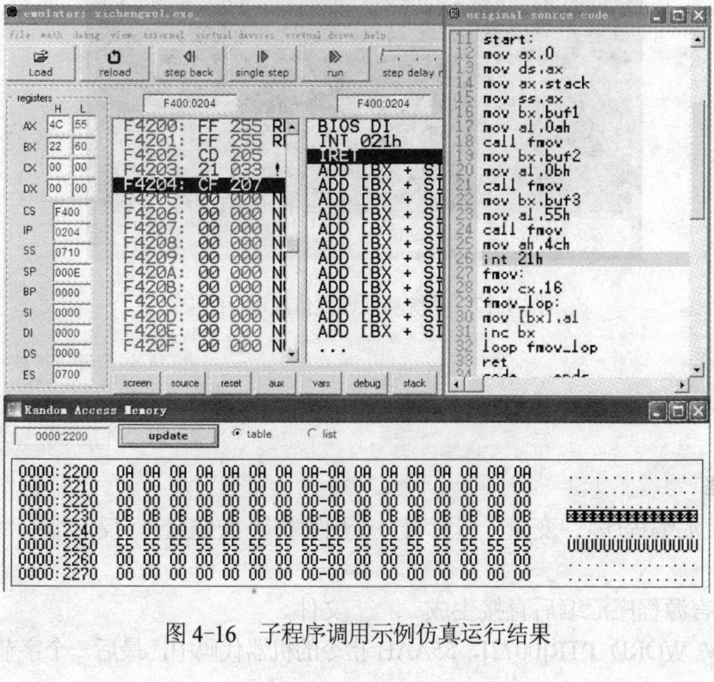

图 4-16　子程序调用示例仿真运行结果

【例 4-13】 系统功能调用 EMU8086 仿真示例。

功能号 AH=9，将 DX 内容为当前数据区起始地址的字符串送显示器显示，字符串以“$”为结束标志。设字符串地址为 BUF。

1）程序设计。

```
DATA SEGMENT
      BUF DB 'Abcdefg123456$'
DATA ENDS
CODE SEGMENT
      ASSUME CS:CODE, DS:DATA
START:
      MOV AX, DATA
      MOV DS, AX              ;初始化数据段寄存器
      LEA DX, BUF             ;BUF 为字符串首地址
      MOV AH, 9
      INT 21H
CODE ENDS
END START
```

2）仿真调试。

打开 EMU8086，输入汇编语言程序编译并保存。

单击 emulate 按钮后，再单击 single step 或 run 按钮进行仿真调试，观察寄存器或存储器变化。

仿真运行，屏幕上显示“Abcdefg123456”，如图 4-17 所示。

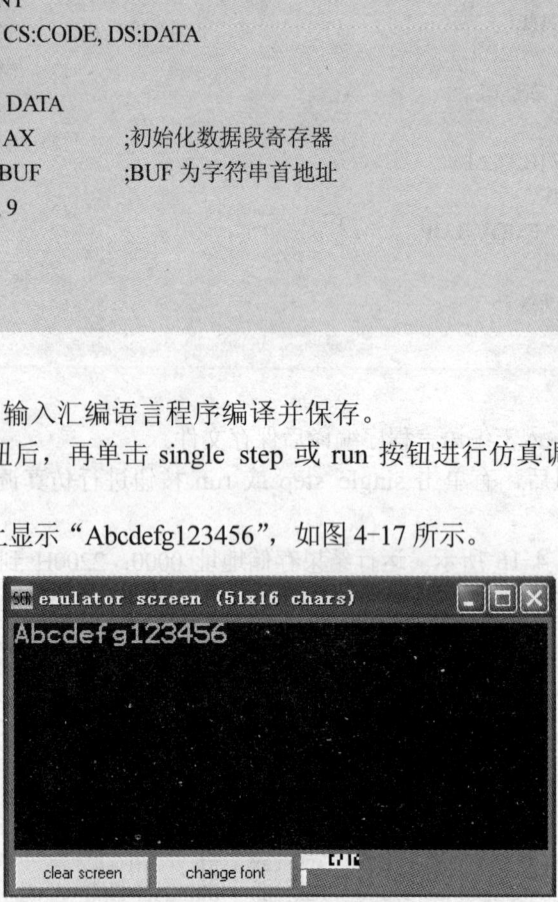

图 4-17 系统功能调用仿真运行结果

4.8 习题

1．名词解释

汇编语言　汇编程序　变量　标号　子程序　宏定义　反汇编

2．填空题

（1）汇编语言源程序汇编后直接生成______文件。

（2）在 MOV WORD PTR[0072]，55AAH 指令的机器代码中，最后一个字节是______。

（3）若定义 DATA DW 1234H，执行 MOV BL,BYTE PTR DATA 指令后，(BL)=_______。

（4）若定义 DAT DW '12'，则(DAT)和(DAT+1)两个相邻的内存中存放的数据是_______。

（5）设 VAR 为变量，指令 MOV BX, OFFSET VAR 的寻址方式为_______。

（6）表示过程定义结束的命令是_______；表示段定义结束的命令是_______；表示汇编结束的命令_________。

（7）指令段如下：

```
STR1  DB  'AB'
STR2  DB 16 DUP (?)
CNT   EQU $-STR1
MOV   CX, CNT
```

该指令段汇编执行后(CX)=_________。

（8）执行以下程序段后，(AL)=_______。

```
BUF  DW 2152H, 3416H, 5731H, 4684H
     MOV BX, OFFSET BUF
     MOV AL, 3
     XLAT
```

（9）对于伪指令语句：VAR DW 1 , 2 , $+2 , 5 , 6

若汇编时 VAR 分配的偏移地址是 0010H，则汇编后 0014H 单元的内容是_______。

（10）执行下面的程序段后，(AX)=_________。

```
TAB       DW 1, 2, 3, 4, 5, 6
ENTRY     EQU  3
MOV   BX,     OFFSET   TAB
ADD   BX,     ENTRY
MOV   AX,     [BX]
```

（11）表示一条指令所在的存储单元的符号地址称________，定义起始数据存储单元的符号称_________。

（12）执行调用子程序指令时，首先将_______压入堆栈，然后将子程序的入口地址送入_______。

（13）执行子返回指令时，返回地址来自（　　）。

（14）过程定义的位置应在__________。

3．写出实现下列操作的伪指令语句

（1）将数据 30H,31H,32H,33H,34H,35H,36H,37H,38H,39H 存放在数据段字节 DATA1 单元。

（2）在数据段为缓冲区设置 200 个字单元。

（3）在数据段为字符串定义存储单元，对于任意长度的字符串，用伪指令定义符号常量表示其长度。

（4）将 AL 的内容与 DATA3 单元的内容相加后存入下一单元。

4．问答题

（1）设 D1、D2 为两个已经赋值的变量，指令语句 AND AX, D1 AND D2 中，两个 AND 分别在什么时间操作？

（2）比较 MOV BX, OFFSET D1 和 LEA BX, D1 哪些方面相同？哪些方面不同？

（3）子程序和宏操作有哪些异同？

5．编程题

（1）编写源程序，屏蔽 AL 中的低 4 位，将 BL 中的低 4 位赋予 AL 的高 4 位。

（2）编写源程序，统计字节变量 Z 中有多少个“1”，存入变量 CNT 中。

（3）编写子程序，完成多字节减法。

设 SI、DI 分别指向被减数和减数的低字节地址、BX 指向结果地址、CX 存放被减数和减数的字节长度。

（4）编写源程序，将位于 AL 中的二进制数转换为 ASCII 码。

（5）编写源程序，通过调用子程序实现以下功能：

在长度为 100 的 BLOCK 字节数据单元中，检索其中是否有与 AL 中的关键字相同的字符，并将第一个与其关键字相同的数据单元的地址存入 DI 中。

第 5 章　存储器及应用技术

本章首先介绍计算机存储系统结构、分类及技术参数，然后在学习半导体存储器一般知识、RAM / ROM 的基本构成、存储芯片及其与 CPU 的连接等知识点的基础上，重点介绍存储器系统组成、编址、与 CPU 接口电路应用技术及设计实例。最后介绍 80x86 系统的存储器组织、高速缓冲存储器 Cache 以及常用外存储器。

5.1　存储器概述

存储器（Memory）是计算机系统中的记忆设备，用来存放程序和数据。

计算机中的全部信息包括输入的原始数据、计算机程序、中间运行结果和最终运行结果都保存在存储器中，可以通过控制器发出的命令对存储器进行读写信息。

5.1.1　主存储器结构及存储系统的层次结构

在高性能的计算机系统中，存储器是一个层次式的存储体系。

1．主存储器基本结构

主存储器结构如图 5-1 所示，图中显示出了主存储器与 CPU 的连接和信息流通通道。

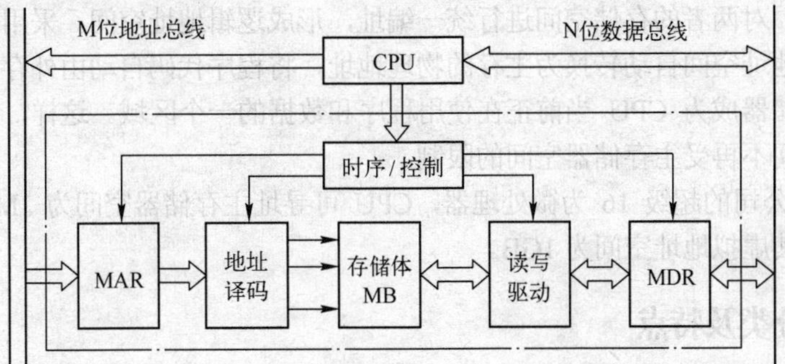

图 5-1　主存储器基本结构

图 5-1 中虚线框内为主存储器。MB 为存储体，是存储单元的集合体，它可以通过 M 位地址线、N 位数据线和一些有关的控制线与 CPU 交换信息。M 位地址线用来指出所需访问的存储单元地址；N 位数据线用来在 CPU 与主存之间传送数据信息；控制信号用来协调和控制主存与 CPU 之间的读写操作。

2．层次结构

现代微机系统中存储器的典型结构如图 5-2 所示。该图呈塔形，越向上，存储器件的速度越快，访问的频率越高；同时，存储器的价格也越高，系统的拥有量越小。反之，CPU 访问频率低、存取速度慢，但容量较大。

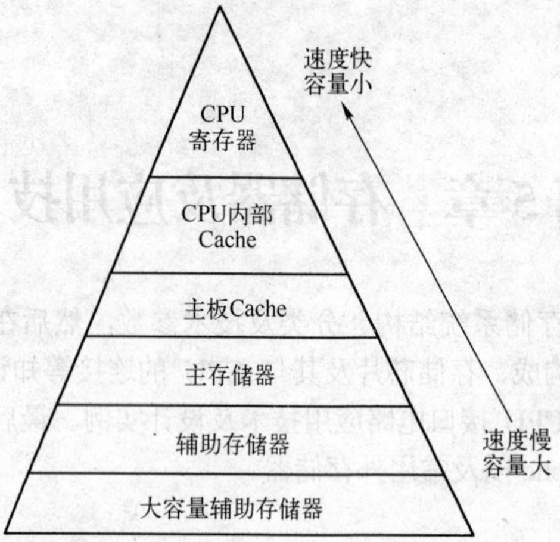

图 5-2　存储器的结构

微机系统一般采用内部寄存器组、高速缓存、主存储器和辅助寄存器 4 级存储结构来组织整个存储器系统，以满足各种软件对时空的需求。CPU 中的寄存器位于顶端，它具有最快的存取速度，但数量极为有限，向下依次是 CPU 内部的 Cache（高速缓冲存储器）、主板上的 Cache、主存储器、辅助存储器（外存）和大容量辅助存储器。位于底部的存储设备，其容量最大，价格最低，但速度最慢。

3．虚拟存储器

在主存储器已经确定的情况下，为了解决在多用户分时系统运行时竞争主存储空间的矛盾，必须扩大使用的存储空间，虚拟存储技术应运而生。

所谓虚拟存储技术，就是将存储系统的一部分外存储器（如硬盘）与主存储器组合起来并视为一个整体，对两者的存储空间进行统一编址，形成逻辑地址空间。采用软硬件结合的措施，将外存逻辑地址空间自动转换为主存的物理地址，将程序代码自动由外存分段调入或调出主存储器，主存储器成为 CPU 当前正在使用程序和数据的一个区域。这样，对用户来说，允许使用的地址空间不再受主存储器空间的限制。

例如，Intel 公司的超级 16 为微处理器，CPU 可寻址主存储器空间为 1MB，由于它支持虚拟存储系统，其虚拟地址空间为 1GB。

5.1.2　存储器分类及特点

根据存储器元件在计算机中所处的地位、存储介质和信息存取方式等，存储器有多种分类方法。

1．按所处地位分类

根据存储器在计算机中的位置不同，可以把存储器分为内部寄存器组、主存储器、辅助存储器和高速缓冲存储器（Cache）。

（1）内部寄存器组

内部寄存器组位于 CPU 内部，存取速度和 CPU 相当，其数量有限，常用来存放最近要用到的程序和数据或者存放运算产生的中间结果。

（2）主存储器

主存储器简称内存（或主存），其读取速度比 CPU 慢，由半导体器件构成，容量较小，但价格相对较高。计算机运行时，CPU 需要执行的任何程序及操作的数据必须调入内存。

（3）辅助存储器

辅助存储器简称外存，属于输入/输出外围设备，不能被 CPU 直接访问。通常采用表面存储方式存放信息，常见的磁盘、光盘、磁带都采用该方式。外存具有容量大、价格低等优点，但存取速度较慢。常用来存放一些暂时不使用的程序、数据和文件，或者是一些需要永久保存的程序、数据和文件。

CPU 要访问外存中的信息时，需要把外存信息事先调入内存才能被访问，这样使得主存与外存就要进行频繁的数据交换。早期的这种交换过程由程序员来处理，而现在的计算机则是通过辅助的硬件及存储管理软件来完成。在交换过程中，主存与外存被看成一个虚拟的存储器，编程的时候使用一种虚拟地址；访问的时候需要把虚拟地址转换成对应的物理地址，如果访问的数据不在内存中，则由这些辅助硬件及存储管理软件把数据调入内存再进行访问。

（4）高速缓冲存储器

高速缓冲存储器位于 CPU 内部（一级 Cache）及 CPU 与主存储器之间（二级 Cache），由高速缓冲存储器和高速存储控制器组成。其存取速度与 CPU 工作速度相当，但容量远小于主存储器。增加高速缓冲存储器的目的是为了减少对主存储器的访问次数，从而达到提高 CPU 的执行速度。CPU 读取指令或操作数时，首先访问高速缓冲存储器，若指令或数据在其中则立即读取，否则才访问主存储器。如果设计得当，访问的命中率（当指令或操作数在高速缓冲存储器中时，称为“命中”）可以高达 99%。由于高速缓冲存储器容量较小，这使得价格相对增加不多，从而解决了速度与成本之间的矛盾。

2．按存储器的性质分类

（1）RAM

RAM 又称随机存取存储器或读/写存储器，信息可以根据需要随时写入或读出。

根据 RAM 的结构和功能的不同，可将其分为两种类型，即动态 RAM 和静态 RAM。

1）动态（Dynamic）RAM：即 DRAM。一般由 MOS 型半导体存储器件构成，最简单的存储形式以单个 MOS 管为基本单元，以极间的分布电容是否持有电荷作为信息的存储手段，其结构简单，集成度高。但是，如果不及时进行刷新，极间电容中的电荷会在很短时间内自然泄漏，致使信息丢失。所以，必须要为其配备专门的刷新电路。

由于动态 RAM 芯片的集成度高、价格低廉，所以多用在存储容量较大的系统中。目前，微型计算机中的主存几乎都是由动态 RAM 构成的。

2）静态（Static）RAM：即 SRAM。它以触发器为基本存储单元，所以只要不掉电，其上所存信息就不会丢失。该类芯片的集成度不如 DRAM，功耗也比 DRAM 高，但它的速度比 DRAM 快，也不需要刷新电路。在构成小容量的存储系统时一般选用 SRAM。在微型计算机中普遍用 SRAM 构成高速缓冲存储器。

（2）ROM

ROM 又称只读存储器，在一般情况下只能读出所存信息，不能重新写入。信息的写入要通过工厂的制造环节或采用特殊的编程方法进行。信息一旦写入，能长期保存，掉电亦不丢失，所以，ROM 属于非易失性存储器件。一般用它来存放固定的程序或数据。

ROM 根据结构组成不同，可分为以下 5 种类型。

1）掩膜式（Masked）ROM：简称 ROM。该类芯片通过工厂的掩膜制作，已将信息存储在芯片中，出厂后不可更改。

2）可编程序（Programmable）ROM：简称 PROM。该类芯片允许用户进行一次性编程，此后不能进行更改。

3）可擦除（Erasable）PROM：简称 EPROM。一般指可用紫外光擦除的 PROM。该类芯片允许用户多次编程和擦除。擦除时，可以通过向芯片窗口照射紫外光的办法来进行。

4）电可擦除（Electrically Erasable）PROM：简称 EEPROM，也称 E2PROM。该类芯片允许用户多次编程和擦除。擦除时，可采用加电方法在线进行。

5）闪存（Flash Memory）：是一种新型的大容量、高速度、电可擦除的可编程序只读存储器。人们最常用的闪存是 USB 盘，简称 U 盘，其特点是小巧便于携带、存储容量大、价格便宜。U 盘通过 USB 接口与计算机交换信息，将 U 盘直接插到机箱前面板或后面的 USB 接口上，系统就会自动识别。

3. 按制造工艺分类

按制造工艺的不同，可将半导体存储器分为：双极型和 MOS 型两类。

（1）双极（Bipolar）型

由 TTL（Transistor-Transistor Logic）晶体管逻辑电路构成。该类存储器件工作速度快，但集成度低、功耗大、价格偏高。

（2）MOS 型

MOS 是金属氧化物半导体（Metal-Oxide-Semiconductor）的简称。该类型有多种制作工艺，如 NMOS（N 沟道 MOS）、HMOS（高密度 MOS）、CMOS（互补型 MOS）、CHMOS（高速 CMOS）等。该类存储器的特点是集成度高、功耗低、价格便宜，但速度较双极型器件慢。

5.1.3 存储器的主要性能参数

1. 存储容量

存储容量是指存储器可容纳的二进制信息数。微机中存储器以字节为基本存储单元，容量常用存储的字节数多少来表示。常用单位有 B、KB、MB、GB、TB 等。

需要注意，内存最大容量和内存实际装机容量是两个不同的概念。内存最大容量由系统地址总线决定，而内存实际装机容量是指计算机中实际内存的大小。

例如，一个 32 位计算机，其地址总线为 36 位，这决定了内存允许的最大容量为 2^{36}B=64GB，而目前内存的实际装机容量一般为 512MB 或 1GB。内存允许的最大容量是为其扩展提供条件。

2. 存取速度

存取速度可以用存取时间或存取周期来描述。存取时间是启动一次存储器操作到完成该操作所需时间；存取周期为两次存储器访问所需的最小时间间隔。存取速度取决于内存的具体结构及工作机制。总体上说，SRAM 速度最快，DRAM 其次，ROM 的速度最慢。

3. 可靠性

可靠性是指对电磁场及温度变换的抗干扰能力，通常用 MTBF（平均故障间隔时间）来衡量。MTBF 越大，可靠性越高。

4. 性能/价格比

性能主要包括存储容量、存取速度和可靠性 3 项指标。性价比是一项综合性指标，对不同用途的存储器要求不同。例如，对外存，要求存储容量大、价格低；对高速缓存 Cache，则要求速度快，但价格高。在满足性能要求的条件下，应选取性能和价格比高的存储器。

5.2　读写存储器（RAM）

RAM（Random Access Memory）的全名为随机存取存储器，在 PC 运行时用来存储临时性信息，它在任何时候都可以对其进行读写。RAM 通常被作为操作系统或其他正在运行程序的临时存储介质。

RAM 在断电以后，保存在其上的数据会自动丢失。

RAM 内存可以进一步分为静态 RAM（SRAM）和动态 RAM（DRAM）两大类。

5.2.1　静态 RAM（SRAM）

1．存储单元结构

图 5-3 所示是由 6 个 MOS 管构成的静态一位存储单元电路。

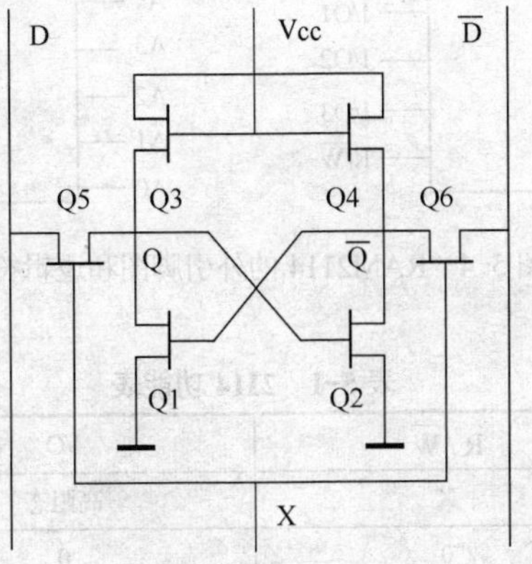

图 5-3　SRAM 存储单元

电路中，MOS 管 Q1、Q2 为工作管；Q3、Q4 为负载管。Q1、Q2、Q3、Q4 组成一个双稳态触发器。它有两个稳定状态，可用来存储一位二进制信息。如 Q1 饱和导通、Q2 截止，是一种稳定状态，用来表示“0”状态；Q1 截止、Q2 饱和导通，是另一种稳定状态，用来表示“1”状态；Q5、Q6 为门控管，相当于两个开关，由 X 线控制。

2．工作原理

静态 RAM 的工作过程分为以下 3 个操作过程。

（1）保持

X 线平时处于低电平，使门控管 Q5、Q6 截止，切断触发器与位数据线 D、$\overline{D}$ 的联系，触发器保持原来状态不变。

（2）写操作

被选中的存储单元的 X 线为高电平，使门控管 Q5、Q6 导通。写“1”时，位数据线 D=1、$\overline{D}$ =0，迫使 Q2 导通，$\overline{Q}$ 为低电平，经交叉反馈使 Q1 管截止，Q 点为高电平（“1”），并维持这个状态，触发器处于“1”状态；写“0”，则反之。

（3）读操作

被选中的存储单元的 X 线为高电平，使门控管 Q5、Q6 导通。假定两边位线的负载是平衡的，则 Q1、$\overline{Q}$ 点电位就可分别通过 Q5、Q6 传送到位数据线 D、$\overline{D}$ 上，即被读出。

由此可见，静态存储器在计算机通电工作时，信息就能被保存。在进行读操作时，不破坏触发器的状态，也无须刷新，因此，外部电路比较简单，这是静态存储器的优点。但静态存储器基本存储电路中包含的管子数目比较多，电路中的两个交叉耦合的管子中总有一个管子处于导通状态，因此，会持续地消耗能量，使得静态存储器的功耗相对较大。

3．静态随机存储器 RAM 2114

随机存储器 RAM 2114 为 1K×4bit 的静态随机存储器，其外引脚图和逻辑符号如图 5-4 所示，功能见表 5-1。

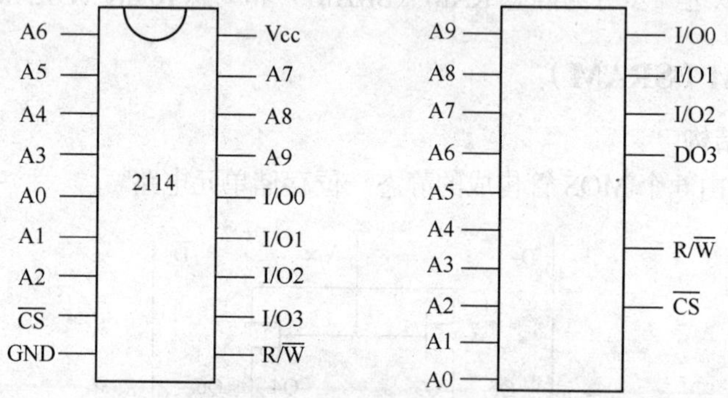

图 5-4　RAM2114 的外引脚图和逻辑符号

表 5-1　2114 功能表

$\overline{CS}$	R/$\overline{W}$	I/O	工 作 模 式
1	X	高阻态	未选中
0	0	0	写 0
0	0	1	写 1
0	1	输出	读出

由图 5-4 可知，A0～A9 为地址码输入端，I/O0～I/O3 为数据输入/输出端，$\overline{CS}$ 为片选端，R/$\overline{W}$ 为读/写控制端。当 $\overline{CS}$=1 时，芯片未选中，此时 I/O 为高阻态；当 $\overline{CS}$=0 时，2114 被选中，这时数据可以从 I/O 端输入/输出。若 R/$\overline{W}$=0，则为数据输入（由 CPU 写入数据），即把 I/O 数据端的数据存入由 A0～A9 所决定的某存储单元里。若 R/$\overline{W}$=1，则为数据输出，即把由 A0～A9 所决定的某一存储单元的内容送到数据 I/O 端，供 CPU 读取。

2114 的电源电压为 5V，输入、输出电平与 TTL 兼容。

必须注意，在地址改变期间，R/$\overline{W}$ 和 $\overline{CS}$ 中要有一个处于高电平（或者两者全高），否则会引起误写，冲掉原来的内容。

5.2.2　动态 RAM（DRAM）

1．存储单元结构

DRAM 电路结构简单，图 5-5 是由单管构成的基本动态位存储电路，它也是目前高集成度存储芯片所采用的存储单元电路。该存储单元由一个 MOS 管和一个与源极相连的电容 C 构成。在该电路中，存放的信息是“1”还是“0”，取决于电容 C 中的电荷。C 中有电荷时为“1”，无电荷时为“0”。

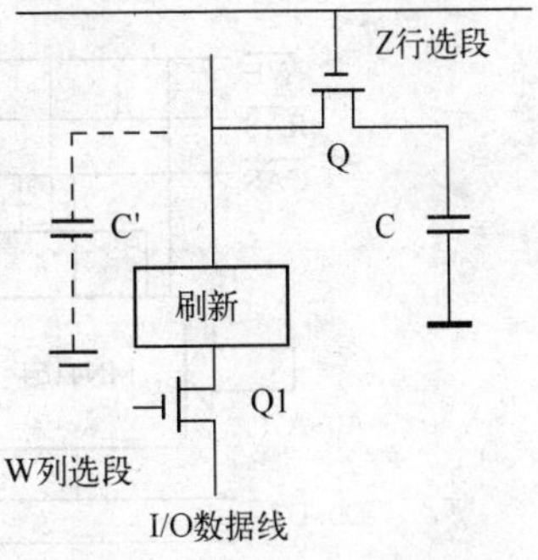

图 5-5　单管动态存储元件

2．工作原理

（1）写操作

写操作时，行选线为高电平，Q 管导通。若列选线也为高电平，则此存储元器件被选中，I/O 数据线（位线）送来的信息通过刷新放大器和 Q 送到电容 C。写入“1”时，位线为高电平，经 Q 对 C 充电，C 上便有电荷；写入“0”时，位线为低电平，电容 C 可经 Q 放电，结果 C 上没有电荷。

（2）读操作

读操作时，行选线变为高电平，使晶体管 Q 导通，若原存数据为“1”，则 C 上的电荷经位线向读出放大器放电，输出信号为“1”。当列选线也为高电平时，Q1 导通，该存储元件读出的信息可以送到输出数据线上。若原存数据为“0”，C 上无电荷，则不产生读出电流，在 Q1 导通时送到数据线上的信号为“0”。

（3）刷新

在读出信息后，原来 C 中存储的电荷会发生变化，为了仍能保持原来的信息不变，需要对电容上的电压值读取后立即重写，使每次读出后电容 C 上的电荷恢复到原来的值。同时，由于晶体管 Q 存在漏电流，电容 C 上的电荷随着时间的推移会逐渐泄漏，使得信息不能长期保存。为此，在实际电路中，需要定期给电容充电，使电压恢复至规定电平，这一过程称为“刷新”。DRAM 大约需要每隔 1～2ms 对其刷新一次，该过程由刷新电路自动完成。

动态读写存储器（DRAM），以其速度快、集成度高、功耗小、价格低等特点，在微型计算机中得到极其广泛的使用。

3．动态存储器 MN 4164

图 5-6 所示为 MN 4164 芯片的引脚图和功能表，该芯片是一个 64K×1bit 的 DRAM 芯片。

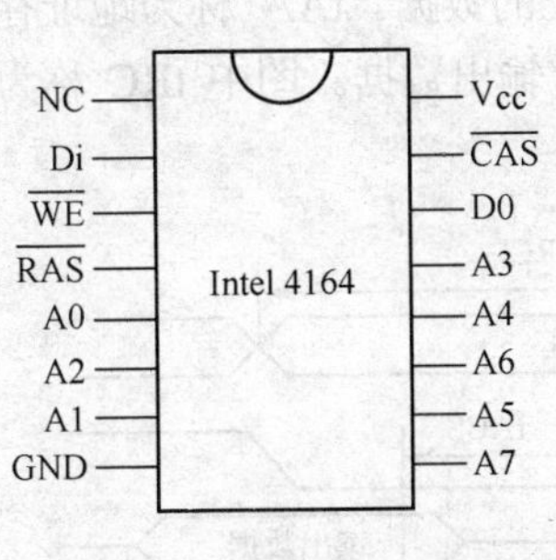

引　脚	功　能
A0～A7	地址输入
$\overline{WE}$	读/写控制线
$\overline{RAS}$	行选通信号
$\overline{CAS}$	列选通信号
Di	数据输入
D0	数据输出
Vcc	电源
GND	地

图 5-6　MN4164 芯片的引脚图及功能表

A0～A7 为地址输入线；$\overline{RAS}$ 为行地址选通信号线，兼片选信号作用（整个读写周期，RAS 一直处于有效状态）；$\overline{CAS}$ 为列地址选通信号线；$\overline{WE}$ 为读/写控制信号，$\overline{WE}$ =0 时为写控制有效，$\overline{WE}$=1 时为读控制有效；Di 为 1 位数据输入线；D0 为 1 位数据输出线。

将 8 片并接起来，可以构成 64KB 的动态存储器，它们的结构如图 5-7 所示。

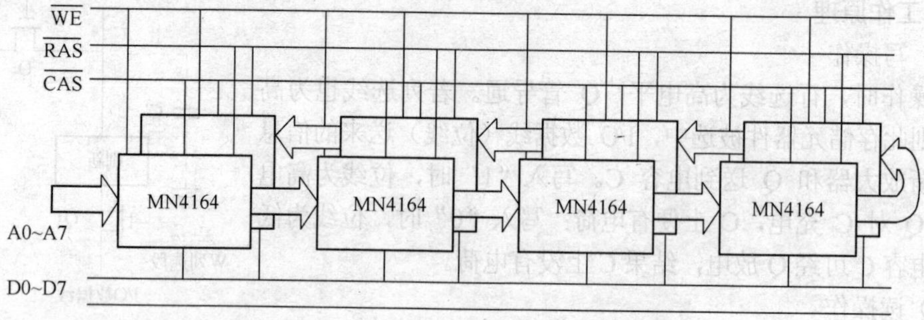

图 5-7　由 8 片 MN4164 组成的 64KB 存储器

每片 4164 只有一条输入数据线，而地址引脚只有 8 条。为了实现寻址 64KB 存储单元，必须在系统地址总线和芯片地址引线之间专门设计一个地址形成电路，使系统地址总线信号能分时地加到 A0～A7 引脚上，在芯片内部设置的行锁存器、列锁存器和译码电路可以选定芯片内的任一存储单元，锁存信号由外部地址电路产生。其工作原理如下。

当要从 DRAM 芯片中读出数据时，CPU 首先将行地址加在 A0～A7 上，而后送出 $\overline{RAS}$ 锁存信号，该信号的下降沿将地址锁存在芯片内部。接着将列地址加到芯片的 A0～A7 上，再送 $\overline{CAS}$ 锁存信号，也是在信号的下降沿将列地址锁存在芯片内部。然后保持 $\overline{WE}$=1，则在 $\overline{CAS}$ 有效期间，数据输出并保持。

当需要把数据写入芯片时，行列地址先后被 $\overline{RAS}$ 和 $\overline{CAS}$ 信号锁存在芯片内部，然后，$\overline{WE}$=0 有效，要写入的数据送给数据线，则将该数据写入选中的存储单元。

5.2.3　RAM 的工作时序

为保证存储器可靠地工作，存储器的地址信号、数据信号和控制信号之间存在一种严格的时间制约关系。下面介绍一般 RAM 的工作时序。

（1）RAM 读操作时序

图 5-8 为 RAM 读操作的时序图。从时序图中可以看出，存储单元地址 AB 有效后，至少需要经过 tAA 时间，才能稳定、可靠地输出线上的数据。tAA 称为地址存取时间。片选信号 CS 有效后，至少需要经过 tACS 时间，才能稳定输出数据。图中 tRC 称为读周期，它是存储芯片两次读操作之间的最小时间间隔。

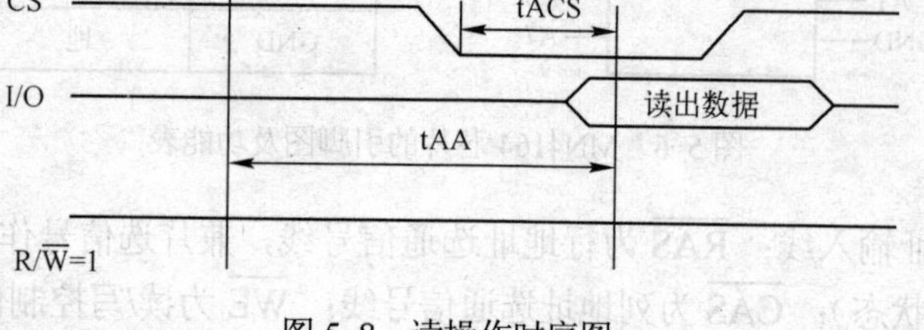

图 5-8　读操作时序图

其读出操作过程如下。

1）将欲读出单元的地址加到存储器的地址输入端。

2）加入有效的片选信号 CS。

3）读命令有效后，经过延时所选择单元的内容出现在 I/O 端。

4）其后选片信号 CS 无效，I/O 端呈高阻态，本次读出过程结束。

（2）RAM 写操作时序

图 5-9 为 RAM 写操作的时序。

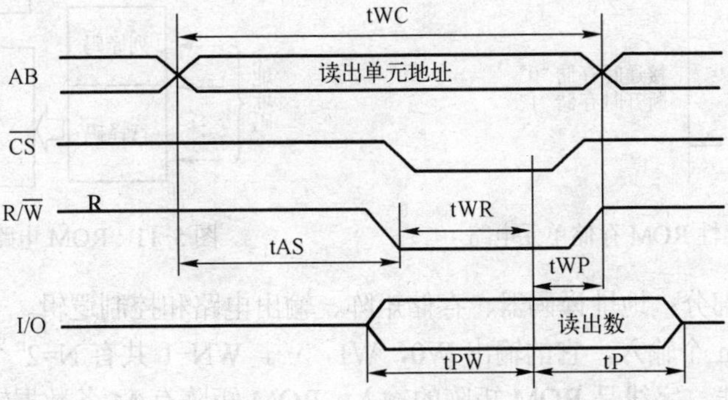

图 5-9　写操作时序图

写操作时，为防止数据被写入错误的单元，新地址有效到写控制信号有效至少应保持 tAS 时间间隔，tAS 称为地址建立时间。同时，写信号失效后，AB 至少要保持一段写恢复时间 tWP，写信号有效时间不能小于写脉冲宽度 tWR，tWC 是写周期。为保证存储器准确无误地工作，加到存储器上的地址、数据和控制信号必须遵守几个时间边界条件。

其写操作过程如下。

1）将欲写入单元的地址加到存储器的地址输入端。

2）在片选信号 CS 端加上有效电平，使 RAM 选通。

3）将待写入的数据加到数据输入端。

4）写命令有效后，数据写入所选存储单元。

5）其后片选信号 CS 无效，数据输入线回到高阻状态。

5.3　只读存储器（ROM）

ROM（Read Only Memory）又称为只读存储器。在制造 ROM 的时候，信息（数据或程序）被存入并永久保存。这些信息一般只能读出，不能写入，即使机器掉电，这些数据也不会丢失。ROM 一般用于存放计算机的基本程序和数据，如 BIOS ROM。其物理外形一般是双列直插式（DIP）的集成块。

5.3.1　只读存储器的结构

只读存储器（ROM）的特点是信息存入以后，在电路的工作过程中，信息只能被读取，不能被随意改写。

1．ROM 存储单元

图 5-10 是一种双极型、熔丝性 ROM 存储单元电路。该电路中，晶体管的射极串接可熔性金属丝，若金属丝导通，位信息为“0”；若金属丝熔断，位信息为“1”。出厂时所有位的金属丝均为完整状态。由于用户只能一次编程写入信息，通常称为可编程序只读存储器（PROM）。

2．ROM 内部逻辑结构

ROM 的电路结构如图 5-11 所示。

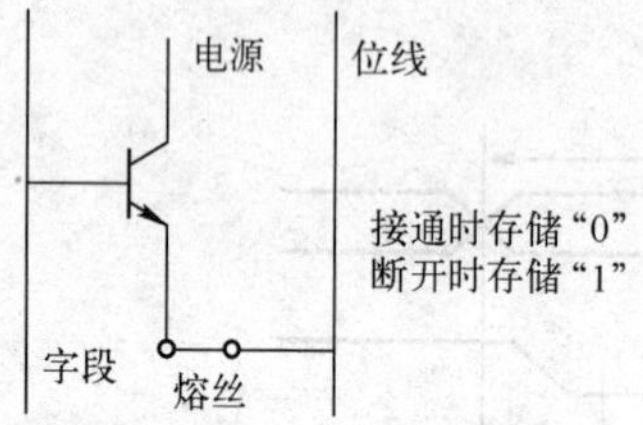

图 5-10　双极型熔丝性 ROM 存储单元电路

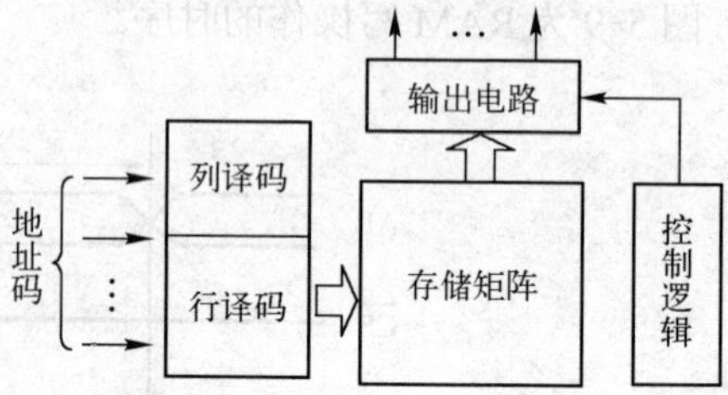

图 5-11　ROM 电路结构示意图

它主要包括 4 部分：地址译码器、存储矩阵、输出电路和控制逻辑。

地址译码器有 n 个输入，它的输出 W0，W1，…，WN-1 共有 $N=2^n$ 个，分为行译码线和列译码线，称为字线。字线是 ROM 矩阵的输入，ROM 矩阵有 M 条数据输出线，称为位线。字线与位线的交点即是 ROM 矩阵的一个存储单元，存储单元的个数代表 ROM 矩阵的容量。输出电路的作用有两个，一是能提高存储器的带负载能力；二是实现对输出状态的三态控制，以便与系统的总线连接。控制逻辑的作用是选中存储芯片，控制读写操作。

5.3.2　只读存储器 EPROM

在使用过程中，可擦写可编程序只读存储器（EPROM）的内容不容易被擦除重写，因此，仍属于只读型存储器。

改写 EPROM 中的内容，必须将芯片从电路板上拔下，放到紫外灯光下照射数分钟，存储的数据便可消失。数据的写入可用软件编程，生成电脉冲对 EPROM 芯片进行烧录来实现。

EPROM 存储单元结构如图 5-12 所示。

EPROM 存储器中的信息之所以能多次被写入和擦除，是因为它采用了一种浮栅雪崩注入 MOS（FAMOS）管。FAMOS 管作为存储单元来存储信息，是利用 MOS 管的截止和导通两个状态来表示“1”和“0”的。

要擦除写入信息时，用紫外线照射氧化膜，可使浮栅上的电子能量增加，从而逃逸浮栅，于是 FAMOS 管又处于截止状态。擦除时间为 10～30min，视型号不同而异。为便于擦除操作，在元器件外壳上装有透明的石英盖板，便于紫外线通过。在写好数据以后应使用不透明的纸将石英盖板遮蔽，以防止数据丢失。

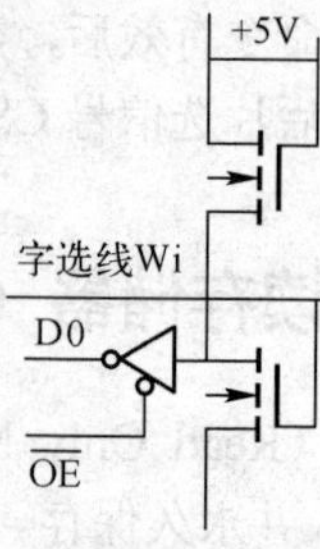

图 5-12　EPROM 存储单元结构

Intel 2716 是 2K×8bit 的只读存储器，其引脚及内部组成框图如图 5-13 所示。它有 24 条引脚，其中 11 根地址线 A0～A10 可寻址 2KB 存储单元、D0～D7 为 8 根数据线、$\overline{CE}$ 为片选允许信号、$\overline{OE}$/PGM 为输出允许/程序控制信号、Vcc 为芯片工作电源（+5V）、编程电源

Vpp=+5V 时，读出信息；当 VPP=+25V 时，写入数据或程序代码。16KB 基本存储电路排成 128×128 矩阵。7 位地址用于行译码选线 128 行中的一行。128 列分为 16 组，每组 8 位。4 位地址用于列译码，以选择 16 组中的一组。被选中的一组 8 位同时读出，经缓存器送至数据输出端。

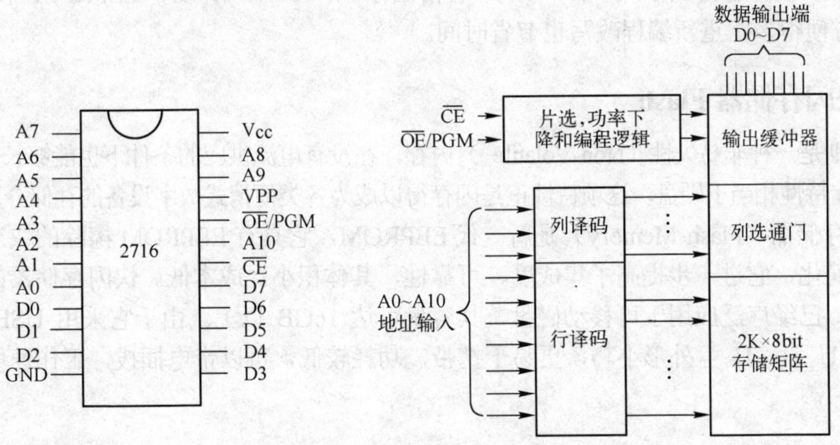

图 5-13　Intel 2716 EPROM

2716 的工作方式与各引脚的关系见表 5-2。

表 5-2　2716 引脚与工作方式

工 作 方 式	引脚 $\overline{CE}$	$\overline{OE}$ / PGM	VPP	D0~D7
读出	0	0	+5V	输出
未选中	1	x	+5V	高阻
编程输入	50ms 正脉冲	1	+25V	输入
禁止编程	0	1	+25V	高阻
检验编程代码	0	0	+25V	输出

当片选信号 $\overline{CE}$ 和 $\overline{OE}$/PGM 为低电平时，VPP=+5V 时，可读出由地址选中的芯片存储单元中的数据；需要写入信息时，VPP=+25V，$\overline{OE}$/PGM 为高电平，将要写入的存储单元的地址送地址线，要写入的 8 位数据送数据线，然后在 $\overline{CE}$ 端加一个宽度为 50ms 的正脉冲，就可以实现数据的写入；需要检验编程代码时，$\overline{CE}$ 和 $\overline{OE}$/PGM 为低电平，VPP=+25V。

5.3.3　只读存储器 EEPROM

电可擦可编程序只读存储器（EEPROM）是一种电写入、电擦除的只读型存储器。该类型存储器擦除时不需要使用紫外线照射，只需加入 10ms、20V 左右的电脉冲，即可完成擦除操作。擦除操作实际上是对 EEPROM 进行写“1”的操作。对 EEPROM 存储器写入信息时，先将全部存储单元均写为“1”状态，编程时再将相关部分写为“0”即可，EEPROM 存储单元的结构如图 5-14 所示。

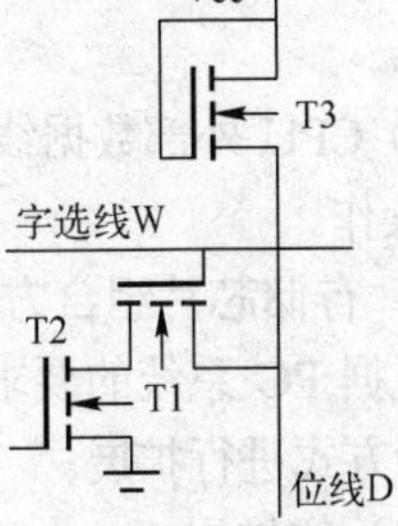

图 5-14　EEPROM 存储单元的结构

EEPROM 之所以具有这样的功能，是因为采用了一种浮栅隧道氧化层 MOS（Flotox）管。在 Flotox 管的浮栅与漏区之间有一个很薄的氧化层区域，大约有 20nm 左右，称为隧道区。当这个区域的电场足够大时，可以在浮栅与漏区出现隧道效应，形成电流。可对浮栅进行充电或放电，放电相当于写“1”，充电相当于写“0”。所以，EEPROM 使用起来比 EPROM 方便得多，重新编程改写也节省时间。

5.3.4 快闪存储器 Flash

闪存则是一种非易失性（Non-Volatile ）内存，在没有电流供应的条件下也能够长久地保持数据，其存储特性相当于硬盘，这项特性正是闪存得以成为各类便携式数字设备的存储介质的基础。

快闪存储器（Flash Memory）是新一代 EEPROM，它具有 EEPROM 擦除的快速性，但其结构有所简化，它进一步提高了集成度、可靠性，其体积小、成本低。快闪存储器的应用领域不断拓展，已经广泛应用于可移动磁盘，其容量可达 16GB 以上。由于它采用 USB 接口，通常也成为 U 盘。U 盘外形小巧，更易于携带，功耗较低，可以带电插拔，工作速度快，使用十分方便。

5.4 存储器系统设计

利用存储芯片进行存储器系统设计时，主要完成的工作包括：确定存储器的结构、存储器地址分配和译码、存储器同 CPU 的连接。

5.4.1 确定存储器结构

1．存储器结构的选择

首先要根据应用系统的要求确定主存 ROM 和 RAM 的存储容量。对于系统软件或经常使用的控制程序，一般应固化在 ROM 中；对于程序运行中需要处理的临时数据，应暂存在 RAM 中；对于容量较大的文档及数据库信息，应存放在外部存储器中（如 U 盘、硬盘）。

在计算机系统中，存储器一般按字节编址，以字节为单位对数据进行访问。所以，在选择 RAM 和 ROM 时，应注意以下方面。

1）CPU 的外部数据总线为 8 位，存储器用 1 片 8 位的存储体即可。

2）CPU 的外部数据总线为 16 位，则存储器就要用 2 片 8 位的存储体。

3）CPU 外部数据线为 32 位，一般使用 4 片 8 位的存储体，以支持 8 位、16 位及 32 位操作。

4）CPU 外部数据线为 64 位，一般使用 8 片 8 位的存储体，以支持 8 位、16 位、32 位及 64 位操作。

2．存储芯片组合方式

根据 PC 系统的要求，主存具有不同容量与位数的要求。为了满足这种要求，通常采用以下 3 种方式进行扩展。

（1）位扩展

当存储系统要求的容量与芯片容量相同而位数（字长）不同时，可以对存储器进行位扩展。如已有 2114 芯片（1K×4bit），现组成 1K×8bit 的存储器，可以选用 2 片 2114，如

图 5-15 所示。两片的数据线串联组成 8 位数据线，由芯片原理可知，为了保证选择同一个单元，两片的地址应连在一起，片选线与读写控制线都对应相连。这样，就构成了 1K×8bit 的存储器。

（2）容量扩展

当存储系统要求的字长与芯片相同，而容量不同时，可以对存储芯片进行容量扩展。如已有 2114 芯片，现要求组成 4K×4bit 的存储器，其连接如图 5-16 所示。

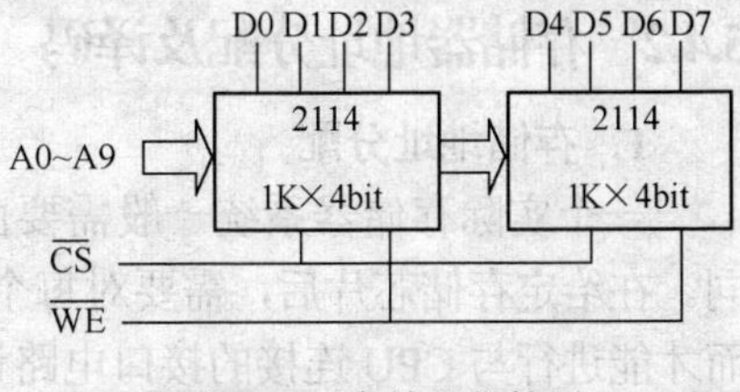

图 5-15　存储器位扩展

容量扩展时，不同芯片的同一数据位应连在一起，所以图 5-16 中的芯片的数据线应相连。由于容量的增加，地址码应分为两部分，其中 10 位（A0～A9）为片内地址，它必须同时连到各个芯片的地址线上，以选择片内的某单元；而 2 位（A10～A11）为片地址，译码后输出 4 个片选信号，以确定哪一块芯片被选中。

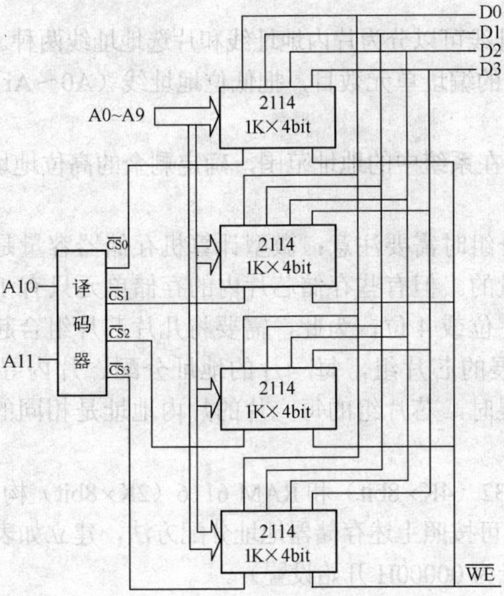

图 5-16　存储器容量扩展

（3）位与容量同时扩展

其方法与上述相同。一般情况下，如果已有芯片 m×n（如 1K×4bit），而要组成容量为 M（地址长度为 L）、字长为 N 的存储体，那么所需要的芯片数 C 可以求得为：(M/m)×(N/n)。其连接如图 5-17 所示。

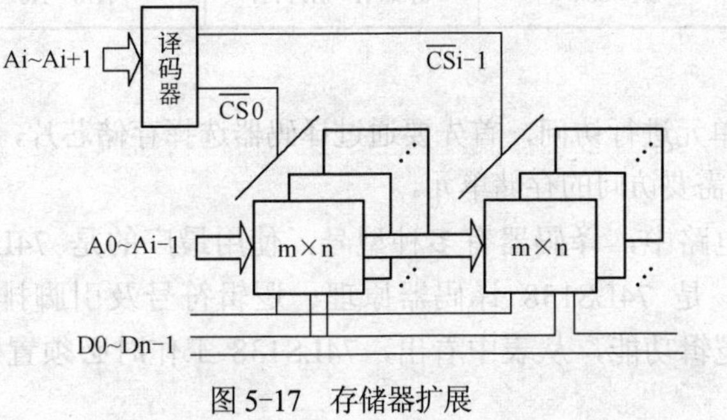

图 5-17　存储器扩展

5.4.2　存储器地址分配及译码

1．存储地址分配

一个实际存储器系统一般需要由多个芯片组成，而这些芯片的容量和结构往往也不尽相同。在给定存储芯片后，需要对每个芯片或每组芯片进行地址分配，为它们划分地址范围，进而才能进行与CPU连接的接口电路设计。

在进行存储器地址分配时，通常可按下列步骤进行。

1）定义系统地址空间。根据需求和所建存储器系统的容量，明确其地址范围。

2）芯片分组。按照芯片的型号，对它们进行分组。

3）芯片地址分配。根据芯片的编址单元数目及其在存储系统中的位置，为每个芯片或每组芯片分配地址范围。

4）划分地址线。地址线可以分为片内地址线和片选地址线两种。

片内地址线根据芯片的编址单元数目，把低位地址线（A0～Ai）分配给该芯片，以作为片内寻址。

片选地址线根据芯片在系统中的地址范围，确定剩余的高位地址线（Ai+1～An）的有效片选地址。

在将同一类型芯片分组时需要注意：微型计算机存储器容量是以1字节（8位）作为一个基本存储单元来度量的。但有些存储芯片内的存储单元只有1位或4位数据线，它只能作为一个字节数中的1位或4位，为此，需要将几片芯片组合起来，才能构成8位字节单元，这种仅进行位扩展的芯片组，每一片的地址分配、片内寻址、片选地址都完全相同；若需要进行容量扩展时，芯片组的每一片的片内地址是相同的，但片选地址则因不同的芯片而不同。

例如，用EPROM 2732（4K×8bit）和RAM 6116（2K×8bit）构成一个拥有4KB ROM和4KB RAM的存储系统，可按照上述存储器地址分配方法，建立如表5-3所示的地址分配表（设整个存储空间从首地址为00000H开始设置）。

表5-3　地址分配表

芯片型号	容　量	地址范围	片内地址线	片选地址线
2732	4K×8bit	00000H～00FFFH	A11～A0	A19～A12
6116	2K×8bit	01000H～017FFH	A10～A0	A19～A11
6116	2K×8bit	01800H～01FFFH	A10～A0	A19～A11

2．地址译码

CPU要对存储单元进行访问，首先要通过译码器选择存储芯片，即进行片选，然后在被选中的芯片中选择所需要访问的存储单元。

在中规模集成电路中，译码器有多种型号，使用最广的是74LS138译码器，又称三八译码器。图5-18是74LS138译码器原理、逻辑符号及引脚排布，表5-4中列出了74LS138译码器的逻辑功能，从表中看出，74LS138工作时必须置使能端G1为高电平，

$\overline{G2A}$、$\overline{G2B}$ 为低电平。

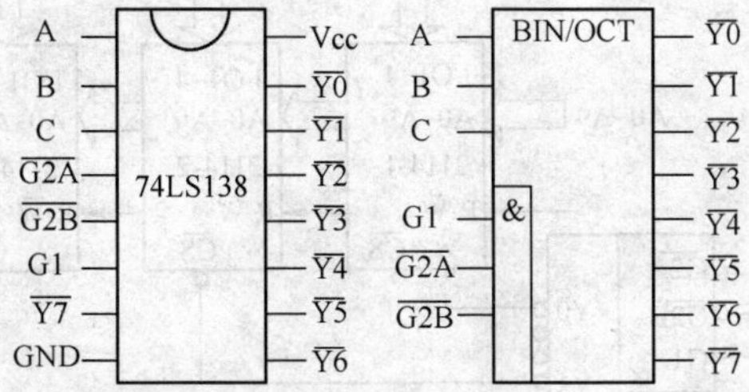

图 5-18　74LS138 译码器原理、逻辑符号及引脚排布

表 5-4　74LS138 的功能表

输　入						输　出							
使　能			代　码										
G1	$\overline{G2A}$	$\overline{G2B}$	C	B	A	$\overline{Y0}$	$\overline{Y1}$	$\overline{Y2}$	$\overline{Y3}$	$\overline{Y4}$	$\overline{Y5}$	$\overline{Y6}$	$\overline{Y7}$
1	0	0	0	0	0	0	1	1	1	1	1	1	1
1	0	0	0	0	1	1	0	1	1	1	1	1	1
1	0	0	0	1	0	1	1	0	1	1	1	1	1
1	0	0	0	1	1	1	1	1	0	1	1	1	1
1	0	0	1	0	0	1	1	1	1	0	1	1	1
1	0	0	1	0	1	1	1	1	1	1	0	1	1
1	0	0	1	1	0	1	1	1	1	1	1	0	1
1	0	0	1	1	1	1	1	1	1	1	1	1	0
0	×	×	×	×	×	1	1	1	1	1	1	1	1

下面介绍 3 种片选控制方法。

（1）全译码法

除去与存储芯片直接相连的低位地址总线之外，将剩余的地址总线全部送入“片选地址译码器”中进行译码的方法称为全译码法。其特点是物理地址与实际存储单元一一对应，但译码电路较复杂。

（2）部分译码法

除去与存储芯片直接相连的低位地址总线之外，剩余的部分不全部参与译码的方法称为部分译码。其特点是译码电路结构比较简单，但会出现“地址重叠区”，即一个存储单元可以对应多个地址。

（3）线选法

在剩余的高位地址总线中，任选一位作为片选信号直接与存储芯片的 $\overline{CS}$ 引脚相连，这种方式称为线选法。其特点是无须译码器，缺点是有较多的“地址重叠区”。

【例 5-1】 由 RAM 2114（1K×4bit）组成的存储器如图 5-19 所示，确定图示电路存储器的容量及地址范围。

RAM 2114 的数据输入/输出是 4 位，由图可知，存储器由 3 片 2114 组成，数据位为 4 位，不需要位扩展，电路内存单元的容量是 3K×4bit。

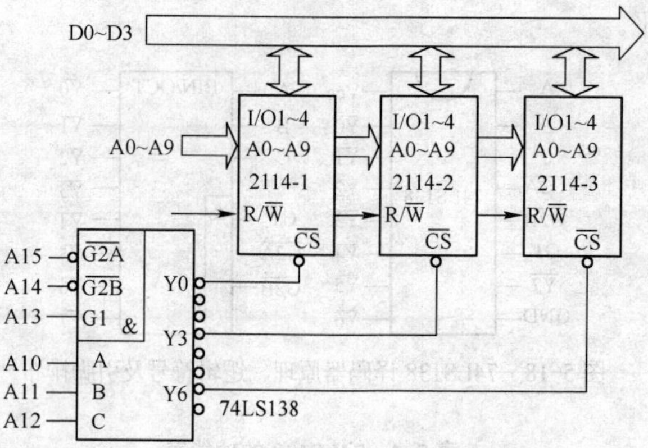

图 5-19　2114 组成的存储器

图 5-19 中各芯片的起始地址和最大地址如下。

地址线：	A15	A14	A13	A12	A11	A10	A9	A8	A7	A6	A5	A4	A3	A2	A1	A0
2114-1：	0	0	1	0	0	0	0	0	0	0	0	0	0	0	0	0
	0	0	1	0	0	0	1	1	1	1	1	1	1	1	1	1
2114-2：	0	0	1	0	1	1	0	0	0	0	0	0	0	0	0	0
	0	0	1	0	1	1	1	1	1	1	1	1	1	1	1	1
2114-3：	0	0	1	1	1	0	0	0	0	0	0	0	0	0	0	0
	0	0	1	1	1	0	1	1	1	1	1	1	1	1	1	1

2114-1 的地址范围为 2000H～23FFH，2114-2 的地址范围为 2C00H～2FFFH，2114-3 的地址范围为 3800H～3BFFH。

5.4.3　存储器与微处理器的接口连接

1．存储器连接时注意的问题

在实际应用中，存储器与 CPU 的连接需要考虑以下几个问题。

1）CPU 的总线负载能力。

2）CPU 与存储器之间的速度匹配。

3）存储器地址分配和片选。

4）控制信号的连接。

2．地址线、数据线、控制线与 CPU 的连接

在已确定每片或每组芯片的片内地址线和片选地址线的基础上，才能进行地址线、数据线和控制线的连接。

1）地址线：低位地址总线直接与存储芯片的地址引脚相连，将“片选”的高位地址总线送入译码器。

2）数据线：若一个芯片内的存储单元是 8 位，则它自身就作为一组，其引脚 D0～D7 可以和系统数据总线 D0～D7 或 D8～D15 直接相连。若需要一组芯片才能组成 8 位存储单元的结构，则组内不同芯片应与不同的数据总线相连。

3）控制线：存储芯片的控制引脚线一般有两种，即芯片选择线（$\overline{CS}$）和读/写控制线（$\overline{OE}$/$\overline{WE}$）。由于很多芯片只有一条读/写控制线，为此，可将 CPU 的 $\overline{WR}$、$\overline{RD}$ 经组合逻辑电路与芯片的读/写控制线连接。

3．8086 系统中内存储器接口的特点

8086 系统中 1MB 的存储器地址空间被分成两个 512KB 的存储体，即偶存储体和奇存储体。偶存储体同 8086 系统数据总线 D0～D7 相连，用 A0 作为选通信号；奇存储体同 8086 系统数据总线 D8～D15 相连，用 $\overline{BHE}$ 作为选通信号。

5.4.4 简单存储器子系统的设计

下面以 Intel 2716 和 2114 存储芯片为例，说明一般存储器系统的设计方法和步骤。对于目前市场上使用的大容量、高速度的大规模集成存储芯片组成的存储系统，可根据存储芯片的性能、引脚参数及所使用 CPU 的引脚功能等，参照下列方法进行设计。

设计要求如下。

使用 Intel 2716（2K×8bit）和 2114（1K×4bit）为 8 位微型计算机设计一个 8KB ROM 和 4KB RAM 的存储器。要求 ROM 安排在从 0000H 开始连续的地址空间，RAM 安排在从 8000H 开始的地址空间。

设计步骤如下。

（1）地址空间分配

确定需要使用的芯片数量，并进行地址空间分配。

根据题意，需用 4 片 Intel 2716（8KB/2KB=4）和 8 片 2114((4KB/1KB)×2=8)。根据题意，注意到芯片存储容量中的 1KB=l024B=400HB，2KB=2048B=800HB，芯片存储地址空间分配如图 5-20 所示。

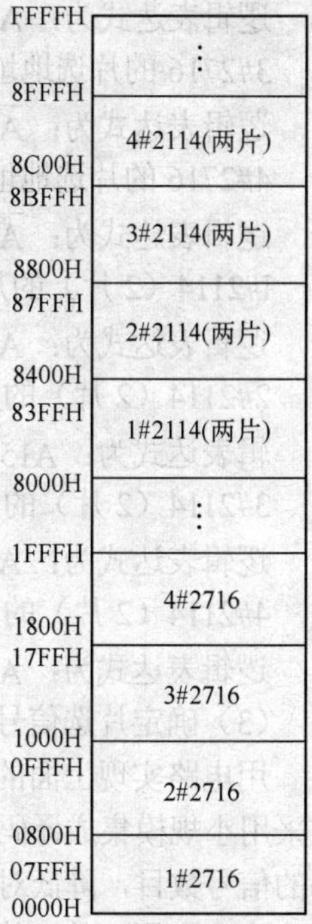

图 5-20　存储地址空间分配

（2）确定片内地址及片选地址

Intel 2716 为 2K×8bit，片内寻址应使用 11 位，即 A10～A0；2114 为 1K×4bit，片内寻址应使用 10 位，即 A9～A0。

根据设计要求，找出各芯片的所有存储单元高位地址的共同特征，见表 5-5。

表 5-5　存储单元高位地址的共同特征

地址线	A15	A14	A13	A12	A11	A10	A9～A0
1#2716	0	0	0	0	0	片内寻址	
2#2716	0	0	0	0	1	片内寻址	
3#2716	0	0	0	1	0	片内寻址	
4#2716	0	0	0	1	1	片内寻址	
1#2114（两片）	1	0	0	0	0	0	片内寻址
2#2114（两片）	1	0	0	0	0	1	片内寻址
3#2114（两片）	1	0	0	0	1	0	片内寻址
4#2114（两片）	1	0	0	0	1	1	片内寻址

确定各个芯片片选地址如下。

l#2716 的片选地址为：A15～All=00000

逻辑表达式为：$\overline{A15} \cdot \overline{A14} \cdot \overline{A13} \cdot \overline{A12} \cdot \overline{A11}$

2#2716 的片选地址为：A15～All=00001

逻辑表达式为：$\overline{A15} \cdot \overline{A14} \cdot \overline{A13} \cdot \overline{A12} \cdot A11$

3#2716 的片选地址为：A15～All=00010

逻辑表达式为：$\overline{A15} \cdot \overline{A14} \cdot \overline{A13} \cdot A12 \cdot \overline{A11}$

4#2716 的片选地址为：A15～All=00011

逻辑表达式为：$\overline{A15} \cdot \overline{A14} \cdot \overline{A13} \cdot A12 \cdot A11$

l#2114（2 片）的片选地址：A15～A10=100000

逻辑表达式为：$A15 \cdot \overline{A14} \cdot \overline{A13} \cdot \overline{A12} \cdot \overline{A11} \cdot \overline{A10}$

2#2114（2 片）的片选地址：A15～A10=100001

辑表达式为：$A15 \cdot \overline{A14} \cdot \overline{A13} \cdot \overline{A12} \cdot \overline{A11} \cdot A10$

3#2114（2 片）的片选地址：A15～A10=100010

逻辑表达式为：$A15 \cdot \overline{A14} \cdot \overline{A13} \cdot \overline{A12} \cdot A11 \cdot \overline{A10}$

4#2114（2 片）的片选地址：A15～A10=100011

逻辑表达式为：$A15 \cdot \overline{A14} \cdot \overline{A13} \cdot \overline{A12} \cdot A11 \cdot A10$

（3）确定片选信号表达式的电路实现

用电路实现上面的逻辑表达式可以有多种方案。注意到 8 个表达式中都含有 A14、A13，在采用小规模集成译码器方案时可将 A14、A13 作为译码器的使能控制，从而减少直接参加译码的信号数目，降低对译码器的要求。

方案：用 1 片 3 线-8 线译码器，外加一些门电路实现。

参看图 5-21，仅用 1 片 74LSl38，对 A15、A12、A1l 译码。这样，可直接产生各片 2716 的片选信号，但是另外 4 个输出不能直接作为 2114 的片选，因为译码输出中没有包含 A10 的作用。为此，将其中两个输出 $\overline{Y4}$、$\overline{Y5}$ 分别和 A10、$\overline{A10}$ 进行“负逻辑与”运算，这样就产生了 2114 的片选信号。

（4）画出存储器子系统的总图

在确定了片选信号的产生方案后，将各存储芯片与系统地址总线、数据总线及读/写等控制信号连接，如图 5-21 所示。

注意，图中 2114 数据线的接法，每组（2 片）中的一片接 D7～D4，另一片接 D3～D0。此外，将 M/$\overline{IO}$ 接到 74LSl38 的使能端是一种技巧：将选择存储器操作的控制信号隐含在片选信号中。如果不这样做，需要将 M/$\overline{IO}$ 反相后分别和 $\overline{RD}$、$\overline{WR}$ 进行“负与”，这需要增加逻辑门。

【例 5-2】 使用 256K×8bit 的 ROM 和 256K×8bit 的 RAM 存储芯片组成 1M×8bit（ROM、RAM 各为 512K×8bit）的存储器。要求安排在从 0000H 开始的地址空间。设计接口电路，指出各芯片的地址空间。

根据要求不需要位扩展，只有容量扩展，确定芯片使用数量各为 2 片，可构成 1M×8Bit 的存储器，只有采用全译码法，片内地址线使用 A17～A0(2^{18}B=256KB)，片选线使用 A18、A19。如图 5-22 所示。

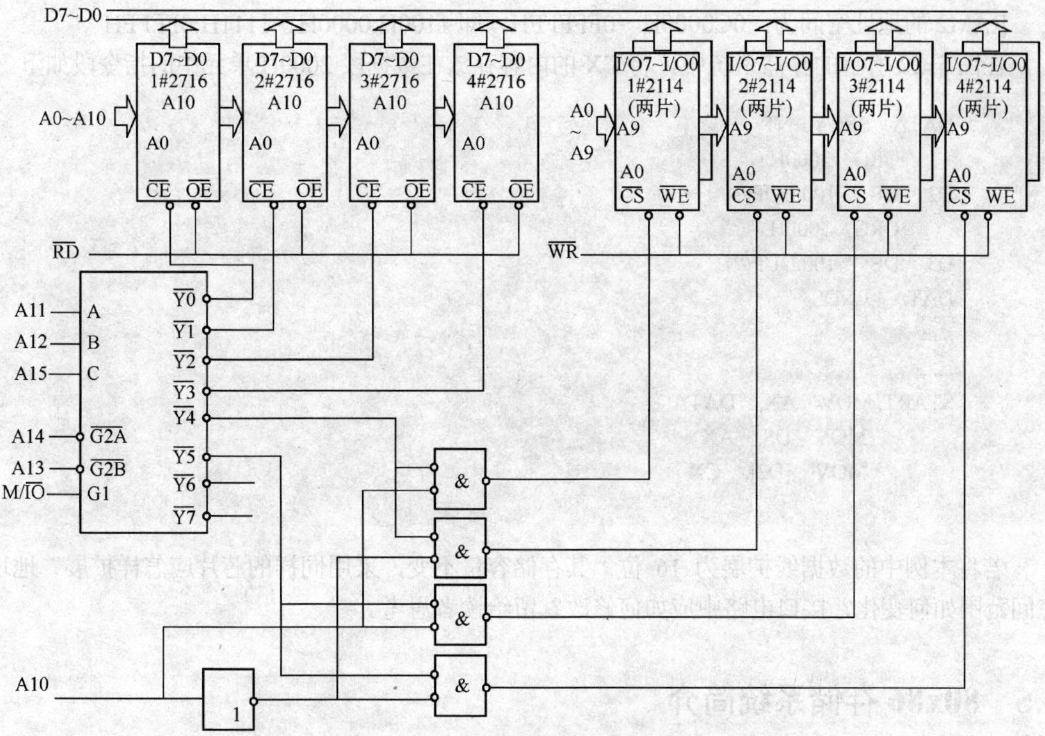

图 5-21　存储器子系统的总图

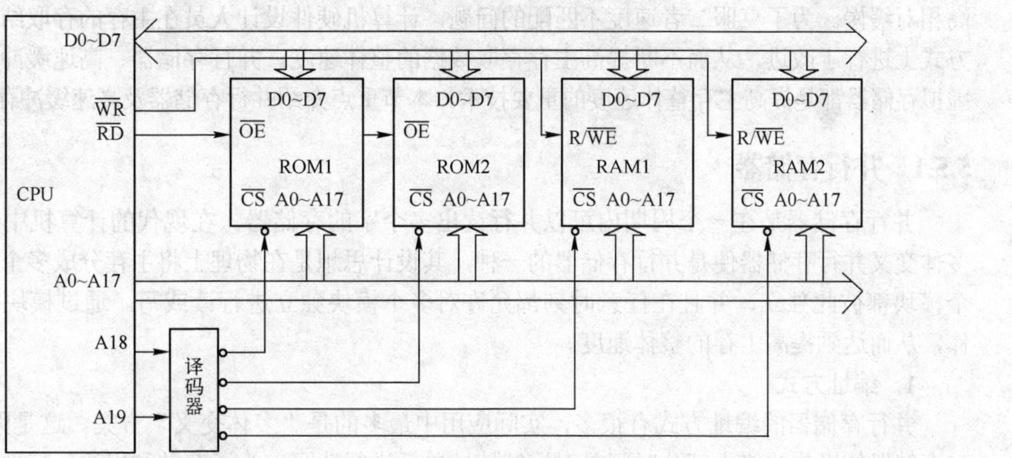

图 5-22　用 256K×8bit 的 RAM、ROM 组成 1M×8bit 存储器

每片片内地址为：

A17～A0：00 0000 0000 0000 0000～11 1111 1111 1111 1111

各片选地址为：A19、A18=00(ROM1)、A19、A18 =01(ROM2)

A19、A18=10(RAM1)、A19、A18 =11(RAM2)

ROM1 的地址空间为：00000H～3FFFFH=0000H:0000H～0011H:0FFFFH

ROM2 的地址空间为：40000H～7FFFFH=0100H:0000H～0111H:0FFFFH

RAM1 的地址空间为：80000H～0BFFFFH=1000H:0000H～1011H:0FFFFH

RAM2 的地址空间为：0C0000H～0FFFFFH，即 1100H:0000H～1111H:0FFFFH

在图 5-22 所示的存储系统中，将 CX 的内容存放在数据段 2000H 单元中的指令段如下。

```
DATA   SEGMENT
       ORG   2000H
D2     DB    100 DUP(?)
       ORG   3000H
D3     DB    100 DUP(?)
DATA   ENDS
......
......
START: MOV   AX,  DATA
       MOV   DS,  AX
       MOV   [D2],  CX
        ......
```

若将本例中的数据线扩展为 16 位，其存储容量不变，采用同样的芯片应怎样扩展？地址空间范围如何变化？接口电路中应如何修改？留给读者思考。

5.5 80x86 存储系统简介

随着 CPU 技术的飞速发展，CPU 的速度越来越快，而存储器的速度相对于 CPU 速度的提高相对缓慢。为了克服二者速度不匹配的问题，计算机硬件设计人员在主存的存取结构和工作方式上进行了改进，从而不断提高主存存取数据的整体速度。并行存储器、高速缓冲存储器及虚拟存储器都是提高主存整体速度的重要技术。本节重点介绍并行存储器及高速缓冲存储器。

5.5.1 并行存储器

并行存储器是在一个周期内可以并行读出多个字的存储器。在现代的计算机中，采用的多体交叉并行存储器便是并行存储器的一种，其设计思想是在物理上将主存分成多个模块，每个模块都彼此独立，并且在任意时刻都允许对多个模块独立进行读或写。通过模块的并行工作，从而达到提高主存的整体速度。

1．编址方式

并行存储器的编址方式有很多，实际应用中最多的是“多体交叉”方案。这是因为 CPU 对存储器的操作的绝大部分时间是对连续地址单元进行读写，为了有效利用这一特性，使多个模块最大限度地并行工作，采用“多体交叉”方法是很有效的手段。它的具体做法是：主存的低位确定模块，高位确定该模块的内地址。这样，连续的几个地址依次分布在连续的几个模块内，而不是在同一个模块内，当 CPU 需要对连续地址单元读写时，可使多个模块并行提供数据，使得存储器的整体速度得以提高。

2．存储器与 80x86 CPU 的连接

图 5-23 为 80386 以上 CPU 与存储器的接口图。

图中，地址总线和数据总线均为 32 位，CPU 最大寻址存储空间为 2^{32}B=4GB。存储体 0、1、2、3 均为 1GB。在 80486 中为了实现 32 位、16 位、8 位数据访问，设有 4 位允许输出信号

$\overline{BE3}\sim\overline{BE0}$，每个存储体专设一个选通控制信号，由总线控制器输出信号 $\overline{MWTC}$ 控制 $\overline{BE3}\sim\overline{BE0}$ 来决定选通哪一个存储体。当 $\overline{BE3}\sim\overline{BE0}$ 分别为 0 时，表示分别选通相应的存储体 3、2、1、0。因此，当仅选通其中 1 个存储体时，为 8 位数据操作；当选通其中 2 个存储体时（存储体 0 和 1 或存储体 2 和 3），为 16 位数据操作；当选通其中 4 个存储体时，为 32 位数据操作。

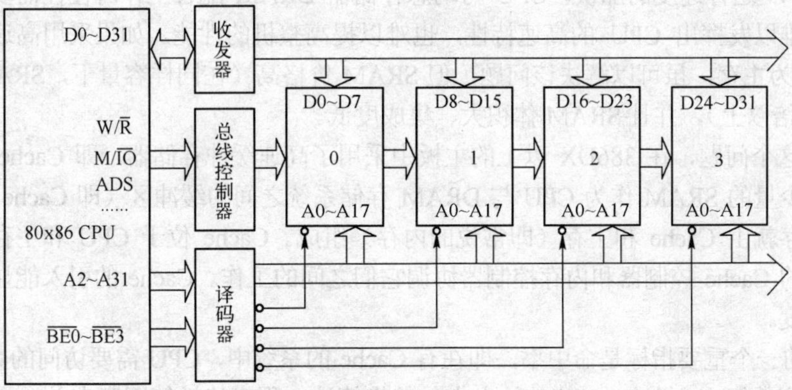

图 5-23　80x86 CPU 与存储器接口电路

对于具有 64 位数据总线的 Pentium 微处理器，则需要 8 个允许输出信号 $\overline{BE7}\sim\overline{BE0}$，其操作与上面类同。

3．工作原理

主存与 CPU 交换信息的数据通道只有一个字的宽度，为了在一个存储周期内能访问多个信息字，在多体交叉存储器中常采用“时间片轮转”方式。

假设主存由 m 个模块构成，各模块可按一定的顺序分时轮流启动，一个模块在一个周期内只允许启动一次，模块间启动的最小时间间隔等于单个模块存储周期的 1/m，每个模块一次读写一个字。模块启动时，每隔 1/m 存储周期启动一个模块。m 个模块以 1/m 的时间进入并行工作状态。这样，相对于普通存储器来说，在一个存储周期就可以读到 m 个字。尽管每个模块的读写周期和总的存储周期一样，但对整个存储器来说，就像一串地址流以 1/m 存储周期的速度流入一样，使得主存在一个总线周期内可以读写多个字。

多体交叉存储器的有效存储周期时间与在任何给定时间内保持工作的模块数成反比，即有效存储时间减小到 1/m，这使得整个主存的有效访问速度在对连续地址进行读写时，整体速度有很大的提高。但 CPU 除了对主存的连续地址进行读写操作外，还要对非连续地址进行读写，尽管对连续地址读写占据了绝大部分时间，但对非连续地址读写总还是存在的。因此，在对非连续地址读写时，必须作废事先取出的数据，这反而使得并行存储器对非连续地址的访问比非并行存储器的操作速度还慢。这就要求在控制各模块访问操作上，采用一些具体的算法。

5.5.2　高速缓冲存储器

高速缓冲存储器 Cache 是指位于 CPU 和主存 DRAM 之间规模或容量较小但速度较快的一种存储器。Cache 通常由高速的 SRAM 组成。

1．程序访问的局部性原理与 Cache 的作用

CPU 在执行任何程序或操作任何数据时，必须把它们调入内存中，在 CPU 运行程序时，经常需要对内存中的某些信息频繁访问。如果把在一段时间内、一定地址范围中被频繁访问的信息集合在一起，从主存中读入到一个能高速存取的小容量存储器中存放起来，供CPU在这段时间内随时使用，从而减少或不再去访问速度相对较慢的主存，就可以加快程序的运行速度。

随着CPU运行速度的加快，CPU与动态存储器DRAM配合工作时往往需要插入等待状态，这显然难以发挥出CPU的高速特性，也难以提高整机的性能。如果采用高速的静态存储器SRAM作为主存，虽可以解决该问题，但SRAM价格高（在同样容量下，SRAM的价格是DRAM的4倍以上），并且SRAM体积大、集成度低。

为解决这个问题，在386DX以上的主板中采用了高速缓冲存储器，即Cache技术。其基本思想是用少量的SRAM作为CPU与DRAM存储系统之间的缓冲区（即Cache）。这样，一个系统的内存就由Cache和主存（即常说的内存）组成。Cache位于CPU和主存之间，由主板芯片组中的Cache控制器和内存控制器协调它们之间的工作。Cache的引入能显著提高计算机系统的速度。

Cache的一个重要指标是命中率，即在有Cache的系统中，CPU需要访问的数据在Cache中能直接找到的概率，它与Cache的大小、替换算法、程序特性等因素有关。命中率越高，Cache的效率越高，对提高系统速度的贡献越大。

2．Cache的种类

目前，在PC系统中一般设有一级缓存（L1 Cache）和二级缓存（L2 Cache）。

一级缓存是由CPU制造商直接做在CPU内部的，故又称为内部Cache或L1 Cache，其速度最快，但容量较小，一般在几十千字节至几百千字节。例如，80486以上微处理器的一个显著特点是微处理器芯片内集成了8KB指令和数据共用的SRAM作为LI Cache，而Pentium微处理器的L1 Cache为16KB（8KB缓存指令、8KB缓存数据），Pentium Pro和PentiumⅡ/Ⅲ/Celeron微处理器的L1 Cache为32KB（16KB缓存指令、16KB缓存数据），K6-2和K6-3微处理器的L1 Cache为64KB（32KB缓存指令、32KB缓存数据）。Pentium以上的微处理器进一步改进片内Cache，采用数据和指令双通道Cache技术。相对而言，片内Cache的容量不大，但是非常灵活、方便，极大地提高了PC的性能。

由于586以上微处理器的时钟频率很高，因此，一旦出现L1 Cache未命中的情况，其性能将明显恶化。可采用在微处理器芯片之外再加Cache，称为二级缓存（又称为L2 Cache、外部Cache或片外Cache）的办法来改善这一状况。以前的PC一般都将L2 Cache做在主板上，其容量为256KB～2MB，速度等于CPU的外频。而PentiumⅡ/Ⅲ/Celeron及K6-3等CPU则采用了全新的封装方式，把CPU芯片与L2 Cache封装在一起，并且其容量一般不能改变。其速度为CPU主频的一半或与CPU主频相等。L2 Cache的容量一般比L1 Cache高一个数量级以上，一般为128KB、256KB、512KB、1MB等。

L2 Cache实际上是CPU和主存之间的真正缓冲。由于主板的响应时间远低于CPU的速度，如果没有L2 Cache，就不可能达到高主频CPU的理想速度。

3．Cache的工作原理

在具有Cache的计算机中，Cache中保存着主存储器中使用频度高的信息。当CPU进行主存储器存取时，首先访问Cache，先检查所需内容是否在Cache中，若在，则直接存取其中的数据，由于Cache的速度与CPU相当，因此，CPU就能在零等待状态下迅速地完成数据的读/写，而不必插入等待状态。这种能够直接找到数据，无须插入等待状态称为“命中”。当

CPU 所需信息不在 Cache 中时，则需访问主存储器，这时 CPU 要插入等待状态，这种情况称“未命中”。若未命中，在 CPU 存取主存数据的同时，数据也要写入到 Cache 中以使下次访问 Cache 时能命中。

上述工作过程是在主板芯片组管理下自动完成的。由于 Cache 的速度较高，不用插入等待状态，故可大大提高系统速度。因此，存取 Cache 的命中率是提高系统效率的关键，提高命中率的最好方法是尽量使 Cache 存放 CPU 最近一直在使用的指令与数据，这取决于 Cache 存储器的映射方式和 Cache 内容替换的算法等一系列因素。

当 CPU 提出数据请求时，所需的数据可能会在以下四处之一找到：L1 Cache、L2 Cache、主存或外存系统（例如硬盘）。L1 Cache 就在 CPU 内部，它的容量远小于后者。L2 Cache 是个独立的存储区域，它由 SRAM 组成。主存容量较大，是由 DRAM 构成的。外存系统容量最大（比如硬盘、软盘、CDROM、磁带机等），但比其他存储区域要慢得多。数据搜索首先从 L1 开始，然后依次为 L2 Cache、DRAM 和外存。

4．Cache 的主要特点

综上所述，Cache 具有以下特点。

1）Cache 虽然也是一类存储器，但是不能由用户直接访问。

2）Cache 的容量不大，目前的 PC 系统中一般为 256KB～2MB。其中存放的只是主存储器中某一部分内容的拷贝，称为存储器映射。Cache 中的内容应该与主存中对应的部分保持一致。

3）为了保证 CPU 访问时有较高的命中率，Cache 中的内容应该按一定的算法更换。

由于 Cache 中的内容只是主存中相应单元的“拷贝”，因此，必须保持这两处的数据绝对一致，否则就会产生错误。也就是说，如果主存中的内容在调入 Cache 之后发生了改变，那么它在 Cache 中的拷贝也应该随之改变。反过来，如果 CPU 修改了 Cache 中的内容，也应该同时修改主存中的相应内容。

5.6 习题

1．填空题

（1）半导体存储器的主要技术指标是__________。

（2）只读存储器 ROM 类型有__________、__________、__________、__________。

（3）半导体静态存储器是靠__________存储信息，半导体动态存储器是靠________存储信息。

（4）半导体动态随机存储器大约需要每隔________ms 对其刷新一次。

（5）SRAM 芯片为 2KB，该芯片有_________位地址引脚线、__________位数据引脚线。

（6）对存储器进行读/写时，地址线被分为__________和__________两部分，它们分别用以产生_________和__________信号。

（7）在存储器系统中，实现片选译码的方法有________、_________、________。

（8）用 2KB 存储芯片组成一个 32KB 的存储器，若取低位地址线作为片内地址，可用来产生片选信号的地址线可以是__________。

（9）某计算机的字长是 32 位，它的存储容量是 512KB，若按字编址，它的寻址范围是_____。

（10）Cache 是指位于________和________之间规模或容量较小但________的一种存储器。

2．问答题

（1）什么叫“地址重叠区”？ 为什么会产生重叠区？

（2）用 74LS138 作译码器，其片选地址信号和片选控制信号有什么不同？

（3）为什么要对 DRAM 刷新？

（4）在什么情况下需要进行存储器扩展？应注意哪些问题？

（5）存储器与 CPU 连接时，应考虑哪些问题？

（6）Cache 的主要作用是什么？

3．对于下列容量的存储器芯片

（1）Intel 2114(1K×4bit)　（2）Intel 2167(16K×1bit)　（3）Zilog 6132(4K×8bit)

各需要多少条地址线寻址？多少条数据线？若要组成 64K×8bit 的存储器，选同一芯片各需要几片？

4．某数据总线 8 位、地址总线为 16 位的微机，为其设计一个 16KB 容量的存储器

要求 EPROM 区为 8KB，存储地址从 0000H 开始，采用 2716 芯片；RAM 区为 8KB，存储地址从 2000H 开始，采用 6132（4KB）芯片。

试求：

（1）对各芯片分配地址。

（2）指出各芯片的片内选择地址线和芯片选择地址线。

（3）采用 74LS138，画出地址译码电路。

第 6 章　输入/输出及总线技术

计算机的输入/输出系统也称 I/O 系统，其功能是通过总线完成计算机与外部设备之间的信息交换。实现 I/O 操作的方法、技术对计算机系统的性能具有较大的影响。随着计算机应用的不断扩大与深入，I/O 系统就显得越来越重要，本章主要介绍微型计算机 I/O 系统的组成、工作过程、应用及总线技术。

6.1　输入/输出接口

本节主要介绍输入/输出接口一般结构、工作过程及端口编址，并说明了地址译码等电路实现方法。

6.1.1　输入/输出接口基本结构及工作过程

1. I/O 接口一般结构及工作过程

计算机与外部设备的联系最根本的就是信息交换。I/O 系统必须具备信息交换的手段及一切软、硬件的支持。

外部设备也称输入/输出设备（I/O 设备），是指需要与计算机进行联系的事物或设备，如键盘、控制台、传感器、显示器、仪器设备、过程控制装置及其他计算机等。由于外部设备种类和数量较多、各种参量（如运行速度、数据格式及物理量）也不尽相同、与计算机连接的设备往往是数台甚至数百台以上，因此，CPU 为了实现选取目标外部设备并与其交换信息，外部设备必须配备与其配套的控制器，通过 I/O 接口电路与 CPU 连接，为实现 CPU 与外部设备的信息交换建立硬件环境，如图 6-1 所示。

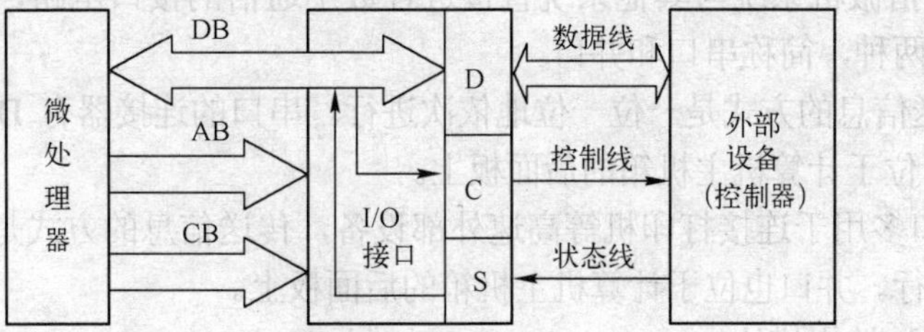

图 6-1　I/O 接口电路信息传送示意图

图 6-1 中各模块功能如下。

1）微处理器（CPU）是执行输入/输出指令的部件，对整个 I/O 系统进行启动、检测、控制。

2）I/O 接口电路通过系统总线（地址总线 AB、控制总线 CB 和数据总线 DB）与 CPU 连接；通过数据线 D、控制线 C 和状态线 S 与外部设备连接。I/O 接口用来完成微处理器对外围设备的确认、控制及信息交换在速度上、形式上的相互匹配。

3）外部设备控制器通过接口电路状态线 S，把设备当前的工作状态信息传送给 CPU。对于输入设备，状态信息一般表示为数据准备好（如 S=1）或未准备好（如 S=0）；对于输出设备，状态信息一般表示为正在工作（如 S=0）或空闲（如 S=1）。

4）外部设备控制器通过接口电路控制线 C 接受 CPU 发给的控制命令。在控制命令的作用下，外部设备控制器通过数据线 D 与 CPU 实现数据信息交换。

实际上，接口电路与外部设备控制器连接的数据线、控制线和状态线分别对应 3 个不同的端口地址，即数据端口 D、控制端口 C、状态端口 S。每个端口均配备相应的寄存器，分别存放数据信息、状态信息和控制信息，以供 CPU 对其进行操作或控制。因此，同一个外部设备，可以有不同的端口地址。

数据端口是 CPU 对外设进行数据处理的目标端口。对于并行数据处理方式，端口为 8 位以上数据线。而控制端口、状态端口根据需要各设 1 根（或 1 根以上）线，其信息作为 CPU 数据总线 DB 的某一位。CPU 是通过地址总线发出目标地址信息选中某一端口的，然后通过数据总线读取状态信息或发出控制命令。在一些情况下，状态线和控制线也可以直接与 CPU 控制总线相关信号连接。

2．I/O 接口分类

I/O 接口分为总线接口、通信接口、基本输入/输出模块等。

（1）总线接口

总线接口是把微机总线通过电路插座提供给用户的一种总线插座，供插入各种功能卡。插座的各个引脚与微机总线的相应信号线相连，用户只要按照总线排列的顺序制作外部设备或用户电路的插线板，即可实现外部设备或用户电路与系统总线的连接，使外部设备或用户电路与微机系统成为一体。常用的总线接口有：AT 总线接口、PCI 总线接口、IDE 总线接口等。AT总线接口多用于连接 16 位微机系统中的外部设备，如 16 位声卡、低速的显示适配器、16 位数据采集卡以及网卡等。PCI 总线接口用于连接 32 位微机系统中的外部设备，如 3D 显示卡、高速数据采集卡等。IDE总线接口主要用于连接各种磁盘和光盘驱动器，可以提高系统的数据交换速度和能力。

（2）通信接口

通信接口是指微机系统与其他系统直接进行数字通信的接口电路，通常分串行通信接口和并行通信接口两种，简称串口和并口。

1）串口传送信息的方式是一位一位地依次进行。串口的连接器有 D 型 9 针插座和 D 型 25 针插座两种，位于计算机主机箱的后面板上。

2）并行接口多用于连接打印机等高速外部设备，传送信息的方式是按字节进行，即多个二进制位同时进行。并口也位于计算机主机箱的后面板上。

（3）基本输入/输出模块

1）CMOS。基本输入/输出 CMOS 是一种存储BIOS 所使用的系统存储器，是微机主板上的一块可读写的 ROM 芯片，用来保存当前系统的硬件配置和用户对某些参数的设定。当计算机断电时，由一块电池供电使存储器中的信息不被丢失。用户可以利用 CMOS 对微机的系统参数进行设置。

2）BIOS。基本输入/输出 BIOS 是一组存储在 EPROM 中的软件，固化在主板的 BIOS 芯片上，主要负责对基本 I/O 系统进行控制和管理。BIOS 是主板上的核心，由 BIOS 负责从计算机开始加电到完成操作系统引导之前的各个部件和接口的检测、运行管理。在操作系统引导完成后，由 CPU 控制完成对存储设备和 I/O 设备的各种操作、系统各部件的能源管理等。

（4）适配卡

在微机系统中，常常把一些通用的、复杂的 I/O 接口电路制成统一的、遵循总线标准的电路板卡，如接口与设备之间可由串行通信标准总线或并行通信标准总线连接。CPU 通过板卡与 I/O 设备建立物理连接，使用十分方便。如硬盘驱动器适配卡（IDE 接口）、并行打印机适配卡（并口）、串行通信适配卡（串口），还包括显示接口、音频接口、网卡接口（RJ45 接口）、调制解调器使用的电话接口（RJ11 接口）等。在 80386 以上的微机系统中，通常将这些适配卡做在一块电路板上，称为复合适配卡或多功能适配卡，简称多功能卡。CPU 通过板卡与 I/O 设备建立物理连接，使用十分方便。

3．I/O 接口电路的功能

目前，已设计出许多计算机专用 I/O 接口电路可编程控制的集成电路芯片，不同的接口芯片实现的功能也不尽相同，用户可根据需要选用。一般情况下，接口电路芯片主要实现以下功能。

1）地址译码。所有的外部设备都必须通过接口电路挂在总线上，I/O 接口电路中具有地址译码器，以便根据 CPU 传出的地址信息中找到唯一对应的外部设备的端口。

2）锁存数据。通常，计算机的工作速度远远高于外部设备，为了既充分利用 CPU 资源，又保证数据可靠传输，在 I/O 接口电路中设置锁存器，用于暂存数据，以便在合适的时间读取。

3）信息转换。将外部设备的模拟信号转换为计算机能接受的数字信号（A-D 转换）；将计算机输出的数字信号转换为执行部件需要的模拟量（D-A 转换）。

在串行接口电路中，为了提高运行速度，接口电路与计算机之间仍然采用并行数据传送，因此，需要将输入的串行信号转换为并行信号送入计算机，将计算机输出的并行信号转换为串行信号输出。

4）工作方式可变。接口电路（芯片）可以通过执行指令设置不同的工作方式，如输入方式、输出方式、计数方式、定时方式等，达到一片多用，故又称为可编程接口芯片。

5）电平转换。计算机 I/O 数字信息的逻辑电平采用正逻辑 TTL 电平，即高电平 5V 表示“1”，低电平 0V 表示“0”。如果外部设备数字信息的表示不符合 TTL 电平的要求，则接口电路必须设置电平转换部件。

6）中断管理功能。向 CPU 申请中断、向 CPU 发中断类型号及中断优先权的管理等，在 8086CPU 系统中，这些功能大多可以由专门的中断控制器实现。

6.1.2 输入/输出编址及电路实现

CPU 对输入/输出设备的访问，采用按地址访问的形式，即先送地址码，以确定访问的具体设备，然后进行信息交换。因此，各种外设要进行编址。目前有两种编址方式：独立编址、与存储器统一编址。

1．独立编址及寻址

所有外设的信息所在的位置称为端口。将所有端口进行独立编址，即每一端口规定一个确定的地址编码，从 0 开始，如图 6-2a 所示。

在 80x86 系统中，独立编址的 I/O 端口的地址范围为：0000H～0FFFFH，访问独立编址的 I/O 端口必须使用输入指令 IN、输出指令 OUT。

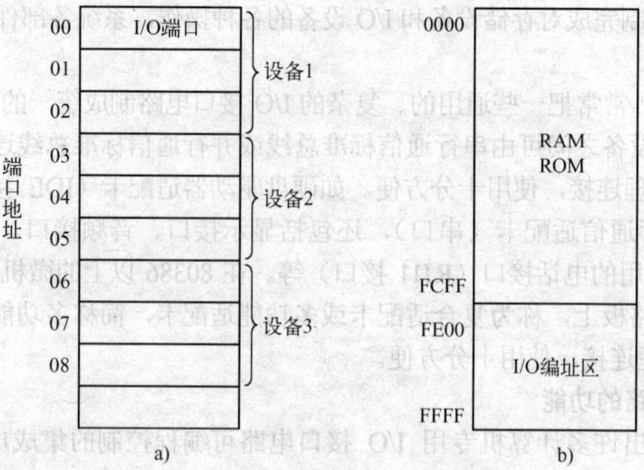

图 6-2 I/O 设备寻址方式

a) 独立编址 b) 存储器统一编址

8086 CPU 与外设交换数据可以按字或字节进行。若以字节进行时，偶地址端口的字节数据由低 8 位数据线 D7～D0 位传送；奇地址端口的字节数据由高 8 位数据线 D15～D8 传送。如果外设字节数据与 CPU 低 8 位数据线连接，同一台外设的所有端口地址都只能是偶地址；如果外设字节数据与 CPU 高 8 位数据线连接，同一台外设的所有端口地址都只能是奇地址。这时设备的端口地址就是不连续的。

外设端口地址（即 I/O）寻址在第 3 章指令系统中已经介绍，只能使用以下两种寻址方式。

1）直接寻址：指令中直接给出端口地址编码。

例如：

```
IN   AL , N          ;该指令的功能是将地址为 N 的端口中的内容输入 AL
```

直接寻址要求端口地址 N 必须为 0～255。

2）间接寻址：I/O 端口地址在寄存器 DX 中。

例如：

```
OUT AL, DX           ;DX 中的内容是被访问端口的地址
```

如果端口地址超过 255，则必须采用间接寻址。

【例 6-1】 已知某字节端口地址为 20H，要求将该端口数据的 D1 位置 1，其他位不变。如下所示。

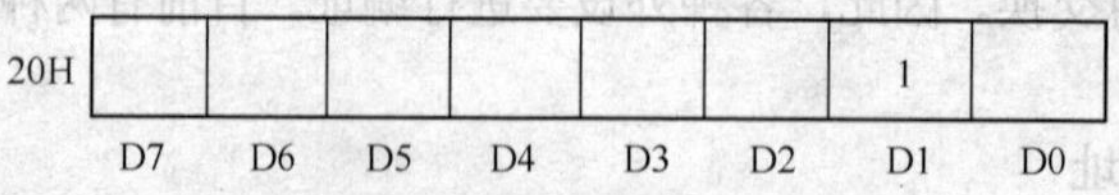

指令段如下：

```
IN     AL,  20H               ;读取端口内容
OR     AL,  02H               ;在 AL 中设置 D1=1，其他位保持不变
```

```
OUT   20H,   AL                    ;将 AL 内容输出给 20H 端口
```

【例 6-2】 已知某字节端口地址为 200H，要求屏蔽该端口数据的低 4 位，其他位不变。

指令段如下。

```
MOV DX,   200H                 ;端口地址 200H 送入 DX
IN     AL,   DXH               ;读取端口内容
AND   AL,   0F0H               ;屏蔽 AL 低 4 位, 其他位保持不变
OUT   DX,  AL                  ;将 AL 内容输出给 200H 端口
```

2．与存储器统一编址

I/O 端口与存储器统一编址是指在存储器的地址空间中分出一个区域，作为 I/O 系统中各端口的地址。在图 6-2b 中，主存的地址空间为 64KB，最高区 0FE00H～0FFFFH（1024 个地址）为输入/输出的端口地址。在这种情况下，I/O 端口被 CPU 视为内存存储单元，因此，不需要专用的输入/输出指令，一般访问内存的指令都可以访问 I/O 设备，各种寻址方式及数据处理指令也都可以被 I/O 端口使用，使输入/输出过程的处理更加灵活，缺点是内存使用的空间被占用。

例如：假设外设 1 在存储器与 I/O 端口统一编址情况下的端口地址为 0FE00H。

读取该端口数据的指令如下。

```
MOV   AL, [0FE00H]
```

设外设 2 在 I/O 端口独立编址情况下的端口地址也为 0FE00H。

读取该端口数据的指令如下。

```
MOV   DX, 0FE00H
IN     AL,  DX
```

以上两种外设端口虽然地址编码相同，但表示两个不同的端口地址。在执行 IN 指令或 MOV 指令时，地址编码 0FE00H 将由 CPU 输出给 16 位地址线，8086 CPU 的控制信号引脚 $M/\overline{IO}$ 将会根据不同的指令发出不同的命令。当执行 MOV 指令时，$M/\overline{IO}=1$，表示 CPU 输出的是存储器地址；当执行 I/O 指令时，$M/\overline{IO}=0$，表示 CPU 输出的当前地址为 I/O 地址。

3. 地址译码电路

地址译码是接口电路的基本功能之一。一个接口上的几个端口地址通常是连续排列的，可以把 16 位地址码分解为两部分：高位地址码用于对接口的选择；低位地址码用来选择接口电路内不同的端口。例如，某 I/O 接口电路用 10 根地址线编址，占有地址 330H~333H，如果设高 8 位地址为 11001100B 作为接口选择；低 2 位地址为 00、01、10、11 时作为接口内的 4 个不同端口的选择，则各端口地址分别为 1100110000B、1100110001B、1100110010B、1100110011B，选择译码器 74LS138 芯片，端口的地址译码电路如图 6-3a 所示。

为了避免地址冲突，许多接口电路允许用“跳线器（JUMPER）”改变端口地址。在图 6-3b 中，地址线 A8、A9 引脚通过异或门输出后，再分别相应接入图 6-3a 中的 A8、A9 引脚输入端，当二个跳线引脚均接地时，译码电路仍然产生 330H～333H 的端口译码信号；当二个跳线引脚均接高电平 5V 时，译码电路会产生 030H～033H 的端口译码信号。同理通过跳线的组合状态，还可以产生 130H~133H 和 230H～233H 的译码信号。由于读、写操作不会同时进行，

一个输入端口和另一个输出端口可以使用同一个地址编码。例如，可以安排数据输入端口、数据输出端口使用同一个地址 330H，命令端口和状态端口共同使用地址 331H。虽然数据输入端口和数据输出端口使用相同的地址，但却是两个各自独立的不同的端口。

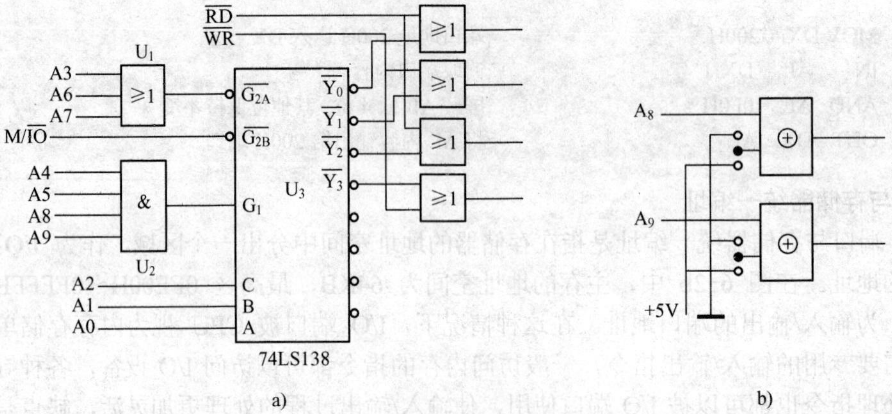

图 6-3　端口的地址译码电路

a) 译码器　b) 跳线器

4. I/O 锁存与缓冲电路

数据（状态）输入端口必须通过三态缓冲器与系统总线相连，保证数据总线能够正常地进行数据传送。输入设备在完成一次输入操作后，在输出数据的同时，产生数据选通信号，把数据打入 8 位锁存器 74LS273。锁存器的输出信号通过三态八位缓冲器 74LS244 连接到系统数据总线。而数据端口的读信号由地址译码电路产生。高电平时无效，缓冲器输出端呈高阻态。低电平时有效，端口被选中，已锁存的数据通过 74LS244 送往系统数据总线，被 CPU 接收。输入接口的数据锁存和缓冲电路如图 6-4 所示。

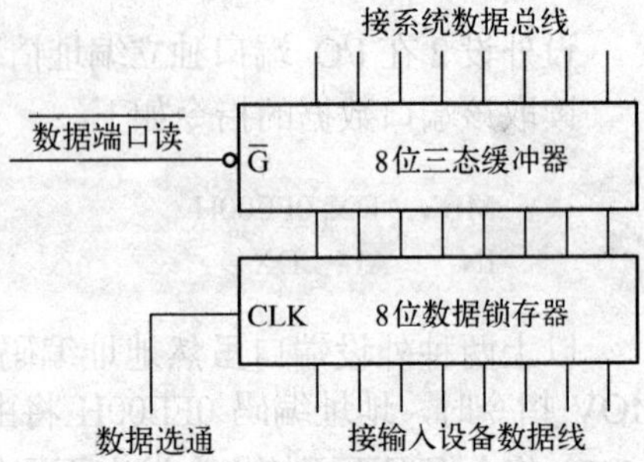

图 6-4　输入接口的数据锁存和缓冲电路

数据（命令）输出端口接收 CPU 送往外设的数据或命令，应由接口进行锁存，以使外设有充分的时间接收和处理。输出锁存电路如图 6-5 所示。

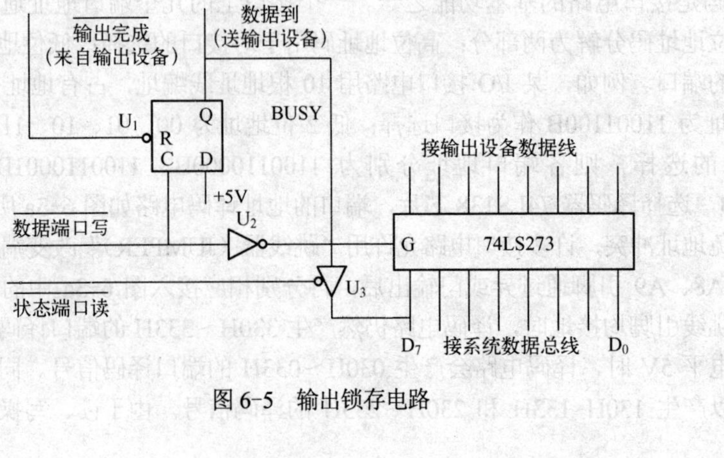

图 6-5　输出锁存电路

6.2　微处理器与外设之间数据控制方式

根据 I/O 设备的速度及工作方式的不同，CPU 与外部设备交换信息的方式可分为无条件传送方式、程序查询传送方式、中断传送方式及 DMA 方式。

6.2.1　无条件传送方式

无条件传送方式也称为程序控制直接传送方式或同步方式。

无条件传送方式是指在输入或输出信息时，外部设备始终处于准备好的状态，既不需要启动外部设备，也不需要查询外部设备的状态，只要给出 IN 或 OUT 指令，即可实现 CPU 与外部设备的信息交换。如 7 段码显示器，随时可以接收 CPU 的数据予以显示；机械开关因为其速度很慢，可以认为它的数据一直是有效的。

图 6-6 为无条件传送方式接口原理图。

例如，执行输入指令 IN　AL,　80H 的过程如下。

1）端口地址 80H 经地址总线 AB 送入接口电路的地址译码器；CPU 输出控制命令 $M/\overline{IO}$=0，表明当前地址为 I/O 端口地址。

2）由于执行输入操作，CPU 输出命令 $\overline{RD}$=0。

3）地址译码器输出有效高电平“1”与 $\overline{RD}$=0 送入与门 2，满足与逻辑条件，与门 2 输出低电平“0”。

4）输入缓冲器在与门 2 输出信号的控制下将数据送入数据总线 DB。

5）CPU 从数据总线读取数据送入累加器 AL。

例如，执行输出指令 OUT　80H, AL 的过程如下。

1）端口地址 80H 经地址总线 AB 送入接口电路的地址译码器；CPU 输出命令，$M/\overline{IO}$=0，表明当前地址为 I/O 端口地址。

2）由于执行输出操作，CPU 输出命令 $\overline{WR}$ 。

3）地址译码器输出高电平“1”与 $\overline{WR}$=0 送入与门 1，满足与逻辑条件，与门 1 输出低电平“0”。

4）CPU 将累加器 AL 的内容送入数据总线 DB。

5）输出锁存器在与门 1 输出信号的控制下接收数据总线上的数据。

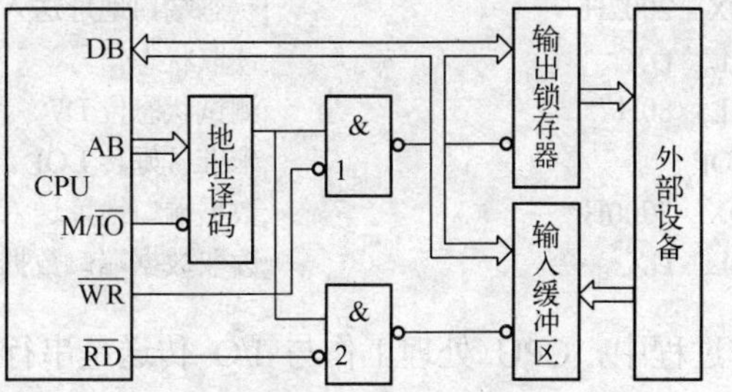

图 6-6　无条件传送方式接口原理图

无条件传送方式的优点是接口电路和程序代码简单；其缺点是要求在执行 I/O 指令时外部设备必须处于准备就绪的状态下。因此，无条件传送方式仅适用于一些简单的系统。

6.2.2 查询传送方式

查询传送方式是指 CPU 与 I/O 设备之间交换信息必须满足某种条件，否则 CPU 处于等待状态，其工作过程完全由执行程序来完成。

查询传送方式接口电路见图 6-1，其软件流程如图 6-7 所示。

查询传送方式的工作过程如下。

1）由 CPU 执行输出指令，向控制端口发出控制命令 C，将所指定的外部设备启动。

2）外部设备处于准备工作状态，CPU 不断执行查询程序，从状态端口读取状态字 S，检测外设是否已准备就绪。如果没有准备好，就返回上一步，继续读取状态字。

3）外部设备准备好后，CPU 则执行数据传送操作，通过数据端口完成整个输入/输出过程。

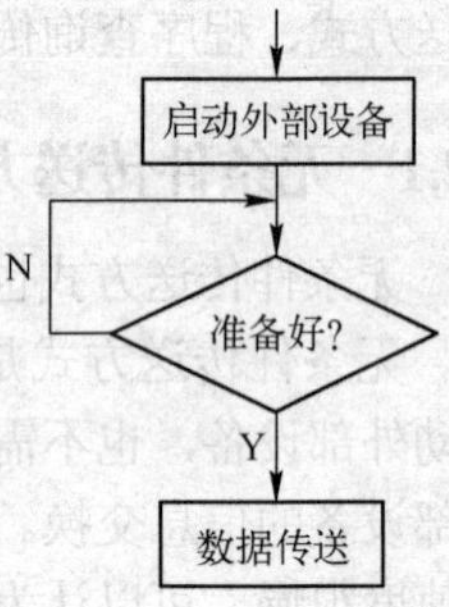

图 6-7　查询方式流程图

【例 6-3】　某外部设备数据端口地址为 2000H，状态端口地址为 2002H，控制端口地址为 2004H。设接口电路硬件连接为 8 位数据线接 CPU 的数据线 D0～D7，1 位控制线（为“0”表示启动外设工作）接 CPU 的数据线 D0，1 位状态线（为“1”表示数据端口准备好）接 CPU 的数据线 D7。

编写程序查询方式下读取数据端口数据的程序段。

数据、信息状态与控制端口数据格式如下。

数据端口 2000H	D7	D6	D5	D4	D3	D2	D1	D0
状态端口 2002H	D7							
控制端口 2004H								D0

程序段如下：

```
        MOV     AL, 00H         ;设启动外部设备工作代码 D0=0
        MOV     DX, 2004H       ;控制端口地址送入 DX
        OUT     DX, AL          ;启动外设工作
        MOV     DX, 2002H       ;状态端口地址送入 DX
LOP:    IN      AL, DX          ;读取状态信号
        TEST    AL, 80H         ;测试状态位 D7
        JZ      LOP             ;未准备好转 LOP 继续读取，准备好顺序执行
        MOV     DX, 2000H       ;数据端口地址送入 DX
        IN      AL, DX          ;读取数据端口数据
```

查询传送方式在工作过程中，CPU 处理工作与 I/O 传送是串行的。该方式主要解决了快速的 CPU 与速度较慢的外部设备之间进行信息交换的匹配问题。所谓查询，实际上就是等待慢速的外部设备进行准备，因而，CPU 通过其状态口不断地测试外部设备的状态。若外部设备已准备好接收或发送数据，CPU 立即进行 I/O 操作。

程序查询方式的优点是方式简单、可靠，所以仍被普遍采用；缺点是在查询等待期间，

CPU 不能进行其他操作，使 CPU 资源不能充分利用，不适合实时系统的要求。

6.2.3 中断传送方式

为了解决快速的 CPU 与慢速的外部设备之间的矛盾，以充分利用 CPU 资源，产生了中断传送方式。

所谓中断传送方式，是指外部设备可以主动申请 CPU 为其服务，当输入设备已将数据准备好或输出设备可以接收数据时，即可向 CPU 发中断请求。CPU 响应中断请求后，暂时停止执行当前程序，转去执行为外设进行 I/O 操作的服务程序，即中断处理子程序。在执行完中断处理程序后，再返回被中断的程序继续执行原来的程序。

中断传送方式的工作过程如下。

1）CPU 执行启动外部设备指令，通过控制口启动外部设备，使其处于准备工作状态。

2）此后，CPU 不需要查询状态，而是继续运行原来的程序，进行其他信息的处理。这时，外部设备与 CPU 并行工作。

3）当 I/O 设备一旦准备就绪，如果是输入操作，则外部设备数据已存入接口电路中的数据寄存器中，输入数据准备好；如果是输出操作，则接口电路中的数据寄存器中的原来数据已有效输出，可以接收数据。接口电路中的状态口信息即向 CPU 发出中断请求。

4）CPU 在响应中断后，暂停正在执行的程序（断点），转向执行服务程序（I/O 处理程序），CPU 与外部设备进行信息交换。

5）中断服务程序结束后，CPU 返回到原来程序的断点继续执行。

可以看出：在中断传送控制方式下，CPU 和外部设备在大部分时间里是并行工作的。CPU 在执行正常程序时不需要对输入/输出接口的状态进行测试和等待。当外部设备准备就绪时，外部设备会主动向 CPU 发中断请求而进入一个传送过程。此过程完成后，CPU 又可继续执行被中断的原来的程序。显然，采用中断方式可极大地提高 CPU 的效率，并具有较高的实时性。

80x86 CPU 提供了功能强大的中断控制系统（详见第 7 章）。

6.2.4 DMA 控制方式

中断方式提高了 CPU 的工作效率，但每次中断都要执行中断请求、中断响应、断点及现场保护、中断处理及中断返回等操作，这对于传送大批量数据，其数据传送速率并不高。另外，中断方式和程序查询方式在访问 I/O 端口时，均需要使用 I/O 指令，而 I/O 指令必须经过 CPU。不难看出，在高速的批数据输入 / 输出时，中断请求方式就显得太慢了。因此，中断方式不适合在高速设备和进行大批量数据传送时使用。

为进一步提高数据传输效率，产生了直接内存存取（Direct Memory Access，DMA）方式。

DMA 方式是指完全由硬件执行，在存储器与外部设备之间直接建立数据传送通道的 I/O 传送方式。

DMA 方式的主要特点是：在传送数据时不经过 CPU，不使用 CPU 内部的寄存器，CPU 只是暂停控制一个或两个总线工作周期，在这期间把控制权交给由硬件实现的 DMA 控制器来控制总线，在存储器和 I/O 设备之间直接进行数据传送。

如果说，中断传送方式的基本原理是在中断请求后由中断处理程序（软件）完成 I/O 操作，那么 DMA 方式的基本原理是用硬件设备完成中断处理程序的全部功能。

DMA 传送方式不需要进行保护现场等操作，从而减轻了 CPU 的负担。由于直接由硬件传送数据的传输率远高于软件操作，因此，特别适合于高速度大批量数据传送的场合。

但是，DMA 方式要增设硬件电路 DMA 控制器，具体如图 6-8 所示。

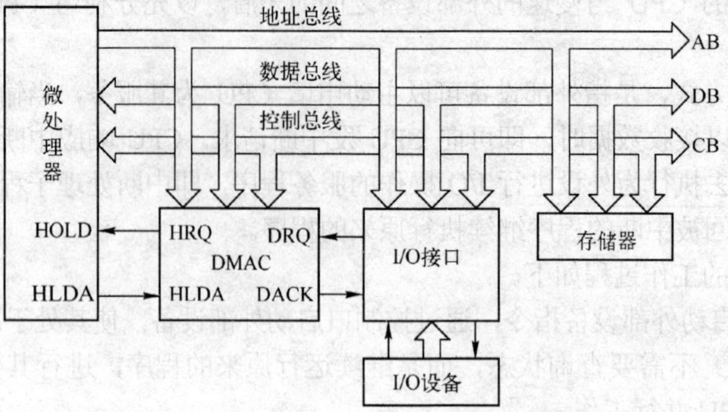

图 6-8　DMA 方式硬件连接示意图

DMAC 称为直接存储器存取控制器（硬件）。DMA 方式操作是在 DMAC 的控制下进行的。使用 DMAC 进行 I/O 操作时，必须由 CPU 通过一组控制字来设定 DMAC 工作方式及参数，如指定外部设备的 DMAC 通道设定工作方式、指出被传送数据块的存储器首地址、传送的字数及数据传送方向，然后才能启动 DMAC 工作。DMA 操作过程如图 6-9 所示。

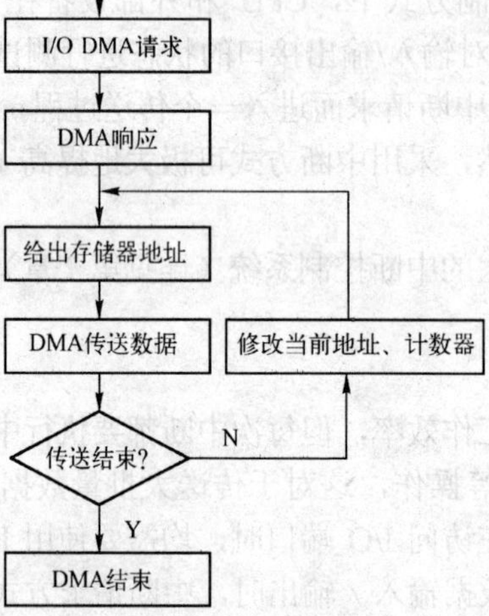

图 6-9　DMA 操作流程图

DMA 操作过程如下。

1）I/O 设备（或接口）向 DMAC 发出 DMA 请求信号 DRQ。

2）DMAC 接收 DRQ 后，即向 CPU 发出总线请求信号 HRQ，以使用总线进行数据传输。

3）CPU 在执行完当前总线周期后暂停系统总线的控制，响应 DMA 请求，向 DMAC 发出应答信号 HLDA，交出总线控制权。DMAC 暂时接管对总线 AB、DB 和 CB 的控制。

4）DMAC 在 AB 线上发出存储器地址信息，在 CB 线上发出读写控制信息，使存储器与

I/O 接口之间直接交换一个字节数据。

5）每传送一字节数据，DMAC 自动修改存储器地址（加 1）、传送字节计数器（减 1），并检测传送是否结束。

6）若字节计数器不为 0，则转入步骤 4），继续进行数据传输；若字节计数器为 0，DMAC 向 CPU 发出结束信号并释放总线，DMA 传送结束。

7）CPU 重新获得总线控制权，并继续执行原来的操作。

DMA 方式传送数据的范围在 I/O 端口与存储器之间或存储器与存储器之间进行。

6.3 可编程序 DMA 控制器

可编程序 DMA 控制器芯片 8237 是一种高性能的 DMA 控制器。所谓可编程序芯片，是指可以通过 CPU 写入芯片内部规定好的控制字、命令字或方式字等，设置芯片以实现不同的操作、工作方式及命令形式等功能。

6.3.1 8237 功能及内部结构

1．8237 的功能

8237 具有以下功能。

1） 8237 具有 4 个用于连接 I/O 设备进行数据传输的通道，即一片 8237 可以连接 4 台外部设备。

2）每个通道 DMA 请求可以设置为允许或禁止、不同的优先权。

3）4 种传送方式：单字节、数据块、请求和级联传送方式。

4）每个通道一次传送数据最大长度为 64KB。

5）8237 与外部设备和 CPU 之间联络信号友好。

2．8237 的内部结构

8237 的内部由时序和控制逻辑、程序命令控制逻辑、优先级编码控制逻辑、I/O 缓冲器（地址、数据缓冲器）组及寄存器组组成，如图 6-10 所示。

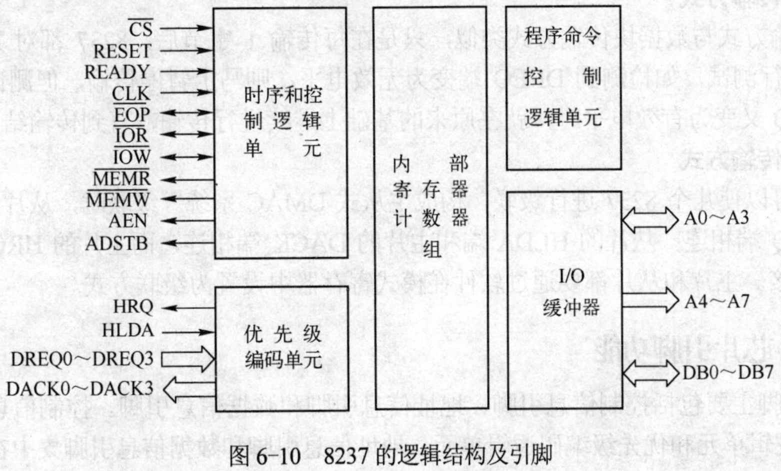

图 6-10　8237 的逻辑结构及引脚

1）时序和控制逻辑单元的主要功能：根据 DMA 工作方式控制字和操作命令控制字的设

置要求，按一定的时序产生 DMA 控制信号。

2）优先级编码逻辑单元的主要功能：对同时申请 DMA 操作的多个通道进行优先级判优选择。对于固定判优的优先级别为：0 通道优先级别最高，1～3 通道优先级别依次递减。DMA 控制器将自动优先响应优先级别高的通道的 DMA 操作申请。

3）内部计数器及寄存器组主要包括与 8237 控制功能、地址信息等相关的寄存器，如：状态寄存器、控制字寄存器、地址寄存器和字节计数器等。

4）I/O 缓冲器组的功能是把 8237 的地址线（A0～A3、A4～A7）、数据线（DB0～DB7）和 CPU 的系统连接在一起。

5）程序命令控制逻辑单元的功能是对 CPU 送来的程序命令进行译码。在 DMA 请求服务之前（即芯片处于空闲周期），通过 I/O 地址缓冲器送来的地址 A3～A0 分别对内部寄存器进行预置；在 DMA 服务期间（芯片处于操作周期），对方式控制字的最低两位 D1、D0 进行译码，以确定 DMA 的操作通道。

PC 系统内的 8237 的通道 0、通道 2 和通道 3 被系统内部占用，分别被用于动态存储器刷新、外部设备控制器与存储器之间的数据传送，以及硬盘控制器与存储器之间的数据传送。通道 1 留给用户作为外部设备的接口通道使用。

6.3.2 8237 工作方式

8237 提供 4 种工作方式，每个通道均可以使用 4 种方式中的任何一种方式工作。

1．单字节传输方式

单字节传输方式在每次 DMA 操作传送一个字节数据后，当前字节计数器减 1、地址计数器加 1 或减 1，然后 8237 自动把总线控制权交给 CPU，让 CPU 占用至少一个总线周期，而后立即对 DMA 请求信号 DREQ 进行测试，若又有请求信号，8237 重新向 CPU 发出总线请求，获得总线控制后，再传送下一个字节数据，如此反复循环，直至字节计数器为 0，DMA 操作结束。

2．数据块传送方式

数据块传送方式是指进入 DMA 操作后，连续传送数据，直到整块数据全部传输完毕。

3．请求传输方式

请求传输方式与数据块传输方式类似，只是在每传输 1 字节后，8237 都对 DMA 请求信号 DREQ 进行测试，如检测到 DREQ 端变为无效电平，则马上暂停传输，但测试过程仍然进行，当 DREQ 又变为有效电平时，就在原来的基础上继续进行传输，直到传输结束。

4．级联传输方式

该方式可以使几个 8237 进行级联，构成主从式 DMAC 系统。级联时，从片的 HRQ 端和主片的 DREQ 端相连；从片的 HLDA 端和主片的 DACK 端相连，而主片的 HRQ、HLDA 和 CPU 系统连接。主片和从片都要通过软件在模式寄存器中设置为级联方式。

6.3.3 8237 芯片引脚功能

8237 引脚主要包括控制信息引脚、地址信息引脚和数据信息引脚。控制信息引脚集中在时序和控制逻辑单元和优先级编码逻辑单元；地址信息引脚和数据信息引脚集中在地址、数据缓冲器组单元。

1．时序控制信息引脚功能

CLK：时钟信号输入端，用来控制 8237 内部操作定时和 DMA 的数据传输速率。

$\overline{CS}$：片选输入端，低电平（0）有效，$\overline{CS}$=0 时可选中本片。一般情况下，由 CPU 提供的部分高位地址线经译码输出选中该片。

RESET：复位输入端，高电平（1）有效。RESET=1 时，8237 芯片禁止所有通道的 DMA 操作。复位后的 8237 必须重新初始化才能进入 DMA 操作。

READY：“准备就绪”信号输入端，高电平有效。READY=1 时，表示存储器或外部设备准备就绪。在进行 DMA 操作时，由于所选择的存储器或外部设备端口的速度较慢，需要延长总线传送周期时，使 READY=0，8237 则自动在存储器读或存储器写周期中插入等待周期，直到存储器或端口准备就绪，则发出状态信息使 READY=1，使 DMA 恢复正常操作。

AEN：地址允许输出信号，高电平有效。AEN=1 时，把外部锁存器中锁存的高 8 位地址送到系统的地址总线 AB，与 8237 芯片直接输出的低 8 位地址共同组成 16 位地址送入地址总线。在 AEN=0 时，则禁止输出。

ADSTB：地址允许输出信号，高电平有效。用于将 DB7～DB0 输出的高 8 位地址信号 A15～A8 锁存到地址锁存器中。

$\overline{MEMR}$：DMAC 发出读取存储器数据输出信号，低电平有效。

$\overline{MEMW}$：DMAC 发出写入存储器数据输出信号，低电平有效。

$\overline{IOR}$：I/O 读信号，低电平有效，双向。CPU 控制总线时，它是输入信号，CPU 利用此信号读取 8237 内部寄存器的状态；当 8237 控制总线时，它是输出信号，与 $\overline{MEMW}$ 相配合，控制 I/O 设备端口数据传送给存储器。

$\overline{IOW}$：I/O 写信号，低电平有效，双向。CPU 控制总线时，它是输入信号，CPU 利用它把信息写入 8237 内部寄存器（初始化）；当 8237 控制总线时，它是输出信号，与 $\overline{MEMR}$ 互相配合，控制存储器存储单元数据传送给 I/O 设备端口。

$\overline{EOR}$：传送过程结束信号，低电平有效，双向。作为输入信号，由外部控制使 $\overline{EOR}$=0 时，DMA 传送过程被外部强迫结束；作为输出信号时，任一通道计数结束时，使 $\overline{EOR}$ 引脚输出一个低电平，表示 DMA 传输结束内部寄存器复位。

DREQ0～DREQ3：通道 0～通道 3 的 DMA 请求输入信号。在固定优先级情况下，DREQ0 优先级最高，DREQ1～DREQ3 递减；在优先级循环方式下，某一通道不能独占最高优先级，对于任一通道在获取 DMA 响应后，立即为最低级。因此，各个通道获取 DMA 响应的机会是均等的。

HRQ：总线请求输出信号，高电平有效。

HLDA：总线响应输入信号，高电平有效，CPU 对 HRQ 信号做出应答信号。

DACK0～DACK3：DMAC 对各个通道请求的响应输出信号。

2．地址、数据信息引脚

地址、数据信息引脚由 I/O 缓冲器引出，地址线为 16 位，数据线为 8 位。

A3～A0：地址总线低 4 位，双向。当 CPU 控制总线时为地址输入线，用于寻址 8237 内部寄存器；当 8237 控制总线时为要访问的存储单元的低 4 位地址，输出。

A7～A4：地址线，输出存储单元低 8 位地址的高 4 位。

DB7～DB0：DMA 控制总线时，DB7～DB0 作为地址线输出要访问的存储单元的高 8 位地址（A15～A8）。CPU 控制总线时，DB7～DB0 为 8 位双向数据线，与系统数据总线

DB 相连。

6.3.4 内部计数器及寄存器组

内部计数器及寄存器组主要包括与 8237 控制功能、地址信息等相关的寄存器，如：状态寄存器、控制字寄存器、地址寄存器和字节计数器等。

表 6-1 给出了这两类寄存器及相应的端口地址和读写操作。

表 6-1 8237 内部寄存器相应的端口地址及操作

片内地址				寄存器	
A3	A2	A1	A0	（$\overline{IOR}$=0、$\overline{IOW}$=1）读操作	（$\overline{IOW}$=0、$\overline{IOR}$=1）写操作
0	0	0	0	读通道 0 当前地址寄存器	写通道 0 基址与当前地址寄存器
0	0	0	1	读通道 0 当前字节计数器	写通道 0 基字节与当前字节计数器
0	0	1	0	读通道 1 当前地址寄存器	写通道 1 基址与当前地址寄存器
0	0	1	1	读通道 1 当前字节计数器	写通道 1 基字节与当前字节计数器
0	1	0	0	读通道 2 当前地址寄存器	写通道 2 基址与当前地址寄存器
0	1	0	1	读通道 2 当前字节计数器	写通道 2 基字节与当前字节计数器
0	1	1	0	读通道 3 当前地址寄存器	写通道 3 基址与当前地址寄存器
0	1	1	1	读通道 3 当前字节计数器	写通道 3 基字节与当前字节计数器
1	0	0	0	状态寄存器	写命令寄存器
1	0	0	1	—	写请求标志寄存器
1	0	1	0	—	写单通道屏蔽标志寄存器
1	0	1	1	—	写方式寄存器
1	1	0	0	—	清除先/后触发器
1	1	0	1	暂存器	写主复位命令
1	1	1	0	—	清屏蔽寄存器
1	1	1	1	—	写多通道屏蔽寄存器

1．通道共用寄存器

（1）命令寄存器（8 位，片内地址为 1000H）

命令寄存器用于存放命令控制字，它可以设置 8237 的工作状态。

8237 的 4 个 DMA 通道共用一个命令寄存器。由 CPU 通过执行初始化程序对它写入控制字，以实现对 8237 工作状态的设置，命令字格式如下。

D7	D6	D5	D4	D3	D2	D1	D0

D0 位：用于控制是否工作在存储器到存储器传输方式。D0=1 时，允许存储器到存储器传输；D0=0 时，禁止存储器到存储器传输。

D1 位：在 D0=1 时，D1 位才有意义。D1=0 时，每传送一个字节，源地址和目标地址均增加 1 或减少 1，字节计数器自减 1；D1=1 时，每传送一个字节，源地址保持不变，目标地址均增加 1 或减少 1，字节计数器自减 1。在这种情况下，可以把存储器某一个字节单元的数据连续传送给整个目标存储单元。

D2 位：D2 位用来启动和停止 8237 的工作。D2=0 时，启动 8237 工作。

D3 位：选择工作时序，控制 I/O 端口与存储器之间的传送速度。D3=0 时为正常时序；D3=1 时为压缩时序。当 D0=1 时，D3 无意义。

D4 位：D4 位用于选择各通道 DMA 请求的优先级。D4=0 时，为固定优先级，即通道 0 优先级最高，通道 1～3 依次递减；D4=1 时，为循环优先级，即在每次 DMA 服务之后，各个通道优先级都发生变化。

D5 位：D5 位在 D3=0（正常时序）时才有意义。D5=1 时，选择扩展的写信号。

D6 位：D6=0 时，DREQ 高电平有效；D6=1 时，DREQ 低电平有效。

D7 位：D7=0，DACK 低电平有效；D7=1，DACK 高电平有效。

（2）状态寄存器（8 位）

状态寄存器高 4 位 D4～D7 的状态分别表示当前通道 3～通道 0 是否有 DMA 请求（有请求时，相应位为 1，否则为 0）。低 4 位 D0～D3 指出通道 3～通道 0 的 DMA 操作是否结束（DMA 操作结束，相应位为 1，否则为 0）。

2．通道寄存器

通道 0～3 均具有相同结构的寄存器。

（1）方式寄存器（6+2 位）

方式寄存器用于存放工作方式控制字，可通过编程写入，指定 8237 各通道自身的工作方式。在执行写入 8 位命令字之后，8237 将根据 D1、D0 的编码自动地把方式寄存器的 D7～D2 位送到相应通道的方式寄存器中。8237 各通道的方式寄存器是 6 位的，CPU 不可寻址。

工作方式控制字格式如下：

D7	D6	D5	D4	D3	D2	D1	D0

D1D0 位：用于选择通道 0～通道 3。

00、 01、 10、 11

↓ ↓ ↓ ↓

分别表示选择： 通道 0 通道 1 通道 2 通道 3

D3D2 位：用于选择数据传输类型。D3D2=01 时，写传输，即指由 I/O 端口向存储器写入数据；D3D2=10 时，读传输，即将数据从存储器读出到 I/O 端口；D3D2=00 时，校验传输（D3D2=11 无意义）。

D7D6 位：用于工作方式的选择。

8237 提供 4 种工作方式，每个通道均可以使用 4 种方式中的任何一种方式工作。

D7D6=01 时，单字节传输方式。

D7D6=10 时，数据块传送方式。

D7D6=00 时，请求传输方式。

D7D6=11 时，级联传输方式。

D4 位：自动重装功能位（即当前字节计数器计到 0 时，它和当前地址寄存器自动获取初值）。D4=0，禁止；D4=l，允许。

D5 位：地址增减方式选择位。D5=0 时，地址增 1；D5=1 时，地址减 1。

（2）基地址和当前地址寄存器

每个通道都有一对 16 位的“基地址寄存器”和“当前地址寄存器”。基地址寄存器存放本通道 DMA 操作时存储器的初始地址，它是在初始化编程时写入的，同时也写入当前地址寄存器。在 DMA 操作期间，基地址寄存器内容保持不变。若选择方式控制字 D4=1，当 $\overline{EOR}$ 有效时，基地址寄存器初始值便自动装入当前地址寄存器。

（3）基字节和当前字节计数器

每个通道都有一对 16 位的“基字节计数器”和“当前字节计数器”。基字节计数器存放本通道 DMA 操作时传输字节数的初值，它是在初始化编程时写入的，同时也写入当前字节计数器。若选择方式控制字 D4=1 时，当 $\overline{EOR}$ 有效时，基本字节计数器的初始值便自动装入当前字节计数器。

（4）请求寄存器（3 位）

4 个通道共用的一个 DMA 请求寄存器，用来设置 4 个通道的 DMA 软件请求标志。

格式和功能如下。

X	X	X	X	X	D2	D1	D0

D1D0 位为 00、01、10、11，分别表示选择通道 0、通道 1、通道 2、通道 3。

D2 位：设置中断请求位。可由软件置 D2=1，产生相应通道 DMA 请求。

例如，软件产生通道 1 的 DMA 请求指令如下。

```
MOV     AL,  00000101B
OUT     09H,        AL          ;请求寄存器的低 4 位地址为 1001B,参看表 6-1
                                ;这里高 4 位片选地址为 0000B
```

（5）屏蔽寄存器（4 位）

4 的通道共用的一个 DMA 屏蔽寄存器，用来设置 4 个通道的 DMA 请求标志。

格式和功能如下：

X	X	X	X	D3	D2	D1	D0

D0～D3 位分别对应通道 0、通道 1、通道 2、通道 3。若某位为 1，则表示相应通道的 DREQ 请求被屏蔽；若某位为 0，则表示相应通道的 DREQ 请求没有被屏蔽。

6.3.5 DMA 应用编程

前已述及，PC 系统内的 8237 的通道 0、通道 2 和通道 3 被系统内部占用，通道 1 留给用户使用。

在使用 8237 进行 DMA 之前，必须首先通过 CPU 对其进行初始化编程。

其步骤如下。

1）发出复位命令（复位命令寄存器地址见表 6-1）。

2）写工作方式控制字到方式寄存器。

3）写命令字到命令寄存器。

4）根据所选通道，写基地址和基字节数寄存器。

5）设置屏蔽 DMA 通道并写入屏蔽寄存器。

6）由软件请求 DMA 操作，则写入请求寄存器，否则由 DREQ 控制信号启动。

在 IBM PC 中，为了使 8237 控制器的 16 位地址线管理 1MB 内存，设置了 4 位页面地址寄存器，作为 DMA 操作时的高 4 位地址，存储器每页容量为 64KB，分为 0 页、1 页、2 页……。在 DMA 操作时，每次传送的数据长度必须在页内。通道 1～通道 3 的页面地址寄存器的端口地址分别为 83H、81H、82H。在对 8237 初始化过程中，还要对使用的通道设置页面寄存器。

【例 6-4】 使用通道 1 连接的外部设备，采用 DMA 方式将其 512B 的数据块传送到内存 2FFFH 开始的存储单元中，已知 8237 端口地址为 00H～0FH，设增量传送、块传送、不自动初始化、DREQ 高电平有效、DACK 低电平有效。编写初始化程序。

设置工作方式控制字为：10000101B

设置命令字为：00000000B

初始化程序如下。

```
OUT  0DH,    AL          ;发复位命令
MOV  AL,     85H
OUT  0BH,    AL          ;写入方式寄存器
MOV  AL,     00H
OUT  08H,    AL          ;写入命令寄存器
MOV  AL,     0FFH
OUT  02H,    AL          ;写入基地址低字节
MOV  AL,     2FH
OUT  02H,    AL          ;写入基地址高字节
MOV  AX,     512
OUT  03H,    AL
MOV  AL,     AH
OUT  03H,    AL          ;写入字节数
MOV  AL,     1
OUT  83H,    AL          ;设通道 1 页面地址
MOV  AL,     01H
OUT  0EH,    AL          ;设通道 1 允许 DMA 请求
```

初始化程序执行后，可由硬件置 DREQ1 为高电平或由软件产生通道 1 的 DMA 请求，CPU 响应后由 DMAC 获得总线控制权，即可在 DMAC 控制下，完成数据块的传送。

6.4 总线技术简介

本节在介绍标准总线基本概念的基础上，详细介绍了微机系统总线、总线驱动技术、串行通信总线标准及传输通道基本配置。

6.4.1 标准总线及分类

总线是连接计算机各部件的一组公共信号线，是能够在计算机或各部件之间进行有效、高速地传输各种信息的通道。总线可以分为内总线、系统总线和外部总线。

1．总线标准

为了使用的方便，对总线必须有详细和明确的规范要求，称为标准总线。对于系统总线标准和外部总线标准，它是计算机及板卡生产厂家、接口电路设计者都必须遵守的。标准总线一般应包括机械结构规范（如尺寸、总线插头等）、功能规范（确定各引脚信号定义等）、电气规范（规定信号的高低电平、动态转换时间、负载能力以及最大额定值等）及时间特性（定时控制方式、工作频率、同步，异步等）。

常用工业标准总线如下。

1）STD（Standard）是工业控制微机标准总线，它从 8 位、16 位数据带宽已发展到 32 位带宽。目前它仍是国内外某些工业控制机普遍采用的总线标准。

2）工业标准体系结构（Industry Standard Architecture，ISA）是现存最老的通用微机总线类型，是与 286-AT 总线一起引入的。

3）微通道体系结构（Micro Channel Architecture，MCA）是 IBM 在 1987 年为 PS/2 系统机及其兼容机设计的一个理想的总线，它代表了总线设计的革命性进步。

4）扩展的工业标准体系结构（Extended Industry Standard Architecture，EISA）是反垄断的产物。

5）视频电子标准协会（Video Electronics Standards Association，VESA）也叫 VL 总线，是流行的 ISA 总线的扩展。

2．总线分类

这里按总线所处的位置主要分类如下。

（1）内总线

内总线是微机内部各外围芯片与处理器之间的信息传输的通路。

（2）系统总线

系统总线也就是常说的微机总线，是用于微机系统中各插件之间信息传输的一组信号线。系统总线主要包括数据总线、地址总线和控制总线。

在微机中，一般采用模块化结构，把完成一个或几个功能的电路制造为一个模板，或称为“卡”，如显示卡、声卡、多功能卡（含磁盘控制和串行通信，在 386 系统中常用，现已集成到主板上）、CPU 卡（在工业控制微机中，系统常以无源底板和各种卡组成，包括 CPU 卡）。这些板/卡通过底板（无源底板或主机板）上提供的插槽相互连接，插槽上提供的连接各板/卡的总线，称为系统总线。如 PC、ISA、EISA、MCA、PC-104、STD、VME 总线等。有的系统总线是 CPU 引脚信号经过重新驱动和扩展而成的，其性能与 CPU 有关。但有很多系统总线不依赖于某种 CPU，它有自己独立的标准，可为各种型号的 CPU 及其配套芯片使用。

（3）外部总线

外部总线又称通信总线，是各微机系统之间，或微机系统与其他系统之间信息传输的通路。例如，微机与微机之间所采用的 RS-232/RS-485 串行总线，微机与智能仪器之间所采用的 IEEE-488/VXI 总线，以及近几年发展和流行起来的微机与外部设备之间的 USB 和 IEEE1394 通用串行总线等。

计算机与外部的通信方式可分为并行通信和串行通信，相应的通信总线被称为并行总线和串行总线。并行通信速度快、实时性好，但由于占用的 I/O 端口（位）线多，不适于小型化产品；而串行通信速率虽低，但在数据通信吞吐量不是很大的微处理电路中则显得更加简易、方便、灵活。串行通信一般可分为异步模式和同步模式。

6.4.2 微机系统总线

本节主要介绍为 80286CPU 设计的 ISA 总线、Pentium 机主板上采用的 PCI 总线。

1. ISA 总线

（1）8 位 ISA（即 XT）总线

8 位 ISA 总线插槽共有 62 条引脚信号，其定义见表 6-2。

表 6-2 8 位 ISA 总线信号定义

元件面			焊接面		
引脚号	信号名	说明	引脚号	信号名	说明
A1	$\overline{\text{I/O CHCK}}$	输入，I/O 校验	B1	GND	地
A2	D7		B2	RESETDRV	复位
A3	D6		B3	+5V	+5V 电源
A4	D5		B4	IRQ9*	中断请求 9，输入
A5	D4		B5	-5V	-5V 电源
A6	D3	数字信号，双向	B6	DRQ2	DMA 通道 2 请求，输入
A7	D2		B7	-12V	-12V 电源
A8	D1		B8	OWS*	零等待状态信号，输入
A9	D0		B9	+12V	+12V 电源
A10	I/O CHRDY	输入，I/O 就绪 输出，地址允许	B10	GND	地
A11	AEN		B11	$\overline{\text{SMEMW}}$	存储器写，输出
A12	A19		B12	$\overline{\text{SMEMR}}$	存储器读，输出
A13	A18		B13	$\overline{\text{IOW}}$	接口写，双向
A14	A17		B14	$\overline{\text{IOR}}$	接口读，双向
A15	A16	地址信号，双向	B15	$\overline{\text{DACK3}}$	DMA 通道 3 响应，输出
A16	A15		B16	DRQ3	DMA 通道 3 请求，输入
A17	A14		B17	$\overline{\text{DACK1}}$	DMA 通道 1 响应，输出
A18	A13		B18	DRQ1	DMA 通道 1 请求，输入
A19	A12		B19	$\overline{\text{REFRESH}}$*	刷新周期指示，双向
A20	A11		B20	CLK	系统时钟，输出
A21	A10		B21	IRQ7	
A22	A9		B22	IRQ6	
A23	A8		B23	IRQ5	中断请求，输入
A24	A7		B24	IRQ4	
A25	A6	地址信号，双向	B25	IRQ3	
A26	A5		B26	$\overline{\text{DACK2}}$	DMA 通道 2 响应，输出
A27	A4		B27	TC	计数结束信号，输出
A28	A3		B28	BALE	地址锁存信号，输出
A29	A2		B29	+5V	+5V 电源
A30	A1		B30	OSC	振荡信号，输出
A31	A0		B31	GND	地

A0～A19 为 20 条地址线，用于对系统的内存或 I/O 接口寻址。

D0～D7 为 8 位数据总线，也是双向的，用来传送数据信息及指令操作码。

RESETDRV 为复位信号，高电平有效。加电或按复位按钮时，产生此信号对系统复位。

OSC 为振荡信号，由主时钟提供占空比为 50%的方波脉冲，PC/XT 的典型使用频率为 14.31818 MHz。

BALE 是地址锁存信号，可以利用该信号的高电平锁存地址信号。

$\overline{\text{I/OCHCK}}$ 是 I/O 通道校验信号，用来向 CPU 提供总线上的扩展存储器或外部设备的奇偶校验信号。

I/O CHRDY 为 I/O 通道就绪信号。

IRQ3～IRQ7、IRQ9 为 6 个外部中断请求信号，由总线上的外部设备利用这些信号向 CPU 提出中断请求。

DRQ1～DRQ3 为 3 个通道的 I/O 设备 DMA 请求信号。

$\overline{\text{DACK1}}$～$\overline{\text{DACK3}}$ 为通道 1 到通道 3 的 DMA 响应信号，也就是 DRQ1～DRQ3 的响应信号。

$\overline{\text{REFRESH}}$ 为指示动态存储器刷新周期信号。

AEN 是地址允许信号。

TC 为计数结束信号。

OWS 为零等待状态信号。

$\overline{\text{IOW}}$、$\overline{\text{IOR}}$ 为 I/O 接口的写、读命令，低电平有效。

SMEMW、SMEMR 分别是小于 1 MB 空间存储器的写、读命令，低电平有效。

（2）16 位 ISA（即 AT）总线

AT 总线在 XT 总线基础上增加了一个 36 引脚的插槽，见表 6-3，这样也就构成了 16 位 ISA 总线。

表 6-3　16 位 ISA 总线的 36 根引脚

元件面			焊接面		
引脚号	信号名	说明	引脚号	信号名	说明
C1	$\overline{\text{SBHE}}$	高字节允许，双向	D1	$\overline{\text{MEM CS16}}$	存储器 16 位片选信号，输入
C2	LA23	高位地址，双向	D2	$\overline{\text{IO CS16}}$	接口 16 位片选信号，输入
C3	LA22		D3	IRQ10	中断请求，输入
C4	LA21		D4	IRQ11	
C5	LA20		D5	IRQ12	
C6	LA19		D6	IRQ14	
C7	LA18		D7	IRQ15	
C8	LA17		D8	$\overline{\text{DACK0}}$	DMA请求与响应信号，前者输入，后者输出
C9	$\overline{\text{MEMR}}$	存储器读，双向	D9	DRQ0	
C10	$\overline{\text{MEMW}}$	存储器写，双向	D10	$\overline{\text{DACK5}}$	
C11	SD8	数字总线高字节，双向	D11	DRQ5	
C12	SD9		D12	$\overline{\text{DACK6}}$	
C13	SD10		D13	DRQ6	
C14	SD11		D14	$\overline{\text{DACK7}}$	
C15	SD12		D15	DRQ7	
C16	SD13		D16	+5V	+5V 电源
C17	SD14		D17	$\overline{\text{MASTER}}$	主控，输入
C18	SD15		D18	GND	接地

SD8～SD15 是新增加的高 8 位数据线。

$\overline{\text{SBHE}}$ 是数据总线高字节允许信号。

$\overline{\text{MASTER}}$ 是新增加的主控信号。

$\overline{\text{MEMCS16}}$ 是存储器的 16 位片选信号。

$\overline{\text{IOCS16}}$ 为接口的 16 位片选信号。

（3）ISA 总线的体系结构

在利用 ISA 总线构成的微机系统中，当内存速度较快时，通常采用将内存移出 ISA 总线、并转移到自己的专用总线——内存总线上的体系结构，如图 6-11 所示。

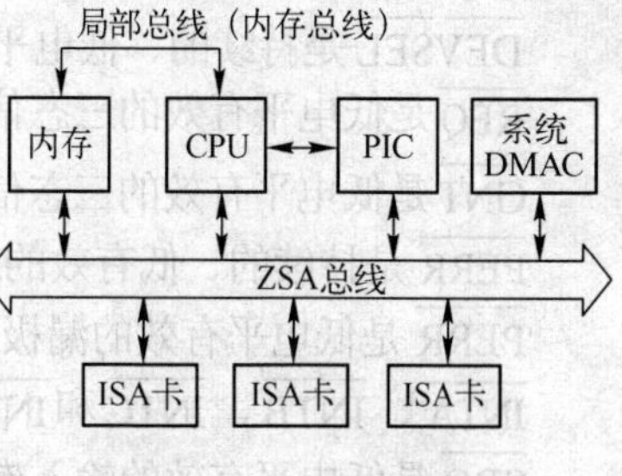

图 6-11　ISA 体系结构

2．PCI 总线

（1）PCI 总线主要特点

PCI 总线是一种高性能数据线和地址线复用的总线，目标设备有 47 条引脚，总线主控设备有 49 条引脚。

PCI 提供两种信号环境：5V 和 3.3V，并可进行两种环境的转换，扩大了它的适应范围。

PCI 对 32 位与 64 位总线的使用是透明的，它允许 32 位与 64 位元器件相互协作。

PCI 标准允许 PCI 局部总线扩展卡和元件进行自动配置，提供了即插即用的能力。

PCI 总线独立于处理器，它的工作频率与 CPU 时钟无关，可支持多机系统及未来的处理器。

PCI 有良好的兼容性，可支持 ISA、EISA、MCA、SCSI、IDE 等多种总线，同时还预留了发展空间。

（2）PCI 总线引脚定义

PCI 的引线定义如图 6-12 所示。

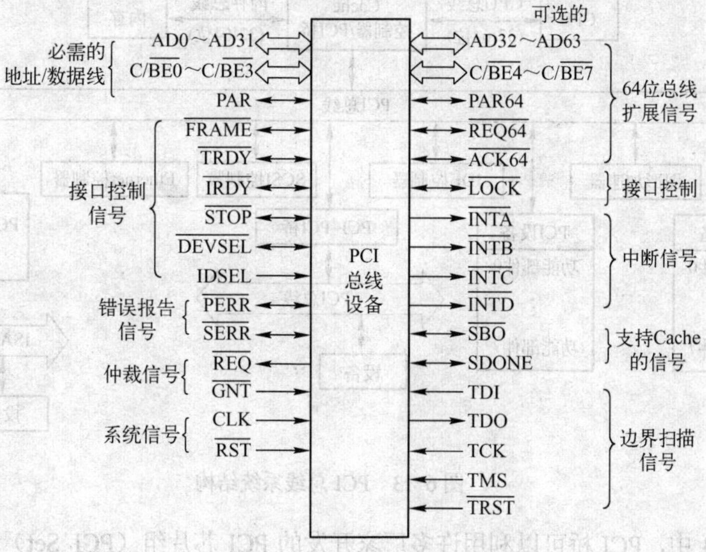

图 6-12　PCI 总线信号

AD0～AD63 是双向三态信号，为地址与数据多路复用信号线。

C/$\overline{\text{BE0}}$～C/$\overline{\text{BE7}}$ 是双向三态信号，为总线命令和字节允许多路复用信号线。

$\overline{\text{FRAME}}$ 是持续的、低电平有效的双向三态信号，为帧周期信号。

$\overline{\text{IRDY}}$ 是持续的、低电平有效的双向三态信号，为主设备准备好信号。

$\overline{\text{TRDY}}$ 是持续的、低电平有效的双向三态信号，为从设备准备好信号。

$\overline{\text{STOP}}$ 是持续的、低电平有效的双向三态信号，为停止数据传送信号。

$\overline{\text{LOCK}}$ 是持续的、低电平有效的双向三态信号，为锁定信号。

IDSEL 是输入信号，为初始化设备选择信号。

$\overline{\text{DEVSEL}}$ 是持续的、低电平有效的双向三态信号，为设备选择信号。

$\overline{\text{REQ}}$ 是低电平有效的三态信号，为总线占用请求信号。

$\overline{\text{GNT}}$ 是低电平有效的三态信号，为总线占用允许信号。

$\overline{\text{PERR}}$ 是持续的、低有效的双向三态信号，为数据奇偶校验错误报告信号。

$\overline{\text{PERR}}$ 是低电平有效的漏极开路信号，为系统错误报告信号。

$\overline{\text{INTA}}$、$\overline{\text{INTB}}$、$\overline{\text{INTC}}$ 和 $\overline{\text{INTD}}$ 是低电平有效的漏极开路信号，用来实现中断请求。

$\overline{\text{SBO}}$ 是低电平有效的输入/输出信号，为试探返回信号。

SDONE 是高电平有效的输入/输出信号，为监听完成信号。

$\overline{\text{REQ64}}$ 是持续的、低电平有效的双向三态信号，为 64 位传输请求信号。

$\overline{\text{ACK64}}$ 是持续的、低电平有效的双向三态信号，为 64 位传输响应信号。

PAR64 是高电平有效的双向三态信号，为奇偶双字节校验信号。

$\overline{\text{RST}}$ 是低电平有效的输入信号，为复位信号。

CLK 是输入信号，为系统时钟信号。

（3）多总线系统结构

PCI 局部总线与 Pentium 机内部总线组合构成了多总线系统结构，如图 6-13 所示。

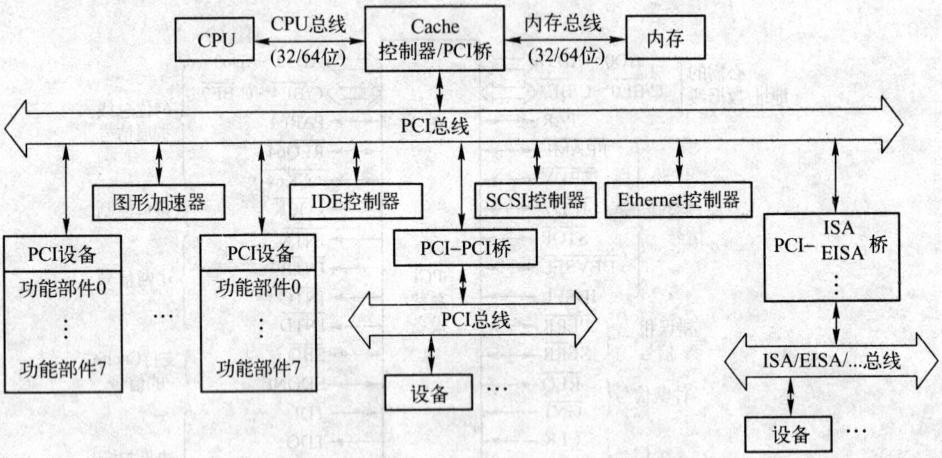

图 6-13　PCI 总线系统结构

在图 6-13 中，PCI 桥可以利用许多厂家开发的 PCI 芯片组（PCI Set）实现。通过选择合适的 PCI 桥，构成所需的系统，是构成 PCI 系统的一条捷径。例如，在一台 Pentium 机中，可以查到它具有如下资源。

1）系统设备 Intel 82371SB PCI to ISA bridge（PCI 总线向 ISA 总线的转换桥）。

2）系统设备 Intel 82439HX Pentium(R) Processor to PCI bridge（奔腾处理器向 PCI 总线的连接桥）。

3）硬盘控制器 Intel 82371SB PCI Bus Master IDE Controller。

6.4.3 总线驱动

1．总线竞争与负载

在同一总线上，同一时刻有可能会出现两个或两个以上的元器件请求输出其数据或状态，于是形成了总线竞争，或称总线争用，如图 6-14 所示。

总线逻辑门驱动负载电路，如图 6-15 所示。当逻辑门的输出为高电平时，它为负载门提供高电平输入电流 I_{IH}。逻辑门的高电平输出电流 I_{OH} 不得小于所有负载门所需要的高电平输入电流 I_{IH} 之和，即要满足算式：$I_{OH} \geqslant \sum_{i=1}^{N} I_{IHi}$ 。

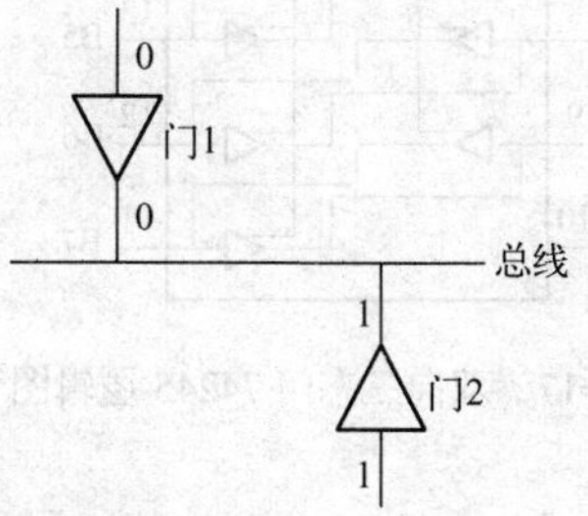

图 6-14 两个门电路竞争示意图

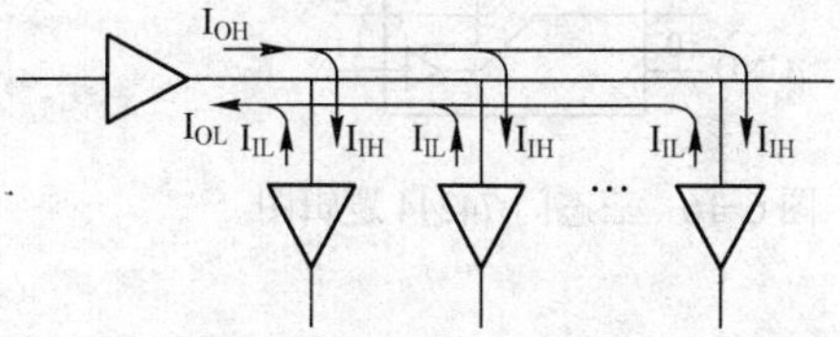

图 6-15 门电路直流负载的估算

式中 I_{IHi} 为第 i 个负载门的高电平输入电流；N 为驱动门所驱动的负载数。

同样，当逻辑门输出为低电平时，逻辑门的低电平输出电流 I_{OL}（实际是负载的灌电流）应不小于所有负载门的低电平输入电流 I_{IL}（实际是负载门的漏电流）。利用上面算式，可以估算驱动门的负载。

2．总线驱动与控制

综合总线竞争与其对负载能力的需求，通常需要对总线的驱动进行设计。具体做法通常是在总线中加入三态门及锁存器等电路。

（1）三态门

在微机中经常用到三态门驱动器，如 74 系列的 240、244 等，这里仅以 74244 为例加以说明。74244 由 8 个三态门构成，有两个三态控制端，其中每一个控制端独立地控制 4 个三态门，其逻辑图如图 6-16 所示。

（2）双向三态门

双向三态门有 74245，Intel 的 8286、8287 等，它们大同小异，原理都一样，仅以 74245 为例加以说明，如图 6-17 所示。当 $\overline{E}$=0 时，三态门导通，此时若 DR=1，表示数据从 Ai 流向 Bi，若 DR=0，则表示数据从 Bi 流向 Ai；当 $\overline{E}$=1 时，Ai 与 Bi 间呈高阻态。

（3）带有三态门输出的锁存器

具有三态输出的锁存器有多种，以 PC/XT 微机中的地址锁存器 74LS373 为例来说明。该芯片由 D 触发器和输出三态门组成，其逻辑图如图 6-18 所示。图中共有 8 个具有三态输出的 D 触发器构成，但只画出 8 个中的 2 个，其余 6 个同画出的结构完全一样。该芯片是以电平进行锁存的，$\overline{OE}$ 为输出允许信号，当它为 0 时，D 触发器的数据通过 Qi 端输出；当其为 1 时，输出端呈高阻态。LE 为锁存允许信号端，当其为高电平时，对数据进行锁存。

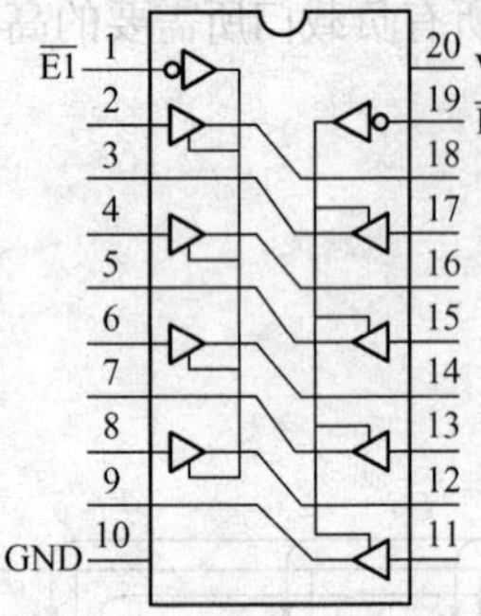

图 6-16　三态门 74244 逻辑图

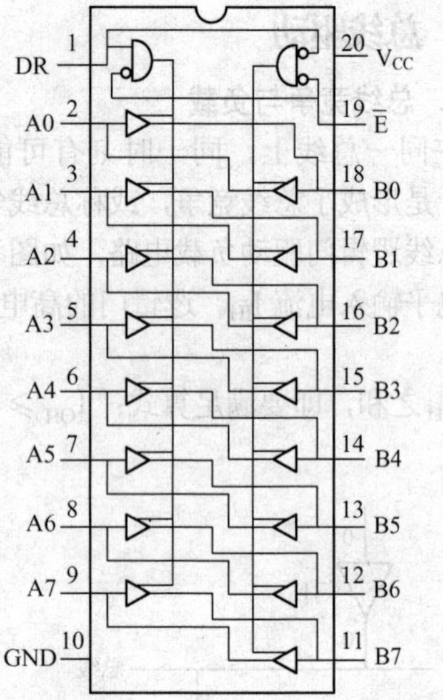

图 6-17　双向三态门 74245 逻辑图

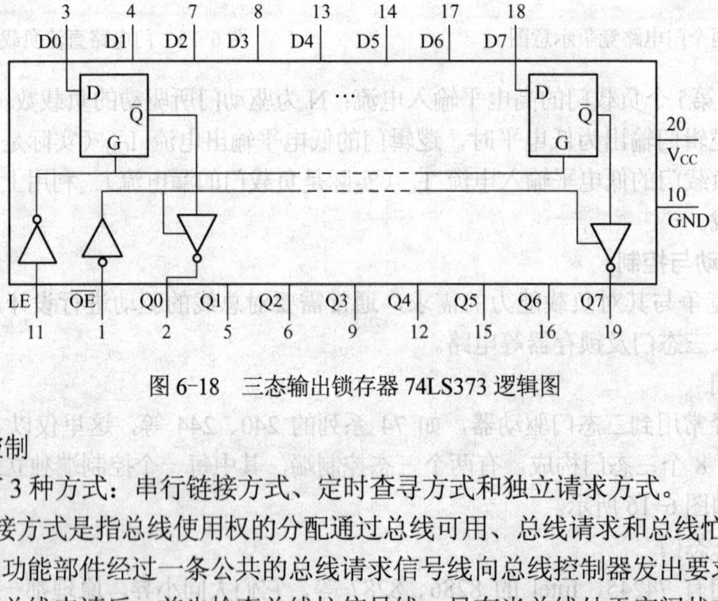

图 6-18　三态输出锁存器 74LS373 逻辑图

（4）总线控制

总线控制有 3 种方式：串行链接方式、定时查寻方式和独立请求方式。

1）串行链接方式是指总线使用权的分配通过总线可用、总线请求和总线忙 3 根控制信号线实现。所有的功能部件经过一条公共的总线请求信号线向总线控制器发出要求使用总线的请求，控制器收到总线申请后，首先检查总线忙信号线，只有当总线处于空闲状态时，总线请求才能被总线控制器响应。由软件改变优先级，如果级别高的部件频繁使用总线时，优先级低的部件可能很久也得不到响应。又由于总线可用信号串行地通过各个部件，从而限制了总线分配的速度；在总线可用信号传输过程中，如果第 1 个部件发生故障，在其后的所有部件将永远得不到总线的使用权，即对硬件的失效很敏感。在总线上增加、去除或移动部件也要受总线长度的限制。

2）定时查询方式。在总线控制器中设置一个查询计数器。由控制器轮流地对各部件进行测试，看其是否发出总线请求。当总线控制器收到申请总线的信号后，计数器开始计数，如果申请部件编号与计数器输出一致，则计数器停止计数，该部件可以获得总线使用权，并建立总线忙信号，然后开始总线操作。使用完毕后，撤销总线忙信号，释放总线，若此时还有总线请求信号，控制器继续进行轮流查询，开始下一个总线分配过程。

3）独立请求方式是指各部件可以独立地向控制器发出总线请求，总线已被分配信号线是所有部件公用的。当部件要申请使用总线时，送总线请求信号到总线控制器，如果“总线已被分配信号线”还未建立，即总线空闲时，总线控制器按照某种算法对同时送来的请求进行裁决，确定响应哪个部件发来的总线请求，然后返回这个部件相应的总线允许信号。部件得到总线允许信号后，去除其请求，建立“总线已被分配信号”，这次的总线分配结束，直至该部件传输完数据，撤销总线已被分配信号。经总线控制器去除总线准许信号，可以接受新的申请信号，开始下一次的总线分配。

6.4.4 串行通信总线标准

1．通用串行总线（USB）

通用串行总线（Universal Serial Bus，USB）是由 Intel、Compaq、Digital、IBM、Microsoft、NEC、Northern Telecom 等 7 家世界著名的计算机和通信公司共同推出的一种新型接口标准。它基于通用连接技术，实现外部设备的简单快速连接，达到方便用户，降低成本，扩展 PC I/O 端口的目的。它可以为外部设备提供电源，而不像普通的使用串、并口设备那样需要单独的供电系统。另外，快速是 USB 技术的突出特点之一，USB 1.1 有全速和低速两种方式，低速方式的速率为 1.5Mbit/s，支持一些不需要很大数据吞吐量和很高实时性的设备，如鼠标等；全速模式为 12Mbit/s，可以外接速率更高的外部设备。在 USB 2.0 中增加了一种高速方式，数据传输率达到 480Mbit/s，可以满足速度更高的外部设备的需要。

USB 是一种万能插口，可以取代 PC 上所有的串、并行连接器插口，用户可以将几乎所有的外部设备装置——包括显示器、键盘、鼠标、调制解调器、可编程控制器、单片机开发装置及数字照相机等的插头插入标准的 USB 插口。

USB 的特点是：具有真正的“即插即用”特性；很强的连接能力，采用树形结构，最多可链接 127 个节点；成本低，省空间；连接电缆轻巧（仅 4 芯）；电源体积小；可支持 ISDN 等高速数字电话信息通路接口。

在计算机一侧的 USB 接口为 4 针母插，设备一侧为 4 针公插。USB 引脚定义见表 6-4。

表 6-4　USB 引脚定义

引　脚	名　称	描　述	
1	Vcc	+5Vcc	由计算机输出+5V 直流电压
2	D_-	Data－	数据线
3	D_+	Data＋	数据线
4	GND	Ground	接地端

2．RS-232C 总线标准

RS-232C 是使用最早、在异步串行通信中应用最广的总线标准。它由美国电子工业协会（EIA）于 1962 年公布，1969 年最后修订而成。其中，RS 是英文“推荐标准”的缩写，232 是标识号，C 表示修改次数。PC 配置的是 RS-232C 标准接口。

RS-232C 适用于短距离或带调制解调器的通信场合。若设备之间的通信距离不大于 15m 时，可以用 RS-232C 电缆直接连接。对于距离大于 15m 以上的长距离通信，需要采用调制解调器才能实现。RS-232C 传输速率最大为 20Kbit/s。

RS-232C 标准总线为 25 条信号线，采用一个 25 脚的连接器，一般使用标准的 D 型 25 芯插头座（DB-25）。连接器的 25 条信号线包括一个主通道和一个辅助通道。在大多数情况下，RS-232C 接口主要使用主通道，对于一般的双工通信，通常仅需使用 RXD、TXD 和 GND 3 条信号线，因此，RS-232C 又经常采用 D 型 9 芯插头座（DB-9），如图 6-19 所示。DB-25 和 DB-9 型 RS-232C 接口连接器的引脚信号定义见表 6-5。

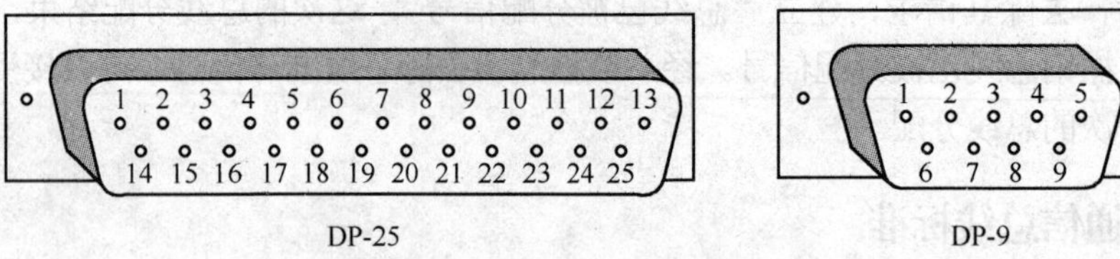

图 6-19　RS-232C 标准插头座外形

表 6-5　RS-232C 的引脚信号定义

引脚 DB-25	引脚 DB-9	定义	引脚 DB-25	引脚 DB-9	定义
1		保护接地（PE）	14		辅助通道发送数据
2	3	发送数据（TXD）	15		发送时钟（TXC）
3	2	接收数据（RXD）	16		辅助通道接收数据
4	7	请求发送（RTS）	17		接收时钟（RXC）
5	8	清除发送（CTS）	18		未定义
6	6	数据准备好（DSR）	19		辅助通道请求发送
7	5	信号地（SG）	20	4	数据终端准备就绪（DTR）
8	1	载波检测（DCD）	21		信号质量检测
9		供测试用	22	9	回铃音指示（RI）
10		供测试用	23		数据信号速率选择
11		未定义	24		发送时钟（TXC）
12		辅助载波检测	25		未定义
13		辅助通道清除发送			

RS-232C 采用负逻辑，即逻辑 1 用−15～−5V 表示，逻辑 0 用 5～+15V 表示。因此，RS-232C 不能和 TTL 电平直接相连。对于采用正逻辑的串行接口电路，使用 RS-232C 接口必须进行电平转换。目前，RS-232C 与 TTL 之间电平转换的集成电路很多，最常用的是 MAX232。

MAX232 是 MAXIM 公司生产的包含两路接收器和驱动器的专用集成电路，用于完成 RS-232C 电平与 TTL 电平转换。MAX232 内部有一个电源电压变换器，可以把输入的 +5V 电压变换成 RS-232C 输出电平所需的±10V 电压。所以，采用此芯片接口的串行通信系统只需单一的+5V 电源就可以。对于没有±12V 电源的场合，其适应性更强，因而被广泛使用。

MAX232 的引脚结构如图 6-20 所示。

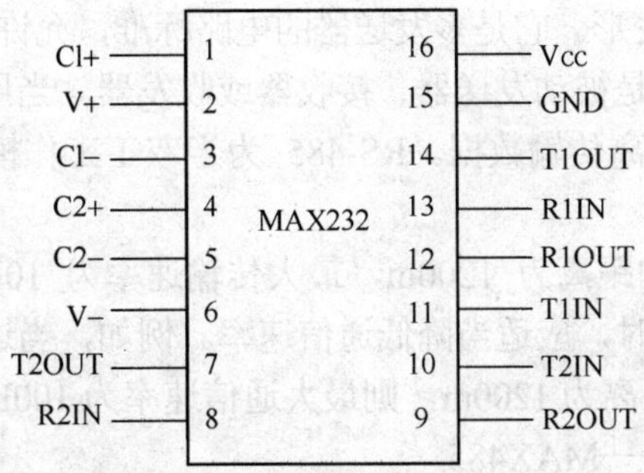

图 6-20　MAX232 的引脚结构

MAX232 芯片内部有两路发送器和两路接收器。两路发送器的输入端 T1IN、T2IN 引脚为 TTL/CMOS 电平输入端，可接 MCS-51 单片机的 TXD；两路发送器的输出端 T1OUT、T2OUT 为 RS-232C 电平输出端，可接 PC 的 RS-232C 接口 RXD。两路接收器的输出端 R1OUT、R2OUT 为 TTL/CMOS 电平输出端，可连接 MCS-51 单片机的 RXD；两路接收器的输入端 R1IN、R2IN 为 RS-232C 电平输入端，可连接 PC 的 RS-232C 接口 TXD。实际使用时，可以从两路发送/接收器中任选一路作为接口，但要注意发送、接收端子必须相对应。PC 通过 MAX232 的接口与单片机通信的原理图如图 6-21 所示。

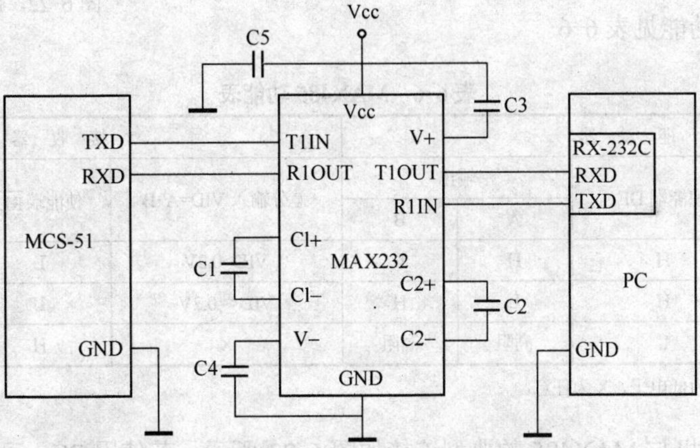

图 6-21　PC 通过 MAX232 与单片机通信原理图

3. RS-422/485 总线标准

RS-232C 虽然应用广泛，但由于推出较早，数据传输速率慢，通信距离短。为了满足现代通信传输数据速率越来越快和距离越来越远的要求，EIA 随后推出了 RS-422 和 RS-485 总线标准。

（1）RS-422/485 总线标准

RS-422 采用差分接收、差分发送工作方式，不需要数字地线。它使用双绞线传输信号，根据两条传输线之间的电位差值来决定逻辑状态。RS-422 接口电路采用高输入阻抗接收器和比 RS-232C 驱动能力更强的发送驱动器，可以在相同的传输线上连接多个接收节点，所以，RS-422 支持点对多的双向通信。RS-422 可以全双工工作，通过两对双绞线可以同时发送和接收数据。

RS-485 是 RS-422 的变形。它是多发送器的电路标准，允许双绞线上一个发送器驱动 32 个负载设备，负载设备可以是被动发送器、接收器或收发器。当用于多站点网络连接时，可以节省信号线，便于高速远距离传输数据。RS-485 为半双工工作模式，在某一时刻，一个发送数据，另一个接收数据。

RS-422/485 最大的传输距离为 1200m，最大传输速率为 10Mbit/s。在实际应用中，为减少误码率，当通信距离增加时，应适当降低通信速率。例如，当通信距离为 120m 时，最大通信速率为 1Mbit/s；若通信距离为 1200m，则最大通信速率为 100Kbit/s。

（2）RS-485 接口电路——MAX485

MAX485 是用于 RS-422/485 通信的差分平衡收发器，由 MAXIM 公司生产。芯片内部包含一个驱动器和一个接收器，适用于半双工通信。其主要特性如下。

1）传输线上可连接 32 个收发器。

2）具有驱动过载保护。

3）最大传输速率为 2.5Mbit/s。

4）共模输入电压范围为−7～＋12V。

5）工作电流范围为：120～500μA。

6）供电电源：＋5V。

MAX485 为 8 引脚封装，其引脚配置如图 6-22 所示。

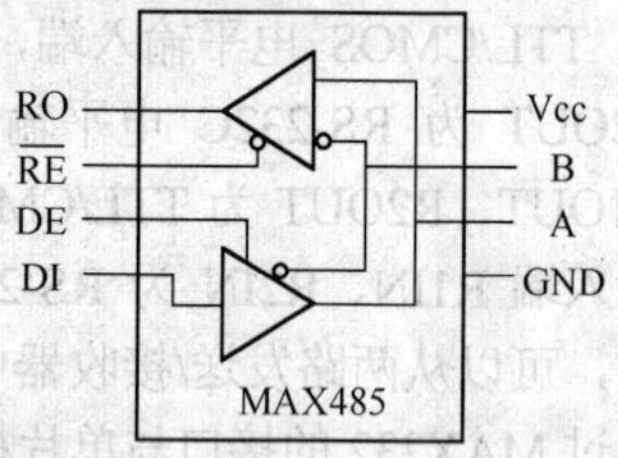

图 6-22　MAX485 引脚图

MAX485 的功能见表 6-6。

表 6-6　MAX485 功能表

驱动器				接收器		
输入端 DI	使能端 DE	输出 A	输出 B	差分输入 VID=A−B	使能端 $\overline{RE}$	输出端 RO
H	H	H	L	VID>0.2V	L	H
L	H	L	H	VID<−0.2V	L	L
X	L	高阻	高阻	X	H	高阻

注：H 为高电平，L 为低电平，X 为任意。

MCS-51 单片机与 MAX485 的典型连接如图 6-23 所示。若使用 PC，可以用地址线 A0 替代 P1.0 作为控制信号。A0=1，驱动器工作；A0=0，接收器工作。

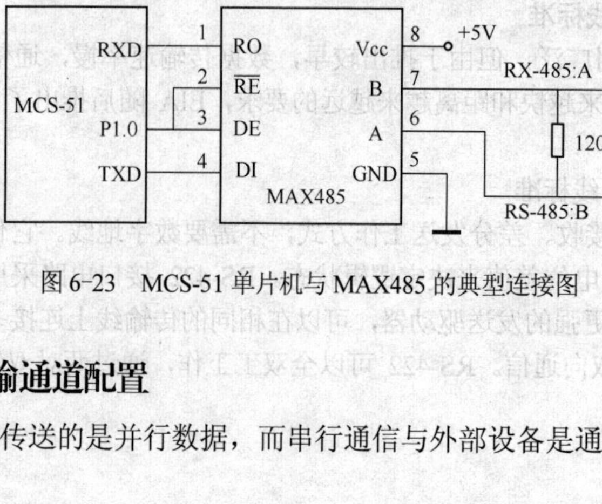

图 6-23　MCS-51 单片机与 MAX485 的典型连接图

6.4.5　串行通信传输通道配置

CPU 直接处理和传送的是并行数据，而串行通信与外部设备是通过一根输出线逐位输出或输入数据，所有数据必须通过串行通信接口实现数据的转换，即发送方应把由系统总线传输的并行数据转换为1位串行信号发出；接收方应把接收到的外部输入的1位串行信号转换为并行信号经系统总线送入 CPU。因此，实现串行通信接口的核心部件是移位寄存器，该寄存器在发送端为并行输入串行输出移位寄存器，在接收端为串行输入并行输出移位寄存器。

PC 一般至少有两个 RS-232 串行口 COM1 和 COM2，通常，COM1 使用的是 9 针 D 型连接器，而 COM2 使用的是老式的 DB25 针连接器。

在 PC 内部使用的是串行通信接口芯片 Intel 8251A，它是一种通用的同步异步接收/发送器（USART）芯片，不仅包括并行数据和串行数据之间的相互转换，还包括可编程序控制逻辑及检测串行通信在传送过程中可能发生错误的逻辑部件等。

在串行通信中，数据传输率、通信设备、传输距离、传输线及各种干扰直接影响通信线路上的数据帧波形。为了保证数据传输的正确性，需要采取相应的措施（如校验数据帧技术等）。

在较远距离传送需要使用电话网线路介质进行串行通信时，由于每一路电话线的模拟信号频带较低，而串行信号为传输率较高的数字电平信号，为了保证数据传送的可靠性，发送端需要将串行输出的二进制信号转换为电话线上的模拟信号，这一过程称为调制。反之，在接收端需要把接收到的电话线上的模拟信号转换为二进制信号输入该计算机，这一过程称为解调。实现调制和解调功能的设备称为调制解调器（Modem）。

下面给出不同情况下的串行通信传输通道配置。

（1）近距离直接串行通信

近距离直接传输是指在 15m 以内、不需要进行信号转换的串行通信。常用在两台 PC 或以串行通信标准作为接口的设备之间的通信，如图 6-24 所示。

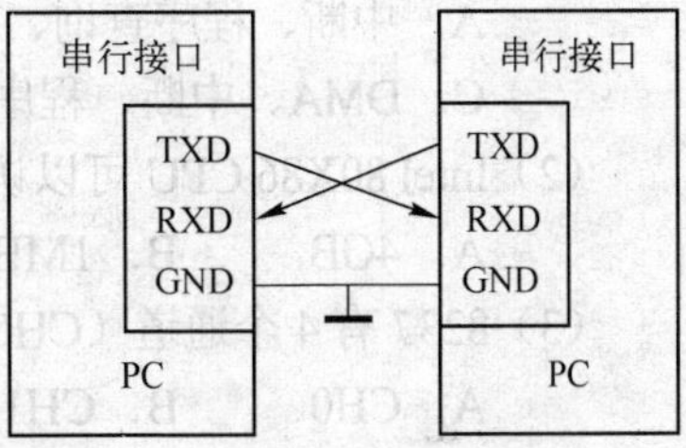

图 6-24　近距离串行传输示意图

（2）需要电平转换串行通信

由于 RS-232C 采用负逻辑，因此，RS-232C 不能和采用正逻辑电平 TTL、MCS-51 单片机的串行口等直接相连。当 RS-232C 接口与具有正逻辑的串行口通信时，必须进行电平转换，如图 6-25 所示。

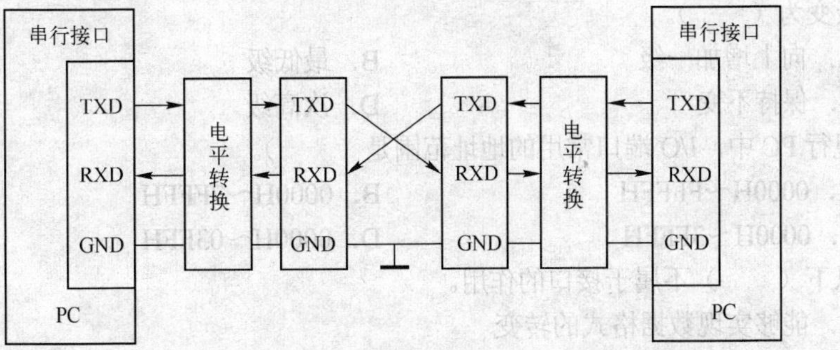

图 6-25　需要电平转换的串行传输示意图

目前，RS-232C 与 TTL 之间电平转换的集成电路很多，最常用的是 MAX232。

（3）远距离调制与解调串行传输

在远距离传送使用调制解调器进行串行传输时，如图 6-26 所示。

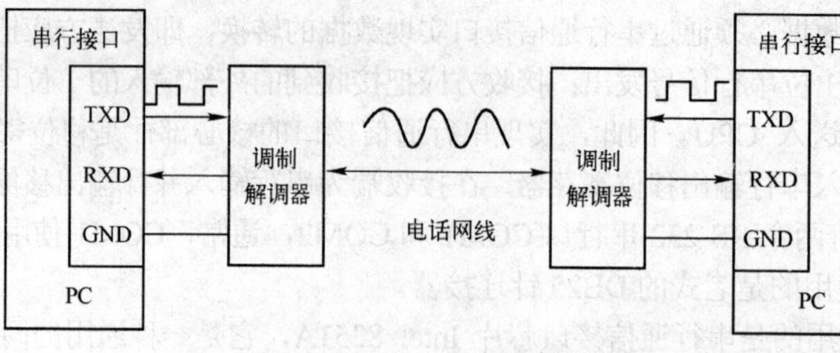

图 6-26　远距离调制与解调传输示意图

6.5　习题

1．名词解释

I/O 端口　可编程序接口芯片　初始化编程　DMAC　缓冲器　锁存器

并行通信　串行通信　异步传送　同步传送　总线　标准总线

2．选择题

（1）计算机在处理程序查询方式、中断方式、DMA 方式时的优先处理顺序为（　　）。

A．中断、程序查询、DMA　B．程序查询、中断、DMA

C．DMA、中断、程序查询　D．中断、DMA、程序查询

（2）Intel 80X86 CPU 可以访问的 I/O 空间有（　　）。

A．4GB　B．1MB　C．64KB　D．128KB

（3）8237 有 4 个通道（CH0～CH3），对于 PC，可供用户使用的通道是（　　）。

A．CH0　B．CH1　C．CH2　D．CH3

（4）在下列指令中，能使 80x86 CPU 对 I/O 端口进行读/写访问的是（　　）。

A．中断指令　B．串操作指令

C．输入/输出指令　D．传送指令

（5）8237A 各个通道的优先权可以采用循环的方式，在这种方式下，刚刚被服务过的通道的优先级变为（　　）。

A．向上增加一级　B．最低级

C．保持不变　D．次高级

（6）现行 PC 中，I/O 端口常用的地址范围是（　　）。

A．0000H～FFFFH　B．0000H～7FFFH

C．0000H～3FFFH　D．0000H～03FFH

（7）以下（　　）不属于接口的作用。

A．能够实现数据格式的转变

B．可以实现地址变换，形成物理地址

C．能够实现数据传送的缓冲作用，使主机、外设速度匹配

D．能够记录外部设备和接口的状态，以利于 CPU 查询

（8）微机中 DMA 采用（　　）传送方式。

A．交替访问内存　B．周期挪用

C．停止 CPU 访问内存　　　　　　　　D．以上各情况均可以

（9）采用 DMA 方式，在存储器与 I/O 设备间进行数据传输。对于 PC 来说，数据的传送要经过（　　）。

A．CPU　　　B．DMA 通道　　C．系统总线　　　D．外部总线

（10）在数据传送过程中，数据由串行变为并行，或由并行变为串行，这种转换是通过接口电路中的（　　）实现的。

A．数据寄存器　　　　　　　　　　B．移位寄存器

C．锁存器　　　　　　　　　　　　D．以上都不对

（11）当采用（　　）输入操作情况时，除非计算机等待，否则无法传送数据给计算机。

A．程序查询方式　　　　　　　　　B．中断方式

C．DMA 方式　　　　　　　　　　D．以上都不对

（12）主机与设备传送数据时，采用（　　），主机与设备是串行工作的。

A．程序查询方式　　　　　　　　　B．中断方式

C．DMA 方式　　　　　　　　　　D．以上都不对

（13）DMA 数据传送方式中，实现地址的修改与传送字节数计数的主要功能部件是（　　）。

A．CPU　　　B．运算器　　　C．存储器　　　D．DMAC

3．问答题

（1）简述 I/O 设备的数据端口、状态端口和控制端口的作用。

（2）CPU 与外部设备交换信息的方式有哪几种？各有什么特点？

（3）一般来说，I/O 接口电路的主要功能是什么？

（4）比较存储器单元与 I/O 端口在编址、寻址及接口电路方面有什么异同？

（5）CPU 是如何通过 AB、CB、DB 同外部设备端口交换信息的？

（6）8237 在单字节 DMA 传输和块方式 DMA 传输时，有什么区别？

（7）什么是系统总线？什么是通信总线？

（8）PC 与 51 单片机通信接口为什么要使用 MAX232 电平转换芯片？

（9）为什么 RS-485 总线比 RS-232C 总线具有更高的通信速率和更远的通信距离？

第 7 章　中断及应用技术

计算机系统在进行 I/O 操作或处理一些突发事件时，为了提高 CPU 的工作速度和效率，保证计算机工作的可靠性，常采用中断技术。计算机采用中断技术后，不仅可以实时处理控制现场的随机事件和突发事件，而且解决了 CPU 和外部设备之间的速度匹配问题，使计算机在工业领域得到广泛应用。

本章主要介绍中断的基本概念、80x86 中断系统功能、可编程序接口芯片 8259 及中断应用技术及实例。

7.1　中断系统

计算机在处理与 I/O 端口进行数据交换时，已经广泛采用中断技术，尤其在计算机实时控制系统中，中断技术已经成为计算机处理突发事件的关键技术。

7.1.1　中断概述

1. 中断概念

（1）中断

CPU 正在执行某一段程序的过程中，如果外界或内部发生了紧急事件，要求 CPU 暂停正在运行的程序，转去执行这个紧急事件的处理程序，待处理完后再回到被停止执行的程序的间断点，继续执行原来被打断的程序，这一过程称为中断。其结构示意图如图 7-1 所示。

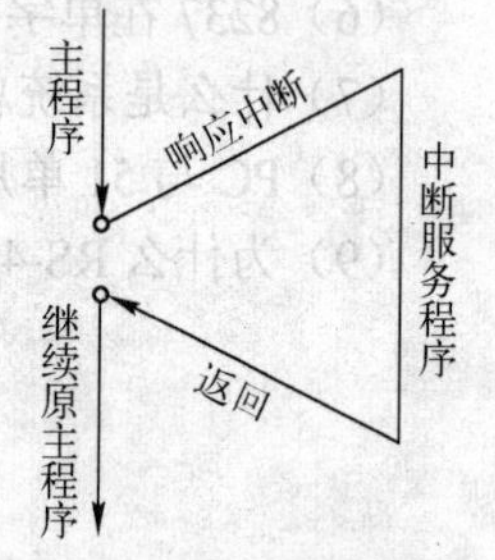

图 7-1　中断结构示意图

（2）中断源

产生中断请求的事件叫中断源。中断源可分为内部中断源和外部中断源。内部中断源可以是程序运行中的某种状态或错误现象、程序员设定的软件中断等。外部中断源可以是操作人员发出的按键命令、计算机突然掉电、外部设备的 I/O 操作请求及信号报警等。

（3）中断请求

中断源向 CPU 发出申请中断的信号。中断源只有在自身未被屏蔽的情况下才能发出中断请求。

（4）可屏蔽中断与不可屏蔽中断

所谓“屏蔽”，是指 CPU 拒绝响应中断源的中断请求信号。凡是 CPU 内部能够“屏蔽”的中断，称为可屏蔽中断；否则，称为不可屏蔽中断。中断通常是由内部的中断触发器（或中断允许触发器）来控制的。

（5）中断优先权

当几个中断源同时向 CPU 请求中断，要求 CPU 响应时，就存在 CPU 优先响应哪一个中断源的问题。一般 CPU 应优先响应最需紧急处理的中断请求。为此，需要规定各个中断源的优先级，使 CPU 在多个中断源同时发出中断请求时能找到优先级最高的中断源，响应它的请求。

各中断源的优先级可以通过软件查询方式设置，也可以通过硬件逻辑电路实现。

（6）开中断

CPU 能够接受中断源的中断请求称为开中断，可以通过软件设置。

（7）关中断

它指 CPU 中断响应被屏蔽，不接受中断源的中断请求。

（8）中断响应

CPU 收到中断源的中断请求后，并不立即响应，而是在一定时刻满足一定条件下，才能响应中断源的请求。

（9）中断嵌套

计算机系统允许有多个中断源，当 CPU 正在执行一个优先级低的中断源的处理程序时，如果发生另一个优先级比它高的中断源的中断请求，CPU 暂停正在执行的中断源的处理程序，转而处理优先级高的中断请求，待处理完之后，再回到原来正在处理的低级中断程序。这种高级中断源能中断低级中断源的中断处理，称为中断嵌套。具有中断嵌套的系统称为多级中断系统，没有中断嵌套的系统称为单级中断系统，如图 7-2 所示。

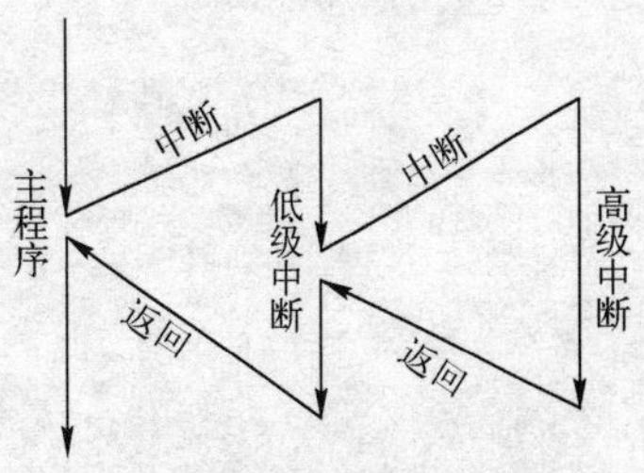

图 7-2　中断嵌套示意图

（10）中断处理程序

中断处理程序也称中断服务程序，是中断源要求 CPU 执行的功能操作。

2．中断源识别及中断判优

在计算机系统中，大多数外部设备都是通过中断操作方式与 CPU 进行信息交换的。因而，CPU 必须判断、识别是哪一个中断源发出的中断申请信号，CPU 才能转去执行相应的中断服务程序。

中断源识别包括两个方面：确定中断源和找到该中断服务程序的首地址。

下面给出解决问题的两种方案。

（1）查询中断

查询中断采用硬件电路与软件程序查询相结合的方式，来确定中断源及中断处理程序的入口地址。查询中断的硬件原理如图 7-3 所示。

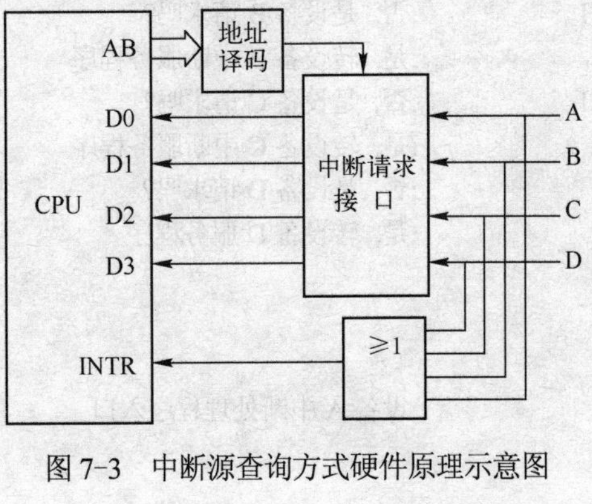

图 7-3　中断源查询方式硬件原理示意图

在图 7-3 中，A、B、C、D 分别表示 4 台外部设备的中断请求信号（设高电平为申请中断有效）。信号 A、B、C、D 有任一或一个以上信号有效时，都将通过或门输出引起 CPU 外部中断请求端 INTR 为高电平有效，CPU 在满足条件时即进入中断操作。但是，当前申请中断的设备是哪一台呢？由于在接口电路中将信号 A、B、C、D 连接在 CPU 数据总线的 D0～D3 位，故可以读取这些数据，通过软件查询识别中断源，查询方式程序流程图如图 7-4 所示。

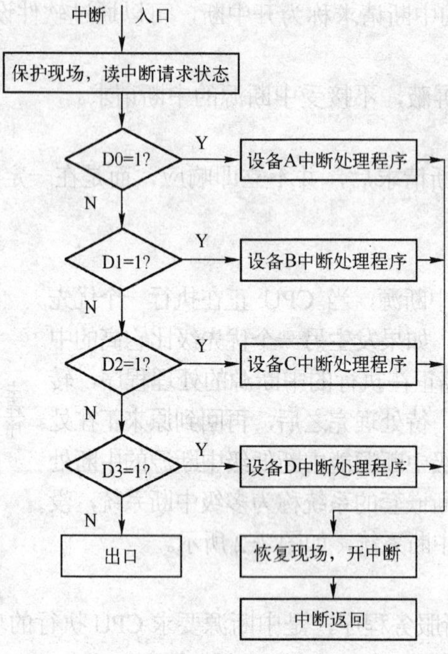

图 7-4　查询方式程序流程图

由流程图可以看出：查询方式实现首先判断 A 设备是否有中断请求，若 A 设备有中断请求，则执行设备 A 的中断服务程序；若设备 A 无中断请求，则依次按序判断 B、C、D 设备。因此，查询方式不仅可以识别中断源，而且在查询中断源的同时也就确定了其优先权级别。图 7-3 中的中断源的优先级由高到低的顺序为：A→B→C→D。

查询方式程序如下：

```
IN   AL，IPORT           ;从输入接口读取 D0～D3
TEST     AL，01H         ;是设备 A 请求吗?
JNZ      A               ;是, 转设备 A 中断服务程序
TEST     AL，02H         ;否, 是设备 B 请求吗?
JNZ      B               ;是, 转设备 B 中断服务程序
TEST     AL，04H         ;否, 是设备 C 请求吗?
JNZ      C               ;是, 转设备 C 中断服务程序
TEST     AL，08H         ;否, 是设备 D 请求吗?
JNZ  D                   ;是, 转设备 D 服务程序
...
...
...
A: ...                   ;设备 A 中断处理程序入口
     ...
```

```
        IRET                    ;中断返回
B: ...                          ;设备 B 中断处理程序入口
    ...
        IRET                    ;中断返回
C: ...                          ;设备 C 中断处理程序入口
    ...
        IRET                    ;中断返回
D: ...                          ;设备 D 中断处理程序入口
        IRET                    ;中断返回
```

（2）中断优先级编码

使用软件查询来确定优先权，其缺点是：当中断源较多时，响应中断速度慢。图 7-5 为硬件设置中断优先级编码电路。

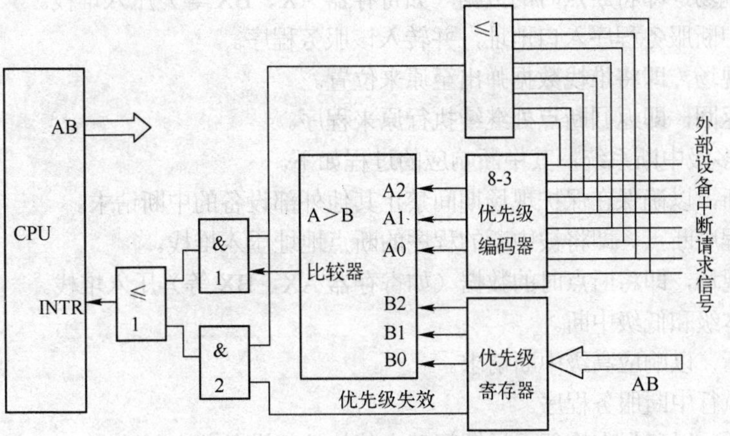

图 7-5　中断优先级编码器原理图

该电路中可管理 8 级中断源，当任一中断源发出中断请求信号时，或门都将输出一个有效信号至与门 1 和与门 2 的输入端，该信号能否触发 CPU 的 INTR 引脚，取决于与门的另一输入端信号电平。

电路中，8 个中断请求信号并接在 8-3 优先级编码器，编码器自动对中断源按优先级从低到高编码，分别为 000～111。当多个中断源同时申请中断时，优先级编码器则输出优先级最高的编码；与此对应的是由数据总线将正在执行中断服务的中断源的优先级送入优先级寄存器，二者经比较器比较，若 A2A1A0>B2B1B0，说明当前申请中断的优先级高于正在进行的中断优先级。于是，比较器输出“1”，与门 1 开门，中断请求信号进入 INTR，CPU 暂停当前操作，响应当前级别高的中断请求。若 A2A1A0≤B2B1B0，与门 1 仍关闭，则 CPU 不响应当前中断请求。若 CPU 正在执行的是主程序，则优先级失效信号为“1”，与门 2 开门，中断请求信号经与门 2 进入 INTR。

A2A1A0 同时还可以用于区别 8 级中断处理程序的中断向量（即入口地址）。

3．中断过程

中断过程主要包括：中断请求、中断判优、中断响应、中断处理（执行中断服务程序）、中断返回 5 个过程。

中断请求及中断判优前面已作介绍，下面主要介绍中断响应和中断处理等。

（1）CPU 响应中断的条件

CPU 在接收到中断请求信号后，并不是立即响应中断，CPU 响应中断的条件如下。

1）有中断请求信号。

2）中断请求没有被屏蔽。

3）中断是开放的，即允许 CPU 响应中断。

4）CPU 在现行指令执行结束时响应中断。

（2）中断响应过程

中断响应过程是指在 CPU 响应中断后的处理过程。

1）对于单级中断系统，其中断响应的过程如下。

① 关中断，即 CPU 在中断响应过程中不再响应其他中断源的中断。

② 保存程序断点，即将被中断的程序的断点地址压入堆栈。

③ 保护现场，即将断点时的数据（如寄存器 AX、BX 等）压入堆栈。

④ 给出中断服务程序入口地址，并转入该服务程序。

⑤ 恢复现场，即将堆栈数据弹出至原来位置。

⑥ 中断返回，即返回断点处继续执行原来程序。

2）对于多级中断系统，其中断响应的过程如下。

① 关中断，以确保在保护现场期间禁止其他外部设备的中断请求。

② 保存程序断点，即将被中断的程序的断点地址压入堆栈。

③ 保护现场，即将断点时的数据（如寄存器 AX、BX 等）压入堆栈。

④ 屏蔽本级和低级中断。

⑤ 开中断，以响应高级中断请求。

⑥ 转入执行中断服务程序。

⑦ 关中断，以确保在恢复现场期间禁止其他外部设备的中断请求。

⑧ 恢复现场，即将堆栈数据弹出至原来位置。

⑨ 开中断。

⑩ 中断返回，即返回断点处继续执行原来的程序。

7.1.2　80x86 中断系统

1．8086 中断源

8086 中断系统的中断源分为两大类：内部中断和外部中断，如图 7-6 所示。

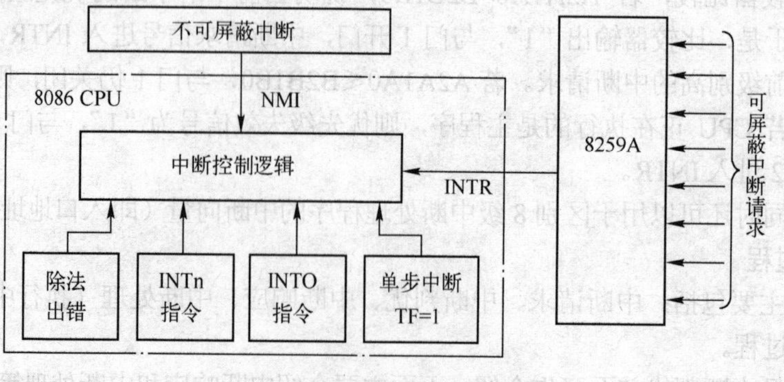

图 7-6　8086 中断系统

（1）内部中断

由 CPU 本身启动或执行中断指令而产生的中断称为内部中断。

内部中断是不可屏蔽中断，其中断源为两种情况：执行软件中断指令（INTn）产生的中断；由硬件自动产生中断请求，然后调用中断指令产生的中断。

1）溢出中断（硬件中断）：当运算结果超出允许范围置 OF=1 时，由硬件自动执行溢出中断指令（INT0），产生一个中断类型码为 4 的中断（中断类型码在本节中介绍）。

2）除法出错中断（硬件中断）：当进行除法运算时，若除数为 0 称作除法出错。该事件就相当于一个中断源，由硬件自动产生一个中断类型码为 0 的中断。

3）单步中断（硬件中断）：当标志位 TF 置“1”时，8086 CPU 处于单步工作方式，这时 CPU 在每条指令执行后由硬件自动产生一个中断类型码为 1 的中断，单步方式主要用于程序调试。

4）软件中断：由指令 INTn 引起的中断，在程序中可直接引用。软件中断进一步分为 BIOS 中断和 DOS 中断。

（2）外部中断

外部中断是由外部设备作为中断源发出请求信号而引起的中断。

1）可屏蔽中断。在 80x86 系统中，可屏蔽中断由外部设备的中断请求信号通过中断控制器 8259 输出高电平触发 CPU 引脚 INTR。当中断允许标志位 IF=1（即 CPU 开中断）时，CPU 才能响应 INTR 的中断请求。如果 IF=0（即关中断），即使 INTR 端有中断请求信号，CPU 也不会响应。这种情况称为中断屏蔽。

2）不可屏蔽中断。所谓不可屏蔽中断，就是 CPU 必须响应的中断，该中断不受中断允许标志位 IF 限制，不可屏蔽中断由中断源的中断请求信号以电压正跳变（即边沿触发）方式触发 CPU 引脚 NMI。这种中断一旦产生，在 CPU 内部直接产生中断类型号为 2 的中断。不可屏蔽中断常用来通知 CPU 发生了突发性事件，如电源掉电、存储器读/写出错、总线奇偶位出错等。不可屏蔽中断优先权高于可屏蔽中断。

2. 中断向量表

由以上可知，计算机系统中的中断源既有系统引起的中断，也有外部设备引起的中断；既有软件中断，也有硬件中断；既有突发事件中断，也有一般端口请求中断；既有可屏蔽中断，也有不可屏蔽中断等。8086 系统提供支持最多 256 种不同的中断，为了便于管理和方便编程，256 种中断分别以 0～255 的序号表示中断的类型码（如除法出错为 0 号中断，NMI 为 2 号中断等）。

对于每一个在用的中断源，或者说每一种类型的中断，都必须有相应的中断服务程序，中断服务程序的入口地址称为中断向量。每个中断向量占用存储单元 4 字节，前两字节（低位在前高位在后）存储中断服务程序入口地址的 16 位段内地址（即偏移量 IP），后两字节（低位在前高位在后）存储中断服务程序入口地址的 16 位段地址（即段地址 CS）。按照中断类型码由小到大的顺序，把 256 个中断的中断向量集中地存放在连续的存储空间中，这个存储空间称为中断向量表。中断向量表（又称中断指针表或中断地址表）是存放中断服务程序入口地址的表格，它固定存放在存储器的地址为 0000:0000～0000:03FFH 的低端空间，共 256×4=1024 字节，如图 7-7 所示。

8086 系统已对 256 个中断类型进行分配，见表 7-1。

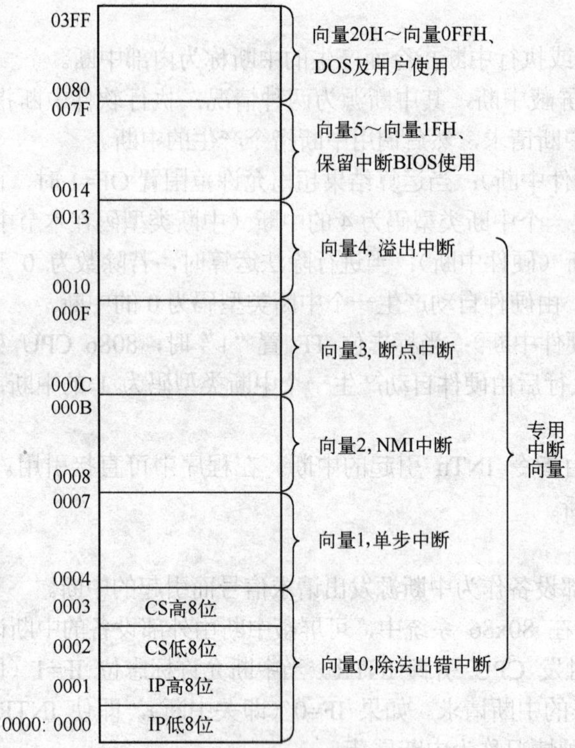

图 7-7　8086 系统中断向量表

表 7-1　中断类型号与向量存放地址对应表

中断类型号	中断向量存放起始地址	中断服务程序名称	中断类型号	中断向量存放起始地址	中断服务程序名称
00H	0000H	除法出错中断	10H	0040H	显示器驱动程序
01H	0004H	单步中断	11H	0044H	设备检测程序
02H	0008H	非屏蔽中断	12H	0048H	存储器检测程序
03H	000CH	断点中断	13H	004CH	软盘驱动程序
04H	0010H	溢出中断	14H	0050H	通讯驱动程序
05H	0014H	屏幕打印中断	15H	0054H	盒式磁带驱动程序
06H	0018H	（保留）	16H	0058H	键盘驱动程序
07H	001CH	（保留）	17H	005CH	打印机驱动程序
08H	0020H	日时钟中断	18H	0060H	磁带 BASIC
09H	0024H	键盘中断	19H	0064H	引导程序
0AH	0028H	（保留）	1AH	0068H	日时钟程序
0BH	002CH	同步通信中断	1BH	006CH	（保留）
0CH	0030H	异步通信中断	1FH	007CH	（保留）
0DH	0034H	硬盘中断	21H	0084H	DOS 系统功能调用
0EH	0038H	软盘中断	60～67H	(60～67H) ×4	供用户定义的中断
0FH	003CH	打印中断	F1～FFH	(F1～FFH) ×4	未用

中断类型号 n 与中断向量地址的关系式：中断向量地址＝n×4。

例如，1AH 类中断，其中断向量地址应为 n×4＝1AH×4=68H。

再如，某中断源向 CPU 发出中断请求并给出中断类型码 n，由于每个中断向量占用 4 个字节单元，故类型码为 n 的中断向量在中断向量表中存储单元的地址为 n×4，CPU 找到该地址对应的 4 个内存字节单元，将前两字节内容送入 IP，后两字节单元内容送入 CS 后，由此转入中断服务程序。

例如，内部溢出中断的中断类型码 n=4，在发生溢出中断时，在中断向量表中地址为：n×4=4×4=0010H，以该地址开始的连续 4 个存储单元（0010H～0013H）的内容为中断向量。

3．80x86 中断描述符

对于 80386～80586 微处理器系统，是采用中断描述符（Interrupt Descript Table，IDT）来管理各级中断的。IDT 最多为 256 个，对应 256 个中断源。若微处理器工作在实地址方式，IDT 表就是 8086 系统的中断向量表，其结构、内存位置及操作与前述基本相同。若微处理器工作在保护方式，IDT 表可位于内存的任何空间，它的起始地址可写入微处理器内部的中断描述符寄存器 IDIR。IDIR 的内容包括起始基地址及范围，有了它和中断向量，即可获取相应的中断描述符。

4．中断类型号的获取

8086 CPU 在响应中断后，必须获取该中断的中断类型码，然后在中断向量表中得到中断处理程序的入口地址，送入 CS:IP。

1）内部中断和异常处理及非屏蔽中断时，系统自动产生中断类型号并转入相应的中断处理程序入口。

2）对于软件中断 INTn 指令，指令中 n 即为中断类型码。

3）对于可屏蔽中断由 CPU 的引脚 INTR 引入，其中断类型号由中断控制器芯片 8259（下面介绍）在初始化编程时确定。

8086 系统中断类型的优先级按从高到低可分为：内部中断和异常→软件中断→非屏蔽中断→外部可屏蔽中断。

【例 7-1】 某中断源使用类型码 n=10H，其中断处理程序的地址（中断向量）为 20A0H:1234H，指出该中断向量在中断向量表中应如何存放并编写程序段。

由于 10H×4=40H，在中断向量表地址为 0040H～0043H 存储单元中，前两个单元 0040H 和 0041H 应存放地址偏移量 1234H，后两个单元 0042H 和 0043H 应存放段地址 20A0H，如图 7-8 所示。

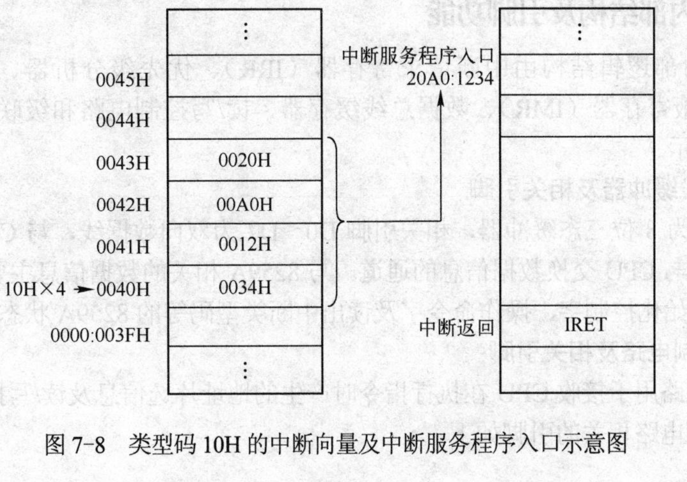

图 7-8　类型码 10H 的中断向量及中断服务程序入口示意图

程序段如下。

```
CLI                     ;关中断
MOV  AX, 0
MOV  ES, AX             ;置附加段基地址为 0
MOV  DI, 10H*4          ;置附加段偏移地址到 DI
MOV  AX, 1234H          ;置中断程序首地址的偏移量到 AX
CLD
STOSW                   ;填偏移量存放到中断地址表
MOV  AX, 20A0H          ;置中断程序的段基地址到 AX
STOSW                   ;填段基地址存放到中断地址表
STI                     ;开中断
```

7.2 8259A 可编程序中断控制器

一般情况下，外部设备中断请求必须通过 8086 CPU 仅有的可屏蔽的中断请求输入端 INTR 引入。为了使多个外部设备能以中断方式与 CPU 进行数据交换，需要判断各个外部设备的优先级、设定其中断类型码等。因而，必须设计硬件中断控制接口电路。80x86 系统采用专用的中断控制器芯片 8259A 实现外部中断与 CPU 的接口功能。

7.2.1 8259A 中断控制器逻辑功能

8259A 是一种可编程中断控制器芯片，它的主要功能如下。

1）一片 8259A 可管理 8 个中断请求，具有 8 级优先权控制。可以通过对 8259 编程进行指定，并把当前优先级最高的中断请求送到 CPU 的 INTR 端。

2）可通过多个 8259A 的级联，最高可扩展到允许 9 片 8259 级联、64 级中断请求优先权管理。

3）对任何一级中断可实现单独屏蔽。

4）当 CPU 响应中断时，向 CPU 提供相应中断源的中断向量。

5）具有多种优先权管理模式，且这些管理模式多能动态改变。

7.2.2 8259A 内部结构及引脚功能

8259A 的内部逻辑结构由中断请求寄存器（IRR）、优先级分析器、中断服务寄存器（ISR）、中断屏蔽寄存器（IMR）、数据总线缓存器、读/写控制电路和级联缓冲器/比较器组成，如图 7-9 所示。

1．数据总线缓冲器及相关引脚

总线缓冲器为 8 位三态缓冲器，相关引脚 D0～D7 为双向数据线，与 CPU 的数据总线连接，用于 8259A 与 CPU 交换数据信息的通道。与 8259A 相关的数据信息主要有：编程实现输入给 8259A 的初始化控制字、操作命令字及读出中断类型码等的 8259A 状态信息。

2．读/写控制电路及相关引脚

读/写控制电路用于接收 CPU 在执行指令时产生的地址片选信息及读/写控制命令。

与读/写控制电路相关的引脚如下。

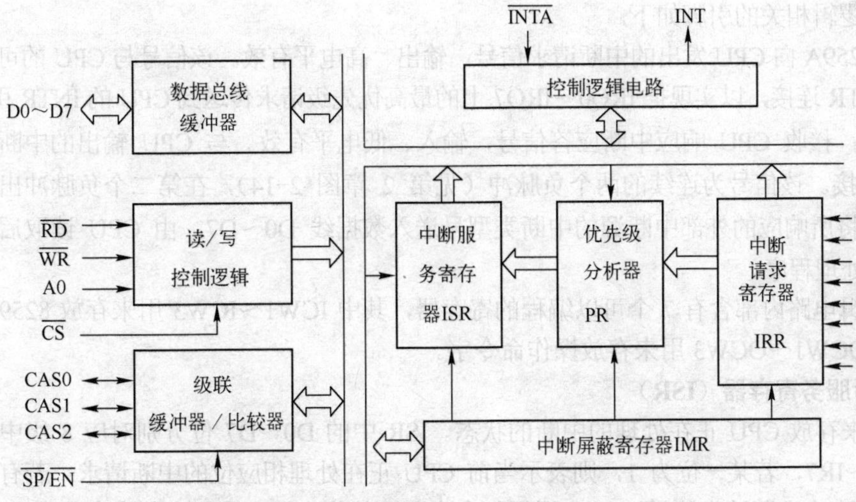

图 7-9　8259A 逻辑结构及功能引脚

$\overline{CS}$：片选输入信号，低电平有效。一般由 CPU 地址线经译码输出作为选片控制信号。

A0：片内端口选择。8259A 片内设有两个端口地址对应两个寄存器，用 A0 的不同状态（0 和 1）选择不同的寄存器。若 A0 与 CPU 地址总线的 A1 引脚相连且地址总线的 A0=0，则这两个端口地址为偶地址；若 A0 与 CPU 地址总线的 A0 引脚相连，则两个端口为奇偶地址，故该引脚又称奇/偶地址选择信号。对于 8086 系统，若 8259A 的数据线与 CPU 的低 8 位数据线连接，必须保证 8259 端口地址为偶地址。

$\overline{RD}$：读信号线，输入、低电平有效。它与 CPU 的读控制信号 $\overline{RD}$ 连接。该信号线用于通知 8259A 把某个内部寄存器的内容或中断类型码送数据线 D0～D7，以供 CPU 读取。

$\overline{WR}$：写信号线，输入、低电平有效，它与 CPU 的写控制信号 $\overline{WR}$ 连接。该信号线用于通知 8259A 从数据线接收数据，并写入内部某个寄存器。

3．级联缓冲器/比较器及相关引脚

级联缓冲器/比较器用于多片 8259A 连接时联络信号。

与级联缓冲器/比较器相关的引脚有：

CAS0～CAS2：级联信号线，在主从式连接的多片 8259A 组成的中断控制器中，该信号线在主片中作为输出，在从片中作为输入。

$\overline{SP}/\overline{EN}$：主从片选择/缓冲器允许信号线、双向。作为输入信号时，若为高电平，则该片为主片，否则，该片为从片；作为输出信号时，用于控制数据总线缓冲器的接收和发送的控制。

4．中断请求寄存器（IRR）

IRR 用来存放从外部设备来的 8 个中断请求信号 IRQ0 ～ IRQ7，输入、高电平有效。

5．中断屏蔽寄存器（IMR）

IMR 用来存放 CPU 送来的各级中断请求的屏蔽信号，高电平为有效屏蔽信号。

6．优先权判别器（PR）

PR 用来管理和识别各个中断源的优先级别。

7．控制逻辑电路及相关引脚

控制逻辑电路的主要功能是根据 IRR 和 PR 的判定结果，发出控制命令。

与控制逻辑相关的引脚如下。

INT：8259A 向 CPU 发出的中断请求信号，输出、高电平有效。该信号与 CPU 的可屏蔽中断输入端 INTR 连接，以实现把 IRQ0～IRQ7 上的最高优先级请求传送到 CPU 的 INTR 引脚。

$\overline{\text{INTA}}$：接收 CPU 响应中断应答信号，输入、低电平有效。与 CPU 输出的中断应答信号 INTA 连接。该信号为连续的两个负脉冲（见第 2 章图 2-14），在第二个负脉冲出现后，8259A 自动将所响应的外部中断源的中断类型号送入数据线 D0～D7，由 CPU 读取后，执行相应的中断处理程序。

控制逻辑电路内部含有 7 个可以编程的寄存器，其中 ICW1～ICW3 用来存放 8259A 的工作方式字；OCW1～OCW3 用来存放操作命令字。

8．中断服务寄存器（ISR）

ISR 用来存放 CPU 正在处理的中断的状态。ISR 中的 D0～D7 位分别对应 8 级中断请求输入端 IR0～IR7，若某一位为 1，则表示当前 CPU 正在处理相应位的中断请求；若有多位为 1，则表示有多个中断请求信号。CPU 根据每个中断源的优先级，进入中断嵌套状态。

7.2.3 8259A 的工作过程

8259A 的工作过程如下。

1）使用 8259A 之前，必须对 8259A 进行初始化。由 CPU 向 8259A 写入若干初始化命令，以规定 8259A 的工作状态等。完成初始化后，8259A 按完全嵌套方式工作（IRQ0 优先级最高，并依次递减）。

2）外部的中断请求由输入端 IRQ0～IRQ7 进入 8259A，一条或多条中断请求（IRQ0～IRQ7）变为高电平，使 IRR 相应位置“1”，表示有中断请求。

3）中断请求锁存在中断请求寄存器（IRR）中，并与中断屏蔽寄存器（IMR）进行与操作，即把有中断请求信号并且未被屏蔽的输入端送入判优电路。

4）优先级判定电路选出优先级最高的中断请求位，并置位服务寄存器（ISR）的相应位。

5）控制电路接受该中断请求，通过 INT 引脚向 CPU 发出中断请求信号。

6）如果此时 CPU 中的 IF=1，即 CPU 开中断接受中断请求，则在 CPU 完成当前指令后进入中断响应过程，CPU 以连续两个负脉冲（中断响应 INTA 周期）作为回答。

7）若 8259A 是主控的中断控制器，则在 INTA 周期的第一个负脉冲到来时，把级联地址从 CAS2～CAS0 输出；若 8259A 单独使用时，或是由 CAS2～CAS0 选择的从控制器，在第二个负脉冲到来时，将被响应中断源的 8 位中断类型码输出给数据总线。

8）CPU 读取中断类型码，在中断向量表中找到中断向量，转移到相应的中断处理程序入口执行。如果要在 8259A 工作过程中改变它的操作方式，则必须在主程序或中断服务程序中向 8259A 发出操作命令字。

9）中断结束，CPU 向 8259A 输出中断结束（EOI）指令，使 IRR 复位。

7.2.4 8259A 编程

8259A 有两种寄存器可以通过编程实现对 8259A 的初始化设置和工作方式的选择。

一种是初始化命令字寄存器 ICW1～ICW4，用于存放 CPU 通过指令送入 8259A 的初始化命令字。各寄存器的功能如下。

ICW1：决定 8259A 的工作方式。

ICW2：设定可屏蔽中断的中断类型码（高 5 位）。

ICW3：仅用于级联方式。

ICW4：设定 8259A 的优先级管理方式、EOI 方式等。

另一种是操作控制字寄存器 OCW1～OCW3，用于在初始化编程后，存放 CPU 在系统运行中通过指令送入 8259A 的工作命令字。各寄存器的功能如下。

OCW1：用来设置中断源的屏蔽状态。

OCW2：用来设置中断结束的方式和修改为循环方式的中断优先权管理方式。

OCW3：用来设置特殊屏蔽方式和查询方式，并用来控制 8259A 内部状态字 IRR、ISR 的读出。

1．初始化命令字

8259A 在开始工作之前，必须进行初始化编程。

初始化编程主要包括以下内容。

设置中断请求的触发方式（电平触发或边沿触发）。

设置 8259A 是单片工作方式还是多片级联工作方式；是主片还是从片。

设置中断源的中断类型码（只需设置 IRQ0 的中断类型码）。

初始化命令字由初始化程序填写，在整个系统工作中保持不变。8259A 共有 4 个初始化命令字，它们必须按顺序填写，且 ICW1 写在 8259A 偶地址端口中，其余 3 个写入 8259A 奇地址端口中。

（1）ICW1——芯片控制初始化命令字

ICW1 写在偶地址端口（8259A 的 A0=0 时），在 IBM PC/XT 中，该寄存器的地址定义为 20H。其格式和各位功能如下。

D7	D6	D5	D4	D3	D2	D1	D0
			1	LTIM	ADI	SNGL	IC4

D0 位（IC4）：用来表示后面是否要设置 ICW4。该位为 1 时，表示要写入 ICW4 命令字；该位为 0 时，则不设置 ICW4。由于 8086 系统必须对 ICW4 进行设置，故在 8086 系统中，D0=1。

D1 位（SNGL）：用来表示本片 8259A 是否与其他片级联。该位为 1 时，表示系统仅用 1 片 8259A；该位为 0 时，表示系统用多片 8259A 组成级联方式。

D2 位（ADI）：在 8086 系统中，该位不起作用，可任意选择为 1 或 0。

D3 位（LTIM）：用来设定中断请求信号触发方式。若 LTIM=0，表示中断请求信号为上升沿触发有效；若 LTIM=1，表示中断请求信号为高电平触发有效。

D4 位：命令字 ICW1 的标志位。由于 ICW1 和下面将要介绍的 OCW2 和 OCW3 共用片内偶地址（即 8259 片内 A0=0），D4 位用来区分是写入 ICW1 还是写入 OCW2 和 OCW3。若 D4=1，表示写入初始化命字写入 ICW1。

D7～D5 位：系统中未使用，可任意选择为 1 或 0。

（2）ICW2——中断类型码初始化命令字

ICW2 用来设置与外部中断源相应的中断类型码，它写入 8259A 的奇地址（8259A 的 A0=1）。在 IBMPC/XT 机中，该寄存器的地址定义为 21H。其格式与各位功能如下。

D7	D6	D5	D4	D3	D2	D1	D0
T7	T6	T5	T4	T3	0	0	0

中断类型码高5位由CPU送入　　中断类型码低3位由中断请求引脚IRQ7～IRQ0决定

D7～D3 位：用来存放由 CPU 通过编程送入的中断类型码的高 5 位，对于 IRQ0～IRQ7 每一个中断源的中断类型码来说，高 5 位是相同的。

D2～D0 位：用来产生 8 种代码，分别表示 IRQ0～IRQ7，每一个中断源的中断类型码的低 3 位，由中断请求引脚决定，IRQ0～IRQ7 各引脚分别对应中断类型码的低 3 位为 000～111。

例如，设置 ICW2 的高 5 位 D7～D3 为 00110B、低三位 D2～D0 为 000B，即 ICW2 为 30H，则对应各中断请求引脚的中断类型码自动生成为：

IRQ7	IRQ6	IRQ5	IRQ4	IRQ3	IRQ2	IRQ1	IRQ0
↓	↓	↓	↓	↓	↓	↓	↓
37H	36H	35H	34H	33H	32H	31H	30H

（3）ICW3——主/从片初始化命令字

当 ICW1 的 D1=0，表示多片 8259A 级联时，初始化 ICW3 才有意义，它写入 8259A 的奇地址（8259A 的 A0＝1）。在 IBM PC/XT 机中，该寄存器的地址定义为 21H。

1）8259A 作为主片时 ICW3 的格式如下。

D7	D6	D5	D4	D3	D2	D1	D0
IR7	IR6	IR5	IR4	IR3	IR2	IR1	IR0

D7～D0 位：对应该片引脚 IR7～IR0 的对外连接情况。若某位为 1，则表示 8259A 级联时该引脚接从片；若某位为 0，表示该引脚未接从片。

2）8259A 作为从片时 ICW3 的格式如下。

D7	D6	D5	D4	D3	D2	D1	D0
0	0	0	0	0	ID2	ID1	ID0

D2～D0 位（ID2～ID0）：它表示从片的 INT 引脚接在主片的 IRQ0～IRQ7 的哪一个输入引脚上。例如，当本片作为从片接在主片的 IRQ1 时，则 ICW3 的 D2～D0 位应为 001。

D7～D3 位：取 0。

（4）ICW4——控制初始化命令字

只有当 ICW1 的 D0 位为 1 时才设置 ICW4。ICW4 写入奇地址。

ICW4 格式如下。

D7	D6	D5	D4	D3	D2	D1	D0
0	0	0	SFNM	BUF	M/S	AEOI	μPM

D7～D5 位均为 0，作为 ICW4 的标志码。

D4 位（SFNM）：表示特殊完全嵌套方式，D4=1，表示 8259A 工作在特殊完全嵌套方式；D4=0，表示工作在正常完全嵌套方式。

D3 位（BUF）：该位为 1，表示缓冲器方式；为 0 表示非缓冲器方式。

D2 位（M/S）：用于确定主从控制器，该位为 1，表示为主控制器；为 0 表示从控制器。

单片 8259 工作时，该位不起作用。

D1 位（AE01）：用于确定中断结束方式，该位为 1，表示工作在自动中断结束（AEOI）方式；该位为 0，表示工作在非自动中断结束方式。

D0 位（μPM）：用于确定 CPU 类型。该位为 1，表示 8086/8088 系统；为 0 表示 8080/8085 系统。

2．操作命令字

CPU 向 8259A 写完初始化命令字后，8259A 就可以开始工作，负责处理 I/O 设备向 CPU 提出的中断请求。为了进一步提高 8259A 的中断处理能力，需要改变 8259A 的工作状态，CPU 向 8259A 发出一些控制命令，这些控制命令称为操作命令字，它们存放在寄存器 OCW1、OCW2 和 OCW3 中。

（1）OCW1——中断屏蔽操作命令字（8 位 D7～D0）

OCW1 写入 8259A 奇地址端口，用来设置或清除 IMR 各位，D7～D0 分别对应 IRQ7～IRQ0 的中断屏蔽位。若 Di=1，则相应的 IRQi 的中断请求被屏蔽；若 Di=0，则允许 IRQi 产生中断。

例如：OCW1=00000110B=06H，表示 IRQ2 和 IRQ1 引脚的中断申请被屏蔽，其他引脚的中断请求允许。

例如：在 PC/XT 中，8259A 两个端口地址被定义为 20H 和 21H。若只允许键盘中断，其他设备被屏蔽，可设置如下中断屏蔽字。

```
MOV AL,11111101B
OUT   21H，AL
```

如果系统重新增设键盘中断，其他中断源保持原来的状态，则可用下列指令实现。

```
IN    AL，21H
AND AL,  11111101B
OUT 21H, AL
```

（2）OCW2——设置优先级循环方式和中断结束方式的操作命令字

OCW2 写入偶地址端口，其格式如下。

D7	D6	D5	D4	D3	D2	D1	D0
R	SL	EOI	0	0	L2	L1	L0

D4D3=00，为 OCW2 的标志码。

D7 位（R）和 D6 位（SL）：R=0 时，为固定优先级方式，即 IRQ7 优先级最高，IRQ0 优先级最低，此时其他 5 位无意义；R=1 且 SL=0，为循环优先级方式（初始优先级队列为 IRQ0～IRQ7），当某一设备的中断请求被响应后，则该设备优先级降为最低；R=1 且 SL=1，为优先级特殊循环方式，可以编程设定 L2、L1、L0 编码指定相应设备为最低优先级。

D5 位（EOI）：中断结束命令位。D5=1 且 SL=0 时，发出中断结束命令，使当前中断服务寄存器 ISR 中被响应的位复位；D5=1 且 SL=1 时，发出的中断结束命令，由 L2、L1、L0 代码指出 ISR 的某位置“0”。

（3）OCW3——对特殊屏蔽方式、中断查询方式和内部寄存器的设置操作命令

OCW3 写入偶地址端口，其格式如下。

D7	D6	D5	D4	D3	D2	D1	D0
0	ESMM	SMM	0	1	P	RR	RIS

D4D3=01，为 OCW3 的标志码。

8259A 有两种屏蔽方式：正常屏蔽方式和特殊屏蔽方式。正常屏蔽方式指当 CPU 正在为某一优先级的 I/O 设备服务时，可接受优先级比该 I/O 设备高的中断请求；特殊屏蔽方式指 8259A 能否接受其他 I/O 设备的中断请求，取决于 IMR 中相应的值（为 0 时，8259A 才能接受相应的中断请求）。

D6 位（ESMM）：特殊屏蔽方式允许位。D6=1 时，SMM 位有效；D6=0 时，SMM 无效。

D5 位（SMM）：特殊屏蔽方式位。当 D5=1 时，任一中断请求都可被响应；当 D5=0 时，低级或同级中断请求被禁止。

D2 位（P）：查询命令位。D2=1 时，可使 8259A 与 CPU 的通信方式由中断方式改为中断查询方式。8259A 使用查询工作方式时，即使 CPU 关中断，也可以通过查询程序将 ISR 中的相应位置位，使 CPU 通过读取查询字来获得相应 I/O 设备的中断请求信息。当 CPU 写入 OCW3 中的 P 位为 1 时，8259A 就进入查询方式。

D1 位（RR 位）和 D0 位（RIS）：RR=1，RIS=0 时，可读取 IRR 的内容；RR=1，RIS=1 时，允许读取 ISR 的内容。8259A 初始化后，A0=0，端口将自动对应于 IRR。

在 8259A 初始化及对寄存器进行读写操作时应注意以下方面。

1）初始化命令字对 ICW1、ICW2 必须写入，ICW3、ICW4 根据需要确定是否写入。写入时，ICW1～ICW4 必须按顺序设定，在写入偶地址 ICW1 后，下一个写入奇地址的命令字必然是 ICW2，且在整个工作过程中保持不变。

2）A0=0（片内偶地址）：写入的有 ICW1（标志码 D4=1）、OCW2（标志码 D4D3=00）、OCW3（标志码 D4D3=01），由于片内地址相同，所以由标志码区别；读出的有 IRR、ISR（由 OCW3 的 D1D0 位区别）。

3）A0=1（片内奇地址）：写入的有 ICW2、ICW3、ICW4、OCW1（OCW1 只能在初始化以后，程序运行过程中写入，由此区别）；读出的有 IMR。

【例 7-2】 设 8259A 的偶地址端口为 80H、奇地址端口为 81H，单片使用、上升边沿触发。

初始化程序如下。

```
MOV  AL,    13H          ;设置 ICW1
OUT  80H,   AL
MOV  AL,    60H          ;设置 ICW2(中断类型码为 60H～67H)
OUT  81,    AL
```

【例 7-3】 设 8259A 的偶地址端口为 80H、奇地址端口为 81H，CPU 需要了解哪几个中断源在申请中断。

初始化程序如下。

```
MOV  AL,    0AH          ;设置 8259A 为查询方式，允许读 IRR
OUT  80H,   AL
NOP
IN   AL,    80H          ;读取 IRR
```

7.2.5 8259A 应用实例

1．8259A 在 IBM PC/XT 中的应用

在 IBM PC/XT 中，使用 1 片 8259A 可管理外部 8 级可屏蔽中断，参阅图 7-10 中的 8259A 主片部分。系统分配给 8259A 的端口地址为 20H 和 21H，普通中断结束方式，采用固定优先级。8 级中断源 IRQ0～IRQ7 对应的中断类型码为 08H～0FH。见表 7-2 所示。

表 7-2 IBM PC/XT 外部中断源

中　断　源	中断请求端	中断类型码
日时钟	IRQ0	08H
键盘	IRQ1	09H
未用	IRQ2	0AH
串口 2	IRQ3	0BH
串口 1	IRQ4	0CH
硬盘	IRQ5	0DH
软盘	IRQ6	0EH
并口 1（打印机）	IRQ7	0FH

8259A 在 IBM-PC/XT 的初始化程序如下。

```
MOV   AL,    13H
OUT   20H,   AL          ;写入 ICW1
MOV   AL,    08H
OUT   21H,   AL          ;写入 ICW2
MOV   AL,    09H
OUT   21H,   AL          ;写入 ICW4
```

8259A 的 IRQ2 系统未使用，可留给用户使用。当系统有较多的中断源时，可利用 IRQ2 扩展连接另一片 8259A.。

2．8259A 在 IBM PC/AT 中的应用

在 IBM PC/AT 中，使用两片 8259A 可管理外部 15 级可屏蔽中断，如图 7-10 所示。

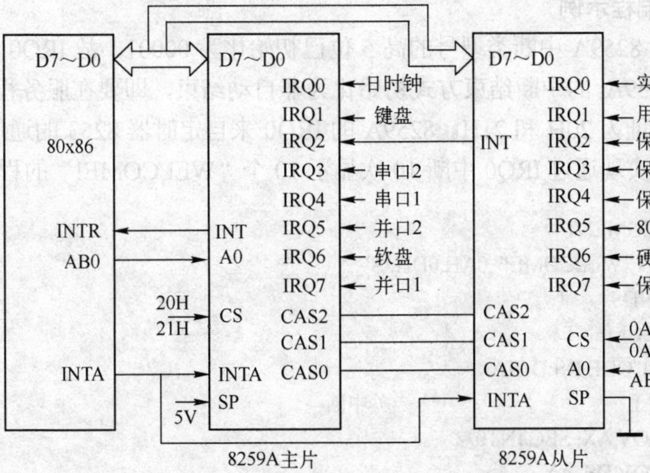

图 7-10 两片 8259A 中断控制系统

系统分配给主片 8259A 的端口地址为 20H 和 21H，分配给从片 8259A 的端口地址为 A0H 和 A1H；主片 8259A 的 IRQ0～IRQ7 对应的中断类型码为 08H～0FH，从片 8259A 的 IRQ0～IRQ7 对应的中断类型码为 70H～77H；从片的 INT 接主片的 IRQ2，主片和从片均采用边沿触发；采用全嵌套优先级排列方式，采用非缓冲方式，主片 SP 接+5V，从片 SP 接地。

初始化程序如下。

```
                                ;初始化 8259A 主片
MOV   AL，11H                   ;ICW1 级联，需设 ICW3
OUT   20H，AL
JMP   SHORL$+2                  ;I/O 端口操作延时
MOV   AL，08H                   ;ICW2 设置起始中断类型号 08H
OUT   21H，AL
JMP   SHORL$+2
MOV   AL，04H                   ;ICW3，主片 IRQ2 接从片 INT
OUT   21H，AL
JMP   SHORL$+2
MOV   AL， 11H                  ;ICW4
OUT   21H， AL
                                ;初始化 8259A 从片
MOV   AL，11H                   ;ICW1
OUT   0A0H，AL
JMP   SHORL$+2                  ;I/O 端口延时操作
MOV   AL，70H                   ;ICW2 设置起始中断类型号为 70H
OUT   0A1H，AL
MOV   AL，02H                   ;ICW3  从片 INT 接主片 IRQ2
OUT   0A1H，AL
JMP   SHORL$+2
MOV   AL，01H                   ;ICW4
OUT 0A1H，AL
```

3．8259A 应用编程示例

已知主机启动时 8259A 中断类型号的高 5 位已初始化为 00001，故 IRQ0 的中断类型号为 08H(00001000B)；8259A 的中断结束方式初始化为非自动结束，即要在服务程序中发 EOI 命令；8259A 的端口地址为 20H 和 21H。8259A 的 IRQ0 来自定时器 8253 的通道 0，每隔 55ms 产生一次中断，编写实现通过 IRQ0 中断 10 次显示 10 个“WELCOME!”的程序。

```
DATA      SEGMENT
MESS      DB "WELCOME!",0AH,0DH,'$'
DATA      ENDS
CODE      SEGMENT
ASSUME CS:CODE,DS:DATA
START:    CLI                           ;关中断
          MOV AX, SEG INT0
          MOV DS, AX
          MOV DX, OFFSET INT0
          MOV AX, 2508H
```

```
            INT 21H                  ;设置中断向量表
            IN AL, 21H               ;读中断屏蔽寄存器
            AND AL, 0FEH             ;开放 IRQ0 中断
            OUT 21H, AL              ;设置中断屏蔽寄存器
            MOV CX, 10               ;设置中断次数
            STI                      ;开中断
LL:         JMP LL                   ;等待中断
INT0:       MOV AX, DATA             ;中断服务程序
            MOV DS, AX
            MOV DX, OFFSET MESS
            MOV AH, 9
            INT 21H                  ;显示每次中断的提示信息
            MOV AL, 20H
            OUT 20H, AL              ;发出 EOI 结束中断
            DEC CX
            JZ EXIT
            STI
            IRET                     ;中断返回
EXIT:       CLI
            MOV AH, 4CH
            INT 21H                  ;关中断，返回 DOS
CODE        ENDS
            END START
```

7.3 中断应用

本节主要介绍微型计算机系统 ROM BIOS 中断调用、DOS 系统功能调用及中断应用程序的设计步骤，并通过典型实例详细介绍基于 Protues 软件的 8259A 接口电路软硬件仿真调试过程。

7.3.1 ROM BIOS 中断调用

BIOS（Basic I/O System）即基本输入/输出系统。在 80x86 微机系统中，BIOS 被固化在为 0FE000H 开始的 8KB 的 ROM 区，又称 ROM BIOS。

ROM BIOS 以中断方式向用户提供低层服务软件，包括开机自检、引导装入、显示器、通信接口、键盘、打印机的字符传送、图形发生、键盘的读/写等。

计算机上电时，BIOS 自动调入内存。

使用 BIOS 中断调用给用户编程带来很大方便，程序员不必了解 I/O 接口的结构和组成的细节，可直接用指令设置参数，BIOS 中断服务程序的调用步骤如下。

1）在 AH 寄存器中设置需要调用的中断服务程序的功能号。

2）设置中断服务程序的入口。

3）通过 INTn 指令调用 BIOS 处理程序，n 为中断类型码。

4）有些处理程序结束后，可以取得出口参数。

下面举例介绍 BIOS 中断调用。

【例 7-4】 指令：INT 10H，功能号：AH=2，功能是将光标定在屏幕的第 12 行第 1 列。

入口参数：　AH=2

BH=显示页号

DH=行

DL=列

出口参数：无

程序段如下。

```
MOV    AH, 02H        ;功能 2
MOV    BH, 0          ; 0 页
MOV    DH, 12H        ;第 12 行
MOV    DL, 01H        ;第 1 列
INT    10H
```

【例 7-5】 指令：INT 16H，AH=0，功能：从键盘读入一个字符送入 AL。

入口参数：AH=0

出口参数：AL

指令段：

```
MOV    AH, 0          ;功能 0
INT    16H            ;从键盘输入一个字符, 该字符的 ASCII 码送入 AL
```

【例 7-6】 指令：INT 17H，AH=0，功能：将 AL 寄存器中的 ASCII 码表示的字符送打印机打印。

入口参数：AH=0 ，AL 的内容为要打印字符的 ASCII 码，DX 为打印机号。

指令段：

```
MOV    AH, 0          ;功能 0
MOV    DX, 0          ;0 号打印机
INT    17H            ;打印 AL 寄存器中的 ASCII 码
```

7.3.2　DOS 系统功能调用

DOS（操作系统）系统功能调用为程序员提供了 80 多个常用子程序，可在汇编语言程序中直接调用。DOS 功能调用提供了操作 BIOS 的低层接口，比使用相应功能的 BIOS 操作方便。

DOS 系统功能的调用步骤如下。

1）在 AH 寄存器中设置调用子程序的功能号。

2）根据所调用的功能号设置入口参数。

3）系统功能调用 INT 21H 指令转入子程序入口。

4）子程序运行完毕后，按规定取得出口参数。

下面举例介绍 DOS 系统功能调用。

【例 7-7】 功能号 AH=02H，功能：将 DL 寄存器中的 ASCII 字符送屏幕显示。

入口参数：AH=02H，DL 的内容为字符的 ASCII 码。

指令段：

```
MOV    DL, 'A'        ;欲显示字符
```

```
        MOV     AH, 2
        INT     21H                         ;屏幕显示字符“A”
```

【例 7-8】 功能号 AH=9，功能：将 DX 的内容为当前数据区起始地址的字符串送显示器显示，字符串以“$”为结束标志。设字符串地址为 BUF。

入口参数：DS:DX 为字符串的首地址。

程序段如下。

```
        LEA     DX, BUF                     ; BUF 为字符串首地址
        MOV     AH, 9
        INT     21H
```

DOS 系统功能调用中 AH=25H 的功能为：设置和读取中断向量表，其参数如下。

1）设置中断向量。

入口参数：AH=25H

AL=中断类型号

DS:DX=中断服务程序的入口地址（要求段地址存入 DS，偏移量存入 DX）

2）读中断向量。

入口参数：AH=35H

AL=中断类型号

出口：ES:BX=中断服务程序的入口地址

【例 7-9】 某中断源使用的类型码 n=60H，其中断处理程序入口地址为 INT 60H，把它设置在中断向量表中。

程序段如下。

```
        PUSH    DS
        MOV     AX，SEG   INT60H            ;段基地址送 AX
        MOV     DS，AX
        MOV     DX，OFFSET   INT60H         ;偏移地址送 DX
        MOV     AL，60H                     ;中断类型号送 AL
        MOV     AH，25H
        INT     21H                         ;25H 功能调用
        POP     DS
```

7.3.3 中断程序设计

1．中断程序的设计步骤

中断程序的设计主要包括以下两部分。

（1）加载程序的设计

在执行加载程序之前必须关中断（执行指令 CLI），以免影响加载程序的正常运行。

加载程序的设计主要包括以下部分。

1）设置中断处理程序入口地址（中断向量）到中断向量表中。

2）初始化 8259A 中断控制器。

3）把用户中断服务程序驻留内存。

当加载程序运行结束时，必须开中断（执行指令 STI），这样才能接收中断请求。

（2）中断服务程序设计

中断服务程序的设计主要包括以下部分。

1）保护现场，将相关寄存器的内容压入堆栈中。

2）中断处理程序功能实现过程。

若允许中断嵌套，则在中断处理过程之前必须开中断；在结束时必须关中断，以保证恢复现场操作。

3）恢复现场。

4）执行中断返回指令 IRET（在执行 IRET 之前必须保证栈顶是断点地址，否则导致系统瘫痪）。

2．中断过程

中断过程可分为 4 个阶段：中断请求、中断响应、中断处理和中断返回。

1）中断请求：中断源发出中断请求。

2）响应中断：CPU 每执行完一条指令后，查询是否有中断请求，若 CPU 响应中断，则自动完成如下操作。

① 将标志寄存器压入堆栈。

② 将断点处的 CS 和 IP 压入堆栈。

③ 将 IF 和 TF 置 0。

④ 根据中断类型码从中断向量表中获取中断服务程序的入口地址，分别送入 IP 和 CS。

3）执行中断处理过程。

4）中断返回：恢复断点和标志寄存器，继续执行原来的程序。

【例 7-10】 设 8259A 端口偶地址为 8EH、奇地址为 8FH、单片 8259A、固定优先级、硬件中断边沿触发、中断请求端 IRQ2、中断类型码高 5 位为 10000B。

设中断处理程序入口为 INT 83，中断处理程序的功能是读取端口地址为 2002H 字节单元的内容，若该单元的 D2 位为 1，则读取端口 2000H 单元的字节数据到 D1 存储单元。

本例中，对应 8259A 的 IRQ2 的中断类型码为 10000 010B。

程序段如下。

```
D1  DB      0                       ;段定义略
                                    ;设置中断向量表
    CLI
    PUSH    DS
    MOV     AX，SEG   INT83         ;段基地址送 AX
    MOV     DS，AX
    MOV     DX，OFFSET   INT83      ;偏移地址送 DX
    MOV     AL，82H                 ;中断类型号送 AL
    MOV     AH，25H
    INT     21H                     ;25H 功能调用
    POP     DS
                                    ;初始化 8259A
    MOV     AL,  13H
    OUT     8EH,  AL
```

```
        MOV     AL, 80H              ;IRQ0 中断类型码为 80H
        OUT     8FH, AL
        MOV     AL, 01H
        OUT     8FH, AL
        STI
                                     ;中断处理程序
INT83:  CLI
        PUSH    AX                   ;保护现场
        PUSH    BX
        PUSH    CX
        PUSH    SI
        STI                          ;开中断
        MOV     DX, 2002H            ;中断处理过程
LOP:    IN      AL, DX
        TEST    AL, 04H
        JZ      LOP
        MOV     DX, 2000H
        IN      AL, DX
        MOV     [D1], AL
        CLI                          ;关中断
        POP     SI                   ;恢复现场
        POP     CX
        POP     BX
        POP     AX
        STI
        IRET                         ;中断返回
```

以上程序运行后，在 8259A 的 IRQ2 引脚输入上升沿触发脉冲，即可申请中断调用 INT 83 中断处理子程序。

7.3.4 基于 Protues 软件的 8259A 接口电路仿真调试

1．Protues 软件简介

在计算机接口电路中，通常可以采用 Protues 仿真软件环境对其进行软硬件仿真调试。

Proteus 软件是英国 Lab Center Electronics 公司开发的 EDA 工具软件，该软件支持从电路原理图设计、代码调试到处理器与外围电路协同仿真调试，支持处理器模型有 51 系列、HC11 系列、PIC、AVR、ARM、8086 以及 MSP430 等，对从事微型计算机教学的教师以及致力于单片机开发应用的研发人员提供了强劲的环境支持。

Protues 软件由 ISIS 和 ARES 两个模块构成，其中 ISIS 是一款智能电路原理图输入系统软件，可以作为电子系统仿真平台。

在已经安装 Protues 软件（本节为 Proteus 7.10 版本）的计算机系统中，可以在桌面双击 ISIS 7 Professional 快捷方式图标，或者单击按钮“开始”→“所有程序”→“Proteus 7 Professional”→“ISIS 7 Professional”，ISIS 程序启动之后，弹出主工作窗口，如图 7-11 所示。由于篇幅所限，ISIS 环境下电路图编辑、程序加载及软硬件仿真调试的详细操作过程可参阅本书电子资源及相关材料。

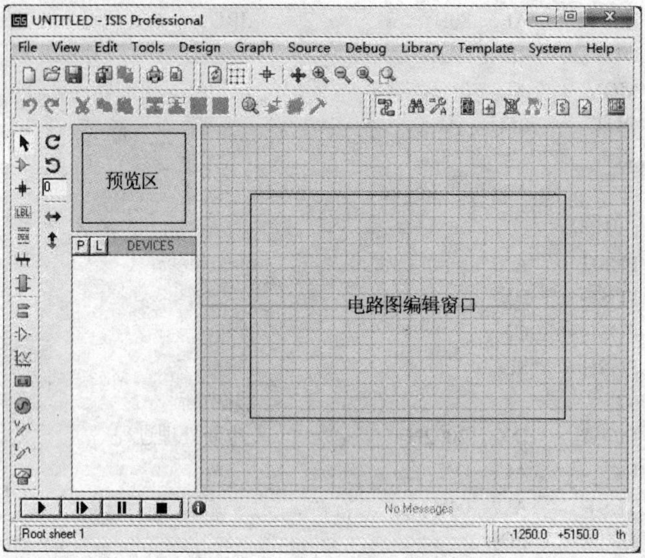

图 7-11　Proteus-ISIS 工作窗口

2．8259A 接口电路软硬件仿真调试

下面以设计 8259A 中断控制实现 LED 灯依次移位点亮为例，介绍使用 Protues 对其进行仿真调试的操作、步骤及仿真结果。

（1）设计功能要求

设计功能要求：使用按键控制 8259A 的引脚 IN0 电平，CPU 数据线 A0~A7 经过锁存器 74lS273 接 8 只 LED 灯，按键按下，实现 LED 灯移位向左依次点亮。

（2）设计步骤及仿真

1）电路仿真原理图设计。

在如图 7-11 所示的 ISIS 电路图编辑窗口选择添加放置中断控制器 8259A、锁存器 74LS273、三输入或非门 74LS27、按键 BUTTON、电阻 RES 若干个及显示器 LED-GREEN8 后，进行 CPU 接口及电路布线、设置相应元件相关参数，8259A 中断控制仿真原理图如图 7-12 所示。

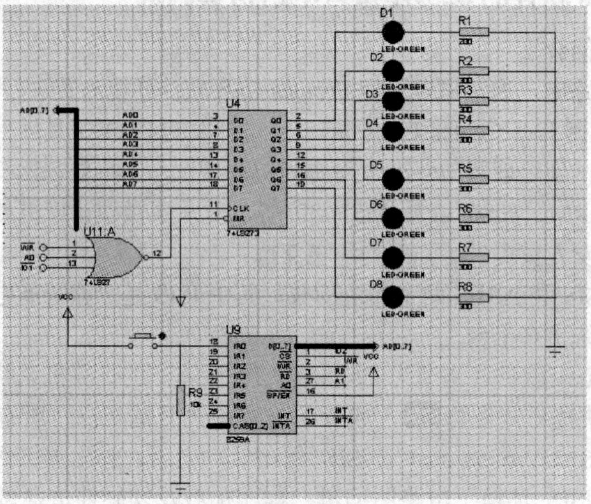

图 7-12　8259A 中断控制 LED 灯仿真原理图

2）程序设计。

汇编语言源程序如下。

```
STACK SEGMENT STACK                         ;定义堆栈段
DB 200 DUP(0)
STACK ENDS
DATA        SEGMENT                         ;定义数据段
CNT   DB 1                                  ;定义 CNT=1
DATA        ENDS

CODE    SEGMENT                             ;代码段
ASSUME      CS:CODE,DS:DATA
START:
      MOV AX,DATA
MOV DS,AX
 CLI                                        ;修改中断向量前关中断
      MOV AX,0
      MOV ES,AX
      MOV SI,60H*4                          ;设置中断向量 96 号中断
      MOV AX,OFFSET   INT0                  ;中断入口地址
      STOSW
      MOV ES:[SI],AX
      MOV AX,CS
      STOSW
      MOV ES:[SI+2],AX                      ;初始化 8259A
      MOV AL,00010011B
      MOV DX,400H                           ;ICW1=00010011B
      OUT DX,AL
      MOV AL,060H
      MOV DX,402H                           ;ICW2=01100000B
      OUT DX,AL
      MOV AL,1BH                            ;ICW4=00011011B
      OUT DX,AL
      MOV DX,402H
      MOV AL,00H                            ;OCW1，8 个中断全部开放 00H
      OUT DX,AL
      MOV AL,20H
      OUT 20H,AL
      MOV DX,400H
      MOV AL,60H
      OUT DX,AL                             ;完成 8259A 初始化
      MOV AL,CNT                            ;初始 CNT=1
      MOV DX,0200H
      OUT DX,AL                             ;开始第一个灯亮
STI                                         ;开中断
LI:
```

```
        MOV DX,400H
        MOV AL,60H                          ;只有 60H 有中断向量
        OUT DX,AL
        JMP  LI
;中断服务程序---------------------------------
INT0:       CLI                             ;关中断
        MOV AL,CNT                          ; AL =1
        ROL AL,1
        MOV CNT,AL
        MOV DX,0200h                        ;LED= CNT <<1
        OUT DX,AL
        STI                                 ;开中断
        IRET                                ;返回主程序
CODE        ENDS
            END START
```

3）加载程序。

首先在 EMU8086（或其他汇编语言编译环境）中输入汇编语言程序并保存，编译生成 EXE 文件。然后，在 ISIS 绘制好的原理图中，单击 8086CPU，弹出 Edit Compoent 对话框窗口，在 Program File 选项中加载 EMU8086 生成的 EXE 文件。

4）调试与仿真。

可以选择连续运行程序，按键每按下一次，LED 灯左移一位，运行结果如图 7-13 所示。

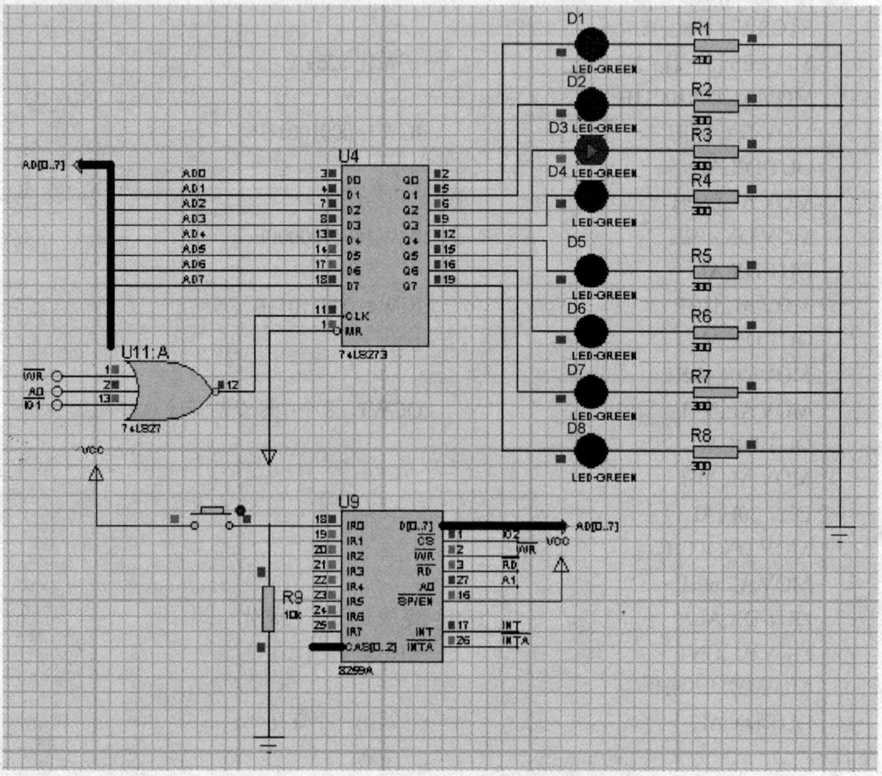

图 7-13　8259A 中断控制 LED 灯仿真结果

也可以单步或者断点调试程序观察寄存器或存储器数据变化情况。

5）保存仿真源文件。

7.4 习题

1. 名词解释

中断　中断向量　中断源　初始化编程

2. 选择题

（1）下列引起 CPU 中断的 4 种情况中，由硬件提供中断类型的是（　　）。

A. INT0　　B. NMI　　C. INTR　　D. INT n

（2）下面的（　　）不属于内中断。

A. 非法除法　　B. INT 中断　　C. 溢出中断　　D. NMI 中断

（3）PC 中确定硬中断服务程序的入口地址的是（　　）。

A. 主程序中的调用指令

B. 主程序中的转移指令

C. 中断控制器发出的类型码

D. 中断控制器中中断服务寄存器（ISR）

（4）采用两个 8259A 级联，CPU 的可屏蔽硬中断可扩展为（　　）。

A. 64 级　　B. 32 级　　C. 16 级　　D. 15 级

（5）为实现多重中断，保护断点和现场使用（　　）。

A. ROM　　B. 中断向量表

C. 设备内的寄存器　　D. 堆栈

（6）I/O 设备与主机信息的交换采用中断方式的特点是（　　）。

A. CPU 与设备串行工作，传送与主程序串行工作

B. CPU 与设备并行工作，传送与主程序串行工作

C. CPU 与设备并行工作，传送与主程序并行工作

D. 以上都不对

（7）非屏蔽中断的中断类型号是（　　）。

A. 1　　B. 2　　C. 3　　D. 4

（8）8086 CPU 响应一个可屏蔽硬件中断的条件是（　　）。

A. IF=1　　B. IF=1 且 INTR=1

C. INTR=1　　D. INTR=1 或 IF=1

（9）CPU 响应中断的时间是（　　）。

A. 一条指令结束　　B. 外设提出中断

C. 取指周期结束　　D. 以上都不对

3. 问答题

（1）中断处理过程包括哪些部分？简述 80X86 采用 8259A 处理中断的工作过程。

（2）8259A 的初始化命令字和操作命令字的主要区别是什么？

（3）中断程序设计的主要步骤是什么？在编写中断服务程序时为什么要设置保护现场、

开中断、关中断操作？

4．编程题

（1）某中断源使用中断类型码为 n=60H，其中断处理程序的入口为 INT 60H，编写程序段将其中断向量存放在中断向量表中。指出该中断源分别作为软中断或可屏蔽硬中断请求的控制方式。

（2）某 8086 系统采用两片 8259A 级联管理 15 级中断源。设主片的中断类型码为 08H～0FH，端口地址为 20H、21H；从片的中断类型码为 80H～87H，端口地址为 0A0H、0A1H。从片 8259A 接在主片 8259A 的 IRQ2，编写初始化程序。

（3）设 8259 端口偶地址为 38H、奇地址为 39H、单片 8259、固定优先级、硬件中断边沿触发、中断请求端 IRQ2、中断类型码高 5 位为 11110B。

设中断处理程序入口为 INT 3，中断处理程序的功能是：连续读取存储单元起始地址为 2A00H 开始的 100 个字节单元的内容，写入到 3A00H 为起始地址的存储单元中。

第 8 章　常用可编程序接口芯片及应用技术

随着现代电子科学技术的发展，各种专用微型计算机接口芯片应运而生。可编程输入输出接口芯片应用技术已经成为微型计算机接口技术的重要内容。

本章在介绍串、并行通信的基础上，主要介绍可编程序串行接口芯片 8251、并行接口芯片 8255、定时器/计数器芯片 8253 的结构、控制方法、工作方式及应用技术。通过典型应用实例描述了可编程序接口芯片、接口电路及编程的设计过程。

8.1　串行通信及可编程序接口芯片应用技术

CPU 与外部设备（或计算机与计算机之间）的信息交换称为通信。通信的基本方式分为并行通信和串行通信两种。采用并行通信时，数据的所有二进制位同时被传输；采用串行通信时，数据通过一根传输线被逐位顺序传输。由于 CPU 工作速度的极大提高及串行通信经济实用，因此，串行通信在计算机通信中得到广泛应用。

本节主要介绍串行通信基本知识、8251 串行通信芯片、串行通信接口技术及应用实例。

8.1.1　串行通信

1．异步通信和同步通信

串行通信有两种基本通信方式：异步通信和同步通信。PC 系统的串行通信采用异步通信。

（1）异步通信

在异步通信中，数据通常以字符（或字节）为单位组成数据帧（Data Frame）进行传送。一般情况下，一帧信息以起始位和停止位来完成收发同步，即以起始位开始表示数据帧开始传送；停止位表示数据帧传送结束。在起始位和停止位之间，是有效数据位（由低位到高位逐位传送）和奇偶校验位，异步通信的字符帧格式如图 8-1 所示。

每一数据帧组成及作用如下。

1）起始位：位于数据帧开头，占一位，低电平“0”有效。起始位为低电平“0”时，标志传送数据的开始，即表示发送端开始向接收设备发送一帧数据。

2）数据位：要传送的字符（或字节），紧跟在起始位之后，用户根据情况可取 5 位、6 位、7 位或 8 位。以位时间（l/波特率）为间隔，由低位到高位依次传送。

3）奇偶校验位：位于数据位之后，仅占一位，用于校验串行发送数据的正确性。可根据需要选择使用偶校验（数据位加本位为偶数个 1）或者奇校验（数据位加本位为奇数个 1）。

4）停止位：位于数据帧末尾，高电平“1”有效，占 1 位或 1.5 位（这里一位对应于一定的发送时间，故有半位）或 2 位，用于向接收端表示一帧数据已发送完毕。

5）一帧信息接收完毕，接收设备又继续测试通信线，监测起始位信号“0”的到来。

由于异步通信每帧数据都必须有起始位和停止位，所以传送数据的速率受到限制，一般在 50～9600bit/s。但异步通信不需要传送同步脉冲，字符帧的长度不受限制，对硬件要求较低，因而，在数据传送量不很大、要求传送速率不高的远距离通信场合中得到了广泛应用。

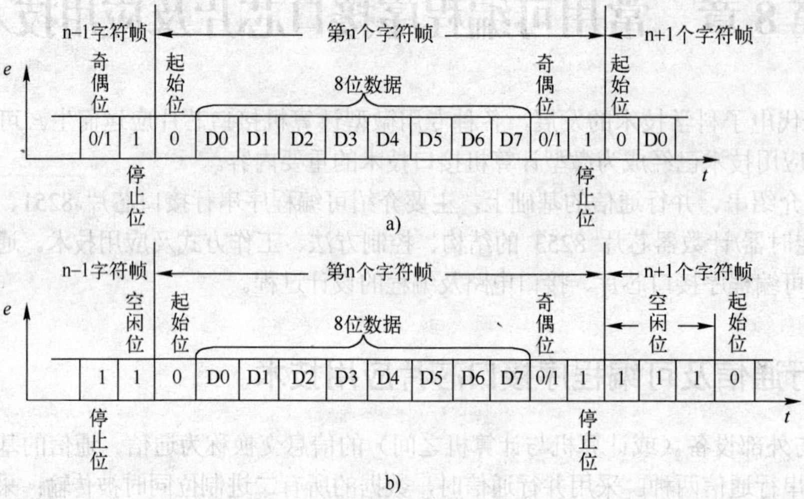

图 8-1　异步通信的字符帧格式

a) 无空闲位字符帧　b) 有空闲位字符帧

（2）同步通信

在同步通信中，每个数据块传送开始时，采用一个或两个同步字符作为起始标志，接收端不断对传送线采样，并把采样到的字符和双方约定的同步字符比较，只有比较成功，才会把后面接收到的数据加以存储。数据在同步字符之后，个数不受限制，由所需传送的数据块长度确定，其格式如图 8-2 所示。

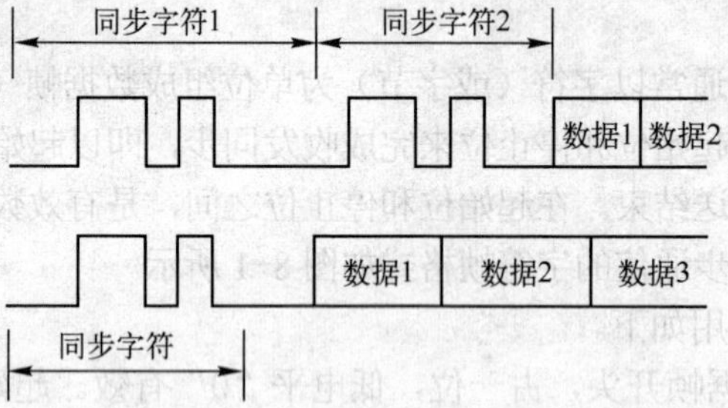

图 8-2　同步传送的数据格式

同步通信中的同步字符可以使用统一标准格式，此时单个同步字符常采用 ASCⅡ码中规定的 SYN（即 16H）代码，双同步字符一般采用国际通用标准代码 EB90H。

同步通信常用于传送数据量大、传送速率要求较高的场合中。

2．串行通信的制式

在串行通信中，数据是在由通信线连接的两个工作站之间传送的。按照数据传送方向的不同，串行通信可分为单工、半双工和全双工 3 种方式，如图 8-3 所示。

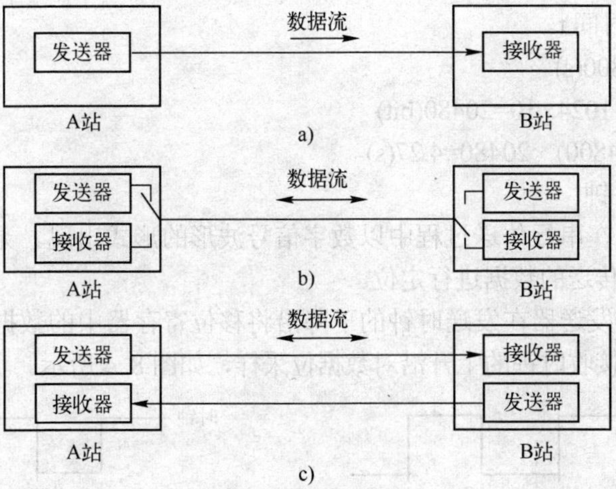

图 8-3　串行通信方式

a) 单工方式　b) 半双工方式　c) 全双工方式

（1）单工制式

采用单工方式时，只允许数据向一个方向传送，即一方只能发送，另一方只能接收，不能反方向传送，如图 8-3a 所示。

（2）半双工制式

采用半双工方式时，允许数据双向传送。但由于只有一根传输线，在同一时刻只能一方发送，另一方接收，如图 8-3b 所示。

（3）全双工制式

采用全双工方式时，允许数据同时双向传送。由于有两根传输线，在 A 站将数据发送到 B 站的同时，也允许 B 站将数据发送到 A 站，即在同一时刻，数据能在两个方向上传送。如图 8-3c 所示。

3．波特率和发送/接收时钟

（1）波特率

串行通信的数据是按位进行传送的，每秒钟传送的二进制数码的位数称为波特率（Baud Rate，也称比特数），单位是 bit/s（bit per second）。

波特率是串行通信的重要指标，用于衡量数据传输的速率。国际上规定了标准波特率的系列为 110bit/s、300bit/s、600bit/s、1200bit/s、1800bit/s、2400bit/s、4800bit/s、9600bit/s 和 19200bit/s。

每位的传送时间 T_d（又称位时间）为波特率的倒数，即 T_d=1/波特率。

例如，波特率为 110bit/s 的通信系统，其每位的传送时间应为

$$T_d=1/110\text{s}\approx 0.0091\text{s}=9.1\text{ms}$$

接收端和发送端的波特率分别设置时，必须保持相同。

例如，某异步串行通信系统中，数据传输率为 960frame/s，每帧数据包括 1 个起始位、7 个数据位、1 个校验位和 1 个停止位共 10 位。则波特率为：

$$960\times 10=9600(\text{波特})=9600(\text{bit/s})$$

位时间为：　　　　　　　　$T_d=1/9600(\text{s})$

【例 8-1】 在串行通信中，设异步传送波特率为 4800bit/s，每个数据帧占 10 位，计算传

输 2K 个数据帧所需时间 t。

位时间：T_d=1/4800(s)

传送总位数：2×1024×10=20480(bit)

所需时间：t=(1/4800) ×20480=4.27(s)

（2）发送/接收时钟

二进制数据序列在串行传送过程中以数字信号波形的形式出现。无论是发送还是接收，都必须有时钟信号对传送的数据进行定位。

在发送数据时，发送器在发送时钟的下降沿将移位寄存器中的数据串行移位输出；在接收数据时，接收器在接收时钟的上升沿对数据位采样，如图 8-4 所示。

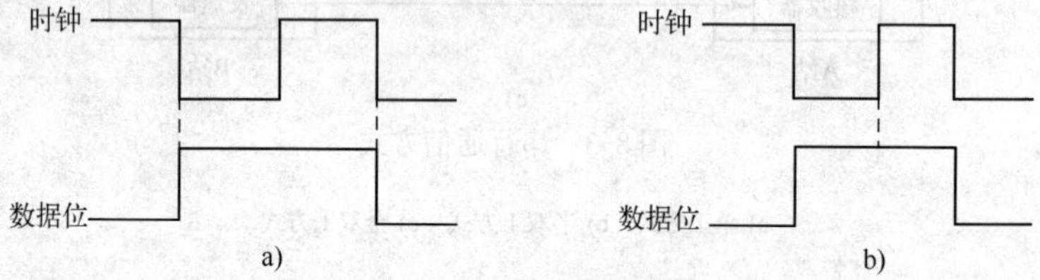

图 8-4 发送/接收时钟

a) 发送时钟 b) 接收时钟

为保证传送数据准确无误，发送/接收时钟频率应大于或等于波特率，两者的关系为：发送/接收时钟频率=n×波特率。式中，n 称为波特率因子，n=1、16 或 64。对于同步传送方式，必须取 n=1；对于异步传送方式，通常取 n=16。

数据传输时，每一位的传送时间 T_d 与发送/接收时钟周期 T_c 之间的关系如下。

$$T_d=nT_c$$

4．奇偶校验

当串行通信用于远距离传送时，不可避免地存在不同程度的噪声，由噪声而产生的干扰会造成传送出错。为保证通信正确，需要对传送的数据进行校验。常用的校验方法有奇偶校验和循环冗余码校验等。

采用奇偶校验法，发送时在每个字符（或字节）之后附加一位校验位，这个校验位可以是“0”或“1”，以便使校验位和所发送的字符（或字节）中“1”的个数为奇数（称为奇校验），或为偶数（称为偶校验）。

在接收时，接收方按照发送方确定的同样的奇偶性，对接收到的每一个字符进行校验，检查所接收的字符（或字节）连同奇偶校验位中“1”的个数是否符合规定。若不符合，就证明传送过程中受到干扰，数据发生了变化，即发生奇偶校验错。此时，接收器向 CPU 发中断请求，或置位接收状态寄存器的相应位，以便供 CPU 查询，进行相应的出错处理。

系统可根据需要采用奇校验或者偶校验。几乎所有的 UART（通用异步接收器/发送器）电路中都包括奇偶校验电路，可通过编程来选择奇校验或偶校验。

奇偶校验是对一个字符（或字节）校验一次，只能提供最低级的错误检测，通常只用于异步通信中。

8.1.2 可编程序接口芯片 8251A

Intel 8251A 是一种通用串行同步、异步接收/发送器（USART）接口芯片，可通过编程设置某一种串行通信技术及功能实现。

对 8251A 编程，包括初始化编程及功能编程。所谓初始化编程就是指把需要设置的 8251A 的控制字通过程序写入芯片内部相应的控制寄存器中，从而灵活方便地控制 8251A 的工作方式、数据格式、数据传输率等状态；所谓功能编程，就是指在初始化编程的前提下实现需要的读、写功能操作。

8251A 接口芯片支持串行通信协议，由硬件完成串行通信的基本过程，大大减轻了 CPU 的负担，被广泛应用于串行通信系统及计算机网络中。

1．8251A 基本性能

8251A 的基本性能包括以下方面。

1）8251A 具有独立的双缓冲结构发送器和接收器，它能将主机以并行方式输入的 8 位数据变换成逐位输出的串行信号；也能将串行输入数据变换成并行数据传送给处理机，可以实现单工、半双工或全双工方式通信。

2）8251A 可以直接与计算机系统总线连接，片内可供 CPU 访问的 I/O 端口地址有两个，CPU 可以方便地通过程序设置其通信方式或了解当前工作状态。

3）通过编程可以选择同步或者异步传送方式。对于同步传送方式，既可以设定为内同步方式，也可以设定为外同步方式，可选择 1 个或 2 个同步字符，最高数据传输率为 64Kbit/s。对于异步传送方式，可选择所传输的字符的数据位数为 5～8 位，停止位为 1、1.5 或 2 位，最高波特率为 19.2Kbit/s；时钟频率为波特率的 1、16 或 64 倍；能检查假启动位，能产生中止符，能自动检测和处理中止符；可以自动产生起始和停止位。

4）异步方式具有对奇偶错误、帧错误等检测能力。

5）提供一些基本的控制信号，可以方便地与 Modem 连接。

2．8251A 的结构及其引脚功能

8251A 的内部结构主要包括：数据总线缓冲器、读/写控制电路、Modem 控制电路、发送/接收缓冲器及控制电路等，如图 8-5 所示，其引脚排列如图 8-6 所示。

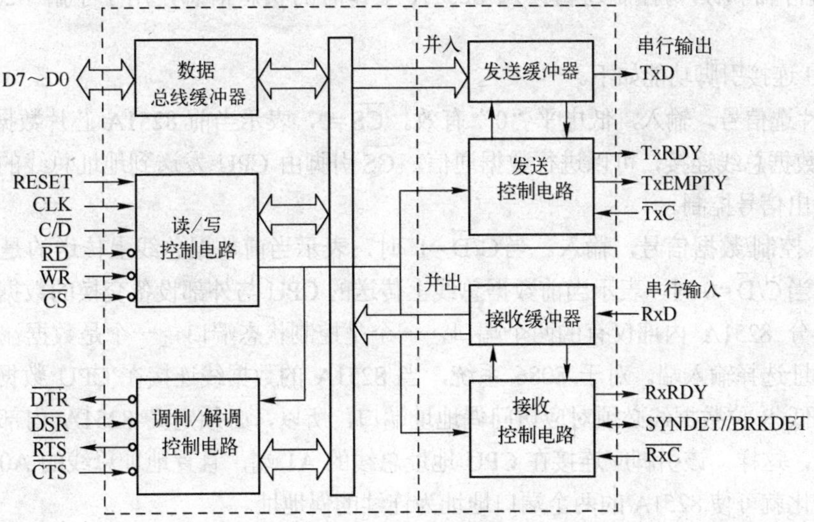

图 8-5　8251A 内部结构图

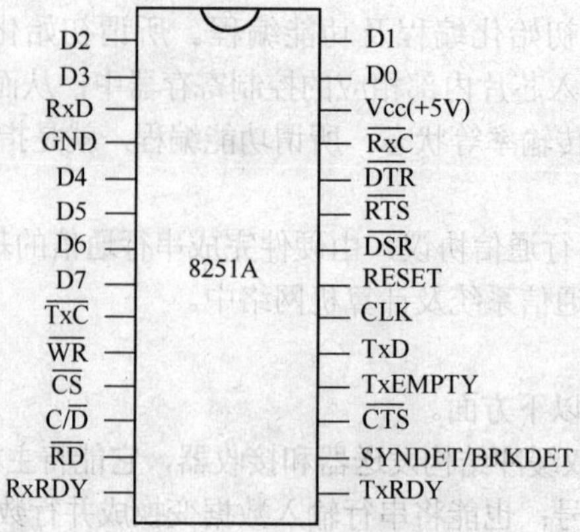

图 8-6　8251A 引脚排列图

可以将其归类为以下 3 个部分。

（1）8251A 与 CPU 连接的接口部分

与 CPU 连接的接口部分结构包括：数据总线缓冲器、读/写控制电路。

数据总线缓冲器的作用是实现 8251A 和系统数据总线（8 位）相连。CPU 在执行 I/O 指令期间，一旦通过地址信息译码选择 8251A 后，由读/写控制逻辑电路控制数据总线缓冲器工作状态。若执行输入指令，则 8251A 提供的输入数据通过总线缓冲器发送到系统数据总线上供 CPU 读取；若执行输出指令，则 CPU 送到系统总线上的输出数据通过总线缓冲器进入 8251A 内部的数据总线上。

需要指出：输入/输出数据不仅包括 CPU 通过 8251A 与外部设备之间的通信数据，也包括 8251A 内部的控制字、命令字和状态信息。CPU 通过数据总线缓冲器和读/写控制逻辑向 8251A 写入（输出）工作方式控制字和命令控制字，用以对芯片初始化；CPU 通过数据总线缓冲器和读/写控制逻辑读入 8251A 工作时的状态信息，用于了解 8251A 的工作状态。

与 CPU 连接引脚功能如下。

$\overline{CS}$：片选信号，输入，低电平“0”有效。$\overline{CS}$=0，表示当前 8251A 芯片数据线 D0～D7 与 CPU 的数据总线连接，可以进行数据通信。$\overline{CS}$引脚由 CPU 发送到地址总线的信息经译码器产生的输出信号控制。

C/$\overline{D}$：控制/数据信号，输入。当C/$\overline{D}$=1 时，表示当前数据总线上传送的是写控制字或读状态字；当C/$\overline{D}$=0 时，表示当前数据总线上传送的 CPU 与外部设备交换的数据。该引脚实际上用于区分 8251A 内部仅有的两个端口，一个是控制状态端口，一个是数据端口，所以又称为片内地址选择输入端。对于 8086 系统，当 8251A 的数据线连接在 CPU 数据总线的低 8 位时，由于低 8 位数据线必须对应访问偶地址端口，所以，必须定义 8251A 内部的两个端口均为偶地址，这样，该引脚应连接在 CPU 地址总线的 A1 端，且置地址总线的 A0=0，这样，该引脚的变化就可使 8251A 的两个端口地址为连续的偶地址。

例如，设地址总线为 A15～A0，其中 A15～A2 为 8251A 的片选地址，C/$\overline{D}$ 接在 A1 端，A0=0。如下所示：

地址总线 DB：A15 A14…A4　A3　A2　A1　A0

　　　　　　　1　　　1　　1　$C/\overline{D}$　0

则 8251A 的端口地址为 0FFFEH（控制状态口）、0FFFCH(数据端口)。

则下列指令：

```
MOV DX,  0FFFCH
IN   AL,  DX
```

执行后，CPU 读取 8251A 数据端口的内容到 AL 中。

$\overline{RD}$：读控制信号，低电平有效，输入。CPU 读取 8251A 数据时，该信号必须为低电平。在执行 IN 输入指令时，CPU 读控制引脚输出的低电平应直接控制该引脚。

$\overline{WR}$：写控制信号，低电平有效，输入。CPU 写入 8251A 数据或控制字时，该信号必须为低电平。在执行 OUT 输出指令时，CPU 的写控制引脚输出的低电平应直接控制该引脚。表 8-1 列出了 8251A 端口读/写控制操作的关系。

表 8-1　8251A 端口读/写控制操作表

CS	$C/\overline{D}$	$\overline{RD}$	$\overline{WR}$	读 写 操 作
0	0	0	1	CPU 读 8251A 数据
0	0	1	0	CPU 向 8251A 写数据
0	1	0	1	CPU 读状态控制字
0	1	1	0	CPU 写控制字
1	任意	任意	任意	数据总线高阻

D0～D7：8 位双向数据线，双向。与 CPU 的数据总线连接。

CLK：时钟输入信号，为芯片内部相关电路提供时钟。在异步传送方式下，该时钟频率必须大于 $\overline{RxC}$ 或 $\overline{TxC}$ 频率的 4.5 倍；在同步传送方式下，该时钟频率必须大于 $\overline{RxC}$ 或 $\overline{TxC}$ 频率的 30 倍。

RESET：复位信号，高电平有效，输入。该引脚上出现 6 倍时钟周期宽度的高电平时，芯片即可复位。复位后，芯片处于空闲状态，直至 CPU 重新执行启动指令。

（2）8251A 与外部设备连接的接口部分

1）8251A 与外部设备连接的接口部分结构。

8251A 与外部设备的连接接口部分包括：发送缓冲器、发送移位寄存器（并行转换为串行）及控制电路；接收缓冲器、接收移位寄存器（串行转换为并行）及控制电路。

当发送器就绪时，由发送控制电路向 CPU 发出 TxRDY 有效信号（或状态），发送缓冲器接收 CPU 输出的 8 位并行数据，加上适当的字符格式信号后，将此数据经发送移位器转换为串行数据从 TxD 引脚发送出去。

在接收时钟 $\overline{RxC}$ 的作用下，接收缓冲器从 RxD 引脚接收外部设备输入的串行数据，并将此数据按照指定格式经接收移位器转换为并行数据。接收数据的同时进行检验，发现错误，则在状态寄存器中保存。当检验无错误时，才把并行数据放入数据总线缓冲器中，并发出接收器就绪信号（RxRDY=1)。在异步方式下，当接收器成功地接收到起始位后，8251A 便接收数据位、校验位和停止位，接着将并行的数据通过内部总线送入数据缓冲器，RxDRY 线输出高电平，CPU 可以到数据总线上读取数据。在同步方式下，则要检测同步字符，确认已经达到同步，接收器才开始串行接收数据，待一组数据接收完毕，便把移位寄存器中的数据并行置入接收缓冲器中。

发送器准备好 TxRDY 信号和接收器准备好 RxRDY 信号反映了发送器和接收器状态，它们可以用作控制 8251A 和 CPU 之间传送数据的中断请求信号或程序查询信号。例如：设 8251A 与 CPU 之间采用中断方式交换信息，TxRDY 可作为向 CPU 发出的发送中断请求信号，请求 CPU 输出数据到发送器，待发送器中的 8 位数据发送完毕时，由发送控制电路向 CPU 发出 TxE=1 的有效信号，表示发送器中移位寄存器已空，完成一次数据通信。

2）与外部设备连接的引脚功能如下。

TxD：数据发送端，输出。该引脚在发送时钟信号的下降沿按位发送串行数据流。

TxRDY：发送器准备好信号，高电平有效，输出。该引脚有效的条件是：只有当状态字的 D0 位 TxRDY=1（发送缓冲器为空）、命令字的 D0 位 TxEN=1（允许发送）且 $\overline{CTS}$=0（接收设备已准备好接收）时，该引脚输出有效电平 1，CPU 才可以向芯片写入下一个数据。

注意：引脚信号 TxRDY 与状态 TxRDY（下面将要介绍）有区别。

TxE：发送缓冲器空闲信号，高电平有效，输出。发送缓冲器空时，TxE=1；发送缓冲器为满时，TxE=0。当 TxE＝1 时，TxRDY 必为 1，CPU 可以向 8251A 的发送缓冲器写入数据。

$\overline{TxC}$：发送器时钟信号，外部输入。

对于同步传输方式，输入给 $\overline{TxC}$ 的时钟频率应等于发送数据的波特率。对于异步方式，由软件定义（工作方式控制字）的发送时钟可以是发送波特率的 1 倍（$\overline{TxC}$＜64kHz）或 16 倍（$\overline{TxC}$＜312kHz）或 64 倍（$\overline{TxC}$＜615kHz）。

RxD：数据接收线，输入。

该引脚在接收时钟信号的上升沿采样按位输入的串行数据。

RxRDY：接收器准备好信号，高电平有效，输出。

RxRDY=1，表示接收缓冲寄存器中已接收到一个数据符号，该信号用于通知 CPU 执行读取操作。当 CPU 读取接收缓冲器中数据后，RxRDY=0。

SYNDET/BRKDET：同步/中止检测双功能信号，高电平有效，双向。

对于同步方式，SYNDET 是同步检测端。

若采用内同步方式，SYNDET 端为输出信号。当 RxD 端上接收到同步字符时，SYNDET=1，表示已达到同步，由 RxD 后续接收到的为有效数据。

若采用外同步方式，SYNDET 端为输入信号。当外部检测电路获取同步字符后，则置 SYNDET=1，表示已达到同步，接收器可以开始接收有效数据。

对于异步方式，BRKDET 为中止信号检测，输出。BRKDET 用于检测串行输入 RxD 端是工作状态还是中止状态。由于中止字符为连续的 0 组成，所以当 RxD 端上连续收到 8 个位值为“0”的信号，则 BRKDET 高电平输出 1，用于表示当前 RxD 端处于数据中止间断状态。

$\overline{\text{RxC}}$：接收器时钟信号，由外部输入。

时钟频率决定 8251A 接收数据的速率。若采用同步方式，接收器时钟频率等于接收数据的频率；若采用异步方式，可由软件定义的接收时钟与发送器时钟 $\overline{\text{TxC}}$ 应设置相同。一般情况下，接收器时钟与发送器时钟可以为同一个时钟信号源。

（3）调制解调器控制接口部分

使用 8251A 实现远程串行通信时，8251A 通过内部调制解调器控制接口可以直接与调制解调器（Modem）建立通信联络控制。

8251A 提供 4 个与 Modem 连接的引脚信号，其含义与 RS-232C 兼容。

Modem 控制信号如下。

1）$\overline{\text{DTR}}$（Data Terminal Ready）：数据终端准备就绪信号，低电平有效，输出。

$\overline{\text{DTR}}$=0，表示接收方（CPU）已准备好接收数据。

该引脚输出信号可由软件定义，命令控制字中的 D1 位 DTR=1 时，则 $\overline{\text{DTR}}$ 输出 0。

注意：$\overline{\text{DTR}}$ 引脚信号和命令控制器的 D1（即 DTR）的区别。

2）$\overline{\text{DSR}}$（Data Set Ready）：数据装置准备就绪信号，低电平有效，输入。

输入低电平给引脚 $\overline{\text{DSR}}$=0，表示调制/解调器（或外部设备）向 CPU 传送的数据已准备好，并置位 8251A 状态寄存器的 D7 位（DSR=1）。

CPU 可以通过 IN 指令读入 8251A 状态寄存器内容，检测 D7 位（DSR）状态，当 DSR=1 时，表示调制解调器（或外部设备）数据已准备好。

注意：$\overline{\text{DSR}}$ 引脚信号和状态控制器的 D7 位（即 DSR）的区别。

3）$\overline{\text{RTS}}$（Request to Send）：请求发送信号，低电平有效，输出。

$\overline{\text{RTS}}$=0，用于通知调制解调器（或外部设备），表示 CPU 发送的数据已准备好。

该引脚输出信号可由软件定义，命令控制字中 D5 位 RTS=1 时，则输出 $\overline{\text{RTS}}$=0。

注意：$\overline{\text{RTS}}$ 引脚信号和状态控制器的 D5 位（即 RTS）的区别。

4）$\overline{\text{CTS}}$（Clear to Send）：清除发送信号，低电平有效，输入。

当调制解调器接收到 8251A 的 RTS 有效信号后，若调制解调器已做好接收来自 CPU 数据的准备，则给 RTS 一个回答信号，使 $\overline{\text{CTS}}$=0。

只有在命令控制字中 TxEN=1 且 $\overline{\text{CTS}}$=0 时，8251A 发送器才可串行发送数据。

8.1.3 8251A 控制字及初始化编程

由前面所述可知，8251A 可以工作于各种不同的串行通信方式、操作时序及工作状态等。如何灵活方便地实现 8251A 的各种功能，这就需要由 CPU 执行程序来设定在 8251A 内部已经定义好的控制字，且根据用户需要设置不同的控制字，以提供所需要的通信方式等。在开始发送与接收数据之前，由 CPU 写入 8251A 一组控制命令字（称为初始化程序）。8251A 定义了 3 种控制字：方式选择控制字、操作命令控制字和状态控制字。

1. 方式选择控制字（8 位）

方式选择控制字用以确定 8251A 的工作方式、传送速率及通信数据格式等。该控制字必须在芯片复位操作后紧接着执行输出指令，从控制口写入相应的寄存器中（不能读出）。

方式选择控制字各位的定义如图 8-7 所示。

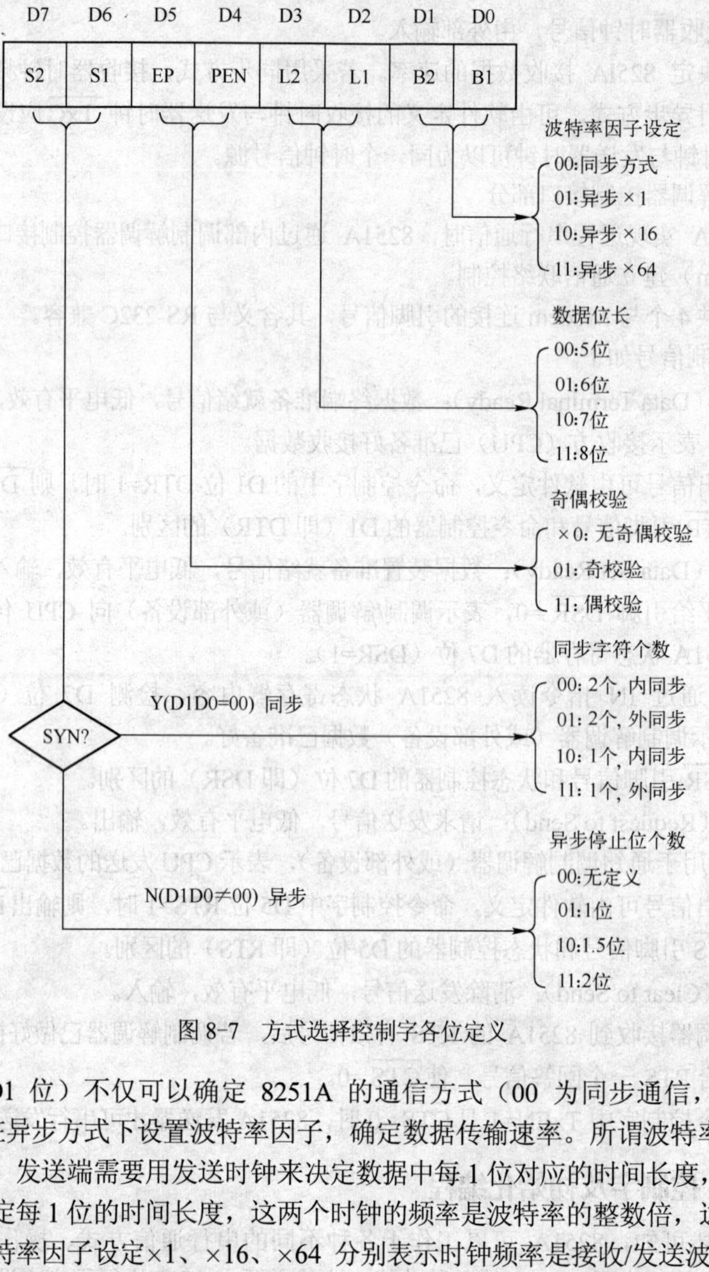

图 8-7　方式选择控制字各位定义

B1B2（D0D1 位）不仅可以确定 8251A 的通信方式（00 为同步通信，否则为异步通信），而且可以在异步方式下设置波特率因子，确定数据传输速率。所谓波特率因子，是指在异步通信方式时，发送端需要用发送时钟来决定数据中每 1 位对应的时间长度，接收端也需要用接收时钟来测定每 1 位的时间长度，这两个时钟的频率是波特率的整数倍，这个倍数就称为波特率因子。波特率因子设定×1、×16、×64 分别表示时钟频率是接收/发送波特率的 1 倍、16 倍、64 倍。

【例 8-2】 将 8251A 工作在异步传输方式、波特率因子为 64、采用偶校验、1 个停止位、7 个数据位。根据图 8-7 可设定方式选择控制字为：0111 1011B=7BH。

若接收和发送的时钟频率为 614.4kHz，则输入和输出数据的传输率为 614.4k/64=9600bit/s。

若 8251A 的控制口地址为 2FFAH，则初始化程序中写入 8251A 方式选择控制器的指令段为：

```
MOV     DX, 2FFAH
```

```
MOV     AL, 7BH
OUT     DX, AL
......
```

2. 操作命令控制字

操作命令字用来指定 8251A 芯片进行的操作或使其处于某种状态（如 DTR），如发送、接收、内部复位、检测同步字符等。

由于 8251A 片内只有一个控制端口，方式选择控制字和操作命令控制字都要写入控制端口，为此，8251A 硬件已经定义，芯片复位后写入控制端口的必须是方式选择控制字，接着写入控制端口的是操作命令控制字。该控制字只能写入相应的寄存器中，不能读出。

8251A 在设置方式选择控制字后，或在同步方式中又设置了同步字符后，任何时候都可以写入操作命令控制字。8251A 可以根据工作状态以对芯片进行各种操作或改变其写入的内容。在重新写入操作命令控制字后，8251A 都要检查状态控制字 IR 位的状态（0、1），以确定是否内部复位。若 IR=1，则 8251A 必须重新设置方式选择控制字。

操作命令控制字各位的定义如图 8-8 所示。

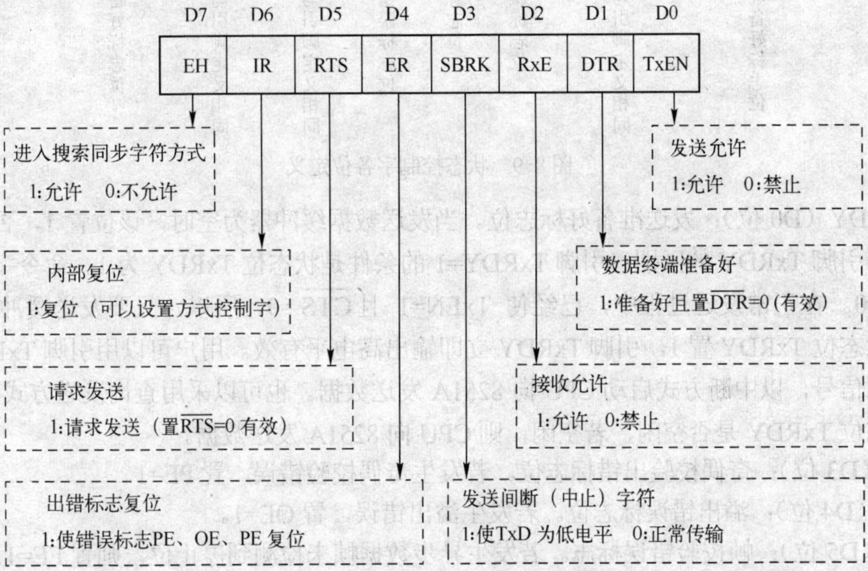

图 8-8 操作命令控制字各位定义

TxEN（D0 位）：用来控制允许（D0=1）或禁止（D0=0）发送端 TxD 向外部设备串行发送数据。

RxE（D2 位）：用来控制允许（D2=1）或禁止（D2=0）接收端 RxD 接收外部设备输入的串行数据。

DTR（D1 位）：用来控制与调制解调器连接的输出引脚 $\overline{DTR}$。DTR=1，$\overline{DTR}$ 引脚输出有效，为“0”，表示接收方已准备好接收数据。DTR=0，$\overline{DTR}$ 引脚输出无效，为“1”。

RTS（D5 位）：用来控制与调制解调器连接的输出引脚 $\overline{RTS}$。RTS=1，$\overline{RTS}$ 引脚输出有效，为“0”，表示发送方请求发送信号。RTS=0，$\overline{RTS}$ 引脚输出无效，为“1”。

SBRK（D3 位）：用来控制发送端 TxD 是发送中止字符输出连续为 0（SBRK=1），还是正常通信（SBRK=0）。

ER（D4 位）：ER=1，用来清除状态控制字中的 D3、D4、D5 位。

IR（D6 位）：IR=1，用来控制使 8251A 内部复位，可以设置 8251A 的方式选择控制字。

EH（D7 位）：仅用于同步方式。在同步方式下，当 RxE=1（允许接收位）时，必须使 EH=1、ER=1，才能使接收器搜索同步字符。EH=1，开始搜索 RxD 引脚输入的同步字符。

3．状态控制字

8251A 当前工作状态由其硬件自动存放在状态寄存器中，CPU 在任意时刻可用 IN 指令从控制口读取，根据当前工作状态，CPU 向 8251A 发出操作命令（字）。该寄存器的内容只能读取，不能写入。状态控制字如图 8-9 所示。

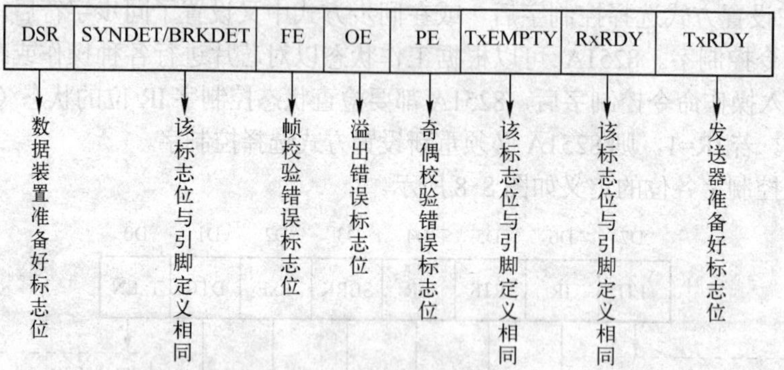

图 8-9　状态控制字各位定义

TxRDY（D0 位）：发送准备好标志位。当发送数据缓冲器为空时，该位置 1，否则 0。该状态位与引脚 TxRDY 的区别：引脚 TxRDY=1 的条件是状态位 TxRDY 为 1、命令字 TxEN=1 且 $\overline{CTS}$=0。在正常发送过程中，已经使 TxEN=1 且 $\overline{CTS}$=0，所以，只要发送缓冲器出现空闲，则状态位 TxRDY 置 1，引脚 TxRDY 立即输出高电平有效。用户可以用引脚 TxRDY 线作中断请求信号，以中断方式启动 CPU 向 8251A 发送数据。也可以采用查询发送方式，由 CPU 检测状态位 TxRDY 是否空闲，若空闲，则 CPU 向 8251A 发送数据。

PE（D3 位）：奇偶校验出错标志位。若发生奇偶校验错误，置 PE=1。

OE（D4 位）：溢出错误标志位。若发生溢出错误，置 OE=1。

FE（D5 位）：帧校验错误标志。若发生异步数据帧未检测到停止位，则置 FE=1。

DSR（D7 位）：数据准备好标志位。该位用来反映外部设备输入给引脚 $\overline{DSR}$ 的状态。若外部设备数据装置准备好，则输入给引脚 $\overline{DSR}$ 低电平，状态位 DSR=1，否则 DSR=0。

状态位 TxEMPTY（D2 位）、RxRDY（D1 位）、SYNDET（D6）与相应的引脚定义相同。

SYNDET/BRKDET（异步接收时）=1：接收端收到线路上的断缺信号（空号）。

4．8251A 工作方式

由前面所介绍 8251A 控制字可知，8251A 由方式选择控制字决定工作于同步或异步模式、接收和发送的字符格式、数据传输速率等。

（1）8251A 异步工作方式

若 8251A 工作在异步方式，在需要发送字符时，首先必须设置允许发送信号 TxEN=1，且外部设备发来的对 CPU 请求发送信号的响应信号 $\overline{CTS}$=0，然后就开始发送过程。

异步发送的过程如下。

1）每当 CPU 送往发送缓冲器一个字符，发送器自动为这个字符加上 1 个起始位，并且按照初始化编程要求加上奇/偶校验位以及 1 个、1.5 个或者 2 个停止位。

2）串行数据以起始位开始，接着是最低有效数据位，最高有效位的后面是奇/偶校验位，然后是停止位。按位发送的数据是以发送时钟 $\overline{TxC}$ 的下降沿同步的，也就是说，这些数据总是在发送时钟 $\overline{TxC}$ 的下降沿从 8251A 发出。数据传输的波特率取决于编程时指定的波特率因子，CPU 通过数据总线将数据送到 8251A 的数据输出缓冲寄存器以后，再传输到发送缓冲器，经移位寄存器移位，将并行数据转换为串行数据，从 TxD 端送往外部设备。

在 8251A 需要接收字符时，命令寄存器的接收允许位 RxE (Receiver Enable)必须为 1。

异步接收的过程如下。

1）8251A 通过检测 RxD 引脚上的低电平来准备接收字符，在没有字符传送时，RxD 端为高电平。8251A 不断检测 RxD 引脚，从 RxD 端上检测到低电平以后，便认为是串行数据的起始位。

2）RxD 端上接收到起始位后，启动接收控制电路中的一个计数器来进行计数，计数器的频率等于接收器时钟频率。计数器是为接收器提供数据采样定时时间的，当计数到相当于半个数据位的传输时间时再对 RxD 端进行采样，如果仍为低电平，则确认该数据位是一个有效的起始位。

3）8251A 每隔一个位时间（数据位的传输时间）对 RxD 端采样一次，依次确定串行数据位的值。串行数据位顺序进入接收移位寄存器，通过校验并除去停止位，如果一个字符对应的数据不到 8 位，8251A 会在移位转换成并行数据时，自动把它们的高位补成 0，并通过内部数据总线送入接收缓冲器。

4）此时发出有效状态的 RxRDY 信号通知 CPU，8251A 已经收到一个有效的数据。CPU 可以执行读操作命令。

（2）8251A 同步工作方式

在同步方式发送字符之前，必须设置 8251A 的 TxEN 和 $\overline{CTS}$ 有效。

1）内同步方式发送数据：发送器会根据要求发送一个或者两个同步字符，然后连续地发送数据字符。在发送数据字符时，发送器会按照编程规定对每个数据添加奇/偶校验位。在字符发送的过程中，如果 CPU 向 8251A 的数据传送出现间隙，8251A 的发送器会自动插入同步（中止）字符。

2）内同步方式接收数据：命令寄存器的 RxE 也必须为 1。8251A 首先搜索同步字符，不断检测串行接收线 RxD 的状态，将 RxD 线上的一个个数据位送入移位寄存器，再将寄存器的内容与程序设定的同步字符进行比较，如果两者不相等，则接收下一位数据，并且重复上述比较过程。当移位寄存器的内容与同步符相等时，即收到同步字符，表示已经实现同步，此时，8251A 的同步检测信号 SYNDET 端输出高电平，由 RxD 后续接收到的为有效数据。

3）外同步方式：同步是通过控制同步输入信号 SYNDET 来实现的。只要 SYNDET 端上出现有效电平，即信号由低变高并持续一个时钟周期，便确认实现了同步。之后，接收器以接收器时钟为基准，连续采样串行数据接收线 RxD 上传来的串行字符数据位，逐一将它们送入移位器，组成字符后送到输入缓冲器，再通过有效 RxRDY 通知 CPU 读取。

5. 8251A 初始化编程

在 8251A 开始工作前或者复位后，必须对其进行初始化编程。

由前面所介绍的内容可以看出，8251A 内部可供用户访问的寄存器有 7 个，而 8251A 芯片只提供两个端口地址，分别用于访问控制寄存器和数据寄存器。为此，在写入 8251A 控制字时必须遵循芯片硬件逻辑设计的有关约定，按照规定的先后顺序进行设置。

8251A 内部 7 个寄存器端口的分配如下。

1）方式选择寄存器：控制端口，$C/\overline{D}=1$，写入方式选择控制字。

2）操作命令寄存器：控制端口，$C/\overline{D}=1$，写入操作命令控制字。

3）工作状态寄存器：控制端口，$C/\overline{D}=1$，存放当前工作状态字。

4）同步字符寄存器 1：控制端口，$C/\overline{D}=1$，写入单同步字符或双同步字符。

5）同步字符寄存器 2：控制端口，$C/\overline{D}=1$，写入双同步字符。

6）数据发送缓冲区：数据端口，$C/\overline{D}=0$，写入输出字符。

7）数据接收缓冲器：数据端口，$C/\overline{D}=0$，接收输入字符。

8251A 初始化编程流程图，如图 8-10 所示。

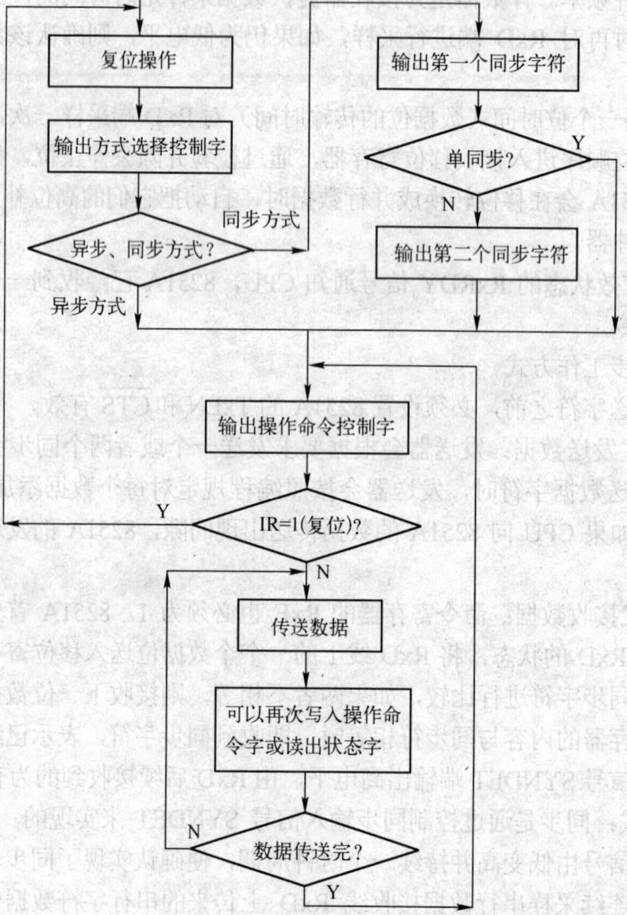

图 8-10　8251A 初始化编程流程图

在写入控制字前，8251A 必须执行复位操作。可以用硬件方法实现复位操作，即给

RESET 引脚输入一个复位信号（高电平）；也可以用软件方法实现复位操作，即设置操作命令控制字的 D6 位为 1。复位操作之后，必须紧接着写入（输出）方式选择控制字到控制端口（寄存器）。

写入方式选择控制字后，若是同步工作方式，还必须写入控制端口 1 个或 2 个同步字符，之后再写入控制端口的是操作命令控制字；若是异步方式，则直接写入控制端口的是操作命令控制字。由此可以看出，同一个控制端口写入几个不同的控制字，根据其写入的顺序，由其硬件区别不同的含义。

需要指出，在方式选择控制字写入以后，写入控制端口的（可以多次写入）均被认为是操作命令控制字。

操作命令控制字中如果不包含复位命令，初始化后，便可以开始使用数据端口传送串行数据。

状态字可根据需要设置读出指令。在每次读出状态字后，若工作状态发生变化，可以暂停数据传输，直至状态恢复正常。状态寄存器不能写入。

【例 8-3】 在 8086 系统中设 8251A 的工作方式为：具有联络信号的全双工异步模式，数据格式为 7 位二进制数据位，进行偶校验，1.5 个停止位；波特率因子为 64。

要求：清除出错标志、令请求发送信号 RTS 处于有效状态、通知调制解调器和外部设备 CPU 将要发送信息。令数据终端准备好信号 DTR 处于有效状态，通知调制解调器和外部设备数据终端准备好接收数据。令发送允许位 TxEN 和接收允许位 RxE 为 1，使发送和接收允许都处于有效状态。

设 8251A 数据线 D7～D0 连接在 CPU 数据总线的低 8 位时，CPU 访问各个端口必须使用偶地址。硬件连线上把 CPU 地址线的 A1 接在 $C/\overline{D}$ 引脚，命令端口地址为 2A82H，数据端口为 2A80H。

由题中要求，按照规定的方式选择控制字各位的含义，设置方式选择控制字为：10111011B=0BBH。

按照规定的操作命令控制字的各位的含义，设置操作命令字为：00110111B=37H。

初始化程序如下。

```
MOV   DX,  2A82H
MOV   AL, 0BBH        ;设置方式选择字, 使 8251A 处于异步模式, 波特率因子为 64
OUT   DX, AL          ;数据格式为 7 个数据位, 偶校验, 1.5 个停止位
MOV   AL, 37H         ;设置命令字, 置请求发送有效, 数据终端准备好信号有效
OUT   DX，AL          ;置发送标志允许, 接收允许标志为 1
```

【例 8-4】 设 8251A 采用内同步传送方式，两个同步字符，7 位数据位，同步字符为 32H，奇校验，控制端口地址为 82H，数据端口地址为 80H。要求：清除错误标志，数据终端和接收允许处于有效状态。

工作方式选择字为：00011000=18H。

操作命令控制字为：10010110=96H。

接收数据初始化程序如下。

```
MOV   AL, 18H
OUT   82H, AL         ;写入方式选择控制字
```

```
MOV  AL, 32H
OUT  82H, AL
OUT  82H, AL        ;写入 2 个同步字符
MOV  AL, 96H
OUT  80H, AL        ;写入操作命令控制字
```

程序中首先写入控制端口的是方式选择控制字 18H。由于方式选择字定义同步传送且规定了同步字的个数，所以，紧接着写入控制端口的是两个同步字 32H。之后，写入控制端口的是操作命令字 96H。操作命令字 96H 中不包含复位命令，则初始化完毕，接着就可以使用数据端口传送数据。若操作命令字中包含复位命令，即 8251A 被复位。其后送入控制端口的字节又被认为是方式选择控制字。

8251A 初始化还需注意以下方面。

1）在由两个独立程序控制一个 8251A 时，可能会出现当一个初始化程序等待输入同步字符时，另一个程序中传来内部复位命令。由于两个程序共用控制端口，内部复位命令将被作为一个同步字符而出现控制错误。解决的办法是：在发出复位操作命令前先发出 3 个数据 0 传送给 8251A 的控制端口，使其避开这种可能性。

2）操作命令字是芯片进行操作或改变操作时必须写入的内容。而每次写入命令字后，8251A 都要检查 IR 位是否有内部复位，如有复位，8251A 应重新设置方式选择控制字。

8.1.4 8251A 的应用实例

串行通信主要应用于远距离通信。但是，由于串行通信的硬件结构简单及计算机工作速度的极大提高，一般情况下，在近距离通信中，串行通信也得到广泛的应用。如两台近距离计算机之间的通信、计算机与工业控制常用的 PLC、单片机开发实验装置以及电子设计自动化（EDA）开发装置的通信（程序调试、下载）等均可采用串行（RS-232 或 USB 总线）通信。

下面以两片 8251A 可编程序串行接口芯片实现两台 PC/XT 计算机之间的串行（RS-232）通信为例，说明 8251A 在实际通信中的应用。

1．通信要求及参数

要求实现甲、乙两机近距离串行异步通信、全双工传送方式、8 位数据位、2 位停止位、无校验位、数据传输率为 480f/s（波特率为 4800bit/s）、波特率因子为 64。

假设 CPU 分配给甲机端口地址为 04F8H～04FBH，分配给乙机端口地址为 2000H～2003H。甲机需发送的数据是数据段以 SRC1 为起始地址的连续 256 个字节存储单元的数据；乙机把接收的数据存储在数据段以 DST2 为起始地址的存储单元中。

2．串行通信标准及接口电路

串行通信标准及接口电路连接如图 8-11 所示。

1）采用 RS-232C 接口标准、8251A 实现接口功能，故将发送端 8251A 串行输出端 TxD 的 TTL 电平转换成 RS-232C 电平进行传送；将接收端 RS-232C 电平转换成 8251A 接收端 RxD 的 TTL 电平进行接收。

2）两台计算机的串行接口之间采用无联络信号的全双工连接，只需要将其串行数据发送和串行数据接收端互相连接，并且地线连在一起，就可以实现两机串行通信。

注意：尽管使用的是无联络信号的传输方式，但两机 8251A 的 $\overline{CTS}$ 端必须接地。

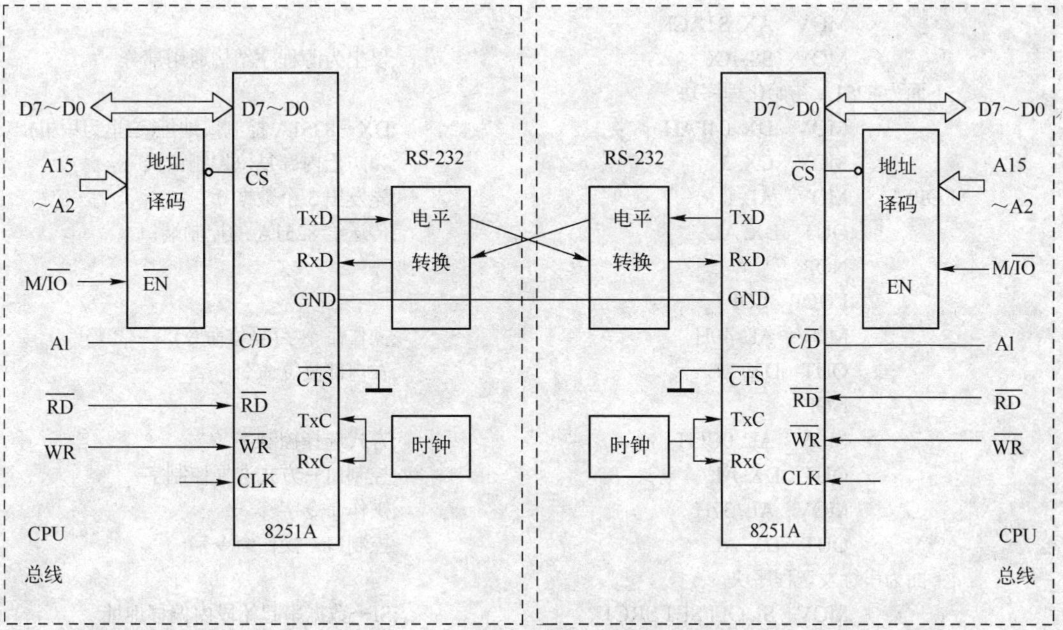

图 8-11　两机串行通信接口电路

3）端口地址分配及地址线连接：甲机 8251A 控制端口地址为 04FAH、数据端口地址为 04F8H。乙机 8251A 控制端口地址为 2002H、数据端口地址为 2000H。

这里选用 CPU 提供的偶地址作为端口地址（若 8086 CPU，则必须为偶地址），故 CPU 的地址总线 A0 接 0 电平、A1 接 8251A 的 $C/\overline{D}$（作片内端口选择）、A15～A2 作为 CPU 对 8251A 的片选信号。

4）8251A 的数据线 D7～D0 连接 CPU 数据总线 D7～D0。

5）8251A 控制线如图 8-11 所示。

6）8251A 没有内置的时钟发生器，必须由外部产生建立时钟信号，通常由机内 8253 产生时钟连接 TxC、RxC。

3．接口编程

两机可以同时作为数据发送方（运行发送程序）以及数据接收方（运行接收程序），将发送程序和接收程序分别编写，运行同样的接收或发送程序（注意两机端口地址可以不同）。

甲机发送程序如下。

```
        DATA    SEGMENT
        SRC1    DB 'HELLO WORLD XXXX.......'   ;数据段内要传送的数据串
        CNT     DB 10 DUP(?)
        DATA    ENDS
        STACK   SEGMENT PARA STACK 'STACK'
        BUF     DB 100 DUP(?)
        STACK   ENDS
        CODE    SEGMENT
        ASSUME CS:CODE,DS:DATA,SS:STACK
START:  MOV   AX,DATA
        MOV   DS,AX
```

```
            MOV   AX, STACK
            MOV   SS, AX                      ;以上为源程序结构通用部分
;下面为8251A初始化程序块
            MOV   DX, 04FAH                   ;DX←8251A控制口地址(这里为甲机)
            MOV   CX, 3                       ;为防止内部复位控制错误
LOP:        MOV   AL, 0                       ;先发出3个数据0
            OUT   DX, AL                      ;传送给8251A的控制端口
            NOP
            LOOP  LOP
            MOV   AL, 40H                     ;操作命令字(复位命令)
            OUT   DX, AL                      ;发内部复位命令
            NOP
            MOV   AL, 0CFH                    ;方式选择控制字
            OUT   DX, AL                      ;控制口←方式选择控制字
            MOV   AL, 37H                     ;操作命令字
            OUT   DX, AL                      ;控制口←操作命令字
;下面为串行发送程序块
            MOV   SI, OFFSET SRC1             ;SI←数据串起始段内偏移地址
            MOV   CX, 0100H                   ;CX←数据串长度
LOP1:       MOV   DX, 04FAH
            IN    AL, DX                      ;读8251A状态字
            TEST  AL, 30H                     ;测试状态字D5、D4位是否有1出现
            JNZ   LOP2                        ;有1则出错转LOP2
            TEST  AL, 01H                     ;检测状态位D0是否为1
            JZ    LOP1                        ;D0=0, 则发送器未准备好,转LOP1继续
            MOV   DX, 04F8H                   ;发送器准备好, 置DX←数据端口地址
            MOV   AL, [SI]                    ;取一个数据
            OUT   DX, AL                      ;通过数据口发送数据
            INC   SI                          ;地址指针指向下一个数据
            DEC   CX                          ;SI←(SI)-1, 数据串长度自减1
            JNZ   LOP1                        ;CX←CX-1, CX≠0未传送完转LOP1继续
LOP2:       MOV   AH, 4CH                     ;数据出错或数据传送完返回系统
            INT   21H
CODE        ENDS
            END START
```

乙机接收程序如下。

```
            DATA      SEGMENT
            DST2DB 300 DUP (?)                ;数据段内要接收的数据串存放单元
            CNT       DB 10 DUP(?)
            DATA      ENDS
            STACK     SEGMENT PARA STACK 'STACK'
            BUF       DB 100 DUP(?)
            STACK     ENDS
            CODE      SEGMENT
            ASSUME CS:CODE, DS:DATA, SS:STACK
```

```
START:   MOV   AX,DATA
         MOV   DS,AX
         MOV   AX,STACK
         MOV   SS,AX                 ;以上为源程序结构通用部分
;下面为 8251A 初始化程序块
         MOV   DX, 2002H             ;DX←8251A 控制口地址(这里为乙机)
         MOV   CX, 3                 ;为防止内部复位控制错误
LP:      MOV   AL,0                  ;先发出 3 个数据 0
         OUT   DX,AL                 ;传送给 8251A 的控制端口
         NOP
         LOOP  LP
         MOV   AL,40H                ;操作命令字(复位命令)
         OUT   DX,AL                 ;发内部复位命令
         NOP
         MOV   AL,0CFH               ;方式选择控制字
         OUT   DX,AL                 ;控制口←方式选择控制字
         MOV   AL,16H                ;操作命令字
         OUT   DX,AL                 ;控制口←操作命令字
;下面为串行接收程序块
         MOV DI, OFFSET DST2         ;SI←接收起始段内偏移地址
         MOV CX,0100H                ;CX←数据串长度
LP1 :    MOV DX, 2002H
         IN    AL,DX                 ;读 8251A 状态字
         TEST  AL,30H                ;测试状态字 D5、D4 位是否有 1 出现
         JNZ   LP2                   ;有 1 则出错转 LP2
         TEST  AL,02H                ;检测状态位 D1 是否为 1
         JZ    LP1                   ;D1=0, 则接收器未准备好,转 LP1 继续
         MOV   DX, 2000H             ;接收器准备好,置 DX←数据端口地址
         IN    AL, DX                ;通过数据端口接收数据
         MOV   [DI],  AL             ;存入数据区
         INC   SI                    ;地址指针指向下一个存放单元
         DEC   CX                    ;DI←(DI)-1, 数据串长度自减 1
         JNZ   LP1                   ;CX←CX-1, CX≠0 未传送完转 LP1 继续
LP2:     MOV   AH, 4CH               ;数据出错或数据传送完返回系统
         INT   21H
CODE     ENDS
         END START
```

8.1.5 8251A 串行通信 Proteus 仿真示例

1. 8251A 控制 LED 灯仿真示例

设计要求：PC 控制 8251A 输出串行数据，并经串行输入转并行输出移位寄存器芯片 74lS164，输出 8 位数据控制 8 个 LED 灯依次向左熄灭。

（1）硬件设计

在 ISIS 原理图编辑窗口放置元器件并布线，设置相应元器件参数，完成电路图的设计，如图 8-12 所示。

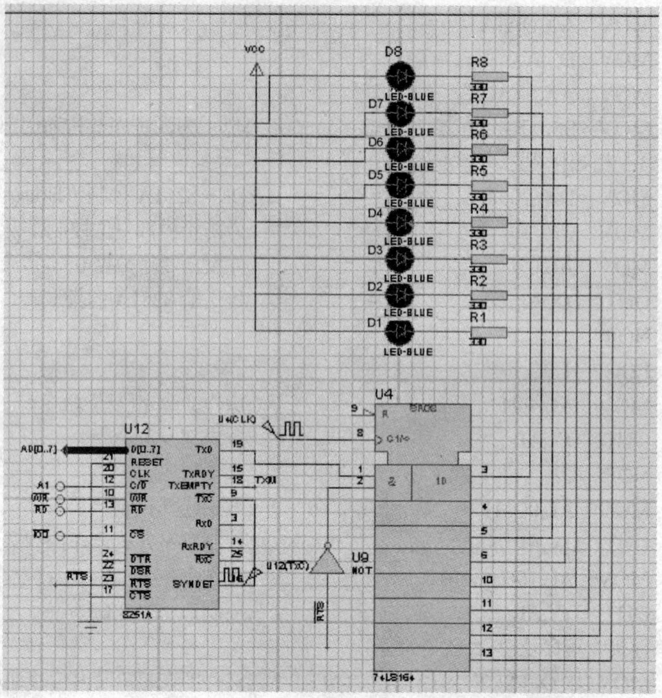

图 8-12　8251A 串行通信控制 LED 灯电路原理

电路添加元器件清单：串行通信芯片 8251A、8 位移位寄存器 74LS164、非门 NOT、电阻 RES、显示器 LED-BLUE。

（2）汇编语言程序设计

```
.MODEL SMALL
.8086
.STACK
.CODE
.STARTUP
          MOV DX,0002H
          MOV AL,4EH
          OUT DX,AL
AA1:      MOV AH,08H
          MOV AL,0FEH
          MOV BL,AL
AA:       MOV AL,31H
          OUT DX,AL
BUSY:     MOV DX,0002H
          IN AL,DX
          AND AL,05H
          JZ BUSY
          MOV DX,0000H
          MOV AL,BL
          OUT DX,AL
          CALL DELAY
```

```
            ROL BL,1
            DEC AH
            JNZ AA
            JMP AA1
            DELAY    PROC    NEAR
            PUSH BX
            PUSH CX
            MOV BX,500
LOP1:       MOV CX,469
LOP2:       LOOP   LOP2
            DEC    BX
            JNZ    LOP1
            POP CX
            POP BX
            RET
DELAY       ENDP
.DATA
END
```

（3）加载程序

首先在 EMU8086（或其他汇编语言编译环境）中输入汇编语言程序并保存，编译生成 EXE 文件。然后，在 ISIS 绘制好的原理图中，单击 8086 CPU，弹出 Edit Compoent 对话框窗口，在 Program File 选项中加载 EMU8086 生成的 EXE 文件。

（4）仿真调试

连续运行程序，仿真结果如图 8-13 所示，8251A 发送数据 LED 灯依次向左熄灭。

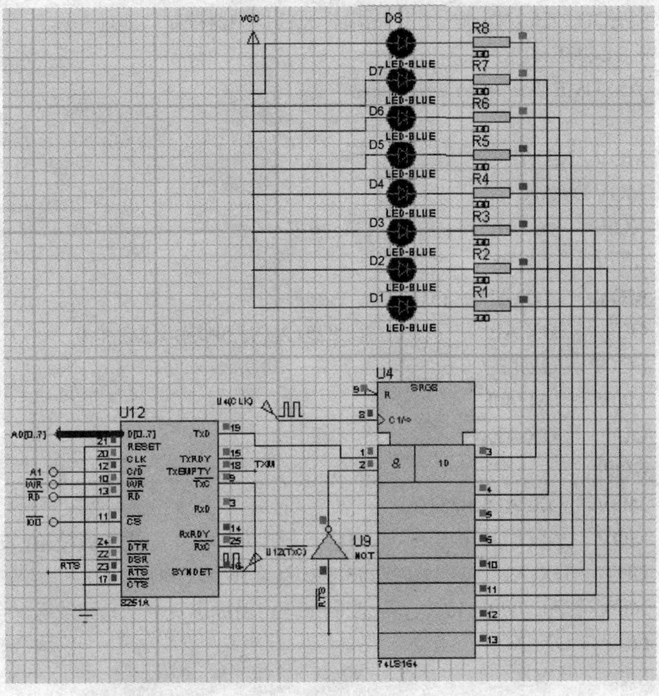

图 8-13　8251A 串行通信控制 LED 灯运行结果

也可以通过单步或者断点调试程序观察寄存器或存储器数据变化情况。

2．8251A 串行口输出数据仿真示例

设计要求：PC 控制 8251A 通过串行口输出字符或数据，通过虚拟串口监视和示波器显示输出。

（1）硬件设计

在 ISIS 原理图编辑窗口放置元件并布线，设置相应元器件参数，完成电路图的设计，如图 8-14 所示。

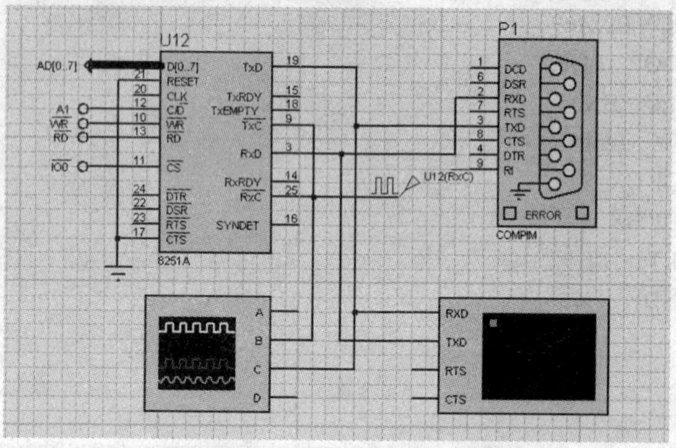

图 8-14　8251A 通过串行口输出电路原理

电路添加元件清单：串行通信芯片 8251A、DP-9 标准插座 COMPIM、示波器 OSCILLOSCOPE、串口监视仪器 VIRTUAL TERMINAL。

（2）汇编语言程序设计

```
ADD8251D   EQU 00H                    ;串行通信控制器数据口地址
ADD8251C   EQU 02H                    ;串行通信控制器控制口地址
CODE        SEGMENT ;
          ASSUME DS:DATA,CS:CODE
START:
          MOV AX,DATA
          MOV DS,AX
INIT:     XOR     AL,AL               ;AL 清零
          MOV     CX,08
          MOV     DX,ADD8251C
OUT1:     OUT     DX,AL               ;往 8251A 的控制端口送 3 个 0
          LOOP    OUT1
          MOV     AL,40H
          OUT     DX,AL
          NOP
          MOV     DX, ADD8251C
          MOV     AL, 01111010b       ;方式选择控制，字 1 停止位偶校验，7 位数据位，
          OUT     DX, AL              ;波特率因子 16
          MOV     AL, 00010101b       ;控制字，出错标志复位，允许发送、接收
          OUT     DX, AL
RE:       MOV     CX,2
          LEA     DI,STR1
```

```
Send:                                  ;串口发送
        MOV     DX, ADD8251C
        MOV     AL, 00010101b          ;清出错，允许发送接收
        OUT     DX, AL
        NOP
WTXD:
        IN      AL, DX
        TEST    AL, 1                  ;发送缓冲是否为空
        NOP
        JZ      WTXD
        MOV     AL, [DI]               ;取要发送的
        MOV     DX, ADD8251D
        OUT     DX, AL                 ;发送
        INC     DI
        PUSH    CX
        MOV     CX,200
SIM:    LOOP    SIM
        POP     CX
        LOOP    Send
        JMP     RE
CODE      ENDS
DATA    SEGMENT
     STR1   DB   'abbc11233'
DATA      ENDS
          END START
```

（3）加载程序

可以在 EMU8086 环境下，输入汇编语言程序并保存，编译生成 EXE 文件。在 Proteus 环境原理图的 8086 CPU 中加载 EMU8086 生成的 EXE 文件。

（4）调试与仿真

连续运行程序，仿真结果如图 8-15 所示，8251A 通过串行口输出发送数据，示波器上显示输出波形，虚拟终端显示输出字符和数据。

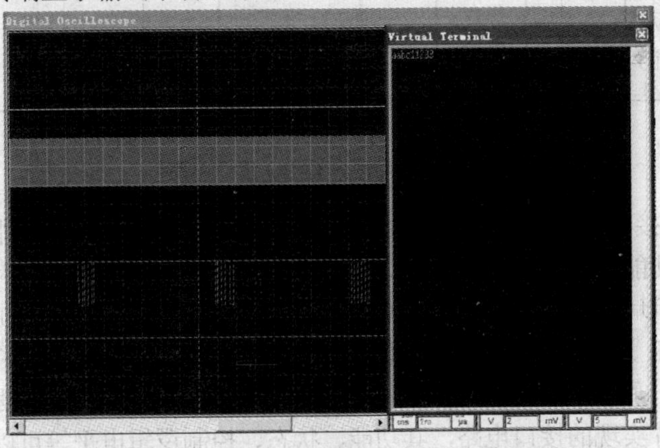

图 8-15　8251A 通过串行口输出运行结果

也可以通过单步或者断点调试程序观察寄存器或存储器数据变化情况。

8.2 并行通信及可编程序接口芯片应用技术

本节介绍并行通信的基本概念及常用可编程序并行接口芯片 8255A 的结构、控制方法、工作方式及应用技术。

8.2.1 并行通信及接口基本概念

并行通信方式是指同时使用多条数据线传输多位二进制数据，每一数据位数据独自占用一根数据线。

在计算机系统中，并行通信一次可以传输 8 位、16 位或 32 位数据。并行通信的特点是传输速度快，具有 N 位数据线的并行通信的数据传输速率是串行通信数据传输速率的 N 倍。但由于并行传输线为多条位线密集并排在一起，不适合远距离传送。因此，并行通信仅应用在传输距离较短且数据传输速度要求较高的场合，如计算机与打印机、显示器和硬盘之间的通信。

实现计算机与外部设备进行并行通信的电路称为并行接口（电路）。

并行输出接口连接外围设备或用于瞬态量输入，应具有锁存功能。当应用系统 I/O 端口数量较少且功能单一时，接口电路只需要完成简单的 I/O 数据操作，可采用 I/O 数据缓冲器、锁存器等构成简单的 I/O 接口芯片，这种芯片所实现的功能及控制信号等是固定的。

图 8-16 为简单并行 I/O 接口芯片组成的接口电路。

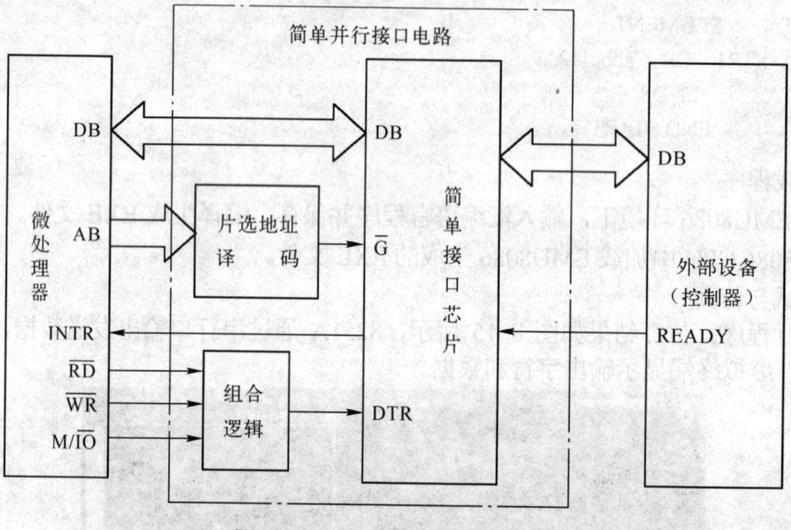

图 8-16 简单并行 I/O 接口电路

简单并行 I/O 接口芯片主要是完成数据的锁存、输入/输出缓冲等功能。其主要引脚线是数据线及 2～3 根使能控制线。在图 8-16 中，芯片内的 $\overline{G}$ 引脚为低电平时，则该芯片工作，其数据线 DB 与 CPU 数据线 DB 为接通状态，而 DTR 为 1 时，表示 CPU 通过芯片把数据传送给外部设备；DTR 为 0 时，表示 CPU 通过芯片读取外部设备的数据。

在一般情况下，可以根据用户的需要，使用可编程序并行接口芯片设计并行接口电路。由可编程序接口芯片实现的接口电路，其功能、状态、控制逻辑电平等可以通过用户程序进行控制，可以设计为单向输入、单向输出、双向功能或多通道接口电路，使用非常方便。由可编程序并行接口芯片组成的并行接口电路如图 8-17 所示。

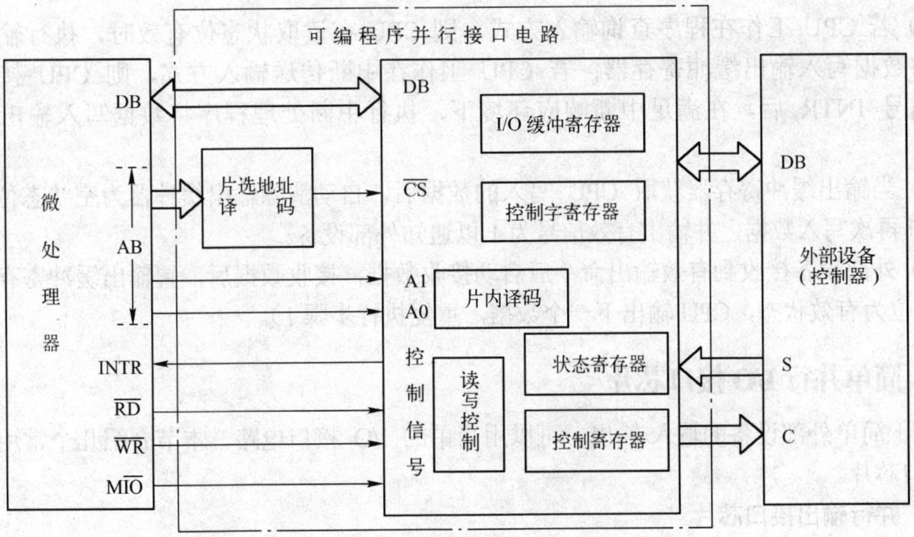

图 8-17　可编程序并行 I/O 接口电路

（1）并行接口电路的特点

1）并行接口电路设有片选信号和片内端口地址的选择信号，如图 8-17 中片选信号 $\overline{CS}$ 由接口电路设计的译码器输出控制，片内地址选择信号 A1 和 A0 作为芯片内部译码，用于选择片内不同的端口操作。

2）并行接口电路与外部设备的连接部分设有进行联络的应答信号，如图 8-17 中外部设备的控制信号 S（状态信息）和 C（控制信息）。

3）可编程序并行接口芯片电路实现几个 I/O 通道端口与外部设备的交换信息。

4）并行接口电路可以实现以程序传送方式或中断传送方式与外部设备交换信息。

（2）并行接口电路输入过程

1）由外部设备控制器将准备就绪的数据通过数据线 DB 送入数据端口，并使数据准备就绪状态信号有效。

2）接口电路将数据接收到输入缓冲寄存器后，向外部设备发出输入数据有效信号，外部设备接收到有效信号后发出应答信号，以防止外部设备在 CPU 未读取当前数据前输入下一数据；同时置状态寄存器中的输入数据准备就绪状态位为有效信号，也可以向 CPU 发出中断请求信号。

3）若 CPU 工作在程序查询输入方式，则在 CPU 读取状态位有效时，执行输入操作指令，读取当前数据线上的数据；若 CPU 工作在中断传送输入方式，则 CPU 接收中断请求信号 INTR 后，在满足中断响应环境下，执行中断处理程序，读取当前数据线上的数据。

4）CPU 读取数据后，自动清除输入数据准备好状态位，并置输入应答为无效信号，外部设备在收到输入应答信号无效后，可以输入下一个数据。

（3）并行接口电路输出过程

1）接口电路中输出缓冲寄存器为空时，表示可以接受 CPU 输出数据的状态位为有效状态，该状态位可以接受 CPU 程序查询，其有效状态也可以作为向 CPU 发出的中断请求信号。

2）若 CPU 工作在程序查询输入方式，则 CPU 在读取状态位有效时，执行输出操作指令将数据写入输出缓冲寄存器；若 CPU 工作在中断传送输入方式，则 CPU 接收中断请求信号 INTR 后，在满足中断响应环境下，执行中断处理程序将数据写入输出缓冲寄存器。

3）当输出缓冲寄存器获取 CPU 写入的数据后，自动清除输出缓冲器为空状态位，以防止 CPU 再次写入数据，并输出有效信号为 1 以通知外部设备。

4）外部设备接收到有效输出命令后启动接收数据，接收数据后，置输出缓冲寄存器为空的状态位为有效状态，CPU 输出下一个数据，重复执行步骤 1）。

8.2.2 简单并行 I/O 接口芯片

对于简单外部设备的输入/输出，可以用简单的 I/O 接口电路。本节介绍几个常用的简单 I/O 接口芯片。

1．并行输出接口芯片

8 位输出口常用的锁存器有 74LS273、74LS377 以及带三态门的 8D 锁存器 74LS373 等。

（1）74LS273

74LS273 是带清除端的 8D 触发器，上升沿触发，具有锁存功能。图 8-18 为 74LS273 的引脚图和功能表。

由 74LS273 功能表可知：芯片的 D1～D8 为数据输入线，一般与 CPU 的数据线或地址线连接，Q1～Q8 为输出线。当引脚 CLR=0 时，芯片不工作且输出为 0；当 CLR=1 且在 CLK 的上升沿，输入信号 D1～D8 经输出线 Q1～Q8 输出；在 CLK=0 时，即使输入信号发生变化，但输出信号被锁存不变。

（2）74LS377

74LS377 是带有输出允许控制的 8D 触发器，上升沿触发，其引脚图和功能表如图 8-19 所示。

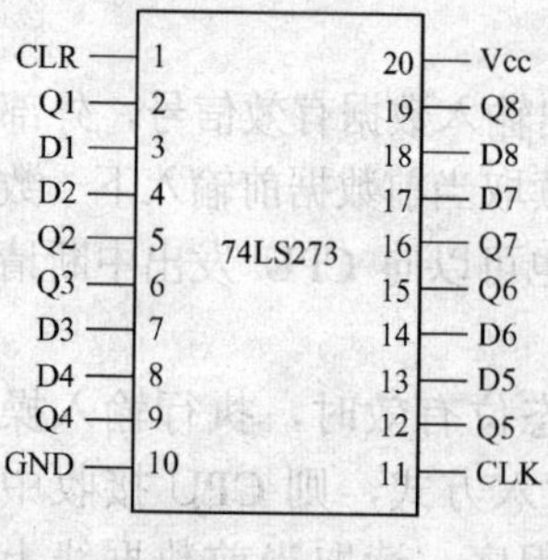

功能表

CLR	CLK	D	Q
0	×	×	0
1	↑	1	1
1	↑	0	0
1	0	×	Q0

图 8-18　74LS273 的引脚图和功能表

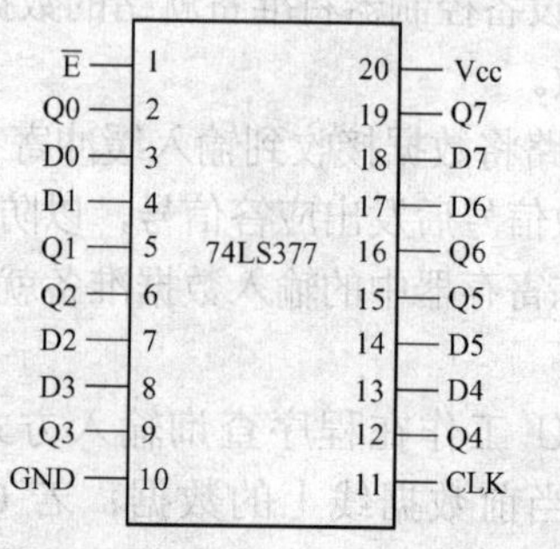

功能表

$\overline{E}$	CLK	D	Q
1	×	×	Q0
0	↑	1	1
0	↑	0	0
×	0	×	Q0

图 8-19　74LS377 的引脚图和功能表

2．并行输入接口芯片

扩展 8 位并行输入口常用的三态门电路有 74LS244、74LS245 和 74LS373 等。

（1）74LS244

74LS244 是一种三态输出的 8 位总线缓冲驱动器，无锁存功能，其引脚图和逻辑图如图 8-20 所示。

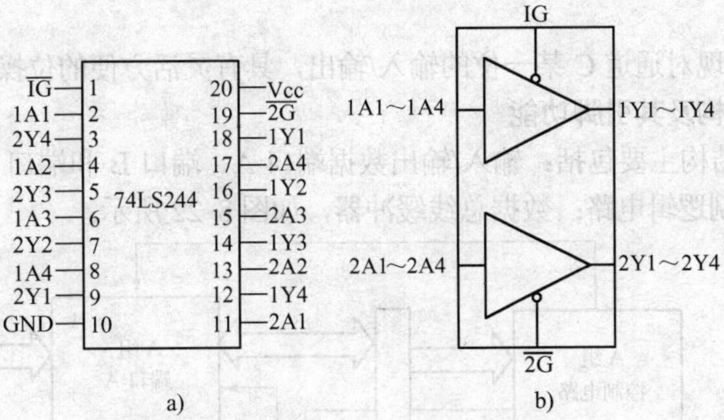

图 8-20　74LS244 的引脚图和逻辑图

a) 引脚图　b) 逻辑图

（2）74LS245

74LS245 是三态输出的 8 位总线收发器/驱动器，无锁存功能。该电路可将 8 位数据从 A 端送到 B 端或反之（由方向控制信号 DIR 电平决定），也可禁止传输（由使能信号 $\overline{G}$ 控制），其引脚图和功能表如图 8-21 所示。

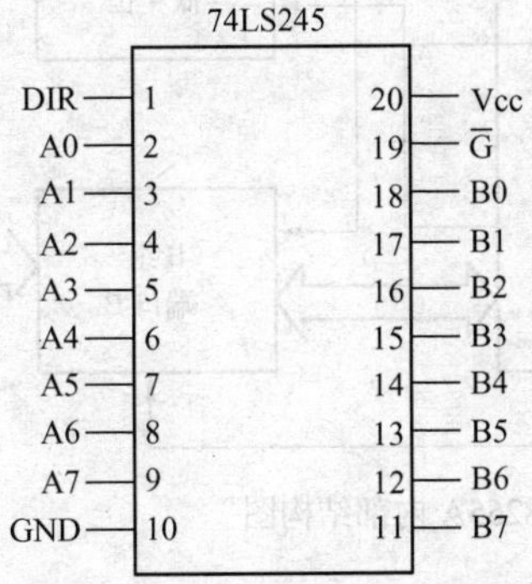

功能表

输入		功能
$\overline{G}$	DIR	
0	0	B 到 A
0	1	A 到 B
1	×	高阻

图 8-21　74LS245 的引脚图和功能表

由 74LS245 功能表可知：当 $\overline{G}$ =1 时，芯片处于高阻状态；当 $\overline{G}$ =0 且 DIR=0 时，数据线 B0～B7 传输到 A0～A7；当 $\overline{G}$ =0 且 DIR=1 时，数据线 A0～A7 传输到 B0～B7。

8.2.3　可编程序并行接口芯片 8255A

Intel 系列的可编程序并行接口芯片 8255A 是通用并行 I/O 接口芯片。该芯片广泛用于微型机系统中，用户可编程序有多种操作选择方式，通用性强、使用灵活。8255A 为 CPU 与外部设备之间提供并行输入 / 输出通道，CPU 通过 8255A 可直接与外部设备连接。

1．8255A 的基本性能

8255A 的基本性能包括以下方面。

1）8255A 具有 3 个相互独立的、带有锁存或缓冲功能的输入/输出端口，即端口 A、端口 B、端口 C。

2）A、B、C 3 个端口可以联合使用，具有 3 种可编程序工作方式，即基本 I/O 方式、选通 I/O 方式、双向选通 I/O 方式。

3）支持无条件传送方式、程序查询方式和中断传送方式完成 CPU 与外部设备之间的数据传送。

4）可以编程实现对通道 C 某一位的输入/输出，具有灵活方便的位操作功能。

2．8255A 的结构及其引脚功能

8255A 的内部结构主要包括：输入/输出数据端口 A、端口 B 和端口 C；内部 A 组控制和 B 组控制；读/写控制逻辑电路；数据总线缓冲器，如图 8-22 所示。

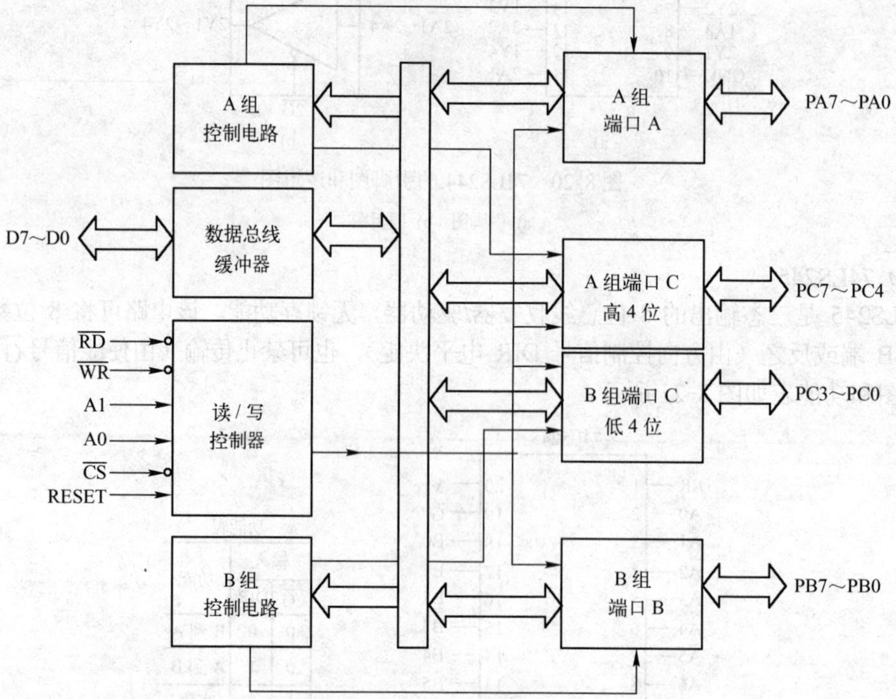

图 8-22　8255A 内部结构图

8255A 具有 24 条输入/输出引脚，为 40 脚双列直插式大规模集成电路，其引脚分布如图 8-23 所示。

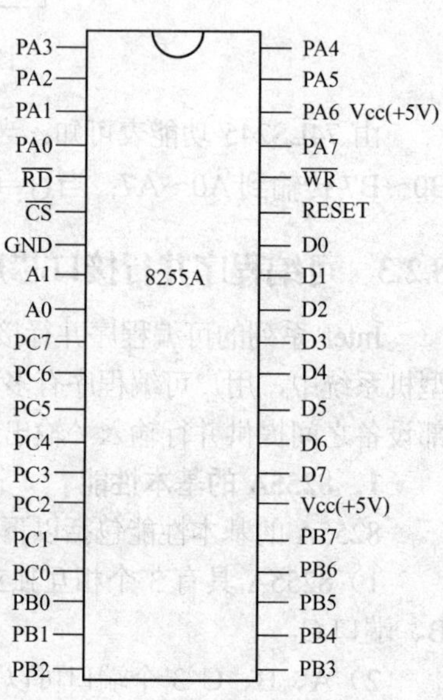

图 8-23　8255A 芯片引脚图

8255A 的内部结构可归类为 3 部分：与 CPU 连接的接口部分、与外部设备连接接口部分及内部逻辑部分。下面分别介绍各部分结构及引脚功能。

（1）与 CPU 连接的接口部分结构

与 CPU 连接的接口部分有数据总线缓冲器、读/写控制逻辑。这部分主要完成数据传送及逻辑控制。

数据总线缓冲器是一个 8 位双向三态缓冲器，其 8 位数据线直接与 CPU 数据总线连接，CPU 与 8255A 的所有信息（包括数据、控制字及状态信息）必须由此传送。

读/写控制逻辑电路的功能如下。

1）接收 CPU 发出的地址信息经译码电路产生的片选信号，以确定是否选中该片；接收片内端口地址信号，以确定片内端口。

2）接收 CPU 发出的读/写控制命令。

3）发出控制命令，控制 A 组、B 组的数据总线缓冲器接收 CPU 数据或把外部设备输入信息送入数据总线缓冲器。

（2）与 CPU 连接的引脚功能

1）D7～D0：8255A 数据线、8 位、双向三态。一般连接在 CPU 数据总线的低 8 位，是 CPU 与 8255A 交换信息的唯一通道。

2）$\overline{CS}$：片选信号，输入，低电平有效。$\overline{CS}$=0，表示当前 8255A 芯片数据线 D0～D7 与 CPU 的数据总线接通，8255A 被选中。$\overline{CS}$ 引脚由 CPU 发送到地址总线的信息经译码器产生的输出信号控制。

3）$\overline{RD}$：读控制信号，低电平有效，输入。CPU 读取 8255A 数据时，该信号必须为低电平。该引脚一般接在 CPU 的 $\overline{RD}$，在执行 IN 输入指令时，CPU 的读控制引脚 $\overline{RD}$ 将会输出低电平控制该引脚有效。

4）$\overline{WR}$：写控制信号，低电平有效，输入。CPU 写入 8255A 数据或控制字时，该信号必须为低电平。该引脚一般接在 CPU 的 $\overline{WR}$，在执行 OUT 输出指令时，CPU 的写控制引脚 $\overline{WR}$ 将会输出低电平控制该引脚有效。

5）RESET：复位信号，高电平有效，输入。复位后，所有片内寄存器清 0。同时，端口 A、B、C 自动设定为输入口。

6）A1、A0：片内端口地址选择信号、输入。8255A 内部有 3 个数据端口和 1 个控制端口（4 个端口），用 A1、A0 两位代码不同的组合（00、01、10、11），分别表示端口 A、端口 B、端口 C、控制端口的片内地址。

A1、A0 一般分别连接在 CPU 地址总线的低两位。对于 8086 系统，当 8255A 的数据线连接在 CPU 数据总线的低 8 位时，由于低 8 位数据线必须对应访问偶地址端口，所以，必须定义 8255A 内部的 4 个端口地址均为偶地址。为此，A1 和 A0 应分别连接在 CPU 地址总线的 A2 位和 A1 位，且置地址总线的 A0=0，这样，就可使 8255A 的 4 个端口的地址为 4 个连续的偶地址。

8255A 控制引脚的不同组合所实现的操作见表 8-2。

表 8-2　8255A 控制引脚组和操作

$\overline{CS}$	A1　A0	$\overline{RD}$	$\overline{WR}$	读写操作
0	0　0（A 口）	1	0	CPU 写入端口 A 数据
0	0　1（B 口）	1	0	CPU 写入端口 B 数据
0	1　0（C 口）	1	0	CPU 写入端口 C 数据
0	1　1（控制口）	1	0	CPU 写入控制字寄存器数据
0	0　0（A 口）	0	1	CPU 读端口 A 数据
0	0　1（B 口）	0	1	CPU 读端口 B 数据
0	1　0（C 口）	0	1	CPU 读端口 C 数据
1	×　×	×	×	8255A D7～D0 呈高阻态
0	1　1	0	1	非法

例如：设地址总线为 A15～A0，其中 A15～A3 为 8255A 的片选地址，A0=0。

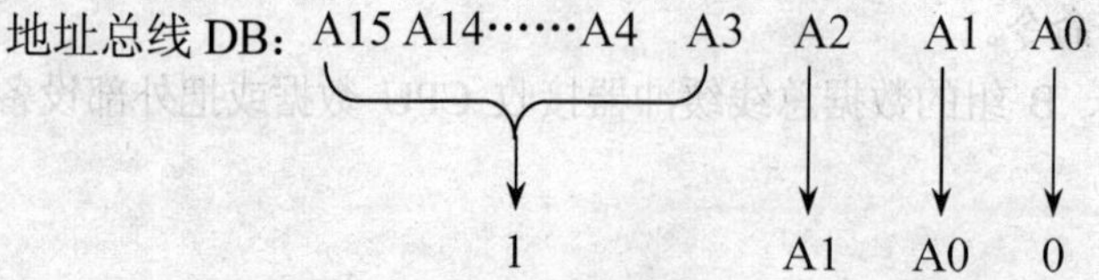

则 8255A 的端口 A 地址为 0FFF8H，其他 3 个端口地址依次递增 2。

设端口 A 为输入口、端口 B 为输出口，下列指令：

```
MOV   DX, 0FFF8H
IN    AL,  DX
MOV   DX, 0FFFAH
OUT   DX,  AL
```

执行后，CPU 读取 8255A 数据端口 A 的内容到 AL 中；将 AL 的内容输出到数据端口 B。

（3）与外设接口部分

8255A 内部包括 3 个 8 位的输入/输出端口：端口 A、端口 B、端口 C。这些端口既可以独立使用，也可以组合成具有控制状态信息的 A 组或 B 组使用。

1）端口 A。数据输入/输出双向端口：输入端口内含有一个 8 位的数据输入锁存器；输出端口内含有一个 8 位的数据输出锁存器/缓冲器。

该端口作为输入端口时，对输入数据具有锁存功能；作为输出端口时，对 CPU 写入的数据具有锁存功能。

该端口可以工作于 3 种方式（见 8.4.2 节）中的任何一种。

2）端口 B。数据输入/输出双向端口：输入端口内含有一个 8 位的数据输入缓冲器；输出端口内含有一个 8 位的数据输出锁存器/缓冲器（同端口 A）。

该端口作为输入端口时，对输入数据不具有锁存功能；作为输出端口时，对 CPU 写入的数据具有锁存功能。

该端口可以工作于方式 0 和方式 1。

3）端口 C。端口 C 具有 I/O 口、状态口及置位/复位三重功能。

① 可作为数据输入/输出双向端口：输入端口内含有一个 8 位的数据输入缓冲器；输出端口内含有一个 8 位的数据输出锁存器和缓冲器（同端口 A）。

该端口作为输入端口时，对输入数据不具有锁存功能；作为输出端口时，对 CPU 写入的数据具有锁存功能。

在方式字控制下，端口 C 分为两个 4 位的端口（端口 C 上 4 位和下 4 位），每个 4 位端口都有 4 位的锁存器，可以分别定义输入或输出端口，以方便用户自行定义各个位的使用。

端口 C 不能工作于方式 1 和方式 2。

② 在端口 A 和端口 B 工作在方式 1 或方式 2 时，芯片内部定义端口 C 部分位用来作端口 A 与端口 B 的控制信号和状态信号。

在具有端口 C 作为控制信息的端口 A 和端口 B 分别称为 A 组和 B 组。

③ 具有置位/复位功能，可以通过控制字对端口 C 的每一位进行置位/复位操作，实现位控功能。

（4）与外部设备连接的引脚功能

1）PA7～PA0：端口 A 数据线、8 位、双向。

2）PB7～PB0：端口 B 数据线、8 位、双向。

3）PC7～PC0：端口C数据线、8位、双向。

在需要联络信号与外部设备交换信息时：PC7～PC4 作为联络信号与数据端口 A 组成 A 组端口；PC3～PC0 作为联络信号与数据端口B组成B组端口。

3．内部控制逻辑

内部控制逻辑由 A、B 两组控制逻辑电路组成。主要作用是根据 CPU 送来的控制字用以控制A组端口和B组端口的工作方式。

A 组和 B 组控制的作用：A 组控制逻辑控制端口 A 及端口 C 的上半部；B 组控制逻辑控制端口B及端口C的下半部。

也可接收CPU编程的控制字，根据控制字的要求对C口按位进行置位或复位。

8.2.4　8255A 控制字及工作方式

8255A 各端口可以有 3 种不同的工作方式和输入、输出及位控工作状态。如何灵活方便地选择8255A的工作方式和工作状态，这就需要由CPU编程设定在8255A内部已经定义好的控制字决定，并将其写入芯片的控制端口。用户可以根据需要设置不同的控制字来实现不同的工作方式和工作状态。

由CPU编程写入8255A控制端口的一组控制字称为初始化程序。

8255A定义了两种控制字：工作方式控制字；专用于端口C的置位、复位控制字。

由于两个控制字都必须写入同一个控制口，所以控制字规定由最高位 D7 位来区分工作方式控制字（D7=1）和置位、复位控制字（D7=0）。

8255A的3种工作方式如下。

1）方式0：基本I/O方式。

2）方式1：选通I/O方式。

3）方式2：双向选通I/O方式。

1．8255A 控制字

（1）工作方式控制字（8位）

工作方式控制字用来定义8255A端口的工作方式和输入/输出工作状态。

工作方式控制字各位的定义如图8-24所示。

D7=1为方式控制特征位，表示该字节为工作方式控制字。

D6～D3位为A组控制位，D2～D0为B组控制位。

端口A可以选择工作在方式0、方式1或方式2。

端口B只能选择工作在方式0或方式1。

端口C只能工作在方式0。

【例 8-5】 已知 8255A 端口 A 的地址为 4A00H（设使用偶地址），若设端口 A 为输入口，工作方式为方式1；端口B为输出口，工作方式为方式0；端口C高4位输入，低4位输出，设置8255A工作方式控制字并编写初始化程序。

已知端口 A 的地址为 4A00H，则端口 B、端口 C、控制口的地址分别为 4A02H、4A04H、4A06H。

控制字为：10111000B=0B8H。

初始化程序如下。

```
MOV   DX, 4A06H
MOV   AL, 0B8H
OUT   DX, AL
```

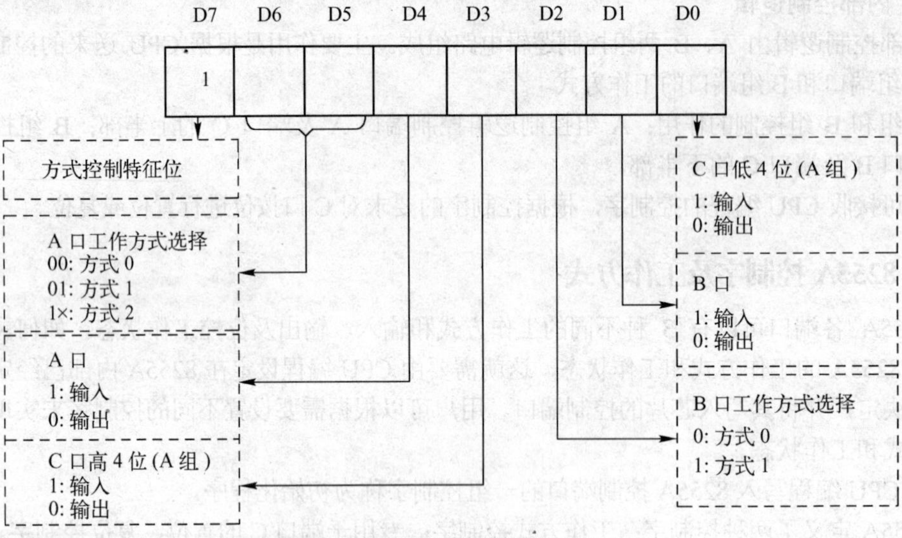

图 8-24　工作方式控制字各位的定义

（2）端口 C 置位/复位控制字

在很多控制系统中，常需要进行位控操作，设置端口 C 置位/复位控制字，可以对端口 C 的各个位进行控制。

置位/复位控制字格式如图 8-25 所示。

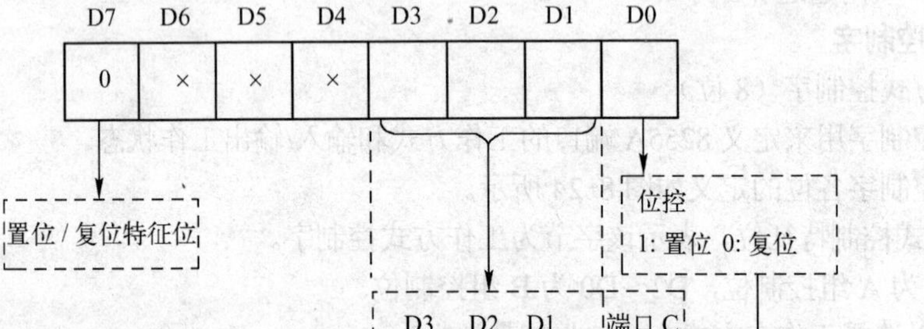

图 8-25　置位/复位控制字格式

D7=0 为置位/复位控制特征位，表示该字节为端口 C 置位/复位控制字。

D6～D4 位无定义位。

D3、D2、D1 位：端口 C 的 PC7～PC0 的位地址选择。

D0 位：对由位地址所确定的端口 C 的某一位置位（D0=1）或复位（D0=0）。

在使用端口 C 置位/复位控制字进行操作时应注意以下方面。

1）一个控制字只能对端口 C 的其中一位的输出信号进行位控。若要输出两个位信号，则需要设置两个这样的控制字。例如：将 C 口中 PC3 置 1，PC5 置 0，则对应的两个 C 口置位/复位控制字是：00000111B 和 00001010B。

2）控制字尽管是对端口 C 的各个位进行置 1 或置 0 操作，但此控制字必须写入控制口，而不是写入端口 C。

【例 8-6】 已知 8255A 端口地址为 4A00H、4A02H、4A04H、4A06H。

设置端口 C 的 PC7 引脚输出高电平 1，对外部设备进行位控。

置位/复位控制字为：00001111B=0FH。

初始化程序如下。

```
MOV   DX, 4A06H
MOV   AL, 0FH
OUT   DX, AL
```

【例 8-7】 已知 8255A 端口地址为 4A00H、4A02H、4A04H、4A06H。

设置端口 C 的 PC5 引脚输出高电平、PC3 引脚输出低电平、PC7 引脚输出一个连续的 100 个方波脉冲信号。

初始化程序如下。

```
          MOV  DX, 4A06H
          MOV  AL, 0BH            ;PC5=1
          OUT  DX, AL
          MOV  AL, 06H            ;PC3=0
          OUT  DX, AL
          MOV  CX, 64H            ;循环 100 次
NEXT:     MOV  AL, 0FH            ;PC7=1
          OUT  DX, AL
          CALL  DELAY             ;延时
          MOV  AL,0EH             ;PC7=0
          OUT  DX, AL
          CALL  DELAY
          LOOP  NEXT              ;未循环完转 NEXT
    ......
DELAY:    PUSH CX
          MOV BL,10H
LOP1:     MOV CX,0FFH
LOP2:     NOP
          NOP
          LOOP  LOP2
          DEC  BL
```

```
        JNZ   LOP1
        POP   CX
        RET
```

2．8255A 工作方式

（1）方式 0

方式 0 为 8255A 的基本 I/O 方式。它适用于工作在无须握手信号的简单输入/输出应用场合。

该工作方式下，端口 A、端口 B、端口 C 的两个部分（高 4 位和低 4 位）都可以作为输入或输出数据传送，不使用联络信号，也不使用中断。CPU 对端口的访问一般采用无条件传输方式，若使用端口 C 的两部分分别作为 A 组和 B 组的控制及状态线，与外设的控制和状态端相连，则 CPU 可以采用程序查询方式与外部设备交换信息。在方式 0 下，所有端口输出均有锁存缓冲功能。C 口还具有按位置位/复位功能。

【例 8-8】 已知 8255A 的 A1、A0 引脚分别连接系统总线的 A1、A0（没有限制奇偶地址），端口地址分别为 80H、81H、82H、83H。设端口 A 工作在方式 0，输出；端口 B 工作在方式 0，输入；端口 C 高 4 位输出、低 4 位输入。

工作方式控制字为：10000011B。

初始化程序如下。

```
    MOV AL，10000011B
    OUT 83H,   AL
```

【例 8-9】 已知 8255A 端口地址为 02A00H、02A01H、02A02H、02A03H。

8255A 端口 A 工作于方式 0、输出，作为外部设备打印机与 CPU 的接口，如图 8-26 所示。

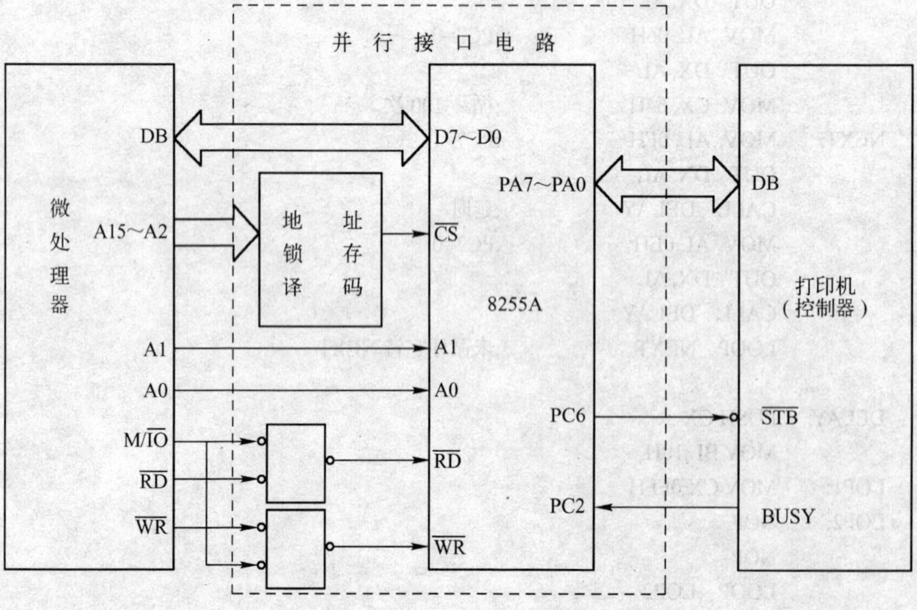

图 8-26　8255A 方式 0 下的 CPU 与打印机的接口

CPU 地址线的 A15～A2 作为片选地址，A1、A0 作为 8255A 的片内端口地址选择。8255A 的 A1、A0 引脚分别连接系统总线的 A1、A0（没有限制奇偶地址），设打印机的 $\overline{STB}$ 信号为数据选通信号、BUSY 信号为工作状态信号。

其时序工作过程如下。

1）CPU 需要执行打印机操作时，首先，CPU 通过 8255A 的 PC2 引脚查询测试打印机输出状态引脚信号 BUSY。BUSY=1 时，则打印机处在工作忙状态；BUSY=0 时，打印机处于准备好状态。

2）当 BUSY=0 时，CPU 执行输出指令，把需要打印的数据送入数据总线后，CPU 通过 8255A 的 PC6 引脚发出的负脉冲控制打印机的数据选通信号。

3）打印机接收到数据选通信号后，置 BUSY=1，CPU 暂不能输出下一个数据，同时打印机接收数据总线上的数据。

4）打印机完成打印操作后，BUSY=0，CPU 重复以上操作。

源程序如下。

```
DATA    SEGMENT
SRC1    DB  "HELLO WORLD......END"          ;数据段内要打印的数据
CNT     EQU  $－SRC1                         ;CNT 为要打印的数据的长度
DATA    ENDS
STACK   SEGMENT  PARA  STACK  'STACK'
BUF     DB 100 DUP(?)
STACK   ENDS
CODE    SEGMENT  PARA  PUBLIC'CODE'
        ASSUME  CS:CODE, DS:DATA, SS:STACK
START:  MOV  AX, DATA
        MOV  DS, AX                          ;以上为源程序结构通用部分
        LEA  SI, SRC1                        ;下面为 8255A 初始化及打印程序块
        MOV  CX,CNT
        MOV  AL，81H
        MOV  DX, 2A03H
        OUT  DX，AL                          ;控制口←方式选择控制字
        MOV  AL，0DH                         ; PC6 置 1，0DH=00001101，无数据输出
        OUT  DX,  AL
WAIT：  MOV  DX, 2A02H
        IN   AL，DX                          ;读 C 口
        TEST AL，04H                         ;测试 PC2，打印机忙否
        JNZ  WAIT                            ;PC2=1，打印机忙，转 WAIT 继续测试
        MOV  AL,  [SI]                       ;PC2=0，传送数据
        MOV  DX,  2A00H
        OUT  DX,  AL                         ;送 PA 口
        MOV  DX,  2A03H
        MOV  AL,  0CH
        OUT  DX,  AL                         ;置 PC6=0，通知打印机取数据
        NOP
        NOP
        NOP
```

```
            INC   AL
            OUT   DX,  AL                        ;置 PC6=1
            INC   SI

            LOOP  WAIT
            MOV    AH,  4CH
            INT     21H
    CODE    ENDS
            END     START
```

（2）方式 1

方式 1 也称选通式输入/输出方式。在方式 1 下，输入口或输出口都要在选通信号（应答）控制下实现数据传送，端口 A 或端口 B 用作数据口。由于 8255A 内部未设专用状态字及与外部设备之间的控制信息，端口 C 的部分引脚由 8255A 内部定义用作位控应答信号或中断请求信号。端 A 口借用端 C 口的一些信号线用作控制和状态线，形成 A 组；端口 B 借用端口 C 的一些信号线用作控制和状态线，组成 B 组。端口 A 和端口 B 无论作输入口还是输出口，均具有锁存缓冲功能。

在方式 1 下，CPU 可以通过程序查询方式或中断方式进行数据传送。

1）方式 1 的端口输入。

在方式 1 下，端口 A、端口 B 用作输入口时，对端口 C 引脚定义及状态字如图 8-27 所示。

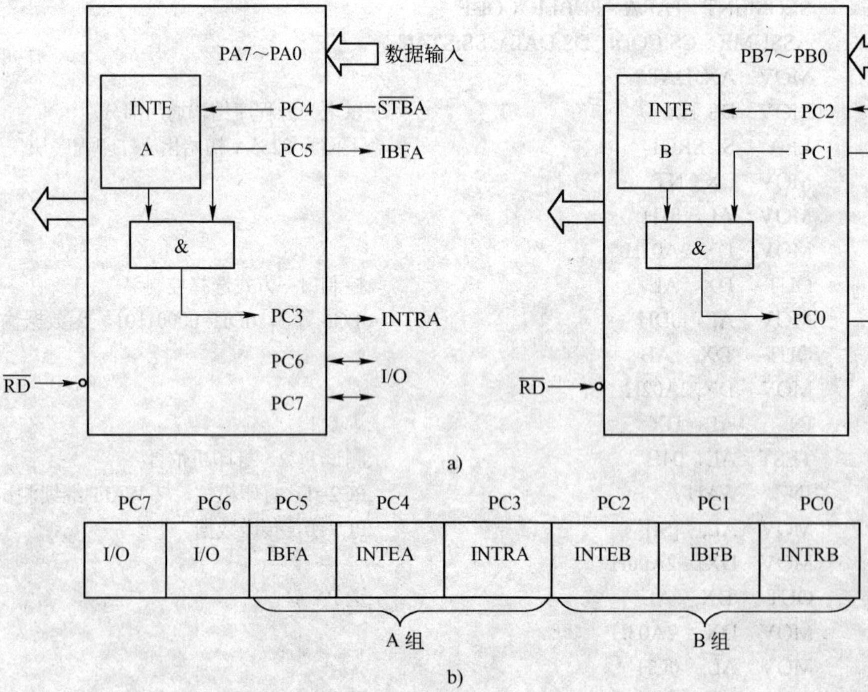

图 8-27　8255A 方式 1 输入时端口 C 引脚定义及状态字

a) 端口 C 引脚定义　b) 状态字

$\overline{STB}$：选通输入信号、低电平有效。当外部输入设备将数据送入端口 A 或端口 B 时，该信号作为外部设备发给 8255A 的控制信号。

该信号在端口 A 输入时经端口 C 的 PC4 引脚输入；在端口 B 输入时经端口 C 的 PC2 引脚输入。

IBF：输入缓冲器满输出信号、高电平有效。当 8255A 的输入锁存器接收到数据时，IBF=1。该信号可以作为 8255A 对外部设备的回答信号，同时也供 CPU 查询，当 IBF=1 时，CPU 即可执行输入指令读取 8255A 端口 A 或端口 B 的数据。

该引脚在$\overline{STB}$的下降沿置位，在$\overline{RD}$的上升沿（读周期结束）复位。

该信号在端口 A 输入时由端口 C 的 PC5 引脚输出；在端口 B 输入时由端口 C 的 PC1 引脚输出。

INTR：用作中断请求信号、输出、高电平有效。

该引脚是 8255A 向 CPU 发出的中断请求信号。当外设的数据送入 8255A 的输入锁存器，使 IBF、$\overline{STB}$和 INTE（中断允许）均为高电平时，INTR=1，向 CPU 申请中断。或者说，在中断允许的前提下，输入选通信号（$\overline{STB}$为高）结束时，外设已经将数据送入 8255A 的输入锁存器，这时 8255A 向 CPU 提出中断请求，CPU 采用中断传送方式来读取 8255A 输入锁存器中的数据。

该信号在端口 A 输入时由端口 C 的 PC3 引脚输出；在端口 B 输入时由端口 C 的 PC0 引脚输出。

INTE：中断屏蔽/允许信号、高电平有效，片内控制逻辑。该信号为高电平，片内发出中断请求的与门处于开门状态，这时与门的输出（INTR）只受与门另一输入端 IBF 信号的控制；该信号为低电平，片内发出中断请求的与门关闭，这时与门的输出（INTR）与门输入端 IBF 信号无关。由图 8-27 可以看出，INTE 由内部的中断控制触发器发出的允许中断或屏蔽中断的信号。INTE 没有外部引出端，它只能利用 C 口的按位置位 / 复位的功能来使其置 1 或清 0，端口 A 的 INTE 由 PC4 控制，端口 B 的 INTE 由 PC2 控制。需要指出的是，在方式 1 输入时，PC4 和 PC2 的置位 / 复位操作分别用于控制 A 口和 B 口的中断允许信号，这是 8255A 的内部状态操作，这一操作不影响端口 C 相同位 PC4 和 PC2 引脚的逻辑状态，因为引脚 PC4 和 PC2 是外部设备输入给端口 A 和端口 B 的数据选通输入信号。

例如，端口 A、端口 B 均工作在方式 1 输入状态下。允许端口 A 发中断请求，禁止端口 B 发中断请求。控制口地址为 83H，初始化程序为：

```
MOV   AL,   10110110B
OUT   83H, AL
MOV   AL,   00001001B
OUT   83H, AL
MOV   AL,   00000100B
OUT   83H, AL
```

在方式 1 下，没有定义的端口 C 引脚 PC6、PC7，可以作为 I/O 引脚正常使用。

2）方式 1 的端口输出。

在方式 1 下，端口 A、端口 B 用作输出口时，端口 C 引脚定义及状态字如图 8-28 所示。

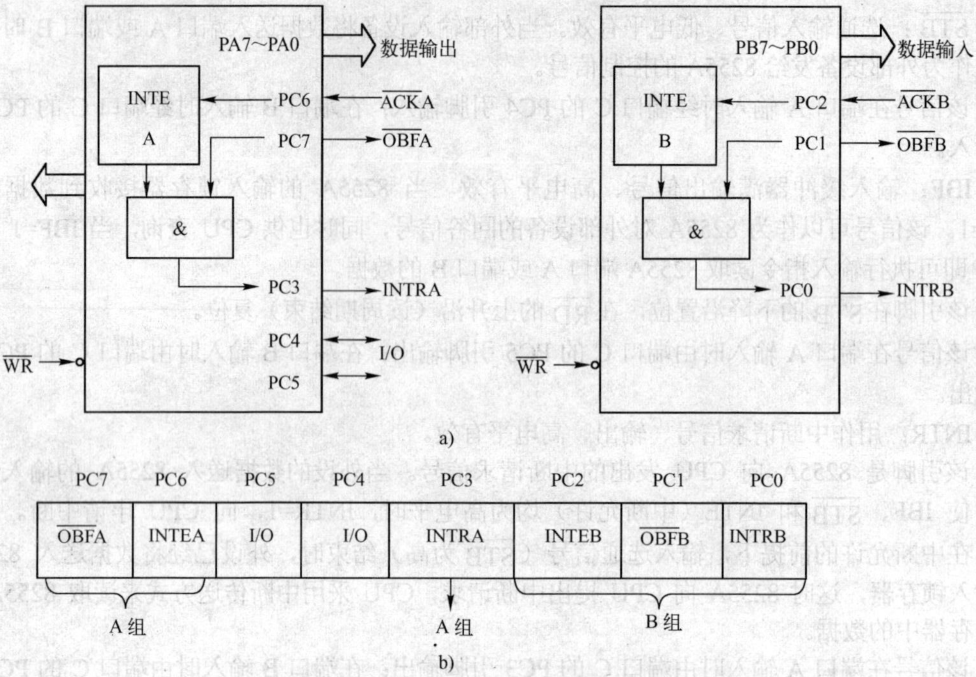

图 8-28　8255A 方式 1 输出时端口 C 引脚定义及状态字

a) 端口 C 引脚定义　b) 状态字

$\overline{OBF}$：输出缓冲器满信号、输出、低电平有效。当 CPU 将数据送入端口 A 或端口 B 时，该信号有效，作为 8255A 发给外部设备的启动控制信号，这时，外部设备可以从端口取走数据。

该信号在端口 A 输出时由端口 C 的 PC7 引脚输出；在端口 B 输出时由端口 C 的 PC1 引脚输出。

$\overline{ACK}$：外部输出设备响应信号、输入、低电平有效。当外部输出设备取走数据时，发给 8255A 应答信号，同时置 $\overline{OBF}$=1。

该信号在端口 A 输入时由端口 C 的 PC6 引脚输入；在端口 B 输入时由端口 C 的 PC2 引脚输入。

INTR：用作中断请求信号、输出、高电平有效。

该引脚是 8255A 向 CPU 发出的中断请求信号。当外部设备取走数据，使 8255A 的输出锁存器为空且 8255A 内部允许中断请求时，即 $\overline{OBF}$、$\overline{ACK}$ 和 INTE 同时为高电平时，该引脚为高电平，INTR=1，8255A 向 CPU 申请中断。CPU 可以采用中断传送方式向 8255A 写入下一个数据。

该信号在端口 A 输出时经端口 C 的 PC3 引脚输出；在端口 B 输出时经端口 C 的 PC0 引脚输出。

INTE：中断屏蔽/允许信号，其逻辑功能和含义同方式 1 输入方式。即它也只能利用端口 C 的按位置位 / 复位的功能来使其置 1 或清 0，端口 A 的 INTE 由 PC6 控制，端口 B 的 INTE 由 PC2 控制。需要指出的是，在方式 1 输出时，PC6 和 PC2 的置位 / 复位操作分别用于控制端口 A 和端口 B 的中断允许信号，这是 8255A 的内部操作。尽管 PC6 和 PC2 分别为端口 A 和端口 B 的 $\overline{ACK}$ 信号，但 INTE 不受 $\overline{ACK}$ 信号的影响。

（3）方式 2

方式 2 也称双向选通输入/输出方式，该方式仅适用于端口 A。

在方式 2 下，端口 A 的 PA7～PA0 作为双向的数据总线，外设既能通过端口 A 发送数据，又能接收数据；端口 A 在输入和输出时均具有锁存功能；CPU 可以通过程序查询方式或中断方式进行数据传送。

端口 C 的 5 条引脚由 8255A 定义用作位控应答信号或中断请求信号。其引脚定义及状态字如图 8-29 所示。

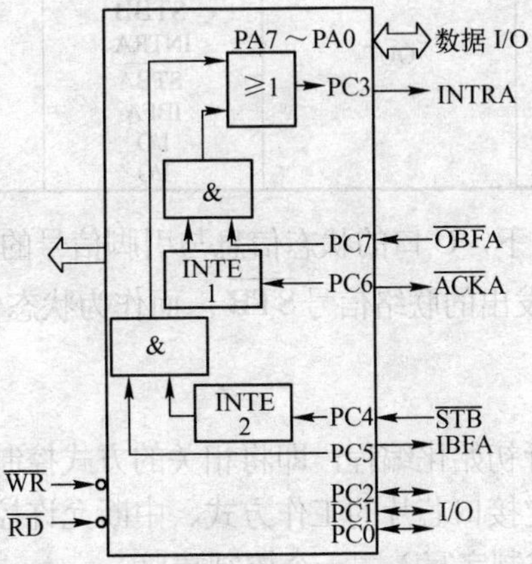

a)

PC7	PC6	PC5	PC4	PC3	PC2	PC1	PC0
OBFA	INTE1	IBFA	INTE2	INTRA	I/O	I/O	I/O

b)

图 8-29　8255A 方式 2 输出时端口 C 引脚定义及状态字

a) 端口 C 引脚定义　b) 状态字

INTRA：中断请求信号、输出、高电平有效。

在方式 2 下，端口 A 在输入/输出时均使用该引脚向 CPU 发出中断请求信号。

端口 A 作为输入口时，当外设的数据送入 8255A 的输入锁存器，使 IBF、STB和 INTE1（输入中断允许）均为高电平时，INTRA=1，向 CPU 申请中断，CPU 采用中断传送方式来读取位于 8255A 输入锁存器中的数据。输入中断允许 INTE1 利用按位置位/复位的功能使 PC6 置 1 来控制。

端口 A 作为输出口时，当外部设备取走数据后，使 8255A 的输出锁存器为空且 INTE2（输出中断允许）为高电平时，INTRA=1，8255A 向 CPU 申请中断，CPU 可以采用中断传送方式向 8255A 写入下一个数据。输出中断允许利用按位置位/复位的功能使 PC4 置 1 来控制。

端口 C 其他引脚的定义同方式 1。

在方式 2 下，不影响端口 B 及 PC0～PC2 的工作方式选择。

以上 8255A 的 3 种工作方式可以看出：在方式 0 下，3 个端口可以任意选择为输入口或输出口，由于芯片内部没有定义控制和状态信号，用户可以自行设定端口 C 各位的含义；在方式 1 下，定义了端口 C 的某些位作为控制及状态信息，该方式只适用于端口 A 和端口 B 作为选通输入口或输出口；在方式 2 下，仅适用于端口 A 为双向选通输入/输出，定义了端口 C 的某些位作为控制及状态信息，而端口 B 的工作方式不受影响。3 个端口相互独立又有关联，可以单独使用，互不影响，也可以配合使用，用户可以根据设计需要通过编程选择任一工作方式和 I/O 状态。

表 8-3 列出了各端口各种工作方式下的功能关系。

表 8-3　8255A 各端口工作方式

端　口	方式 0 输入	方式 0 输出	方式 1 输入	方式 1 输出	方式 2（A 组）
PA7～PA0	IN	OUT	IN	OUT	IN/OUT
PB7～PB0	IN	OUT	IN	OUT	方式 0/1
PC0 PC1 PC2 PC3 PC4 PC5 PC6 PC7	IN	OUT	INTRB IBFB $\overline{\text{STBB}}$ INTRA $\overline{\text{STBA}}$ IBFA I/O I/O	INTRB $\overline{\text{OBFB}}$ $\overline{\text{ACKB}}$ INTRA I/O I/O $\overline{\text{ACKA}}$ $\overline{\text{OBFA}}$	I/O I/O I/O INTRA $\overline{\text{STBA}}$ IBFA $\overline{\text{ACKA}}$ $\overline{\text{OBFA}}$

注意：在方式 1、方式 2 下，C 口的状态信息与引脚信号的区别。例如，方式 1 输入时，PC4 和 PC2 是接收外部设备发出的联络信号 $\overline{\text{STB}}$；而作为状态信号的 INTEA 和 INTEB 表示中断允许触发器的状态。

3．8255A 初始化编程

8255A 在使用前必须进行初始化编程，即将相关的方式控制字和端口 C 置位/复位控制字写入 8255A 控制端口，以设定接口芯片的工作方式、中断允许控制和选择芯片的接口功能。

注意：两种不同类型的控制字写入同一个控制端口。

初始化步骤如下。

1）确定 8255A 控制端口地址，根据要求设计好工作方式控制字写入控制端口。

2）在方式 1 或方式 2 下，设置中断允许置位/复位控制位，将其写入 8255A 的控制口。

注意：不同的工作方式、不同的端口，其中断允许控制位不一定相同。例如，工作在方式 1 下，端口 A 输入时的中断允许控制位为 PC4，允许中断的控制字为 00001001B；工作在方式 2 下，端口 A 输出时的中断允许控制位为 PC6，允许中断的控制字为 00001101B。

8.2.5　8255A 应用举例

用 LED 作状态指示器具有电路简单，功耗低，寿命长，响应速度快等特点。LED 显示器是由若干个发光二极管组成显示字段的显示元器件，应用系统中通常使用 7 段 LED 显示器，如图 8-30 所示。

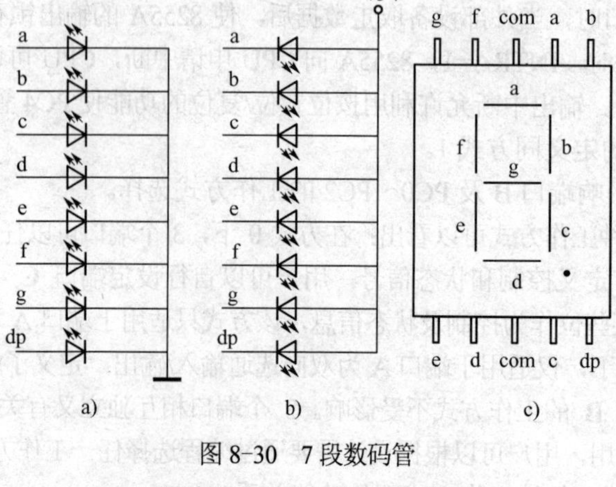

图 8-30　7 段数码管

a) 共阴极型　b) 共阳极型　c) 引脚分布

以共阳极型为例，各 LED 公共阳极接电源，如果向控制端 a，b，c，…，g，dp 送入 00000011 信号，则该显示器显示“0”字型。

控制显示各数码加在数码管上的二进制数据称为段码，若段码按格式 dp，g，…，c，b，a 而形成，则显示各数码共阴和共阳 7 段 LED 数码管所对应的段码见表 8-4。

表 8-4　7 段 LED 数码管的段码

显示数码	共阴极型段码	共阳极型段码	显示数码	共阴极型段码	共阳极型段码
0	3FH	C0H	A	77H	88H
1	06H	F9H	B	7CH	83H
2	5BH	A4H	C	39H	C6H
3	4FH	B0H	D	5EH	A1H
4	66H	99H	E	79H	86H
5	6DH	92H	F	71H	8EH
6	7DH	82H			
7	07H	F8H			
8	7FH	80H			
9	6FH	90H			

下面用 8255A 作为 LED 数码管及 4 位开关与 CPU 的接口，要求按照开关的二进制编码状态显示相应的数码，其接口电路如图 8-31 所示。

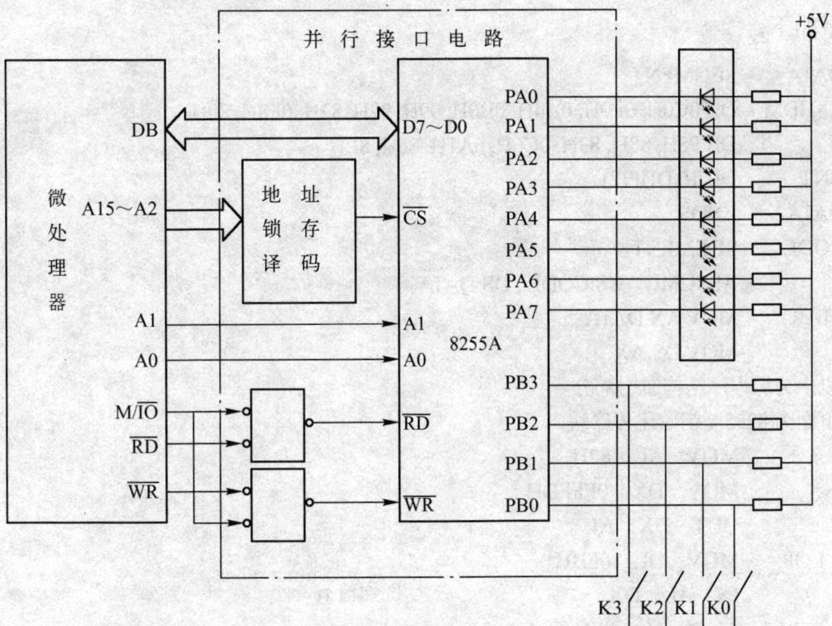

图 8-31　80x86 CPU 通过 8255A 与开关及 7 段 LED 显示器的接口

设当开关 K3、K2、K1、K0 未合上时，各开关控制的位线为高电平 1；开关接通时，各开关控制的位线为低电平 0。各开关状态、数字及 LED 段码的关系见表 8-5。

表 8-5　开关状态、数字及 LED 段码的关系

K3	K2	K1	K0	数　字	共阳极段码
0	0	0	0	0	C0H
0	0	0	1	1	F9H
0	0	1	0	2	A4H
0	0	1	1	3	B0H
0	1	0	0	4	99H
0	1	0	1	5	92H
0	1	1	0	6	82H
0	1	1	1	7	F8H
1	0	0	0	8	80H
1	0	0	1	9	90H
1	0	1	0	A	88H
1	0	1	1	B	83H
1	1	0	0	C	C6H
1	1	0	1	D	A1H
1	1	1	0	E	86H
1	1	1	1	F	8EH

例如，当 K2 未合上，K3、K1、K0 均合上接通时的状态为 0100，表示数字 4，显示代码应为 99H。

设 8255A 端口地址为 0FFFAH、0FFFBH、0FFFCH、0FFFDH。

源程序如下。

```
DATA     SEGMENT
XSHDM    DB 0C0H, 0F9H, 0A4H, 0B0H, 99H, 92H, 82H, 0F8H, 80H
         DB 98H, 88H, 83H, 0C6H, 0A1H, 86H, 8EH
CNT      DB 10 DUP(?)
DATA     ENDS
CODE     SEGMENT
         ASSUME   CS:CODE , DS:DATA
START:   MOV AX,DATA
         MOV DS,AX
;以上为源程序结构通用部分
;下面为 8255A 初始化程序块
         MOV   AL，82H
         MOV   DX，0FFFDH
         OUT   DX，AL
  LOP:   MOV   DL，0FBH
         IN   AL，DX                  ;读端口 B
         AND   AL，0FH
         MOV   BX，OFFSET XSHDM
         XLAT
         MOV   DL，0FAH
         OUT   DX，AL                 ;写入端口 A
         CALL   DELAY
         JMP   LOP
```

```
        MOV   AH,   4CH
        INT   21H
DELAY   PROC
        MOV   BX，0500H
LOP1:   MOV   CX,0FFH
LOP2:   NOP
        NOP
        LOOP  LOP2
        DEC   BX
        JNZ   LOP1
        RET
DELAY   ENDP
CODE    ENDS
        END   START
```

【例 8-10】 通过 8255A 设计一个简单的模拟交通灯控制电路。

设十字路口每个路口有红黄绿三个灯，初始为南北路口绿灯亮，东西路口红灯亮，南北方向通车；延时一段时间后，南北路口绿灯熄灭，黄灯开始闪烁，闪烁 8 次以后，南北路口红灯亮，同时东西路口绿灯亮，东西方向通车；延时一段时间后，东西路口绿灯熄灭，黄灯开始闪烁，闪烁 8 次以后，再切换到南北路口方向，重复上述过程。

8255A 模拟交通灯接口电路如图 8-32 所示。

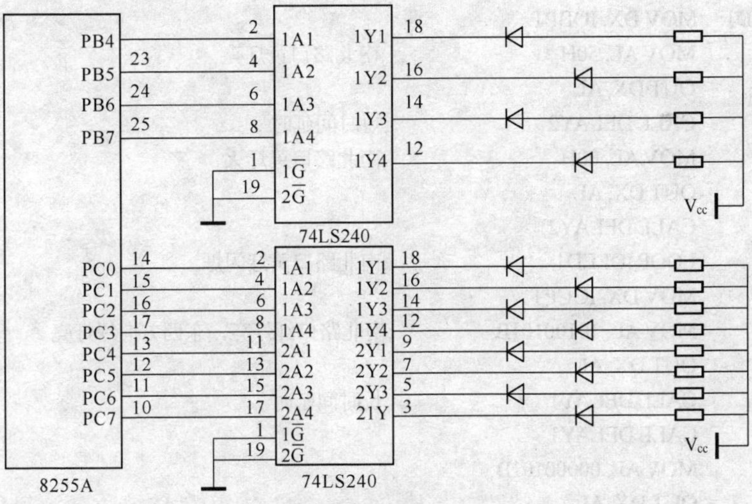

图 8-32 8255A 模拟交通灯接口电路

8255A 的 PB4～PB7 对应黄灯，PC0～PC3 对应红灯，PC4～PC7 对应绿灯。8255A 工作于方式 0，并设置为输出。74LS240 是八单线驱动器，反码输出（三态输出），由于各发光二极管共阳极连接为低电平驱动，使其点亮应使 8255A 相应端口置 1，经 74LS240 输出为 0。

设 8255A 端口地址为 0FFFAH、0FFFBH、0FFFCH、0FFFDH。

源程序如下。

```
CODE   SEGMENT
ASSUME   CS:CODE
IOCONPT   EQU 0FFFDH                     ;定义 8255A 各端口地址
```

```
IOAPT      EQU 0FFFAH
IOBPT      EQU FFFBH
IOCPT      EQU 0FFFCH
ORG 10E0H
START: MOV DX,IOCONPT                  ;控制口地址
         MOV AL, 80H                   ;定义控制字：端口 B、端口 C 均为方式 0 输出
         OUT DX, AL
         MOV DX, IOBPT                 ;端口 B 地址
         MOV AL, 00H                   ;黄灯灭
         OUT DX, AL
         MOV DX, IOCPT                 ;端口 C 地址
         MOV AL, 0FH                   ;全部红灯亮，绿灯灭
         OUT DX, AL
         CALL DELAY1
IOLED0:  MOV AL,01011010B              ;南北路口绿灯点亮，东西路口红灯点亮
         MOV DX, IOCPT
         OUT DX, AL
         CALL DELAY1                   ;延时
         CALL DELAY1
         MOV   AL,00001010B            ;南北路口绿灯熄灭
         OUT DX, AL
         MOV CX, 08H                   ;黄灯闪烁次数
IOLED1:  MOV DX, IOBPT
         MOV AL, 50H                   ;南北路口黄灯亮
         OUT DX, AL
         CALL DELAY2                   ;短时间延时
         MOV AL, 00H                   ;南北路口黄灯灭
         OUT DX, AL
         CALL DELAY2
         LOOP IOLED1                   ;南北路口黄灯闪烁
         MOV DX, IOCPT
         MOV AL, 10100101B             ;南北路口红灯亮，东西方向绿灯亮
         OUT DX, AL
         CALL DELAY1                   ;长时间延时
         CALL DELAY1
         MOV AL, 00000101B
         OUT DX, AL
         MOV CX, 8H
IOLED2:  MOV DX, IOBPT                 ;东西路口黄灯闪烁 8 次
         MOV AL, 0A0H
         OUT DX, AL
         CALL DELAY2
         MOV AL, 00H
         OUT DX, AL
         CALL DELAY2
         LOOP IOLED2
```

```
            MOV DX, IOCPT
            MOV AL, 0FH
            OUT DX, AL
            CALL DELAY2
            JMP IOLED0                  ;重复上述过程
DELAY1:     PUSH AX                     ;延时子程序 1
            PUSH CX
            MOV CX, 0030H
DELY2:      CALL DELAY2
            LOOP DELY2
            POP CX
            POP AX
            RET
DELAY2:     PUSH CX                     ;延时子程序 2
            MOV CX,8000H
DELA1:      LOOP DELA1
            POP CX
            RET
CODE        ENDS
END    START
```

8.2.6 8255A 并行通信 Proteus 仿真示例

1．8255A 控制 LED 灯 Proteus 仿真示例

设计要求：PC 控制 8255A，8255A 的 PA 口接开关，PB 口接 LED 灯，通过编写程序实现控制 LED 灯的亮灭。

(1) 硬件设计

在 ISIS 原理图编辑窗口放置元器件并布线，设置相应元器件参数，完成电路图的设计，如图 8-33 所示。

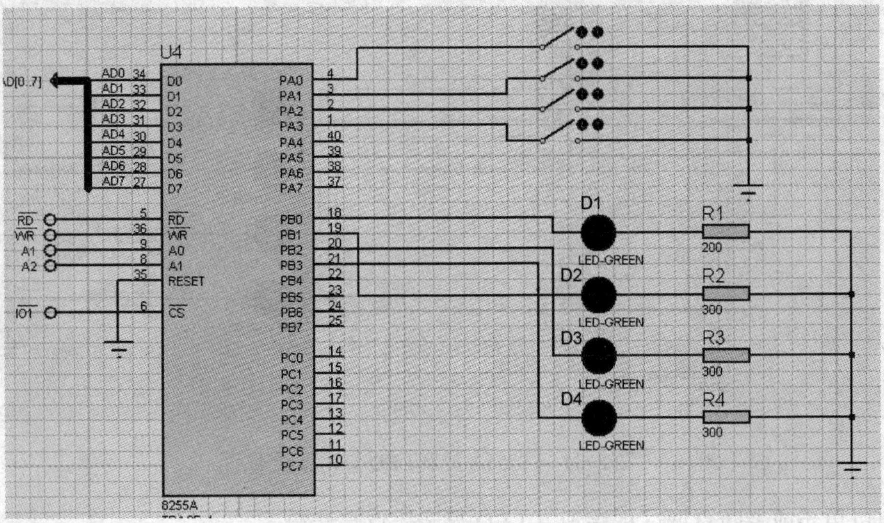

图 8-33　8255A 控制 LED 灯仿真电路

电路增加元件清单：8255A、SWITCH、RES、LED-GREEN。

（2）汇编语言源程序

汇编语言程序如下。

```
CODE SEGMENT
ASSUME CS:CODE
      ORG 100H
START:
      MOV DX,0206H
      MOV AL,90H
      OUT DX,AL
IN_PORTA:
      MOV DX,0200H
      IN AL,DX
      MOV DX,0202H
      OUT DX,AL
      JMP IN_PORTA
CODE ENDS
END START
```

（3）程序加载

可以在 EMU8086 环境下输入汇编语言程序，编译生成 EXE 文件并保存。

在 Proteus 原理图的 8086 CPU 中加载 EMU8086 生成的 EXE 文件。

（4）调试与仿真

连续运行程序，仿真结果如图 8-34 所示，拨动开关，LED 灯对应点亮。

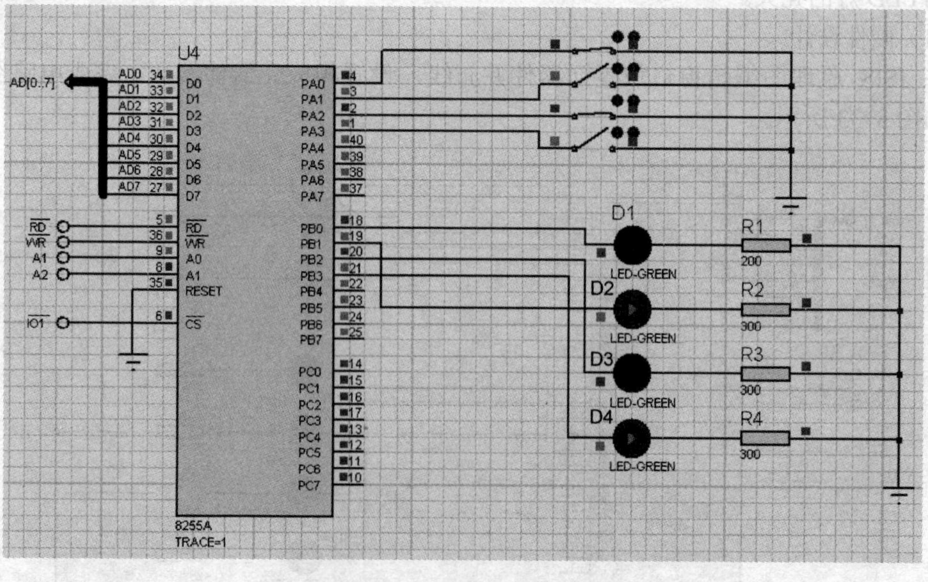

图 8-34　8255A 控制 LED 灯仿真结果

也可以单步或者断点调试程序观察 LED 显示器点亮情况。

2．8255A 控制数码管 Proteus 仿真示例

设计要求：PC 控制 8255A， 8255A 的 PA 口接 4 个开关（按二进制编码），PB 口接 1 位数码管，通过编写程序实现开关控制数码管数值的显示。

（1）硬件设计

在 ISIS 原理图编辑窗口放置元器件并布线，设置相应元器件参数，完成电路图的设计，如图 8-35 所示。

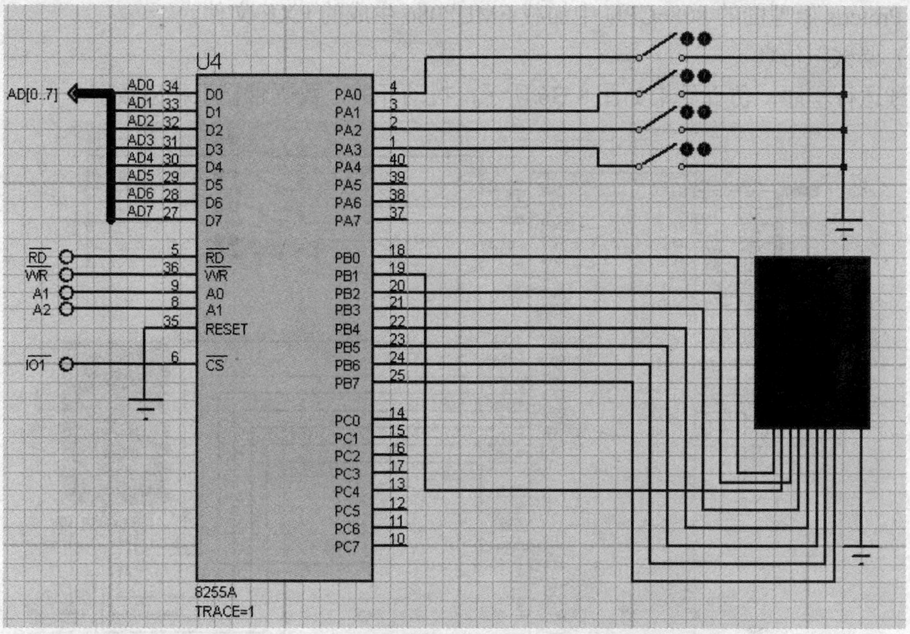

图 8-35　8255A 控制数码管显示仿真电路

电路增加元器件清单：8255A、开关 SWITCH、数码管 7SEG-MPX1-CC。

（2）汇编语言源程序如下

```
CODE     SEGMENT
ASSUME      CS:CODE
      ORG 100H
          JMP START
TABLE    DB 3FH,06H,5BH,4FH,66H,6DH,7DH,07H
          DB 7FH,6FH,77H,7CH,39H,5EH,79H,71H
START:
          MOV DX,206H
          MOV AL,90H
          OUT DX,AL
IN-PORT:
          MOV DX,200H
          IN AL,DX
          AND AL,0FH
          MOV BX,OFFSET TABLE
          XLAT
          MOV DX,202H
```

```
            OUT DX,AL
            JMP IN-PORT
    CODE ENDS
    END START
```

（3）程序加载

可以在 EMU8086 环境下输入汇编语言程序，编译生成 EXE 文件并保存。

在 Proteus 原理图的 8086CPU 中加载 EMU8086 生成的 EXE 文件。

（4）调试与仿真

连续运行程序，仿真结果如图 8-36 所示，拨动开关，数码管显示相应数字。

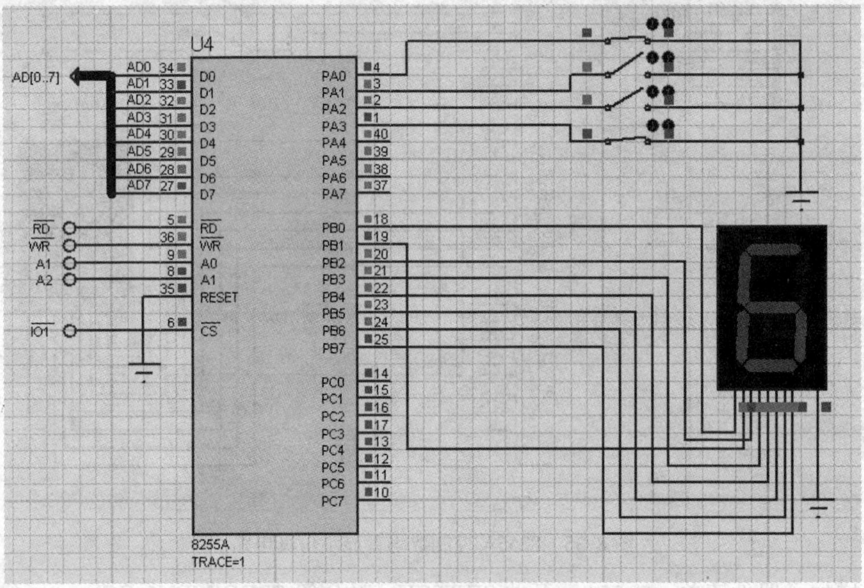

图 8-36　8255A 控制数码管仿真结果

也可以单步或者断点调试程序观察数码管显示情况。.

8.3　可编程序定时器/计数器芯片及应用技术

一般的微机系统中均配置了硬件定时器/计数器 Intel8253 或 8254 供系统使用。8254 是 8253 的升级型，它具备了 8253 的全部功能。本节仅介绍 8253 可编程序定时器/计数器芯片的功能结构、工作方式、初始化编程及应用技术。

8.3.1　8253 的性能、结构及引脚功能

1．基本性能

Intel 系列 8253 芯片是可编程序定时器/计数器芯片，所谓定时器/计数器，其内部工作的实质是计数器。作为定时器使用时，是对内部时钟脉冲进行计数实现定时；作为计数器使用时，是对外部输入的脉冲进行计数。8253 芯片广泛用于几乎所有系列的微型机系统中，用户可编程选择多种定时/计数操作方式，使用方便灵活。

8253 的基本性能包括以下方面。

1）具有 3 个独立的 16 位可编程序定时器/计数器，每个定时器/计数器的功能完全一样，既可作为定时器用，也可作为计数器用。

2）具有 6 种不同的工作方式。

3）由控制字可以方便地实现按二进制计数或按十进制计数。

4）延时功能的实现是通过对标准时钟的计数来实现的，故延时精确度高。

5）最高计数频率可达 2.6MHz，可作为实时时钟、方波发生器、分频器等使用。

2. 内部结构及功能

8253 的内部结构主要包括：3 个完全独立的计数通道、数据总线缓冲器、读/写控制逻辑及控制字寄存器，如图 8-37 所示。

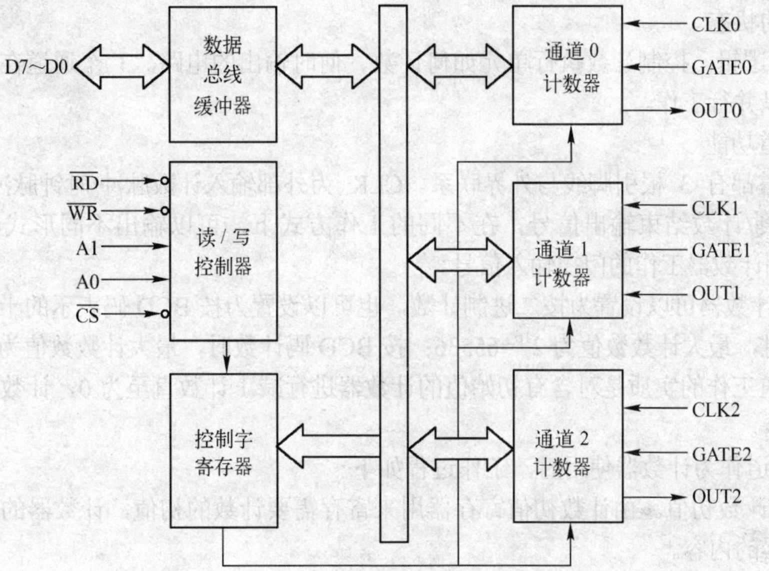

图 8-37　8253 内部结构图

8253 有 3 个相互独立的可编程序定时器/计数器，简称通道 0、通道 1、通道 2。

（1）通道结构

每个通道由控制字寄存器、控制逻辑、计数初值寄存器、计数器、计数输出锁存器 5 部分组成，通道 0、通道 1、通道 2 的内部结构及功能完全相同，如图 8-38 所示。

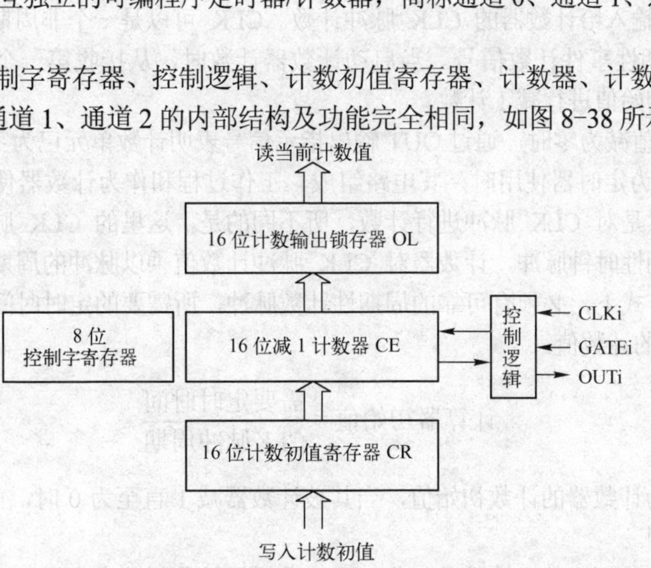

图 8-38　（计数）通道内部结构

1）控制字寄存器。每个通道各有一个 8 位的控制字寄存器，该寄存器存放由 CPU 写入的通道工作方式控制字，以确定计数器通道的工作方式、计数制式等功能。

2）计数初值寄存器 CR。CR 为 16 位寄存器，用来存放计数器的计数初值。

3）计数器 CE。也称计数执行单元，是一个执行 16 位减 1 的计数器。该计数器接收计数初值寄存器的内容后，在门控信号 GATE 为高电平的控制下，开始对计数初值进行减 1 计数。

4）计数输出锁存器 OL。计数输出锁存器 OL 为 16 位只读寄存器，用以锁存当前计数值。OL 通常跟随计数执行单元的内容而变化，当接收到 CPU 发来的锁存命令时，就锁存当前的计数值而不跟随计数执行单元变化。直到 CPU 从中读取锁存值后，才恢复到跟随计数执行单元变化的状态。

5）控制逻辑。控制计数执行单元如何计数、何时输出的电路。3 个通道在运行时是完全独立的，可以并行工作。

（2）通道功能

每个通道都有 3 根引脚线与外界联系。CLK 为外部输入计数脉冲/时钟脉冲；引脚 OUT 为定时时间到/计数结束输出信号，在不同的工作方式下，可以输出不同形式的波形；引脚 GATE 为控制计数器工作的门控输入信号。

16 位的计数器可以设置为按二进制计数，也可以设置为按 BCD 码表示的十进制计数。按二进制计数时，最大计数数值为 2^{16}=65536；按 BCD 码计数时，最大计数数值为 10000。

每个通道工作的实质是对含有初始值的计数器进行减 1 计数直至为 0，计数为 0 结束后，发出控制命令。

1）当通道作为计数器使用时，工作过程如下。

① 设置计数初值。由计数初值寄存器用来寄存需要计数的初值，计数器的初始值就是计数初值寄存器的内容。

② 启动门控信号 GATE 输入给计数通道。当 GATE=1 时，启动计数单元开始计数；GATE=0 时，计数器停止计数。

③ 计数器对输入给计数器的 CLK 脉冲计数。CLK 可以是一个非周期性事件计数信号，也可以是一个周期性事件计数信号。当启动计数器计数时，从接收第一个 CLK 脉冲输入开始，计数器便从初始值进行减 1 计数。

④ 当计数器值减为零时，通过 OUT 输出指示信号表明计数单元已为零，即计数结束。

2）当通道作为定时器使用时，其电路组成、工作过程和作为计数器使用时完全一样。通道中的计数器仍然是对 CLK 脉冲进行计数，所不同的是，这里的 CLK 脉冲必须是由基准时间提供的一个周期性时钟脉冲，计数器对 CLK 脉冲计数值乘以脉冲的周期即为定时时间。所以在定时器工作方式下，必须有可靠的周期性计数脉冲，所需要的定时时间必须转换为对周期性 CLK 时钟脉冲的计数值：

$$计算器初始值=\frac{需要定时时间}{CLK脉冲周期}$$

该计数值作为计数器的计数初始值，当其被计数器减 1 直至为 0 时，由 OUT 输出指示信号表明定时时间到。

在定时工作方式下，每当计数单元为 0 时，若设置计数初值寄存器 CR 的内容自动重新装入计数单元，继续反复执行定时操作，其输出端 OUT 将输出连续的方波，输出频率为：

$$输出频率=\frac{输入CLK时钟脉冲频率}{计数初值}$$

由以上所述可以看出，无论通道工作在计数方式还是定时方式，其工作过程是一样的，都是通过通道内进行减 1 计数的方式来实现计数功能或定时功能的。

（3）与 CPU 连接的接口部分

1）8253 与 CPU 连接的接口部分有数据总线缓冲器、读/写控制逻辑及控制字寄存器。这部分主要完成数据传送、逻辑控制等。数据总线缓冲器是一个 8 位双向三态缓冲器，其 8 位数据线直接与 CPU 数据总线连接，CPU 与 8253 的所有信息（包括 CPU 写入 8253 的工作方式控制字、计数初值、读取通道当前的计数值）必须由此传送。

2）读/写控制逻辑电路主要用于接收 CPU 发出的地址信息片选译码信号，以确定是否选中该片；接收片内端口地址信号 A1、A0，以确定片内哪个端口。

3）控制字寄存器用来接收 CPU 写入的控制字，以确定所选择的计数通道及工作方式。

3. 引脚功能

8253 芯片共 24 根引脚线，DIP 型封装。引脚包括计数通道对外引脚、与 CPU 连接的数据线和控制信息引脚等，如图 8-39 所示。

与 CPU 连接的引脚功能如下。

1）D7～D0：8253 数据线、8 位、双向三态。一般连接在 CPU 数据总线的低 8 位，是 CPU 与 8253 交换信息的唯一通道。

2）$\overline{CS}$：片选信号、输入、低电平有效。$\overline{CS}$=0，表示当前 8253 芯片数据线 D0～D7 与 CPU 的数据总线接通，8253 被选中。$\overline{CS}$引脚由 CPU 发送到地址总线的信息（一般为端口的高端地址）经译码器产生的输出信号控制。

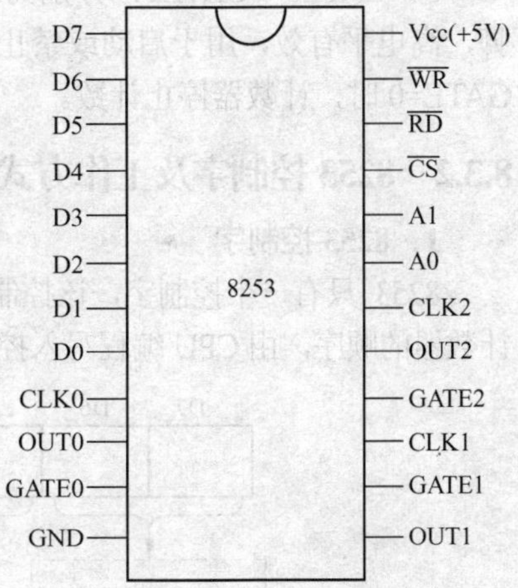

图 8-39　8253 芯片引脚排列图

3）$\overline{RD}$：读控制信号，低电平有效，输入。CPU 读取 8253 数据时，该信号必须为低电平。该引脚一般接在 CPU 的$\overline{RD}$，在执行 IN 输入指令时，CPU 的读控制引脚$\overline{RD}$将会输出低电平控制该引脚有效。

4）$\overline{WR}$：写控制信号，低电平有效，输入。CPU 写入 8253 计数初值或控制字时，该信号必须为低电平。该引脚一般接在 CPU 的 $\overline{WR}$，在执行 OUT 输出指令时，CPU 的写控制引脚 $\overline{WR}$ 将会输出低电平控制该引脚。

5）A1、A0：片内端口地址选择信号、输入。8253 内部有 4 个端口（3 个计数通道和 1 个控制口），用 A1、A0 两位代码不同的组合（00、01、10、11），分别表示计数通道 0、计数通道 1、计数通道 2 和控制字寄存器的片内地址。

A1、A0 一般分别连接在 CPU 地址总线的低两位。对于 8086 系统，当 8253 的数据线连接在 CPU 数据总线的低 8 位时，必须定义 8253 内部的 4 个端口地址均为偶地址。

8253 控制引脚的不同组合所实现的操作见表 8-6。

表 8-6　8253 控制引脚组合操作

$\overline{CS}$	A1　A0	$\overline{RD}$	$\overline{WR}$	读 写 操 作
0	0　0（通道 0）	1	0	CPU 写入通道 0 计数初值
0	0　1（通道 1）	1	0	CPU 写入通道 1 计数初值
0	1　0（通道 2）	1	0	CPU 写入通道 2 计数初值
0	1　1（控制口）	1	0	CPU 写入控制字寄存器控制字
0	0　0（通道 0）	0	1	CPU 读计数器 0 当前计数值
0	0　1（通道 1）	0	1	CPU 读计数器 1 当前计数值
0	1　0（通道 2）	0	1	CPU 读计数器 2 当前计数值
0	1　1（控制口）	0	1	不能读控制口，呈高阻态
1	x　x	1	1	芯片数据线呈高阻态

计数器引脚功能如下。

1）CLK0～CLK2：计数输入引脚。作计数器使用时，分别为输入给通道 0、通道 1、通道 2 的计数脉冲；作定时器使用时，则为相应通道的周期性基准脉冲。

2）OUT0～OUT2：分别为通道 0、通道、通道 2 的计数结束输出信号引脚。当相应通道的计数器减 1 为 0 时，则相应引脚输出信号表示计数结束。该输出信号可以作为计数和定时控制，也可以作为计数脉冲的分频器等。

3）GATE0～GATE2：分别为通道 0、通道 1、通道 2 的选通输入（门控输入）信号引脚，高电平有效，用于启动或禁止计数器的操作。当 GATE=1 时，启动计数单元开始计数；GATE=0 时，计数器停止计数。

8.3.2　8253 控制字及工作方式

1．8253 控制字

8253 只有一个控制字，该控制字用于选择计数通道及其工作方式、计数制式及 CPU 访问计数器的顺序，由 CPU 编程写入控制字寄存器端口。8253 控制字格式及含义如图 8-40 所示。

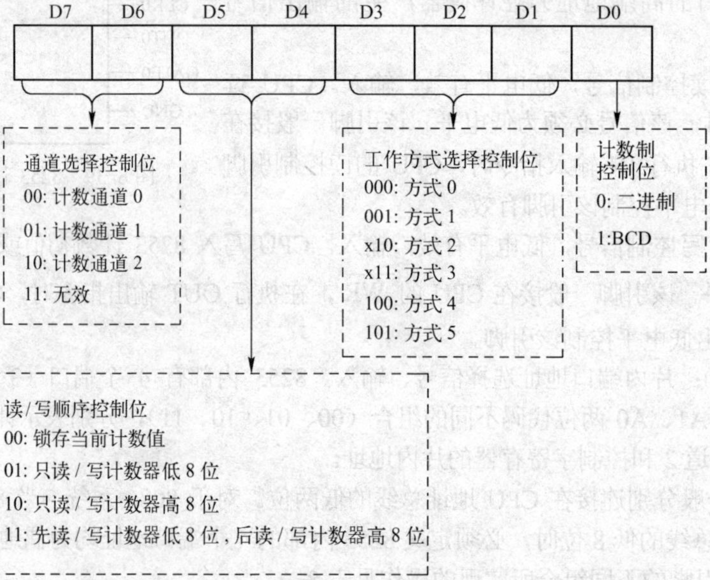

图 8-40　8253 控制字格式及含义

各位含义解释如下。

D7、D6 位：通道选择控制位，用于确定该控制字为哪一个通道的控制字。

8253 只有一个控制字寄存器端口存放控制字，3 个通道的控制字都要写入同一个端口，由 D7、D6 位确定当前控制字写入哪一个通道。

D5、D4 位：读写顺序控制位。D5、D4 位为 00 时，将当前计数通道计数器的计数值锁存到计数锁存器中，以供 CPU 读取；D5、D4 位为 01 时，只能读/写计数器低 8 位；D5、D4 位为 10 时，只能读/写计数器高 8 位；D5、D4 位为 11 时，先读/写计数器低 8 位，后读/写计数器高 8 位。

D3、D2、D1 位：工作方式选择控制位，用来确定当前所选择的计数通道的工作方式。

D0 位：计数制式控制位。D0=1，计数器按 BCD 码进行减 1 计数；D0=0，计数器按二进制进行减 1 计数。

计数器工作过程如下。

1）在任何一种工作方式下，都必须先向 8253 写入控制字。

2）控制字同时还起复位作用，它使 OUT 变为规定状态，CR 清零。

3）向 8253 写入计数器初值于 CR，并在下一个 CLK 将 CR 装入 CE。

4）GATE 为高电平，CE 开始减 1 计数。

5）CE 计数为 0 时，OUT 输出指示信号。

2. 8253 工作方式

8253 各计数通道可以有 6 种不同的工作方式，可以实现计数、定时、频率发生器、分频、脉冲发生器等功能。

（1）方式 0（计数结束时输出控制方式）

方式 0 在计数结束时，OUT 输出由低电平变为高电平，该信号可作为向 CPU 发出的中断请求信号。所以，方式 0 又称为计数结束时中断方式。其时序波形如图 8-41 所示（图中计数初值为 6）。

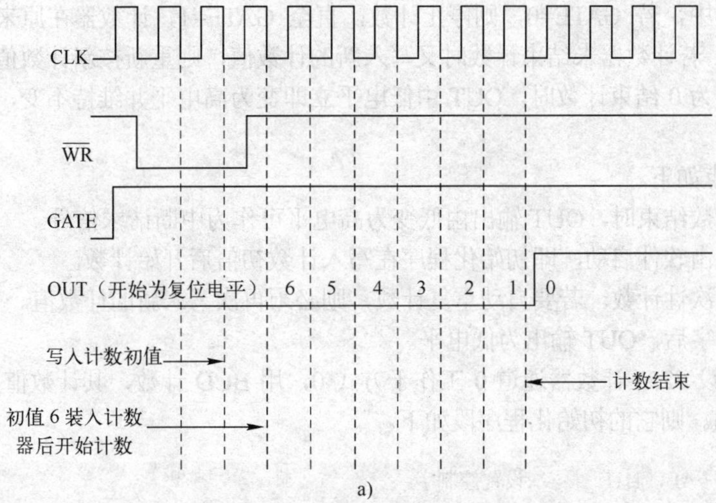

图 8-41　方式 0 时序波形图

a) 计数过程 GATE=1

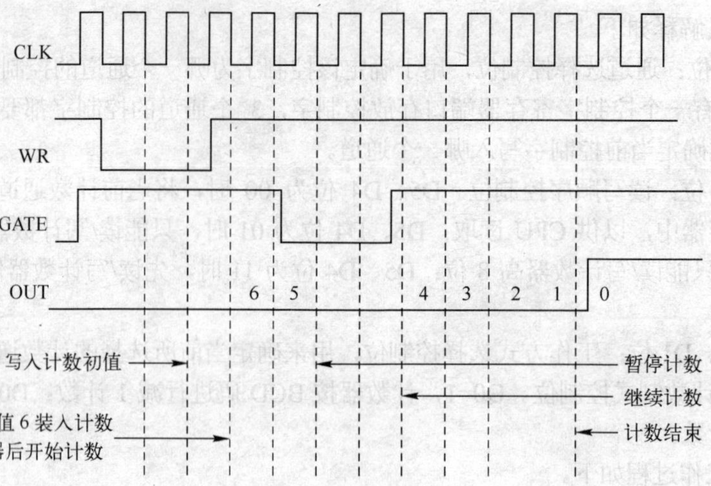

b)

图 8-41　方式 0 时序波形图（续）

b) 计数过程出现 GATE=0

方式 0 的工作过程如下。

1）在 8253 进入方式 0 之前，必须进行初始化。首先把选择方式 0 的控制字写入 8253 控制字寄存器，8253 便立即自动复位，OUT 输出为低电平，计数初值寄存器 CR 清 0。时序图中时间起点 0 时刻前 OUT 输出为低电平，说明已经写入 8253 控制字。

2）CPU 写入所选择通道计数初值到寄存器 CR 中。

3）GATE=1 时，在写入计数初值之后的第一个 CLK 脉冲的下降沿，把 CR 中的计数初值装入减 1 计数器。

4）之后，计数器处于计数状态，若门控信号 GATE=1，则在每一个 CLK 脉冲的下降沿计数器 CE 进行减 1 计数。

5）计数过程中，若 GATE=0，则停止计数，直至 GATE=1，计数器在原来计数值的基础上继续进行计数；若计数器未结束计数时又写入新的计数值，则重新按新计数值计数。

6）当计数器为 0 结束计数时，OUT 由低电平立即变为高电平并维持不变，直到再次写入新的计数值。

方式 0 的特点如下。

1）计数器计数结束时，OUT 输出由低变为高电平可作为中断请求信号。

2）计数过程由软件启动，即初始化程序在写入计数初值后开始计数。

3）只能是一次性计数。若要自动重复计数，则必须再次写入新的计数值。

4）写入控制字后，OUT 输出为低电平。

【例 8-11】 设 8253 计数器通道 0 工作于方式 0，用 BCD 计数，其计数值为 50，占用端口地址 40H～43H。则它的初始化程序段如下。

```
MOV    AL，11H     ;设置控制字
OUT    43H，AL     ;写入控制字寄存器
MOV    AL，50      ;设置计数初值
OUT    40H，AL     ;写入计数初值寄存器
```

（2）方式 1（可编程序单脉冲输出方式）

方式 1 称为可编程序单脉冲输出方式，其时序波形如图 8-42 所示（图中计数初值为 5）。

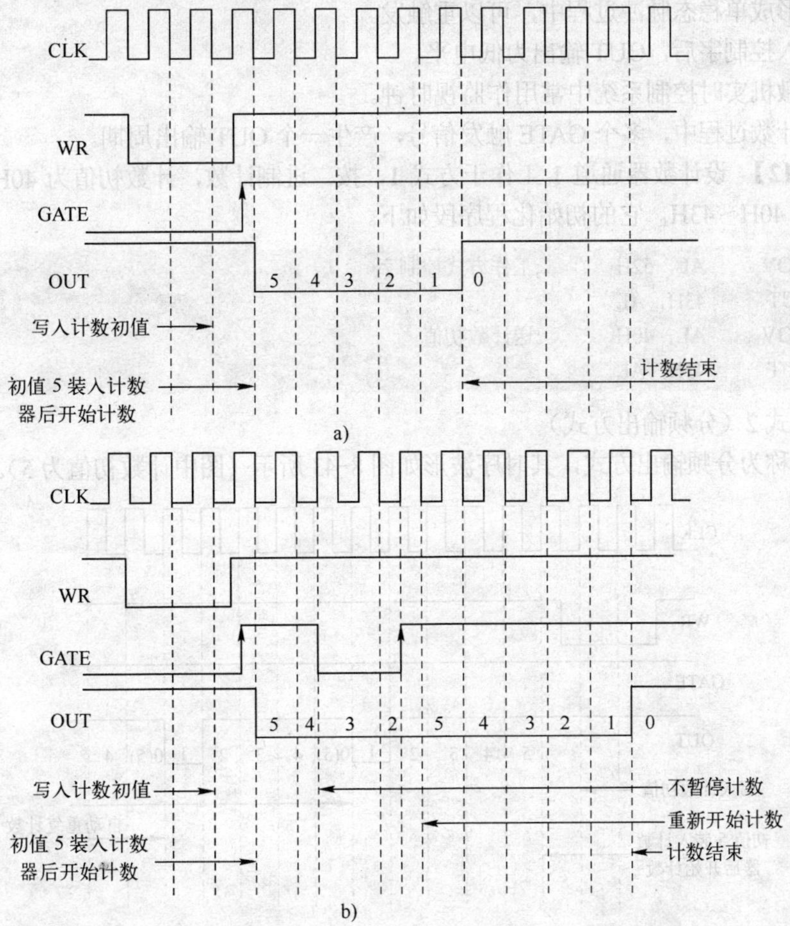

图 8-42　方式 1 时序波形图

a) 计数过程 GATE 未出现上升沿　b) 计数过程 GATE 出现上升沿

方式 1 的工作过程如下。

1）在写入选择方式 1 的控制字之后，OUT 输出为高电平、计数初值寄存器 CR 清 0。时序图中时间起点 0 时刻前 OUT 为高电平，说明已经写入 8253 控制字。

2）CPU 写入所选择通道计数初值到寄存器 CR 中。

3）把 CR 中的计数初值装入减 1 计数器，计数器做好计数准备，OUT 输出低电平。

4）在 GATE 门控输入信号的上升沿开始（必须是上升沿触发），计数器 CE 开始对每一个 CLK 脉冲的下降沿进行减 1 计数。

5）计数过程中，若 GATE 门控输入信号出现负脉冲（负脉冲必然产生上升沿），则计数器自动重新装入计数初值开始计数。

6）当计数器为 0 结束计数时，OUT 由低电平立即变为高电平维持不变，直到再次产生 GATE 门控触发信号，计数器自动重新开始计数。

方式 1 的特点如下。

1）OUT 输出为一个单稳态负脉冲，其脉宽为计数初值个 CLK 时钟脉冲的周期之和。

2）计数过程由硬件启动，即由门控脉冲的上升沿产生。

3）在形成单稳态脉冲过程中，可以重触发。

4）写入控制字后，OUT 输出为低电平。

5）在微机实时控制系统中常用作监视时钟。

6）在计数过程中，多个 GATE 触发信号，产生一个 OUT 输出周期。

【例 8-12】 设计数器通道 1 工作于方式 1，按二进制计数，计数初值为 40H，设 8253 占用端口地址 40H～43H。它的初始化程序段如下。

```
MOV     AL，52H         ;工作方式控制字
OUT     43H，AL
MOV     AL，40H         ;送计数初值
OUT     41H，AL
```

（3）方式 2（分频输出方式）

方式 2 称为分频输出方式，其时序波形如图 8-43 所示（图中计数初值为 5）。

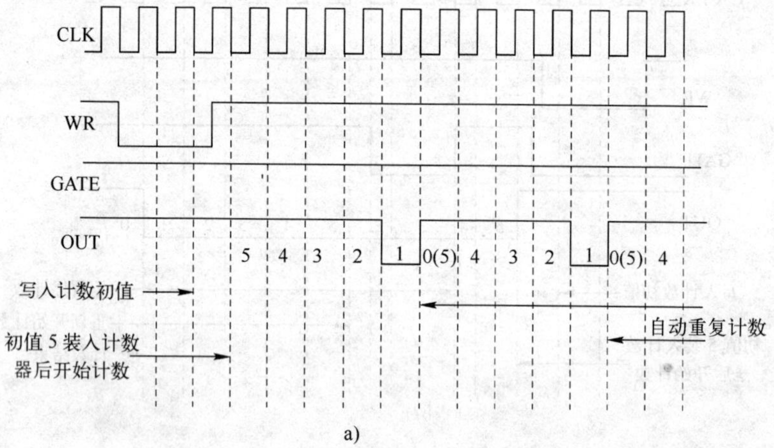

a)

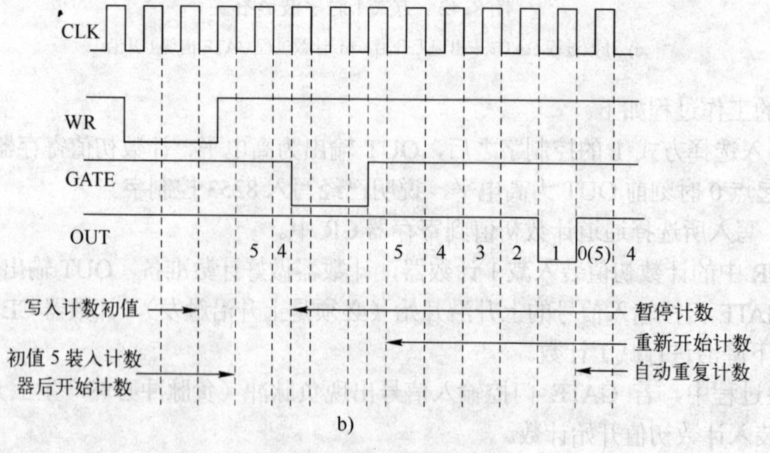

b)

图 8-43　方式 2 时序波形图

a) 计数过程 GATE=1　b) 计数过程出现 GATE=0

方式 2 的工作过程如下。

1）在写入选择方式 2 的控制字之后，OUT 输出为高电平，计数初值寄存器 CR 清 0。时序图中时间起点 0 时刻前 OUT 为高电平，说明已经写入 8253 控制字。

2）CPU 写入所选择通道计数初值到寄存器 CR 中。

3）在 GATE=1 时，把 CR 中的计数初值装入减 1 计数器，计数器做好计数准备。

4）之后，计数器处于计数状态，则在每一个 CLK 脉冲的下降沿计数器 CE 进行减 1 计数。

5）计数过程中，若 GATE=0，则停止计数，直至 GATE=1，则计数器自动重新装入计数初值开始计数。

6）当计数器计数减到 1 时，OUT 输出由高电平立即变为低电平。然后，在 CLK 的下一个下降沿（即计数器减到 0）时，OUT 输出又变为高电平。同时将计数初值自动装入计数器，计数器重新开始进行减 1 计数。这样反复循环，每次计数过程的最后一个 CLK 周期内，OUT 输出一个等宽的负脉冲信号。

方式 2 的特点如下。

1）OUT 输出为一个周期负脉冲信号，负脉冲宽度均为一个 CLK 脉冲的周期。OUT 输出频率为 CLK 输入（N 个脉冲）的 1/N，故方式 2 为分频工作方式。

2）计数过程中不接收编程装入的新的计数初值。

3）计数初值寄存器 CR 的内容能自动、重复地装入 CE 中。

4）写入控制字后，OUT 输出为高电平。

5）既可软件启动（即在 GATE=1 时，写入计数初值），又可硬件启动。

6）方式 2 虽然可以作分频电路，但其输出是窄脉冲。

7）主要应用是作为分频器和时基信号。

【例 8-13】 设 8253 计数器 0 工作于方式 2，按二进制计数，计数初值为 0304H，设 8253 占用端口地址 40H～43H。

初始化程序段如下。

```
MOV   AL，00110100B      ;设控制字，通道0，先读/写高8位，再读写低8位，方式2，二进制计数
OUT   43H，AL
MOV   AL，04H            ;送计数值到低字节
OUT    40H，AL
MOV   AL，03H
OUT    40H，AL           ;送计数值到高字节
```

（4）方式 3（方波发生器工作方式）

方式 3 称为方波发生器工作方式，其工作过程与方式 2 类似，所不同的是方式 3 输出的是周期性对称方波或近似对称方波。

方式 3 时序波形如图 8-44 所示（图中计数初值为偶数 4）。

在写入选择方式 3 的控制字之后，OUT 输出为高电平。当 GATE=1 时，把 CR 中的计数初值装入减 1 计数器，计数器处于计数状态。

当计数初值为偶数 N 时，则在计数为 N/2 时，OUT 输出信号由高电平变为低电平，计数结束时（又计数为 N/2 时），OUT 输出信号又变为高电平，同时将计数初值自动装入计数器，计数器重新开始进行减 1 计数，这样反复循环，OUT 输出一个对称方波信号。方波的重复周期是计数初值 N 个 CLK 脉冲周期之和。

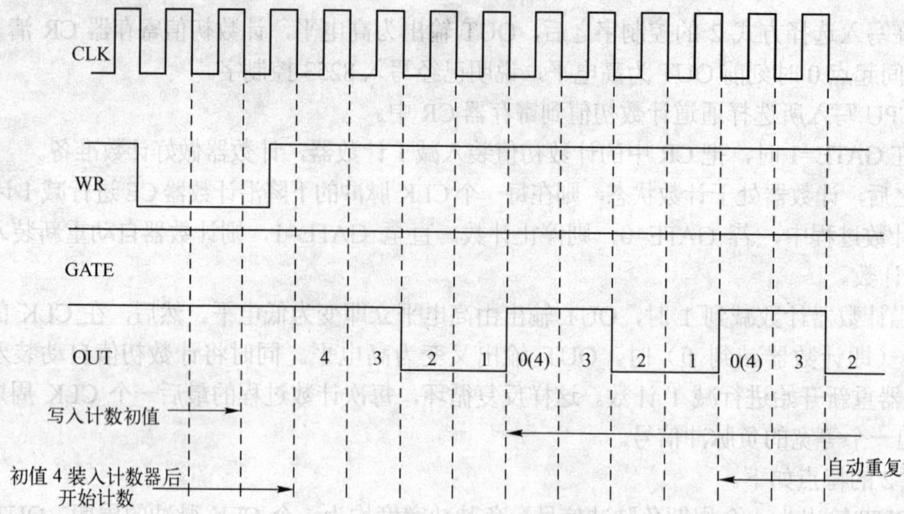

图 8-44　方式 3 时序波形图

当计数初值为奇数 N 时，则在计数为（N+1）/2 时间内，OUT 输出信号为高电平；计数为（N-1）/2 时间内，OUT 输出信号为低电平。这样反复循环，OUT 输出为一个不对称方波信号。方波的重复周期是计数初值 N 个 CLK 脉冲周期之和。

计数过程中，若 GATE 由 1 变为 0，则停止计数，OUT 输出变为高电平；若 GATE 恢复为 1 时，则自动把计数初值装入计数器，重新开始循环计数过程。

若在计数过程中写入新的计数值，则在当前半个周期结束、下一个周期开始时，启用新的计数初值并立即进行计数工作过程。

方式 3 的特点如下。

1）改变计数初值，OUT 端将输出不同频率的方波。

2）既可软件启动，又可硬件启动。

3）主要应用是可作为方波发生器和波特率发生器。

【例 8-14】 设 8253 计数器 2 工作在方式 3，按二-十进制计数，计数初值为 4，设 8253 占用端口地址 40H～43H。

则它的初始化程序段如下。

```
MOV   AL，10010111B        ;计数器 2，只读/写低 8 位，工作方式 3，二-十进制
OUT   43H，AL              ;控制字送控制字寄存器
MOV   AL，4                ;送计数初值
OUT   42H，AL
```

（5）方式 4（软件触发选通信号方式）

方式 4 在计数结束为 0 后产生负极性的选通脉冲，OUT 输出宽度为一个 CLK 时钟的低电平。方式 4 时序波形如图 8-45 所示（图中计数初值为 4）。

方式 4 的工作过程如下。

1）在写入选择方式 4 的控制字之后，OUT 输出为高电平、计数初值寄存器 CR 清 0。时序图中时间起点 0 时刻前 OUT 输出为高电平，说明已经写入 8253 控制字。

2）GATE=1 时，在写入计数初值之后的第一个 CLK 脉冲的下降沿，把 CR 中的计数初值装入减 1 计数器，计数器准备计数。

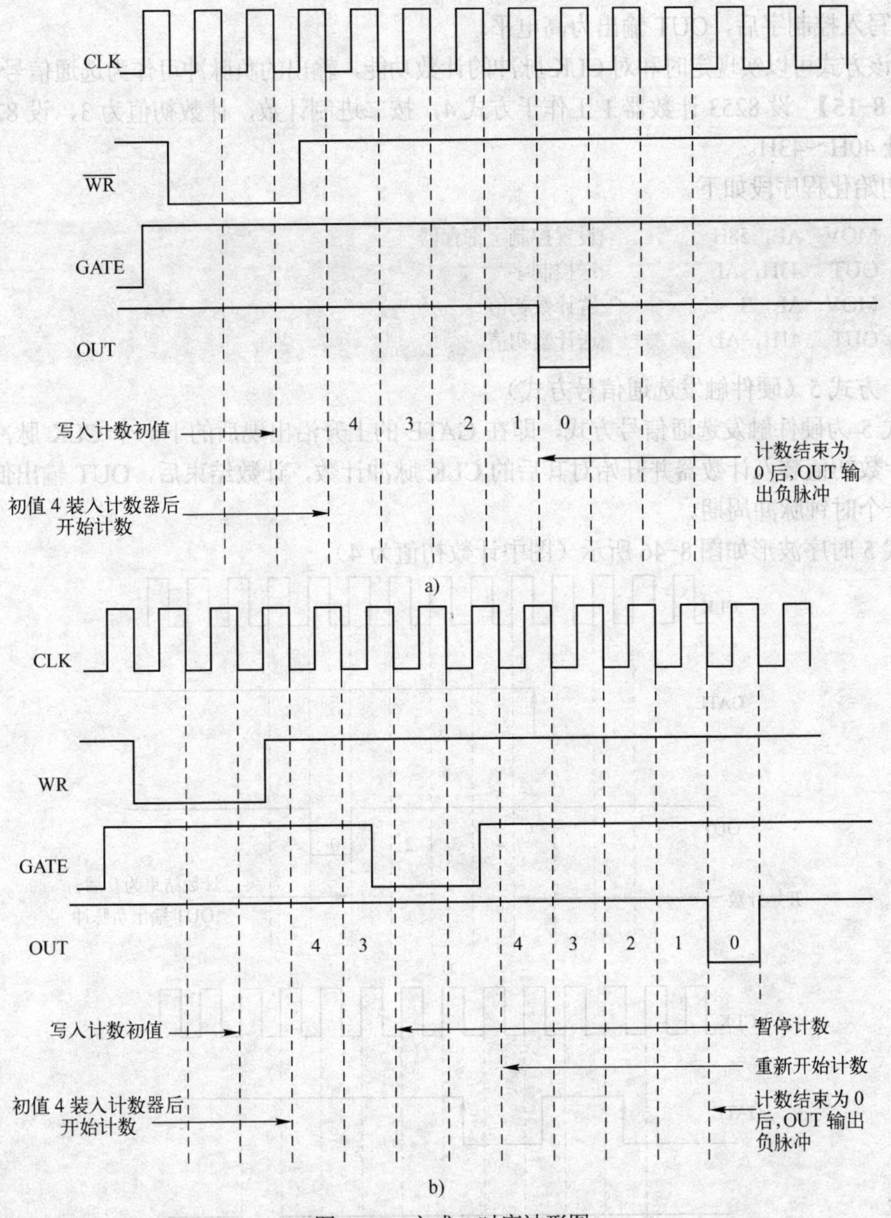

图 8-45 方式 4 时序波形图

a) 计数过程 GATE=1 b) 计数过程出现 GATE=0

3）若门控信号 GATE=1，则在每一个 CLK 脉冲的下降沿计数器 CE 进行减 1 计数。

计数过程中，若 GATE=0，则停止计数，直至 GATE=1，计数器从计数初值重新开始计数。若计数器未结束计数时又写入新的计数值，则立即终止当前计数过程，重新按新计数值开始计数。

4）当计数器为 0 结束计数后，OUT 输出由高电平立即变为低电平，经过一个 CLK 输入时钟周期，OUT 输出又变为高电平并维持不变，直到再次写入新的计数值。

方式 4 的特点如下。

1）计数过程由软件启动，即在写入计数初值或新的计数初值后开始计数。

2）只能是一次性计数，不能自动循环计数。

3）写入控制字后，OUT 输出为高电平。

4）该方式可以实现定时和对 CLK 脉冲的计数功能，输出的负脉冲可作为选通信号使用。

【例 8-15】 设 8253 计数器 1 工作于方式 4，按二进制计数，计数初值为 3，设 8253 占用端口地址 40H～43H。

则初始化程序段如下。

```
MOV   AL，58H          ;设置控制字寄存器
OUT   43H，AL          ;送控制字
MOV   AL，3            ;置计数初值
OUT   41H，AL          ;送计数初值
```

（6）方式 5（硬件触发选通信号方式）

方式 5 为硬件触发选通信号方式，即在 GATE 的上升沿出现后的下一个 CLK 脉冲的下降沿，将计数初值装入计数器并开始对其后的 CLK 脉冲计数，计数结束后，OUT 输出低电平，宽度为一个时钟脉冲周期。

方式 5 时序波形如图 8-46 所示（图中计数初值为 4）。

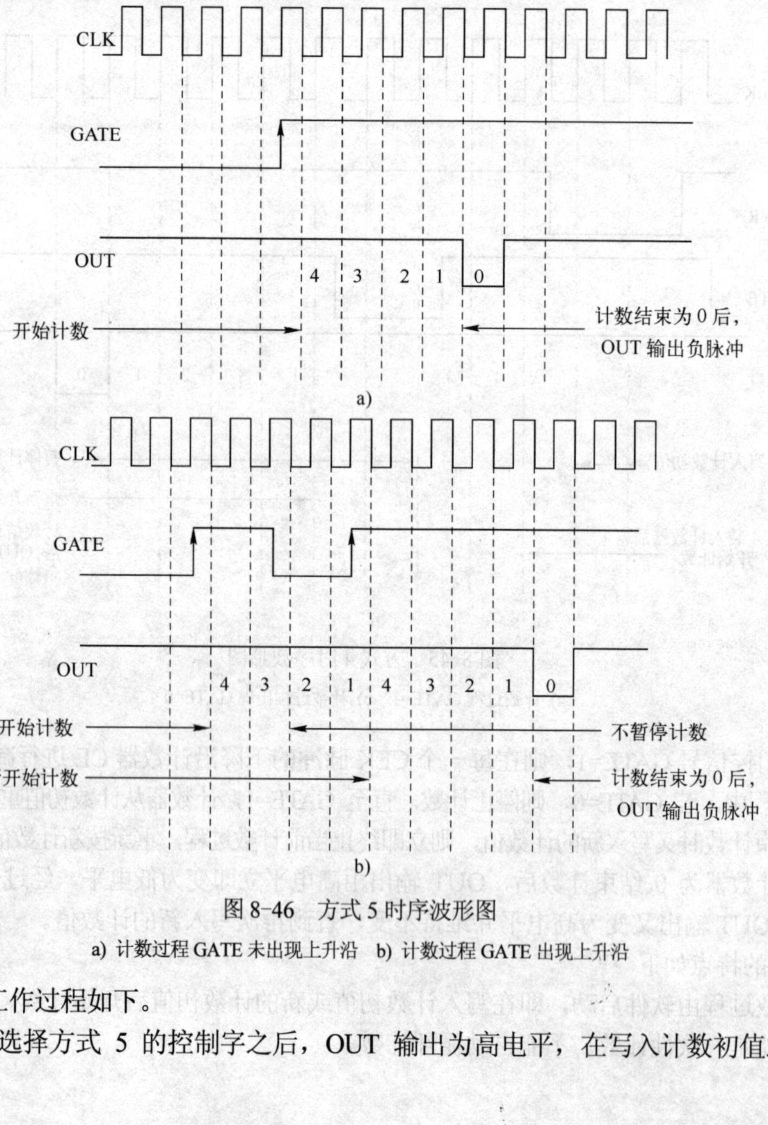

图 8-46　方式 5 时序波形图

a) 计数过程 GATE 未出现上升沿　b) 计数过程 GATE 出现上升沿

方式 5 的工作过程如下。

1）在写入选择方式 5 的控制字之后，OUT 输出为高电平，在写入计数初值之后，即使

GATE 维持在高电平，计数器并不开始计数。而是在 GATE 出现一个上升沿后，计数器开始对每一个 CLK 脉冲的下降沿计数器 CE 进行减 1 计数。

2）计数过程中，若 GATE 又出现一个上升沿，则在下一个 CLK 脉冲的下降沿，计数器从计数初值重新开始计数。若计数器未结束计数时又写入新的计数值，不影响当前计数过程，只有在 GATE 出现上升沿后，才会重新按新的计数初值开始计数。

3）当计数器为 0 结束计数后，OUT 输出由高电平立即变为低电平，经过一个 CLK 输入时钟周期，OUT 输出又变为高电平并维持不变，直到 GATE 再次出现上升沿。

方式 5 的特点如下。

1）计数过程由门控信号输入端 GATE 的上升沿触发启动，即由硬件触发后开始计数。

2）只要 GATE 不出现上升沿，则在计数过程未结束前，计数器不会因其他情况停止计数。

3）只能是一次性计数，不能自动循环计数。

4）该方式可以实现定时和对 CLK 脉冲的计数功能，输出的负脉冲可作为选通信号使用。

【例 8-16】 设 8253 的通道 1 工作于方式 5，按二进制计数，计数初值为 4000H，设 8253 占用端口地址 40H～43H。

则它的初始化程序段为：

```
MOV   AL，01101010B          ;通道 1，只读写高字节，方式 5，二进制计数
OUT   43H，AL
MOV   AL，40H                ;计数初值写入高字节，低字节默认为 0
OUT   41H，AL                ;送计数初值
```

以上介绍了 8253 的 6 种工作方式，每一个计数器可通过控制字任选一种工作方式。

计数器各种工作方式的工作过程可以概括如下。

1）在任何一种工作方式下，都必须先向 8253 写入控制字。

2）写入控制字的同时，使 OUT 输出变为各工作方式规定的电平，CR 清零。

3）在写入控制字后的任何时间，都可以向 8253 写入计数器初值于 CR，并在下一个 CLK 将 CR 装入 CE。

4）GATE 为高或出现上升沿，开始计数。

5）计数为 0 时，OUT 输出指示信号，停止计数或自动重复计数。

表 8-7 给出了 8253 各种工作方式下的功能、控制及输出波形的关系。

表 8-7　8253 不同工作方式下的功能、控制及输出波形关系

工作方式	功　能	OUT 初始电平	计数器启动方式	GATE 信号	OUT 输出波形
0	计数结束发中断请求	低电平	软件启动单次计数	高电平	当计数结束时，OUT 为高电平
1	可再触发单（稳态）脉冲输出	高电平	硬件启动单次计数	上升沿	输出一个宽度为 n 个 CLK 脉冲周期的负脉冲
2	对 CLK 脉冲分频输出	高电平	软件/硬件启动重复计数	高电平	每当 CE 为 1 时，输出宽度为一个 CLK 脉冲周期的负脉冲
3	方波发生器	高电平	软件/硬件启动重复计数	高电平	输出周期性对称方波或近似对称方波
4	软件触发脉冲方式	高电平	软件启动单次计数	高电平	当计数结束时，OUT 输出宽度为一个 CLK 脉冲周期的负脉冲
5	硬件触发脉冲方式	高电平	硬件启动单次计数	上升沿	当计数结束时，OUT 输出宽度为一个 CLK 脉冲周期的负脉冲

8.3.3 8253 编程

1．初始化编程

8253 在任何一种工作方式下，必须首先进行初始化编程。8253 的初始化编程比较简单，只需向芯片内各个计数器写入方式控制字和计数初始值即可。

8253 初始化编程步骤及注意事项如下。

1）首先根据所选择的各计数器的工作方式，确定各计数器的控制字，并将其写入 8253 的控制端口。

① 3 个通道共用一个控制端口，芯片内部控制逻辑则根据控制字的通道选择位，将控制字存入相应通道的控制字寄存器中。

② 控制字的 D5D4 位要根据计数初值的范围来设定。

③ 控制字写入后，使 OUT 端自动输出工作方式中规定的逻辑电平，同时对计数初值寄存器 CR 清零。

2）写入方式控制字之后，任何时间都可以按照控制字 D5D4 位的规定，把所设计的各计数器的计数初值写入相应的计数器通道端口中。

计算计数初值方式如下。

通道作为计数器使用时，直接写入需要计数的初值即可。

通道作为定时器使用时，计数初值=定时时间/CLK 脉冲周期。

通道作为分频或输出方波使用时，计数初值=CLK 脉冲周期/OUT 输出频率。

计数初值与相应的控制字 D5D4 位的关系如下。

- 若计数初值 N 为二进制数（控制字 D0=0），计数范围是：0000H～FFFFH。当 N≤FFH 时，仅需 1B（8 位计数），控制字位 D5D4 置为 01；当 N＞FFH 时，则需 16 位计数，控制字位 D5D4 置为 11。
- 若计数初值为 BCD 数（控制字 D0=1），计数范围是：0～9999。当 N≤99 时，仅需 1B（8 位计数），控制字位 D5D4 置为 01；当 N＞99 时，需用 16 位计数，控制字位 D5D4 置为 11。

写入的计数初值必须和方式控制字位 D5D4 一致。

当 D5D4=01 时，只写入低 8 位，高 8 位默认为 0；当 D5D4=10 时，只写入高 8 位，低 8 位默认为 0；当 D5D4=11 时，CPU 编程将计数初值分两次送入通道；先送低 8 位，后送高 8 位。

【例 8-17】 设 8253 的通道 0、通道 1、通道 2 的工作方式及要求如下。

通道 0 工作在方式 0，按二进制计数，计数初值 8FH。

通道 1 工作在方式 1，按 BCD 码计数，计数初值 1234H（BCD 码）。

通道 2 工作在方式 3，已知计数脉冲 CLK2 的频率为 2.5MHz，要求 OUT2 输出频率为 1kHz，按 BCD 码计数。

分配给 8253 端口地址为 02A0H、02A2H、02A4H、02A6H。

设定计数初值及控制字如下。

通道 0 计数初值 8FH，8 位计数，控制字为 00010000B=10H。

通道 1 计数初值 1234H，16 位计数，控制字为 01110011B=73H。

通道 2 计数初值=$2.5\times10^6/1000=2500$，控制字为 10110111B=0B7H。

则初始化程序如下。

```
MOV   DX, 02A6H          ;通道 0
MOV   AL, 10H
OUT   DX,AL
MOV   AL,8FH
MOV   DX,02A0H
OUT   DX,AL

MOV   DX,02A6H           ;通道 1
MOV   AL,73H
OUT   DX,AL
MOV   DX,02A2H
MOV   AL,34H
OUT   DX,AL
MOV   AL,12H
OUT   DX,AL

MOV   DX,02A6H           ;通道 2
MOV   AL, 0B7H
OUT   DX,AL
MOV   DX, 02A4H
MOV   AL, 00
OUT   DX,AL
MOV   AL, 25
OUT   DX, AL
```

2．读计数器当前值

在 8253 计数的过程中，可以通过 CPU 读指令读取当前计数器的计数值，以供系统检测。

在执行读操作时，应根据控制字 D5D4 位选择的数据格式，若为 8 位计数值，则 CPU 读取所选通道端口数据一次即可；若为 16 位计数值时，则 CPU 需要连续两次读取所选同一通道端口数据（低 8 位在前，高 8 位在后）。

注意：CPU 读取的是瞬时计数值，因为计数器并未停止计数。所以在读取数据前，可以利用 GATE 控制信号使计数器暂停计数；也可以由 CPU 写入锁存控制字（D5D4=00 及通道选择位 D7D6，其他位任意）锁存当前计数值，但并不影响计数器继续进行计数。

例如，在【例 8-17】中对 8253 初始化后，读取通道 1 当前计数值，将该值存放在 CPU 寄存器 BX 中。

程序如下。

```
MOV   DX,02A6H
MOV   AL,40H             ;设通道 1 控制字 40H 锁存当前计数值
OUT   DX,AL
MOV   DX, 02A2H
IN    AL,DX              ;读取当前计数值低 8 位
MOV   BL,AL
IN    AL,DX              ;读取当前计数值高 8 位
MOV   BH,AL
```

8.3.4 8253应用实例

8253 在 PC/XT 的应用如图 8-47 所示。

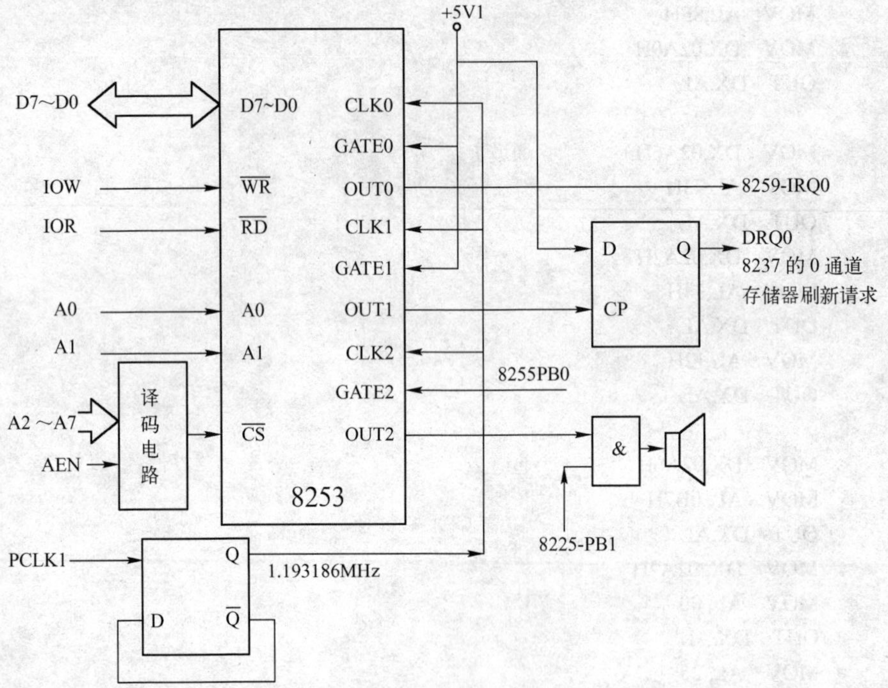

图 8-47 PC/XT 系统中 8253 的连接图

系统对 8253 采用部分译码，分配地址为 40H～43H，如下所示。

CPU 地址线：	A7	A6	A5	A4	A3	A2	A1	A0
通道 0 端口地址：	0	1	0	0	0	0	0	0
通道 1 端口地址：	0	1	0	0	0	0	0	1
通道 2 端口地址：	0	1	0	0	0	0	1	0
控制字端口地址：	0	1	0	0	0	0	1	1

（1）计数器 0

计数器 0 用于产生实时时钟信号。

门控信号输入端 GATE0 接 5V、CLK0 输入为 1.193186MHz 方波（周期约为 8.38×10^{-7}s）、工作于方式 3、二进制计数、CR 计数初值为 0（65536）。

OUT0 输出方波周期为：$65536\times8.38\times10^{-7}$s=55ms。

方式控制字为 00110110B=36H。

输出信号 OUT0 接到 8259A 的 IRQ0，于是每隔约 55ms 产生一次 0 级中断。

通道 0 初始化程序如下。

```
MOV   AL, 36H
OUT   43H, AL
MOV   AL, 0
OUT   40H, AL
```

（2）计数器 1

计数器 1 用于产生动态存储器刷新的定时控制。

门控信号输入端 GATE0 接 5V、CLK1 输入为 1.193186MHz 方波（周期约为 8.38×10^{-7}s）、工作于方式 2、二进制计数、OUT1 输出经 D 触发器每隔 15.8μs 产生一个负脉冲。

CR 初值为 15.8/(1/1.193186)=18=12H。

输出信号 OUT1 作为 8237A DMAC 的 0 通道的请求信号，定时对系统的动态存储器芯片进行刷新操作。

通道 1 初始化程序如下。

```
MOV   AL, 54H
OUT   43H, AL
MOV   AL, 12H
OUT   41H, AL
```

（3）计数器 2

计数器 2 用于为系统的扬声器发声提供音频信号。门控信号输入端 GATE2 接 8255A 的 PB0、CLK2 输入为 1.193186MHz 方波（周期约为 8.38×10^{-7}s）、工作于方式 3、二进制计数，OUT2 输出音频频率为 900Hz 的方波。

CR 初值为 1193186/900=1326=0533H。

方式控制字为 10110110B=0B6H。

扬声器发声受 8255A 的 PB1 和 PB0 引脚控制，8255A 的端口 B 地址为 61H。

通道 2 初始化程序如下。

```
IN    AL, 61H
MOV   AH,AL             ;8255A 的 B 口数据保存 AH 中
OR    AL, 3             ;设置 PB0、PB1 为高电平
OUT   61H,AL
MOV   AL, 0B6H          ;方式控制字
OUT   43H, AL
MOV   AL, 33H           ;计数初值
OUT   42H, AL
MOV   AL, 05H
OUT   42H, AL
......
MOV   AL,AH             ;恢复端口 B 原来状态
OUT   61H,AL
```

8.3.5　8253A 定时/计数器 Proteus 仿真示例

1．8253A 实现方波发生器 Proteus 仿真示例

设 8253A 通道 0、通道 1、通道 2 和控制字端口地址分别为 400H、402H、404H、406H。采用 8253A 通道 0，工作在方式 3（方波发生器方式），输入时钟 CLK0 为 1MHz，输出 OUT0 要求为 1kHz 的方波，用示波器观察输出波形。

（1）接口电路设计

在 ISIS 原理图编辑窗口放置元器件 8253A、仿真示波器并布线，设置相应元器件参数，完成接口电路的设计，如图 8-48 所示。

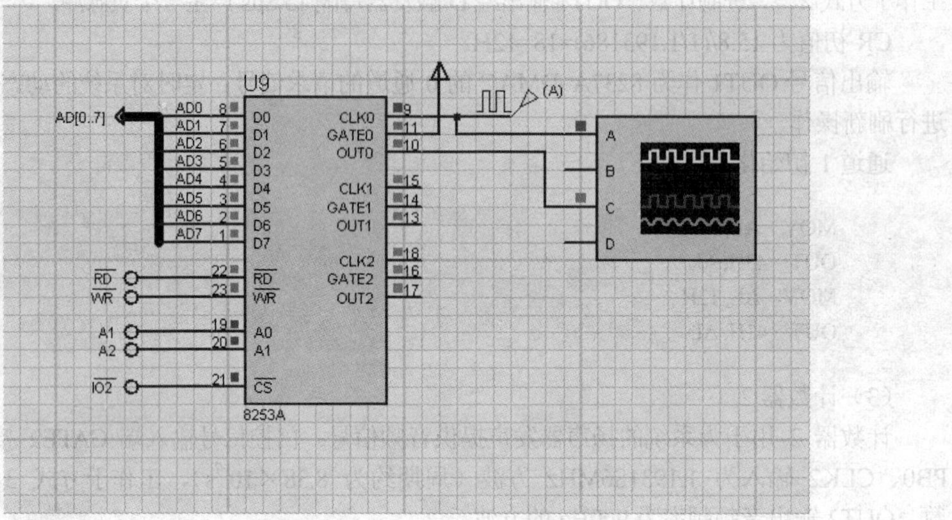

图 8-48　8253A 方波发生器接口电路

（2）程序设计

源程序如下。

```
CODE SEGMENT
ASSUME CS:CODE
      ORG 100H
START:     MOV DX,406H
           MOV AL,37H
           OUT DX,AL
           MOV DX,400H
           MOV AL,10H
           OUT DX,AL
           MOV AL,00H
           OUT DX,AL
           JMP $
CODE ENDS
END    START
```

（3）加载程序

可以在 EMU8086 环境下输入汇编语言程序并保存，编译生成 EXE 文件。

在 Proteus 绘制好的原理图 8086CPU 中加载 EMU8086 生成的 EXE 文件。

（4）调试与仿真

单步或者断点调试程序观察寄存器或存储器变化。

连续运行程序，示波器输出不同频率的方波信号，仿真结果如图 8-49 所示。

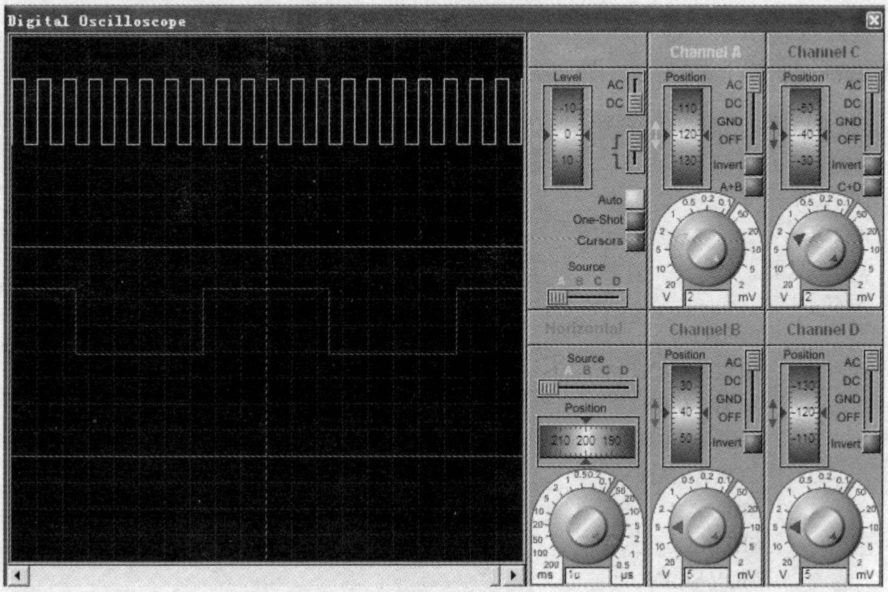

图 8-49　8253A 方波发生器仿真结果

（5）保存仿真文件

保存仿真文件。

2．8253A 计数器及数码管显示仿真示例。

利用 8253A 定时实现每隔 1s 计数加 1（个位数），到 9 后复位回 0 重新开始计数，LED 数码管显示数字。

设定 8253A 计数器 2 工作在方式 2，十进制计数，输入时钟频率为 100kHz。

（1）接口电路设计

在 ISIS 原理图编辑窗口放置元器件并布线，设置相应元器件参数，完成电路图的设计，如图 8-50 所示。

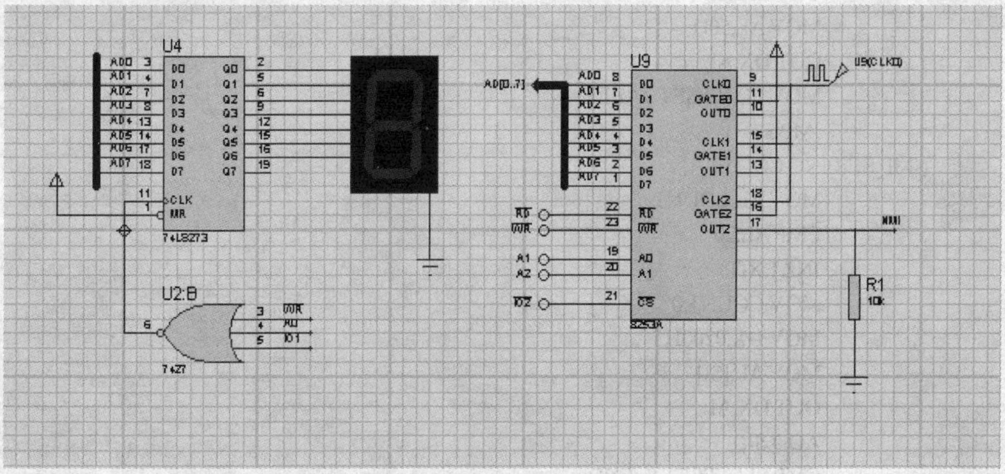

图 8-50　8253A 计数器及数码管显示仿真电路

电路增加元器件清单：8253A、数码管 7SEG-、74LS273、三输入或非门 7427。

（2）程序设计

汇编语言程序如下。

```
.MODEL SMALL
.8086
.STACK
.CODE
.STARTUP
NMI_INT:
        PUSH ES
        XOR AX,AX
        MOV ES,AX
        MOV AL,02H
        XOR AH,AH
        SHL AX,1
        SHL AX,1
        MOV SI,AX
        MOV AX,OFFSET NMI_SER
        MOV ES:[SI],AX
        INC SI
        INC SI
        MOV BX,CS
        MOV ES:[SI],BX
        POP ES
        MOV AL,10110111B
        MOV DX,0406H
        OUT DX,AL
        MOV DX,0404H
        MOV AL,00H
        OUT DX,AL
        MOV AL,50H
        OUT DX,AL
        MOV SI,OFFSET TABLE
        JMP $
NMI_SER:INC COUNT
        MOV AL,COUNT
        CMP AL,20
        JNZ EXIT
        MOV COUNT,0
        MOV DX,0200H
        MOV AL,[SI]
        OUT DX,AL
        ADD SI,1
        CMP SI,OFFSET S_END
        JB EXIT
        MOV SI,OFFSET TABLE
```

```
EXIT:IRET
.DATA
COUNT DB 0
TABLE DB 3FH,06H,5BH,4FH,66H,6DH,7DH,07H,7FH,6FH
S_END=$
END
```

（3）加载程序

可以在 EMU8086 环境下输入汇编语言程序并保存，编译生成 EXE 文件。

在 Proteus 绘制好的原理图 8086CPU 中加载 EMU8086 生成的 EXE 文件。

（4）调试与仿真

单步或者断点调试程序观察寄存器或存储器变化。

连续运行程序，每隔 1s 数字增加 1，数码管循环显示 0～F，仿真结果如图 8-51 所示。

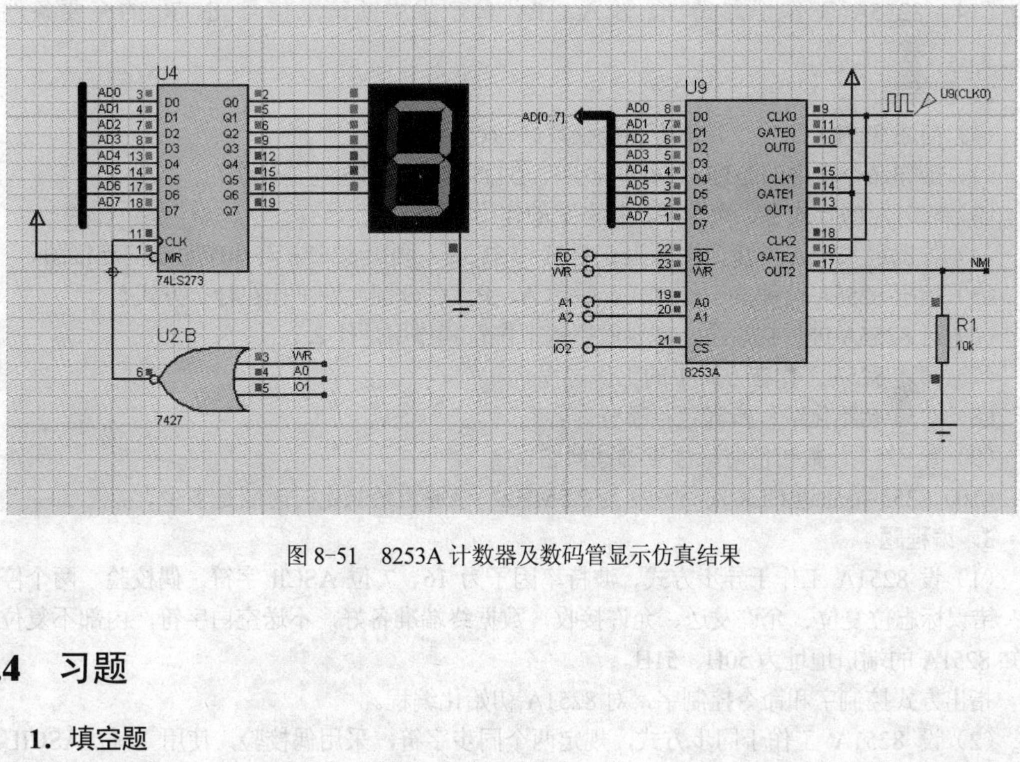

图 8-51　8253A 计数器及数码管显示仿真结果

8.4　习题

1. 填空题

（1）不论是并行通信还是串行通信，CPU 与 I/O 接口总是_______传输数据。所谓“串行”是指__________之间串行传输数据。

（2）8251A 内部有______个端口地址，由引脚______的状态来区别。

（3）CPU 访问 8251A，当______且______时，CPU 选中 8251A 的控制/状态端口。

（4）对 8251A 初始化写入控制字的顺序是先写______，后写______。

（5）8251A 用作异步串行通信接口，如果设定波特率因子为 16，而发送器和接收器时钟频率为 19200Hz，则波特率为________。

（6）8251A 的发送时钟 TXC 可以是数据传送波特率的____、____、____倍。

（7）8251A 能够接收 CPU 发来的输出数据，其控制信号应该是____、____、____。

（8）8255A 的 3 种工作方式是________、__________、_______，其中端口 B 可以工作在_______。

（9）若 8255A 的 A 口用于输出，采用中断方式传送数据，一般情况下，端口 A 最好应设置在_______下工作。

（10）在 80x86 系统中，若 8255A 的 A 端口地址为 38H，则 B 端口地址为_______、C 端口地址为_______、控制口地址为_______。

（11）若 8255A 的方式控制字为 81H，则端口 C 的 C7～C4 4 条线作为_______，C3～C0 4 条线作为_______。

（12）已知 8255A 的端口 C 置位/复位控制字的代码为 7FH，则端口 C 的_________引脚线被置位。

（13）若采用 8255A 的端口 A 输出控制一个 7 段 LED 显示器，端口 A 应工作在_______。

（14）8255A 工作于方式 1、输入，PA 口产生中断请求信号 INTR 的充要条件是_______。

2．问答题

（1）简述 8251A 工作于异步方式接收数据的过程。

（2）操作命令字中的 DTR（D0）与引脚 $\overline{DTR}$ 的联系和区别是什么？

（3）8251A 的方式字、命令字、状态字的作用是什么？

（4）若规定 8255A 的接口地址为 03F0H～03F3H，画出 8255A 与系统总线的连接图。

（5）指出 8255A 有哪些工作方式？端口 A、B、C 分别允许工作在什么方式？

（6）对 8255A 进行初始化，需要做哪些工作？其作用是什么？

（7）简述 8253 工作在方式 1 的工作过程。

（8）8253 初始化编程步骤包括哪些内容？

（9）置 8253 计数初值时应注意哪些问题？

（10）8253 某通道 CLK 时钟频率为 2.5MHz，该通道最长定时时间是多少？

3．编程题

（1）设 8251A 工作于异步方式、波特率因子为 16、7 位 ASCIl 字符、偶校验、两个停止位；错误标志位复位、允许发送、允许接收，数据终端准备好，不送空白字符，内部不复位。已知 8251A 的端口地址为 50H、51H。

指出方式控制字和命令控制字，对 8251A 初始化编程。

（2）设 8251A 工作于同步方式，规定两个同步字符，采用偶校验，使用 7 位 ASCII 字符；用内同步方式，出错标志位复位，允许发送，允许接收，数据终端准备就绪，不送空白字符。已知 8251A 的端口地址为 50H、51H，编写初始化程序。

（3）编写 8251A 发送数据程序。要求：8251A 为异步传送方式、波特率系数 1 为 64、采用偶校验、1 个停止位、7 位数据位，采用查询方式发送数据。

8251A 端口地址为 0300H、0302H。

（4）编程实现 8255A 的 PC5 端输出连续的方波。

（5）编写程序实现 8255A 的 A 口的 D0～D7 分别控制 8 个发光二极管轮流点亮。要求：8255A 工作在方式 0、端口地址为 3F0H～3F3H、发光二极管采用共阳极连接。

（6）设 8255A 的地址为 80H～83H，要求：A 组设置为方式 1 且端口 A 为输入口；PC6

作为输出，B 组设置为方式 1 且端口 B 作为输入口。编写初始化程序。

（7）某系统 8255A 的端口地址 0A0H～0A6H，要求 A 口工作在方式 0 输入、B 口工作在方式 1 输入；若与端口 A 连接的外设输入的数据为 00H，则 PC6 输出 1，否则输出 0。

1）使用 74LS138 译码器画出系统接口图。

2）编写控制程序。

（8）8253 计数器通道 0 工作于方式 0，用 BCD 码计数，其计数值为 500，设 8253 占用端口地址 0370H～0373H。编写初始化程序。

（9）8253 计数器 1 工作于方式 4，按二进制计数，计数初值为 99H，设 8253 占用端口地址 40H～43H，编写初始化程序。

（10）系统 8253 通道 2 工作在方式 3，已知计数脉冲 CLK2 的频率为 1kHz，，要求 OUT2 输出频率为 100Hz，按 BCD 码计数，系统分配给 8253 端口地址为 0A0H、0A2H、0A4H、0A6H。

1）设定计数初值及控制字。

2）编写初始化程序。

（11）用 8253 通道 0 的 GATE0 作控制信号，在延时 10ms 后，使 OUT2 输出一个负脉冲。已知计数脉冲 CLK2 的频率为 2.5MHz，系统分配给 8253 端口地址为 0A0H、0A2H、0A4H、0A6H。

1）设定计数初值及控制字。

2）编写初始化程序。

第 9 章　数–模/模–数转换及应用技术

在自然界（或生产过程）中，许多连续变化的物理量（如温度、压力、电压及电流等）通常称为模拟量。而计算机接收、处理和输出的只能是离散的、二进制表示的数字量。为此，在计算机控制和检测系统中，需要输入的模拟量必须首先转换为数字量（称为模–数转换或 A–D 转换），然后输入给计算机；而计算机输出的数字量（控制信号）需要转换为模拟量（称为数–模转换或 D–A 转换），以实现对外部执行部件的模拟量控制。

A–D 和 D–A 转换器是计算机控制系统和数字测量技术中的重要部件，本章首先介绍模拟信号及计算机闭环控制系统的结构组成。然后，从应用的角度，详细介绍典型的 D–A、A–D 转换器，并通过实例介绍 D–A、A–D 转换器与微型计算机接口的应用技术。

9.1 计算机闭环控制系统

本节首先介绍模拟信号的获取及变送，然后通过计算机对模拟信号的处理操作描述了计算机闭环控制系统单元的组成及功能。

9.1.1 模拟信号获取及变换

在工业生产过程中，有许多物理量是可以连续变化的模拟量，如位移量、温度、压力、流量、液位、重量等，计算机需要获取这些模拟量信息时，必须首先经过传感器将其物理量转换为相应的电量（如电流、电压、电阻），然后进行信号处理、变换成相应的标准量。该标准量通过模/数转换单元（A–D），将其转换为相应的二进制码表示的数字量后，计算机才能识别并进行处理。模拟信号的获取过程如图 9–1 所示。

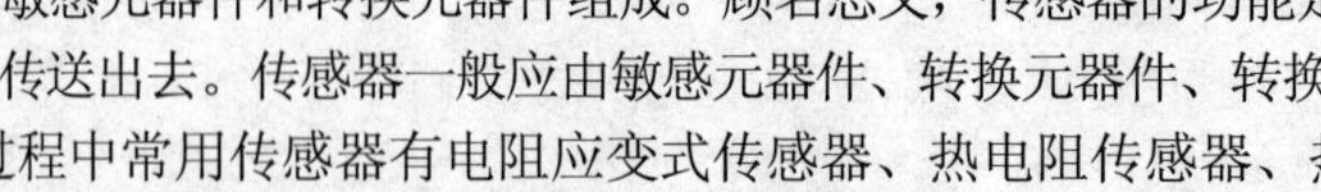

图 9–1　模拟信号获取过程

1. 传感器

能够感受规定的被测量并按照一定的规律转换成相应的输出信号的元器件或装置称为传感器。传感器通常由敏感元器件和转换元器件组成。顾名思义，传感器的功能是“一感二传”，即感受被测信息，并传送出去。传感器一般应由敏感元器件、转换元器件、转换电路组成。

在工业生产过程中常用传感器有电阻应变式传感器、热电阻传感器、热电偶传感器、霍尔传感器、光电传感器、压力传感器、涡轮流量传感器等。

（1）电阻应变式传感器

电阻应变式传感器可以将位移、形变、力、加速度等被测物理量转换成与之对应的电阻值。

（2）热电阻传感器

热电阻传感器利用电阻值随温度变化而变化这一特性来测量温度及与温度有关的参数。

在温度检测精度要求比较高的场合，这种传感器比较适用。目前，使用较为广泛的热电阻材料为铂、铜、镍等，它们具有电阻温度系数大、线性好、性能稳定、使用温度范围宽、加工容易等特点，用于测量-200～500℃范围内的温度。经常使用的热电阻按其分度号有：PT100、PT1000、Cu50、Cu100。

（3）热电偶传感器

热电偶传感器利用两种不同金属导体的接点电势随温度变化而变化这一特性来测量温度的。用于测量0～1800℃范围内的温度。经常使用的热电偶分度号有：B、E、J、K、S型等。

（4）霍尔传感器

霍尔传感器是根据霍尔效应制作的一种磁场传感器，广泛地应用于工业自动化技术、检测技术及信息处理等方面。压力、流量、加速度等物理量常常需要先变换为位移，然后通过霍尔式位移传感器进行测量。霍尔效应是研究半导体材料性能的基本方法。通过霍尔效应实验测定的霍尔系数，能够判断半导体材料的导电类型、载流子浓度及载流子迁移率等重要参数。

（5）光电传感器

光电传感器是采用光电元件作为检测元件的传感器。它首先把被测量的变化转换成光信号的变化，然后借助光电元件将光信号转换成电信号。

（6）涡轮流量传感器

涡轮流量传感器可以实现对流量的精密测量，与相应的流量积算仪表配套可用于测量流量的显示值和总量积算。

2. 变送器

变送器的功能是将物理量或传感器输出的信息量，转换为便于传送、显示和设备接收的直流电信号。

变送器输出的直流电信号有 0～5V、0～10V、1～5V、0～20mA、4～20mA 等。目前，工业上广泛采用4～20mA标准直流电流来传输模拟量。

变送器将物理量转换成 4～20mA 电流输出，必然要有外电源为其供电，其接线方式一般有二线制、三线制和四线制，如图9-2所示。所谓四线制是指变送器需要两根电源线，加上两根电流输出线；所谓二线制是指变送器需要的电源线和电流输出线共用二根线。目前二线制传感器在工业控制系统中得到广泛应用。

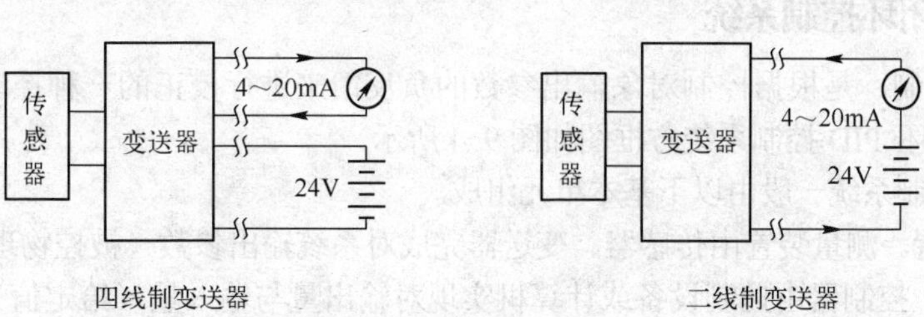

图9-2　变送器接线方式

由图 9-2 可以看出，两线制变送器，其供电电源、输出电流信号与负载（这里是电流表）是串联在一个回路中，其主要优点如下。

1）二线制传感器不易受热电偶及传输电线电阻压降和温漂的影响，尤其在长距离传送时，可节省大量电缆线和安装费用。

2）在电流源输出电阻足够大时，经磁场耦合感应到导线环路内的电压不会产生显著影响，因为干扰源引起的电流极小，一般利用双绞线加屏蔽处理就能大大降低干扰的影响。

3）电容性干扰会导致接收器电阻有误差，对于 4～20mA 两线制环路，接收器电阻通常为 250Ω（取样 Uout 为 1～5V）这个电阻小到不足以产生显著误差，因此，可以允许的电线长度比电压遥测系统更长更远。

4）各个单台示读装置或记录装置可以在电线长度不等的不同通道间进行换接，不因电线长度的不等而造成精度的差异，这样便于实现分散采集、集中控制。

5）传感器输出电流下限设为 4mA（信号 0），便于区别是信号 0 还是传感器 0mA 状态。

图 9-3 所示为基于热电偶传感器的二线制变送器接线图。

在图 9-3 中，被测温度通过热电偶传感器将其转换为相应的热电势（mV）输入给热电偶变送器，变送器采用二线制供电兼输出接线方式，24V DC 电源的正极与变送器的 V+连接、负极通过负载（一般为 250Ω 电阻）与变送器的 V-连接，变送器电流输出为与被测温度呈线性关系的 4～20mA 标准信号电流。该电流通过 250Ω 电阻将其转换为 1～5V 电压，作为 A-D 转换器的模拟量输入信号，A-D 转换器输出的数字量信号可以直接输入给计算机进行处理。

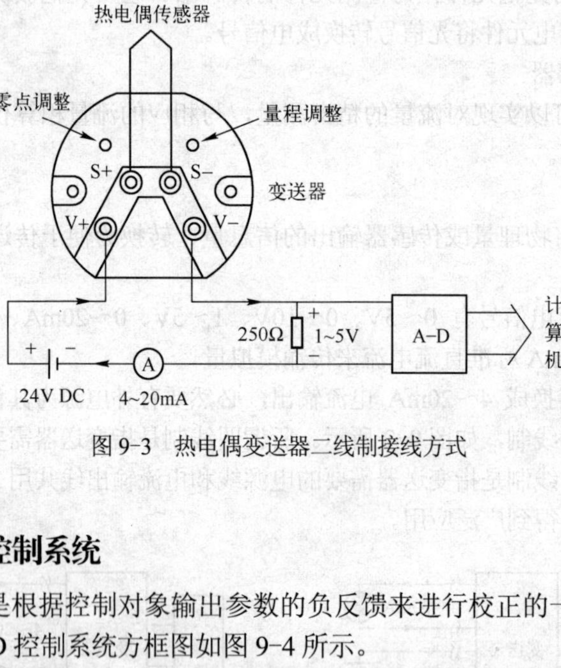

图 9-3 热电偶变送器二线制接线方式

9.1.2 计算机闭环控制系统

所谓闭环控制，是根据控制对象输出参数的负反馈来进行校正的一种控制方式。工业中常用的计算机闭环 PID 控制系统方框图如图 9-4 所示。

一个闭环控制系统一般由以下基本单元组成。

1）测量装置。测量装置由传感器、变送器完成对系统输出参数（被控物理量）的测量。

2）控制器。控制器由控制设备或计算机实现对输出量与输入量（给定值）比较后的控制算法运算（如 PID 运算）。

3）执行器。执行器对控制器输出的控制信号进行放大，驱动执行机构（如调节阀或电动机、或加热器等）实现对被控参数（输出量）的控制。

4）对象。对象是需要控制的设备或生产过程。

被控设备（对象）输出的物理量（即被控参数或称系统输出参数），经传感器、变送器、A-D 转换后反馈到输入端，与期望值（即给定值或称系统输入参数）进行相减比较，当二者产生偏差时，对该偏差进行决策或 PID 运算处理，其处理后的信号经 D-A 转换器转换为模拟量输出，控制执行器进行调节，从而使输出参数按输入给定的条件或规律变化。由于系统是闭和的，输出量的变化经变送器反馈到输入端与输入量进行比较，由于反馈的输出量与输入量相位相反，所以也称闭环控制负反馈系统。

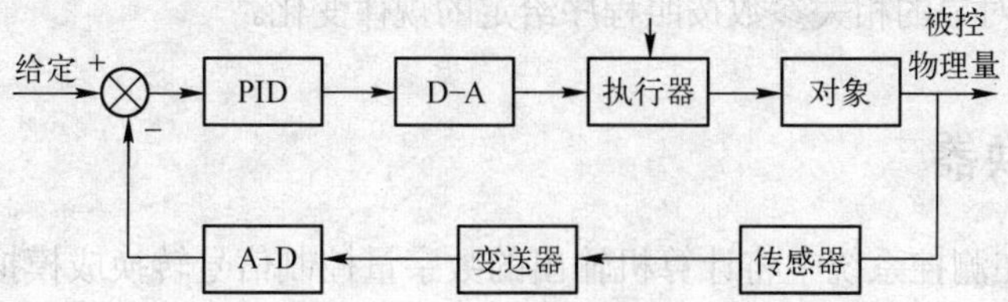

图 9-4　计算机闭环 PID 控制系统方框图

9.1.3　一个典型实时控制系统

图 9-5 为典型（多参数）计算机闭环控制应用系统结构图，其工作过程简述如下。

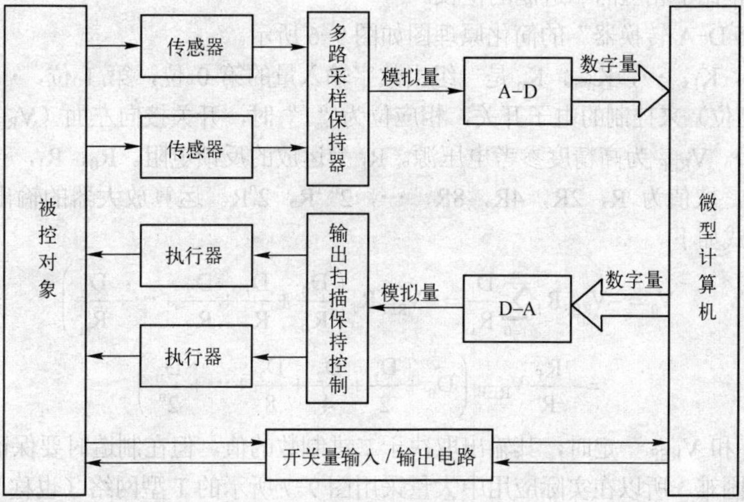

图 9-5　典型计算机闭环控制应用系统

（1）模拟量信号获取

在测控系统中，被控对象中的各种非电量的模拟量（如温度、压力、流量等），必须经传感器转换成规定的电压或电流信号，如把 0～500℃温度转换成 4～20mA 标准直流电流输出等。

（2）对模拟量信号采样、保持、量化

采样就是按一定的周期，在相等的时间间隔内，循环不断地获取某个模拟量的瞬时值，采样周期越短，即单位时间内采样次数越多，采样值（包络线）就越接近原信号。然后对该瞬时值进行量化（即 A-D 转换），在每一次量化过程中，必须保持该次采样信号不变。

在应用程序的控制下，多路采样开关分时地对多个模拟量进行采样、保持、并送入 A-D 转换器进行模-数转换。

（3）计算机进行处理

A-D 转换器将某时刻的模拟量转换成相应的数字量，然后该数字量输入计算机。计算机根据程序所实现的功能要求，对输入的数据进行运算处理。

（4）输出通道

由输出通道的 D–A 转换器，将计算机输出的数字信号形式的控制信息转换为相应的模拟量，该模拟量通过保持器控制相应的执行机构，对被控对象的相关参数进行调节，这样周而复始，从而控制被控对象的相关参数按照程序给定的规律变化。

9.2 D–A 转换器

D–A 转换器在测控系统中将计算机输出的数字量控制信号转换成模拟信号，用于驱动外部执行机构。

9.2.1 D–A 转换器的基本原理

D–A 转换器的基本功能是将一个用二进制表示的数字量转换成相应的模拟量。实现这种转换的基本方法是：对应二进制数的每一位产生一个相应的电压（电流），而这个电压（电流）的大小则正比于相应的二进制的位权。

“加权网络 D–A 转换器”的简化原理图如图 9–6 所示。

图中，K_0，K_1，…，K_{n-1}，K_n 是一组由数字输入量的第 0 位，第 1 位，…，第 n–1 位，第 n 位（最高位）来控制的电子开关，相应位为“1”时，开关接向左面（V_{REF}），为“0”时接向右面（地）。V_{REF} 为高精度参考电压源。R_f 为运放的反馈电阻。R_0，R_1，…，R_{n-1}，R_n 称为“权”电阻，取值为 R，2R，4R，8R，…，2^{n-1}R，2^nR。运算放大器的输出电压（反相加法运算）表达式如下。

$$V_0 = -V_{REF}R_f\sum_{i=0}^{n}\frac{D_i}{R_i} = -V_{REF}R_f\left(\frac{D_0}{R_0}+\frac{D_1}{R_1}+\frac{D_2}{R_2}+\cdots+\frac{D_n}{R_n}\right)$$

$$= -\frac{R_f}{R}V_{REF}\left(D_0+\frac{D_1}{2}+\frac{D_2}{4}+\frac{D_3}{8}+\cdots+\frac{D_n}{2^n}\right)$$

在 R_i、R_f 和 V_{REF} 一定时，其输出取决于二进制数的值。但在制造时要保证各加权电阻的倍数关系比较困难，所以在实际应用中大量采用图 9–7 所示的 T 型网络（也称为 R–2R）。

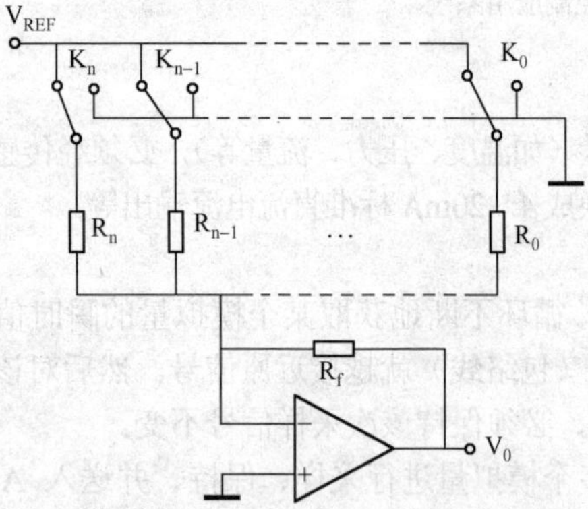

图 9–6　加权网络 D–A 转换器原理图

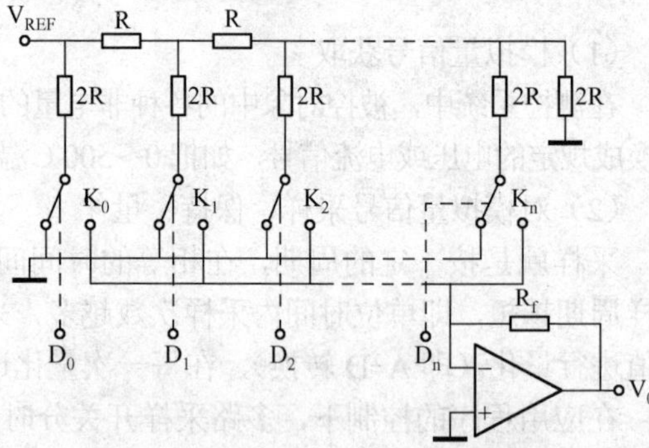

图 9–7　T 型网络 D–A 转换器原理图

图 9–7 中，仅有 R、2R 两种电阻，制造方便，同时可将反馈电阻 R_f 也在同一块集成芯片上，并使 R_f=R，则满足此条件的输出电压表达式如下。

$$V_0 = -V_{REF}\sum_{i=0}^{n}\frac{D_i}{2^n}$$

由此看出，V_0只与V_{REF}和各位的权值有关，与电阻无关，从而可以大大提高转换精度。

9.2.2 D–A 转换器的主要参数

D–A 转换器的主要参数如下。

1）分辨率：指数字量最低有效位（LSB）对应的模拟值。D–A 能够转换的二进制的位数越多，分辨率也越高，一般为 8 位、10 位、12 位等。若 N 位 D–A 转换器，则分辨率为：输出电压量程除以 2^N。

例如，8 位 D–A 转换器，若转换后的电压相应为 0～5V，则它能输出可分辨的最小电压为：

（5–0）/256=19.53mV

2）转换时间：是指 D–A 转换器完成一次转换所需的时间，即从数字输入信号变化开始，直到转换输出一个稳定的模拟量所需的时间。转换时间一般在几十纳秒至几微秒之间。

3）线性度：理想的转换关系是线性的，线性度表示 D–A 转换模拟输出偏离理想输出的最大值。

4）输出电平：输出模拟信号有电流型和电压型两种。电流型输出电流在几毫安到几十毫安；电压一般为 5～10V，有的高电压型可达 24～30V。

5）转换精度：表明 D–A 转换的精确程度，可分为绝对精度和相对精度。

绝对精度是指转换输出实际值与理想值之差，一般应低于 0.5LSB。

相对精度是指绝对精度相对于满量程的百分数。

常用的 D–A 转换器芯片参数和特点见表 9–1。

表 9–1 常用的 D–A 转换器芯片参数和特点

芯片	参数						特点
	缓冲能力	分辨率	输入码制		电流型/电压型	输出极性	
			单极性	双极性			
DAC1408	无数据锁存	8 位	二进制	偏移二进制	电流型	单/双极均可	价格便宜，性能低，需外加电路
DAC0832	有二级锁存	8 位	二进制	偏移二进制	电流型	单/双极均可	适用于多模拟量同时输出的场合
AD561	无锁存功能	10 位	二进制	偏移二进制	电流型	单/双极均可	与 8 位 CPU 相连时必须外加两级锁存
AD7522	双重缓冲	10 位	二进制		电流型	单/双极均可	具有双缓存，易于与 8/16 位微处理器相连，有串行输入，可与远距离计算机相连使用

9.2.3 8 位集成 D–A 转换器——DAC0832

DAC0832 是美国数据公司研制的 8 位双缓冲集成 D–A 转换芯片。该芯片有极好的温度跟随性，建立时间为 1μs，输入方式灵活，输出漏电流低、功耗低等。

1. DAC0832 的内部结构

DAC0832 是采用先进的 CMOS 工艺制成的双列直插式单片 8 位 D–A 转换器。转换速度为 1μs，可直接与计算机接口相连。DAC0832 的内部结构如图 9–8 所示。

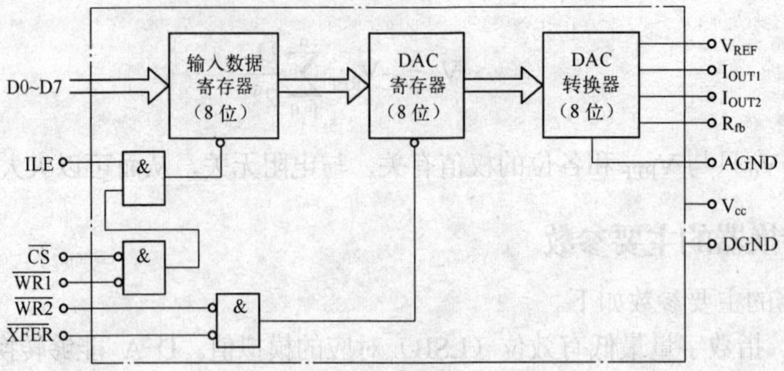

图 9-8　DAC0832 的内部结构

DAC0832 片内有 R-2R 电阻的 T 型网络，用以对参考电压提供的两条回路分别产生两个输出电流信号 I_{OUT1} 和 I_{OUT2}。DAC0832 采用 8 位 DAC 寄存器两次缓冲方式，输入的数字量在进入输入数据寄存器（锁存）后，又送入 8 位 DAC 寄存器中，这样可以在 D-A 输出的同时，接收下一个输入的数据，以便提高转换速度；也可以实现多片 D-A 转换器的同步输出。每个输入的数据为 8 位，可以直接与计算机的 8 位数据总线相连，控制逻辑为 TTL 电平。

2．DAC0832 引脚

DAC0832 引脚分布如图 9-9 所示，各引脚的含义如下。

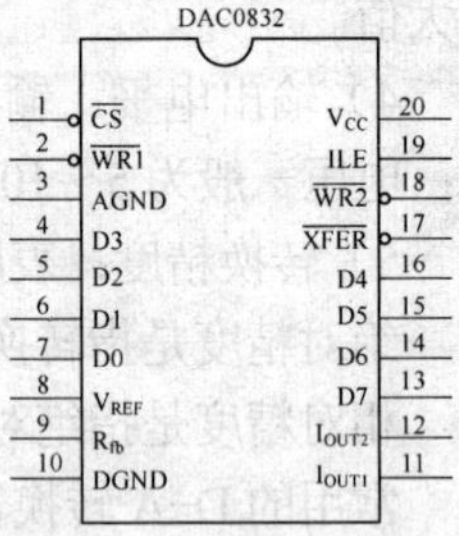

图 9-9　DAC0832 引脚

（1）数据输入端

数据输入端 D0～D7：8 位，连接 CPU 数据总线。

（2）输入寄存器控制引脚

ILE：数据允许锁存信号，高电平有效，输入。

$\overline{CS}$：片选信号（输入寄存器选择信号）、低电平有效、输入。

$\overline{WR1}$：输入寄存器写选通信号、低电平有效、输入。

（3）DAC 寄存器控制引脚

$\overline{WR2}$：DAC 寄存器的写选通信号、低电平有效、输入。

$\overline{XFER}$：数据传送信号、低电平有效、输入，该信号与 $\overline{WR2}$ 逻辑与作为 DAC 寄存器工作的控制信号。

（4）输出模拟信号相关引脚

I_{OUT1}：电流输出 1，其电流值为输入数字量为 1 的各位输出电流之和，它随输入数字量的变化而线性变化。

I_{OUT2}：电流输出 2；其电流值为输入数字量为 0 的各位输出电流之和。

R_{fb}：反馈信号输入端，反馈电阻在片内，为外接运算放大器提供反馈回路。

（5）其他引脚

V_{REF}：基准电源输入端，一般取-10～+10V。

Vcc：电源输入端，一般取 5～15V。

AGND：模拟地。

DGND：数字地。

3．DAC0832 的 3 种工作方式

通过对芯片内部的输入寄存器及 DAC 寄存器的不同的控制方式，DAC0832 可以有 3 种工作方式。

（1）直通方式

在直通方式下，DAC0832 的两个寄存器一直处于直通状态。

为此，应使控制信号 $\overline{CS}$=0、ILE=1、$\overline{WR1}$=0、$\overline{WR2}$=0、$\overline{XFER}$=0

该方式下输入的数据不需要任何控制信号，直通方式适用于一些简单系统中。

（2）单缓冲方式

在单缓冲方式下，DAC0832 的两个寄存器中的一个工作在直通状态，另一个工作在受控状态，或者同时控制输入寄存器和 DAC 寄存器。CPU 对工作在受控状态下的寄存器执行一次写入操作，即可完成 D–A 转换。这种方式适用于只有一路模拟输出或多路模拟量不需要同步输出的系统。

例如，若使输入寄存器工作在受控状态，DAC 寄存器为直通状态，则 $\overline{WR2}$ 和 $\overline{XFER}$ 应为有效低电平；而 ILE 或 $\overline{CS}$ 应接收 CPU 写入控制信号。

（3）双缓冲方式

在双缓冲方式下，输入寄存器和 DAC 寄存器都工作在受控状态。CPU 需要分别对两个寄存器各执行一次写入操作，才能完成 D–A 转换，即 CPU 首先将输入数字量写入输入寄存器，然后将输入寄存器的内容写入 DAC 寄存器。

该方式适用于需要多个 DAC0832 转换器同时使用的系统。

9.2.4 DAC0832 应用接口及编程

DAC0832 转换器芯片的数据线和控制线等与微处理器数据总线和有关控制总线相连，微处理器把 D–A 芯片视为一个并行输出端口。

DAC0832 本身是电流输出型的，当 D–A 转换结果需电压输出时，可在 DAC0832 的 I_{OUT1}、I_{OUT2} 输出端加接一个运算放大器，将电流信号转换成电压输出。输出电压可为单极性输出，也可为双极性输出。

1. DAC0832 工作于单缓冲器、单极性输出方式

DAC0832 工作于单缓冲器、单极性输出方式与微处理器的接口电路如图 9–10 所示。

在图 9–10 中，将 Vcc 和 ILE 并接于+5V，输入寄存器的控制信号 $\overline{WR1}$ 接于微处理器的 $\overline{WR}$ 引脚、$\overline{CS}$ 片选端接地址译码器的输出端，故在 CPU 执行 OUT 写入指令时，输入寄存器控制信号为有效电平，输入寄存器接收 CPU 写入的数据，实现一级缓冲；DAC 寄存器的控制信号 $\overline{WR2}$ 和 $\overline{XFER}$ 均接地（低电平），故 DAC 寄存器工作在直通状态。

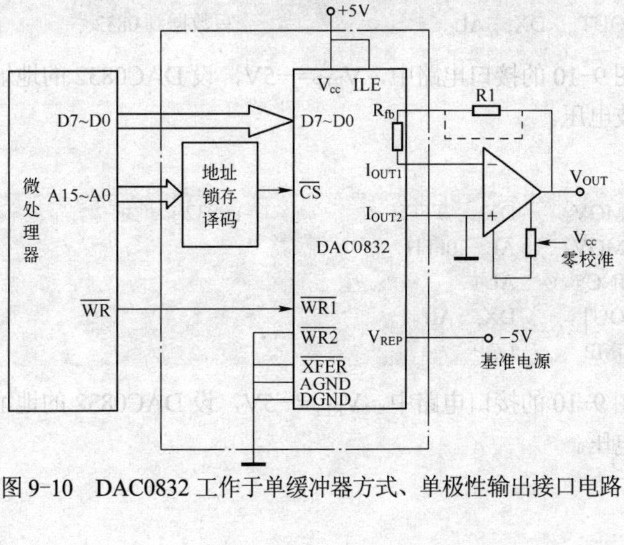

图 9–10　DAC0832 工作于单缓冲器方式、单极性输出接口电路

CPU 对 DAC0832 执行一次写操作，则把数字量直接写入输入寄存器，通过工作在直通状态下的 DAC 寄存器，进入 D–A 转换器，其模拟输出随之变化。DAC0832 的输出经运算放大器转换成电压输出 V_{OUT}。V_{REF} 接标准电源，输出电压与输入数字量 N（D0～D7）的关系为：

$$V_{OUT}=-N/255\times V_{REF}$$

当 V_{REF} 接+10V 或–10V 时，V_{OUT}=–10～0V 或 0～10V；当 V_{REF} 接+5V 或–5V 时，则 V_{OUT}=–5～0V 或 0～+5V。

在图 9–10 的接口电路中，设 DAC0832 片选地址为 A15~A0=011111111111 1111=7FFFH，则有：

当 N=00000000B=00H=0 时，V_{OUT}=0（起始零点），设置起始零点程序如下。

```
MOV     DX,  7FFFH
MOV     AL,   0
OUT     DX,  AL
```

程序执行后，若 V_{OUT} 偏离零点，可调节零校准电位器使其为 0。

当 N=11111111B=0FFH=255 时，V_{OUT}≈(5–0)V=5V（满量程），设置满量程输出程序如下。

```
MOV     DX,  7FFFH
MOV     AL,   0FFH
OUT     DX,  AL
```

程序执行后，若 V_{OUT} 偏离 5V，可调节增益校准电阻 R1，使其为 5V。由于 DAC0832 芯片内部反馈电阻 R_{fb} 能够满足增益精度的要求，所以，在实际电路中不需要串接增益校准电阻 R1，图中 R1 两端的虚线表示可以短接。

当 N=10000000B=80H=128 时，V_{OUT}=2.5V。

【例 9–1】 在图 9–10 的接口电路中，V_{REP}=–5V，设 DAC0832 的地址为 7FFFH，将存储器数据段 2000H 字节单元的内容转换为 0～+5V 模拟量输出。

程序如下。

```
START:  MOV   DX,   7FFFH                  ; 0832 口地址
        MOV   BX,   2000H
        MOV   AL,   [BX]
        OUT   DX,   AL                     ;写数据到 0832
```

【例 9–2】 在图 9–10 的接口电路中，V_{REP}= –5V，设 DAC0832 的地址为 7FFFH，使 V_{OUT} 输出 0～+5V 锯齿波电压。

程序如下。

```
START:  MOV       DX,  7FFFH               ; 0832 口地址
        MOV       AL,  0FFH
  LOP:  INC       AL
        OUT       DX,  AL
        JMP       LOP
```

【例 9–3】 在图 9–10 的接口电路中，V_{REP}= –5V，设 DAC0832 的地址为 7FFFH，使 V_{OUT} 输出 0～+5V 方波电压。

程序如下。

```
START:  MOV   DX,  7FFFH          ; 0832 口地址
  LOP:  MOV   AL,  00H
        OUT   DX,  AL
        CALL  DELAY
        MOV   AL,  0FFH
        OUT   DX,  AL
        CALL  DELAY
        JMP   LOP
DELAY:  ......                    ;延时子程序


        RET
```

2．DAC0832 工作于单缓冲器、双极性输出方式

DAC0832 工作于单缓冲器、双极性方式与微处理器的接口电路如图 9-11 所示。

所谓双极性，是指 V_{OUT} 输出为对称的正、负电压。双极性输出时，DAC0832 需要外接两个运算放大器。

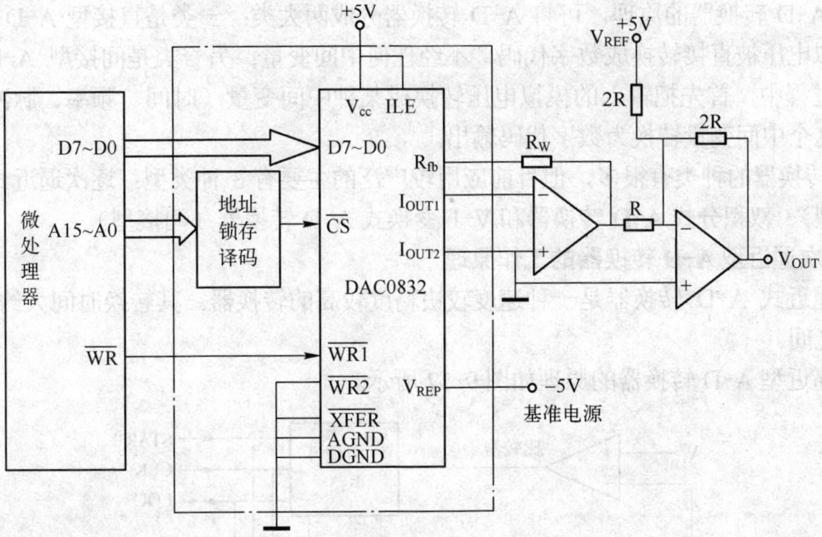

图 9-11　DAC0832 工作于单缓冲器方式、双极性输出接口电路

双极性输出电压 V_{OUT} 与输入数字量 N（D0～D7）的关系表达式如下。

$$V_{OUT}=(N-128)/128\times V_{REF}$$

在图 9-11 接口电路中，V_{REF}= +5V，设 DAC0832 片选地址为 7FFFH，则有：

当 N=00H 时，V_{OUT}= −5V，当 N=0FFH 时，V_{OUT}= +5V，则输出电压量程为 5−（−5）=10V；当 N=256/2=128=80H 时，V_{OUT}=0V。

设置零点输出程序为：

```
MOV  DX,7FFFH
MOV  AL, 80H
OUT  DX,AL
```

设置起始点（-5V）输出程序为：

```
MOV   DX,7FFFH
MOV   AL, 00H
OUT    DX,AL
```

设置最大值（+5V）输出程序为：

```
MOV   DX,7FFFH
MOV   AL, 0FFH
OUT    DX,AL
```

9.3 A-D 转换器

A-D 转换器将需要计算机处理的模拟信号转换成 n 位数字信号，该信号通过数据线输入给计算机。在测控系统中，A-D 转换器主要用于外部模拟量的数据采集。

9.3.1 A-D 转换器的基本原理

根据 A-D 转换器的原理，可将 A-D 转换器分成两大类：一类是直接型 A-D 转换器，其输入的模拟电压被直接转换成数字代码，不经任何中间变量；另一类是间接型 A-D 转换器，在其工作过程中，首先把输入的模拟电压转换成某种中间变量（时间、频率、脉冲宽度等），然后再把这个中间变量转换为数字代码输出。

A-D 转换器的种类有很多，但目前应用较广泛的主要有 3 种类型：逐次逼近式 A-D 转换器（直接型）、双积分式 A-D 转换器和 V-F 变换式 A-D 转换器（间接型）。

1. 逐次逼近型 A-D 转换器的工作原理

逐次逼近式 A-D 转换器是一种速度较快精度较高的转换器。其转换时间大约在几微秒至几百微秒之间。

逐次逼近型 A-D 转换器的原理如图 9-12 所示。

图 9-12　逐次逼近型 A-D 转换原理图

逐次逼近的转换方法是用一系列的基准电压同输入电压比较，以逐位确定转换后数据的各位是 1 还是 0，确定次序是从高位到低位进行。它由电压比较器、D-A 转换器、控制逻辑电路、逐次逼近寄存器和输出缓冲寄存器组成。

在进行逐次逼近型转换时，首先逐次逼近寄存器最高位（D7）并置 1，送入 8 位 D-A 转换器，其输出电压 Vo 称为第一个基准电压（为最大允许电压的 1/2），将 Vo 与输入电压 V_i 输入给比较器进行比较，如果比较器输出为低，说明输入信号电压 Vi<Vo，则将最高位 D7 清 0；反之，如果比较器输出为高，则将最高位置 1。然后再逐次逼近寄存器次高位（D6）并置 1，经 D-A 转换器得到输出电压 Vo 称为第二个基准电压值（为最大允许电压的 1/4），再次和 V_i 进行比较，若 V_i<Vo，则将次高位 D6 清 0；反之，将 D6 置 1。这样逐次置位 D5～D0，通过多次比较，就可以使基准电压逐渐逼近输入电压的大小，最终使基准电压和输入电压的误差最小，同时由多次比较也确定了 D0～D7 各个位的值，该 8 位数字量经缓冲寄存器输出。

逐次逼近法也称为二分搜索法或对半搜索法。此种类型的 A-D 转换器转换速度较快，精度较高，但易受干扰。

2．双积分式 A-D 转换器的工作原理

双积分式 A-D 转换器由电子开关、积分器、比较器、计数器和控制逻辑等部件组成，如图 9-13a 所示。

双积分式 A-D 转换是一种间接 A-D 转换技术。首先将模拟电压转换成积分时间，然后用数字脉冲计时的方法转换成计数脉冲数，最后将表示模拟输入电压大小的脉冲数转换成所对应的二进制或 BCD 码输出。

在进行一次 A-D 转换时，开关先把 V_x 采样输入到积分器，积分器从 0 开始进行固定时间 T 的正向积分，时间 T 到后，开关将与 V_x 极性相反的基准电压 V_{REF} 输入到积分器进行反相积分，到输出为 0 时停止反相积分。

积分器输出波形如图 9-13b 所示。可以看出：反相积分时积分器的斜率是固定的，V_x 越大，积分器的输出电压也越大，反相积分时间越长。计数器在反相积分时间内所计的数值就是与输入电压 V_x 在时间 T 内的平均值对应的数字量。

由于这种 A-D 要经历正、反两次积分，故转换速度较慢。但是，由于双积分 A-D 转换器外接器件少，抗干扰能力强，成本低，使用比较灵活，具有极高的性能/价格比，故在一些非快速过程中应用十分广泛。

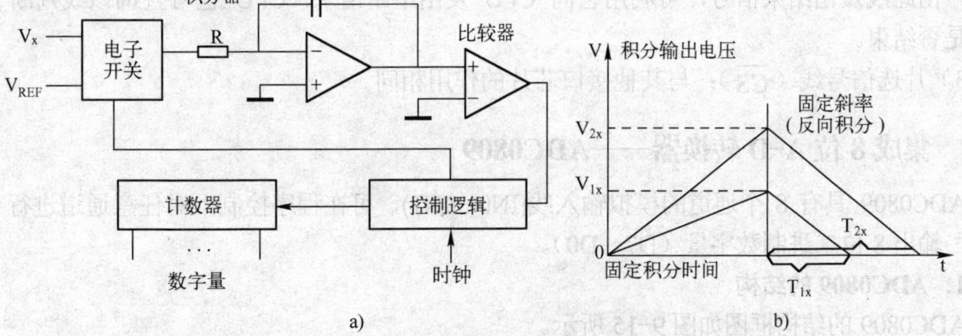

图 9-13　双积分式 A-D 转换原理

a) 原理框图　b) 波形图

3．V-F 变换式 A-D 转换器

V-F 变换式 A-D 转换器是由电压-频率转换器构成的 A-D 转换器。该转换器由计数器、定时门电路控制等组成。其原理是将输入模拟电压 V_i 先转换为与之成正比线性关系的脉冲频率 f。然后，该脉冲频率 f 在单位定时时间的控制下由计数器对其计数，使计数器的计数值正比于输入电压 V_i，从而实现 A-D 转换。

9.3.2 A-D 转换器的主要技术指标

A-D 转换器的主要技术指标如下。

1）分辨率：分辨率表示转换器对微小输入量变化的敏感程度，通常用转换器输出数字量的位数来表示。例如，对 8 位 A-D 转换器，其数字输出量的变化范围为 0～255，当输入电压的满刻度为 5V 时，数字量每变化一个数字所对应输入模拟电压的值为 5/255≈19.6mV，其分辨能力为 19.6mV。当检测输入信号的精度较高时，需采用分辨率较高的 A-D，目前常用的 A-D 转换集成芯片的转换位数有 8 位、10 位、12 位和 14 位等。

2）量程：所能转换的输入电压范围，如 5V、10V、±5V 等。

3）精度：有绝对精度和相对精度两种表示方法。常用数字量的位数作为度量绝对精度单位，如精度为±0.5LSB，而用百分比来表示满量程时的相对误差，如±0.5%。要说明的是，精度和分辨率是不同的概念。精度指的是转换后所得结果相对于实际值的准确度，而分辨率是指转换后的数字量每变化 1LSB 所对应输入模拟量的变化范围。

4）转换时间：A-D 转换时间指的是从发出启动转换命令到转换结束获得整个数字信号为止所需的时间间隔。

9.3.3 A-D 转换器的外部特性

各集成 A-D 转换芯片的封装不尽相同，性能各异。但从原理和应用的角度看，任何一种 A-D 转换器芯片一般所具有的控制信号线如图 9-14 所示。

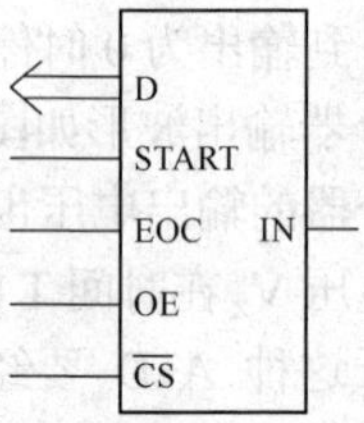

图 9-14 A-D 常用控制信号线

1）启动转换信号线（START）：输入信号，它接收由 CPU 发出的控制信号，该信号有效时，A-D 转换器启动，开始转换。

2）转换结束信号线（EOC）：输出信号，当 A-D 转换完成时，由此线发出结束信号，可利用它向 CPU 发出中断请求，CPU 也可查询该线判断 A-D 转换是否结束。

3）片选信号线（$\overline{CS}$）：与其他接口芯片的作用相同。

9.3.4 集成 8 位 A-D 转换器——ADC0809

ADC0809 具有 8 个通道的模拟输入线(IN0～IN7)，可在程序控制下对任意通道进行 A-D 转换，输出 8 位二进制数字量（D7～D0）。

1. ADC0809 的结构

ADC0809 的结构框图如图 9-15 所示。

芯片的主要部分是一个 8 位逐次逼近式 A-D 转换器。为了能实现 8 路模拟信号的分时采样，片内设置了 8 路模拟选通开关以及相应的通道地址锁存及译码电路。转换的数据送入三态输出数据锁存器。

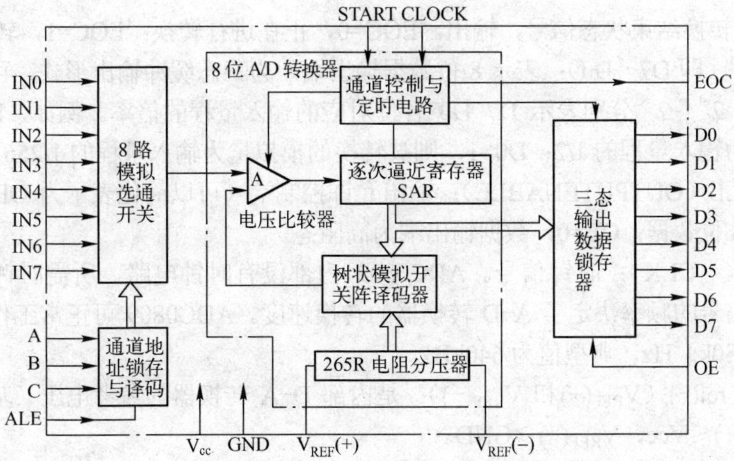

图 9-15　ADC0809 的结构框图

2．ADC0809 引脚

ADC0809 引脚分布如图 9-16 所示。

各引脚的含义如下。

1）IN7～IN0：8 路模拟量输入通道，在多路开关控制下，任一时刻只能有一路模拟量实现 A-D 转换。ADC0809 要求对输入模拟量为单极性，电压范围为 0～5V，如果信号过小，还需要进行放大。对于信号变化速度比较快的模拟量，在输入前应增加采样保持电路。

2）引脚 A、B、C：8 路模拟开关的三位地址选通输入端，用来选通对应 IN0～IN7 的模拟输入通道，每一路模拟输入通道对应一个口地址，其地址码与输入通道的对应关系如表 9-2 所示。

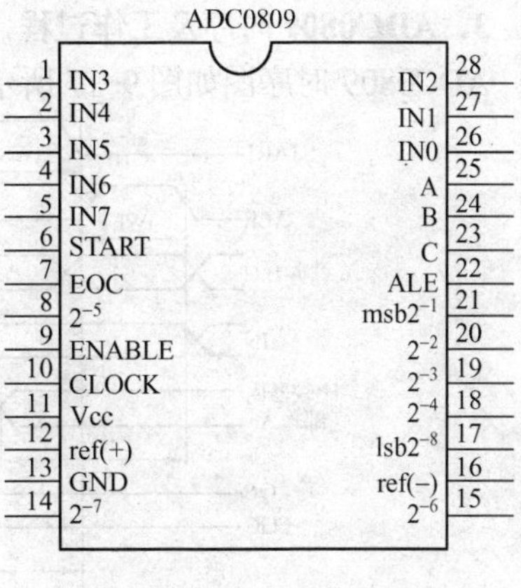

图 9-16　ADC0809 引脚图

表 9-2　ADC0809 地址码与输入通道的对应关系

地　址　码			对应输入通道
C	B	A	
0	0	0	IN0
0	0	1	IN1
0	1	0	IN2
0	1	1	IN3
1	0	0	IN4
1	0	1	IN5
1	1	0	IN6
1	1	1	IN7

3）ALE：地址锁存输入线，该信号的上升沿可将地址选择信号 A、B、C 锁入地址寄存器。

4）START：启动转换信号，输入。其上升沿用以清除 A-D 内部寄存器，其下降沿用以启动内部控制逻辑，开始 A-D 转换工作。

ALE 和 START 两个信号端可连接在一起，当通过软件输入一个正脉冲，便立即启动 A-D 转换。

5）EOC：转换结束状态信号，输出。EOC=0，正在进行转换；EOC=1，转换结束。

6）2^{-1}～2^{-8}（即D7～D0）：表示8位数据输出端，为三态缓冲输出形式，可直接接入计算机的数据总线。2^{-1}～2^{-8} 分别表示 D7~D0 各位对应的输入量程的倍率。例如，D7=1 时，则被转换的模拟量为输入量程的1/2；D0=1，则被转换的模拟量为输入量程的1/256。

7）ENABLE（OUTPUTENABLE）：输出允许控制端（可以简化表示为 OE），OE=1 时，输出转换后的8位数据；OE=0，数据输出端为高阻态。

8）CLOCK（CLK）：时钟信号。ADC0809 内部没有时钟电路，所需时钟信号由外界提供。输入时钟信号的频率决定了A-D 转换器的转换速度。ADC0809 可正常工作的时钟频率范围为（10k～1280k）Hz，典型值为640kHz。

9）ref(+)，ref(−)（V_{REF}(+)和 V_{REF}(−)）：是内部 D-A 转换器的参考电压（基准电压）输入线。要求 V_{REF}(+)≤Vcc，V_{REF}(−)≥GND。

Vcc 为+5V 电源接入端，GND 为接地端。一般把 V_{REF}(+)与 Vcc 连接在一起，V_{REF}(−)与 GND 连接在一起。

3．ADC0809时序及工作过程

ADC0809时序图如图9-17所示。

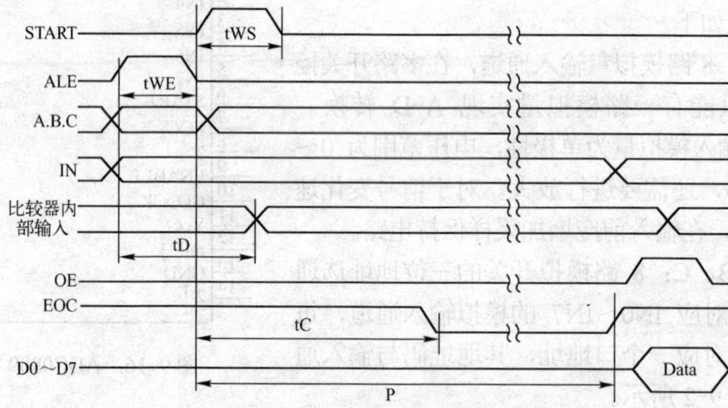

图9-17　ADC0809的时序图

图中时间标识如下。

tWS：最小启动脉宽，典型值为100ns，最大为200ns。

tWE：最小 ALE 脉宽，典型值为100ns，最大为200ns。

tD：模拟开关延时，典型值为1μs，最大为2.5μs。

tC：转换时间，当 fCLK=640kHz 时，典型值为100μs，最大为116μs。

tEOC：转换结束延时，最大为8个时钟周期再加上2μs。

ADC0809芯片在和CPU 接口时要求采用查询方式或中断方式。

ADC0809的工作过程如下。

1）CPU 执行写（OUT）指令，控制 ALE=1，指令所指定的输入模拟信号开关的地址(A、B、C)存入地址锁存器。

2）输入给启动转换引脚 START 一个正脉冲，宽度为 TWS。该脉冲的上升沿复位ADC0809，下降沿启动A-D 转换器开始A-D 转换，EOC 同时变为低电平。

3）A-D 转换结束时，EOC 立刻变为高电平，CPU 若采用中断方式读取转换后的数据，则EOC 可作为中断请求信号；若采用程序查询方式读取转换后的数据，EOC 供CPU 检测。

4）CPU 检测到 EOC=1 后，发出控制命令使输出允许控制端 OE=1，ADC0809 输出此次转换结果，CPU 即可在数据线 D7～D0 读取。

9.3.5 ADC0809 应用接口及编程

由于 ADC0809 输出端具有可控的三态输出门，所以它既能与微处理器直接相连，也能通过并行接口芯片与微处理器连接。图 9-18 为 ADC0809 直接与微处理器连接的接口电路。该接口电路主要包括：地址译码产生片选信号、输入模拟通道选择、启动转换控制、转换结束及数字输出允许部分与 CPU 的连接。

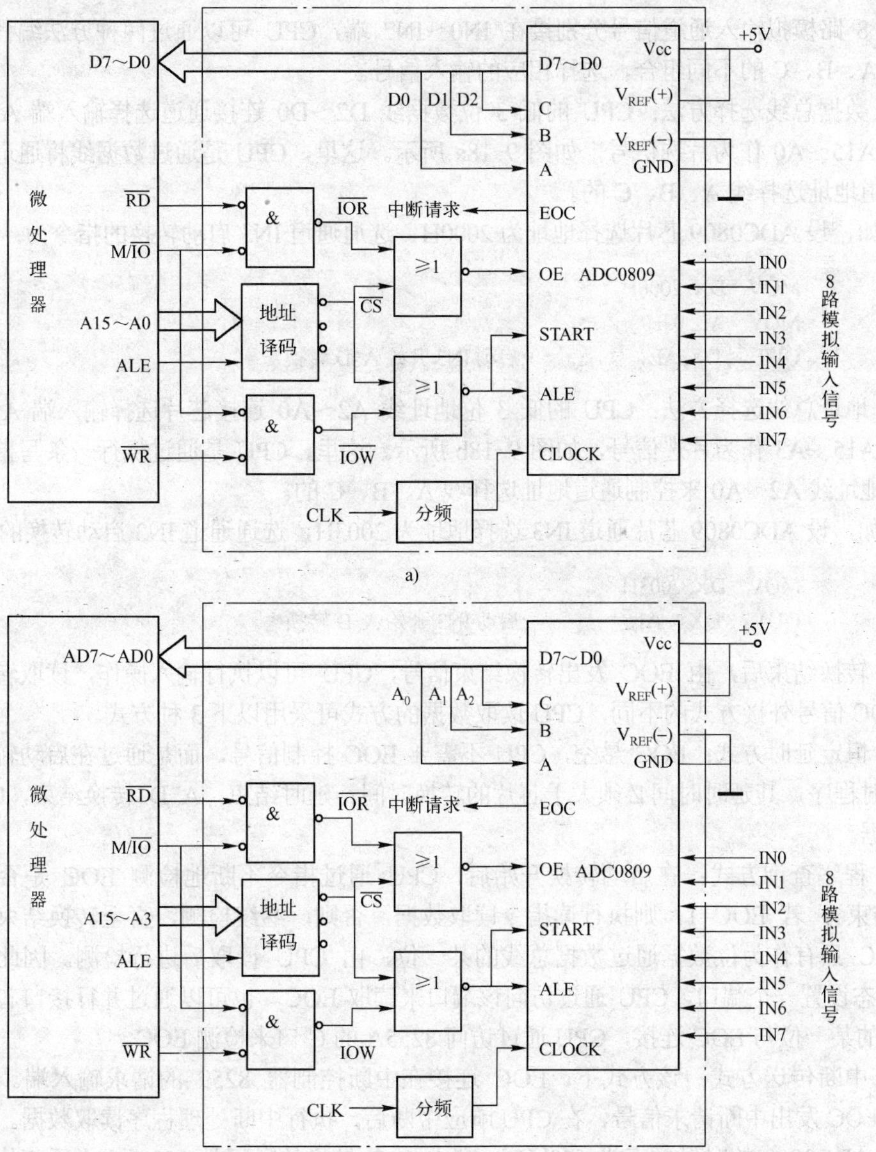

图 9-18 ADC0809 直接与微处理器连接的接口电路

a) 以数据线 D2～D0 作为通道选择线 b) 以地址线 A2～A0 作为通道选择线

1）ADC0809 内部没有直接片选控制端，也没有专设的控制端口。在接口电路中，可设端口地址经译码产生片选信号 $\overline{CS}$。

2）$\overline{CS}$ 并不直接与芯片连接，而是与 $\overline{WR}$、$M/\overline{IO}$ 信号组合作为输入通道地址锁存信号 ALE 和启动转换信号 START 的控制信号。这样，在 CPU 执行写入芯片操作指令时，即可启动 A-D 转换；$\overline{CS}$ 与 $\overline{RD}$、$M/\overline{IO}$ 信号组合作为芯片输出允许 OE 的控制信号。这样，在 CPU 执行读取芯片数据指令时，OE 即可有效。

3）ADC0809 输出端内含三态缓冲器，因此，输出信号 D7～D0 与数据总线的低 8 位可以直接连接。

4）8 路模拟输入通道信号分别接在 IN0～IN7 端，CPU 可以通过两种方法编程控制通道地址线 A、B、C 的不同组合，选择相应的输入信号。

① 数据总线选择方法：CPU 的低 3 位数据线 D2～D0 连接通道选择输入端 A、B、C，地址线 A15～A0 作为片选信号，如图 9-18a 所示。这里，CPU 是通过数据线将通道地址编码写入通道地址选择线 A、B、C 的。

例如，设 ADC0809 芯片选择地址为 2000H，选通通道 IN3 启动转换的指令为：

```
MOV   DX, 2000H
MOV   AL, 03H
OUT   DX, AL              ;启动 IN3 开始 A-D 转换
```

② 地址总线选择方法：CPU 的低 3 位地址线 A2～A0 连接芯片选择输入端 A、B、C，地址线 A15～A3 作为片选信号，如图 9-18b 所示。这里，CPU 是通过执行一条写指令，由指令中的地址线 A2～A0 来控制通道地址选择线 A、B、C 的。

例如，设 ADC0809 芯片通道 IN3 选择地址为 2003H，选通通道 IN3 启动转换的指令为：

```
MOV   DX, 2003H
OUT   DX,   AL            ;启动 IN3 开始 A-D 转换
```

5）转换结束后，由 EOC 发出转换结束信号，CPU 可以执行输入操作，读取转换结果。根据 EOC 信号外接方式的不同，CPU 读取数据的方式可采用以下 3 种方式。

① 恒定延时方式：EOC 悬空，CPU 不需要 EOC 控制信号，而是通过在启动转换后执行一个延时程序，其延时时间必须大于芯片的转换时间。延时结束，A-D 转换结束，CPU 即可读取数据。

② 程序查询方式：在启动转换开始后，CPU 通过指令不断地检测 EOC 是否为高电平（转换结束），若 EOC=1，则执行读指令读取数据，否则，继续检测，直至转换结束。该方式下，EOC 只有作为位数据通过数据总线的某一位，由 CPU 读取后进行检测。因此，需要为 EOC 状态设置一个端口，CPU 通过访问该端口来读取 EOC。也可以通过并行接口芯片 8255A 的 C 口的某一位与 EOC 连接，CPU 通过访问 8255A 的 C 口来检测 EOC。

③ 中断传送方式：该方式下，EOC 连接在中断控制器 8259 的请求输入端。转换结束后，由 EOC 发出中断请求信号，在 CPU 响应中断后，执行中断处理程序读取数据。

6）ADC0809 的时钟频率为 640kHz，完成 A-D 转换的时间是 100μs。由于芯片内部没有时钟产生电路，因此，需要由系统提供时钟信号。由于系统时钟频率都很高，所以需要经过分频后由引脚 CLOCK 输入给芯片。

7）一般情况下，基准电压 $V_{REF}(+)$ 与 Vcc 连接在一起、$V_{REF}(-)$ 与 GND 连接在一起。若要

求转换精度高，则基准电压必须选用精确度高的标准电源来提供。

【例 9-4】 在图 9-18a 的接口电路中，设 EOC 悬空、采用恒定延时方式，ADC0809 的地址为 2000H。编写控制程序，实现将 8 路模拟信号 IN0～IN7 依次转换，其转换结果存放在数据段起始单元为 INDATA 的连续 8 个存储单元中。

源程序如下。

```
DATA     SEGMENT
INDATA   DB 10 DUP(?)
DATA     ENDS
CODE     SEGMENT
         ASSUME  CS:CODE , DS:DATA
START:   MOV AX,DATA
         MOV DS,AX
;以上为源程序结构通用部分
         MOV   DI，OFFSET  INDATA   ;存放转换结果数据区首地址→DI
         MOV   DX，2000H                 ;0809 片选地址
         MOV   CX,  8               ;循环次数
         MOV   BL, 00H              ;IN0 通道地址→BL
  LOP:   MOV   AL，BL
         OUT   DX,  AL              ;锁存通道地址，产生启动转换信号
         CALL  DELAY                ;调用延时子程序
         IN  AL，  DX               ;产生 OE=1，读取转换结果
         MOV   [DI] , AL            ;数据存放在数据区
         INC  BL                    ;下一通道地址→BL
         INC  DI                    ;指向下一存储单元
         LOOP  LOP                  ;循环 8 次
         MOV   AH,  4CH
         INT  21H
DELAY    PROC                       ;延时子程序
         MOV   BH，10H
LOP1:    NOP
         NOP
         DEC  BH
         JNZ  LOP1
         RET
DELAY    ENDP
CODE     ENDS
         END  START
```

【例 9-5】 为 ADC0809 的 EOC 设置一个端口地址，由 74LS138 译码器输出控制。编写控制程序，采用程序查询方式对通道 IN1 输入的电压（0～5V）进行 A-D 转换，每隔 50ms 采样一次，连续采样 8 次并将其平均值存入数据段 AVEDATA 单元。

硬件电路如图 9-19 所示，接口电路采用地址总线的 A2～A0 选择通道，EOC 作为端口的数据线与数据总线的 D1 连接，各控制信号和状态由 74LS138 译码器按下列地址译码输出控制。

地址总线:	A15~A9	A8	A7	A6	A5	A4	A3	A2	A1	A0	十六进制
启动 IN1 地址:	X ～ X	0	1	0	1	0	0	0	0	1	00A1H
读取数据地址:	X ～ X	0	1	0	1	0	1	0	0	0	00A8H
EOC 查询地址:	X ～ X	0	1	0	0	0	0	0	0	0	0080H

任意值可为 0

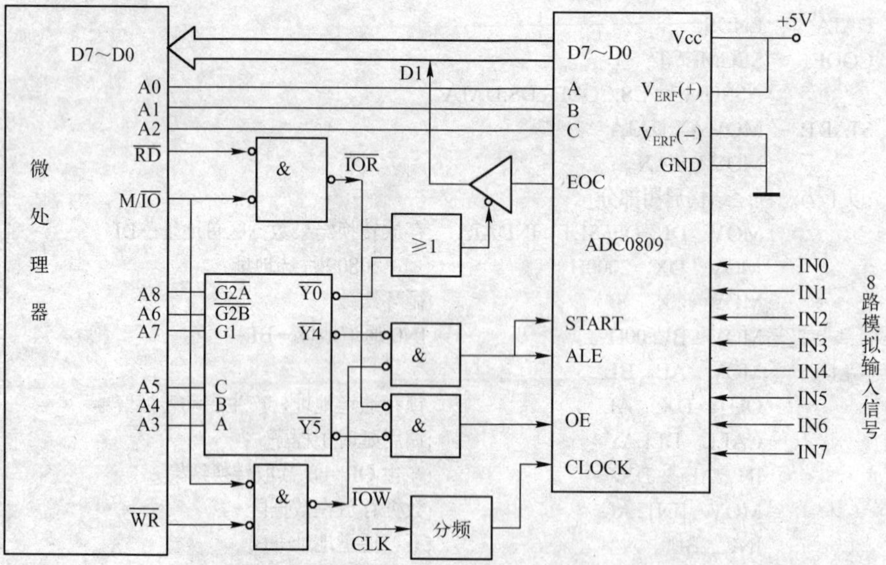

图 9-19 ADC0809 直接与微处理器连接的接口电路

源程序如下。

```
DATA      SEGMENT
AVEDATA   DW 10 DUP(?)
DATA      ENDS
CODE      SEGMENT
          ASSUME   CS:CODE , DS:DATA
START:    MOV AX,  DATA
          MOV   DS,AX
;以上为源程序结构通用部分
          MOV   CX,      8
          MOV   BX,      0
 LOP:     MOV   DX,      00A1H            ;选通 IN1 地址
          OUT   DX, AL                    ;启动 A/D 转换
          MOV   DX,      0080H            ;查询地址
 WAIT:    IN   AL,   DX                   ;读取 D1 位（EOC 状态）
          TEST   AL,     02H              ;测试 EOC=1?
          JZ    WAIT                      ;D1=0,继续查询
          MOV   DX,      00A8H            ;转换完成，取输出允许地址
          IN   AL,DX                      ;置 OE=1，读取转换结果
          ADD   BL, AL                    ;求和
```

```
        ADC   BH,0              ;有进位加入 BH 中
        CALL  DELAY             ;调用延时子程序
        LOOP  LOP               ;循环 8 次
        MOV   CL,3              ;取左移 3 次
        SHR   BX, CL            ;和除以 8
        MOV   AVEDATA, BX       ;平均值存入 AVEDATA
        MOV   AH,  4CH
        INT   21H
DELAY   PROC                    ;延时 50ms 子程序
        PUSH  CX
        PUSH  BX
        MOV   BH，100           ;可根据时钟周期调整外循环次数
LOP1:   MOV   CX, 8FFEH         ;可根据时钟周期调整内循环次数
LOP2:   NOP
        ...                     ;可适当增删 NOP 指令调整延时时间
        NOP
        LOOP  LOP2
        DEC   BH
        JNZ   LOP1
        POP   BX
        POP   CX
        RET
DELAY   ENDP
CODE    ENDS
        END   START
```

9.4 D-A 及 A-D 应用 Proteus 仿真示例

本节通过 Proteus 软件环境，设计典型 D-A 及 A-D 转换器组成的应用系统仿真原理图，并进行软、硬仿真调试。

9.4.1 DAC0832 接口电路软硬件仿真示例

下面通过使用 Proteus 对 DAC0832 接口电路软、硬件进行仿真调试，介绍 D-A 转换器应用示例的一般方法及操作步骤。

（1）设计功能要求

设计功能要求：8086 CPU 控制 DAC0832 将数字代码转换后输出锯齿波，并对该信号进行模拟放大。

（2）设计步骤及仿真

1）电路仿真原理图设计。

在 ISIS 电路图编辑窗口选择添加放置 8086 CPU、DAC0832、锁存器 74LS373、译码器 74LS138、运算放大器 LM324、或门 74LS32 及虚拟示波器，进行 CPU 接口及电路布线、设置相应元器件相关参数。本例设置 DAC0832 的地址为 18H（00011000B），DAC0832 输出锯齿波 I_{OUT1} 经 LM324 放大后输出，由虚拟示波器通道 A 显示输出波形，DAC0832 接口电路仿

真原理图如图 9-20 所示。

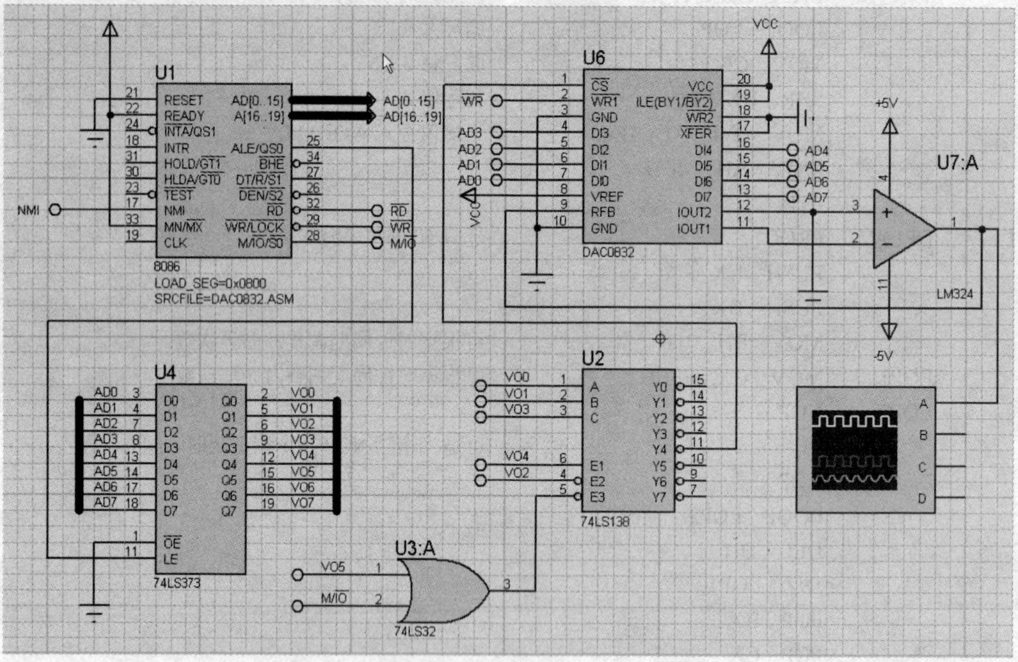

图 9-20　DAC0832 输出锯齿接口电路仿真原理图

2）程序设计。

汇编语言源程序如下。

```
CODE SEGMENT
        ASSUME CS:CODE
START:
LOP:
MOV AL,0FFH
LOP1:
MOV DX,0018H
OUT DX,AL
DEC AL
JNZ LOP1
JMP LOP
CODE ENDS
END START
```

3）加载程序。

可以在 EMU8086 中输入汇编语言程序并保存，编译生成 EXE 文件。

在 ISIS 绘制好原理图 8086CPU 中加载 EMU8086 生成的 EXE 文件。

4）调试与仿真。

调试程序，仿真运行如图 9-21 所示；虚拟示波器输出锯齿波如图 9-22 所示。

5）保存仿真源文件。

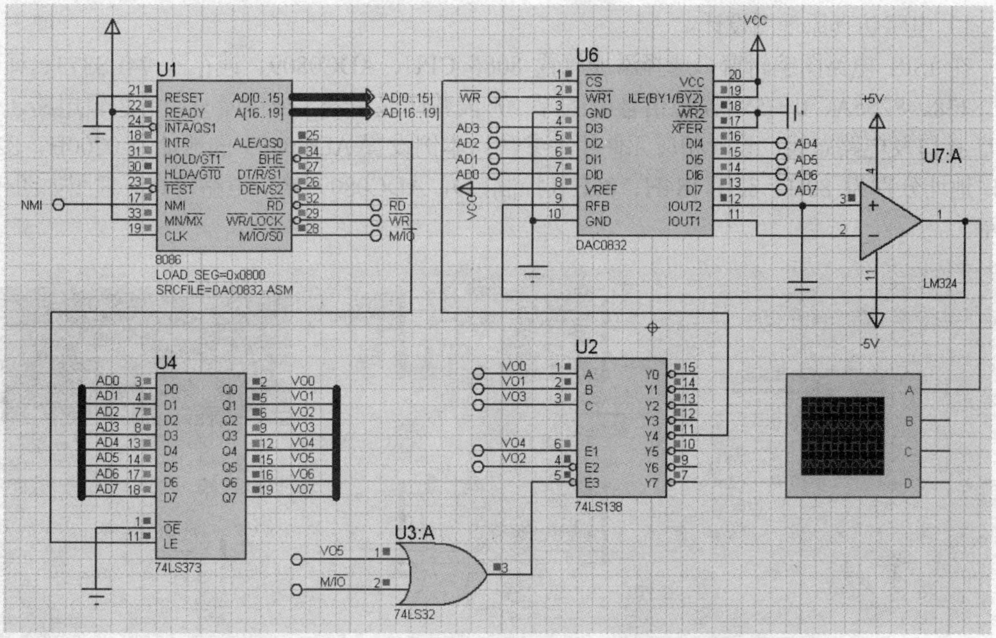

图 9-21　DAC0832 输出锯齿接口电路仿真运行

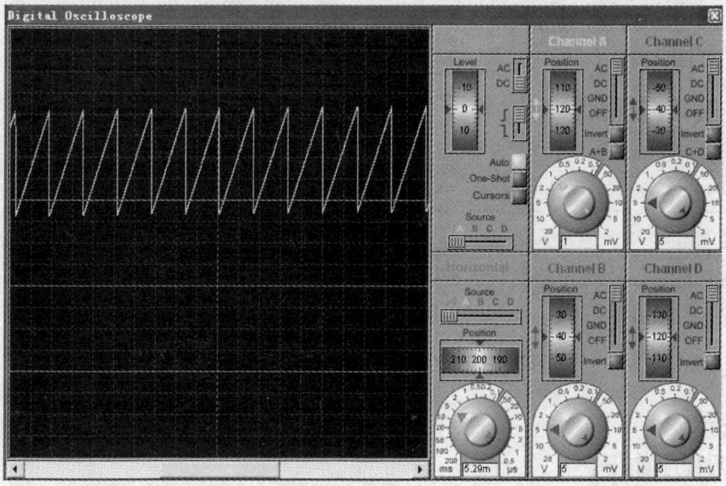

图 9-22　虚拟示波器输出锯齿波波形

9.4.2　ADC0809 接口电路软硬件仿真示例

下面通过使用 Proteus 对 ADC0809 接口电路软、硬件进行仿真调试，介绍 A-D 转换器应用示例的一般方法及操作步骤。

（1）设计功能要求

8086 CPU 控制 ADC0809 对模拟输入信号 0～5V 进行 A-D 转换，并通过 8255 并行可编程序芯片控制显示 3 位 LED 数字显示电压值。

（2）设计步骤及仿真

1）电路仿真原理图设计。

在 ISIS 电路图编辑窗口选择添加放置 8086 CPU、ADC0809、锁存器 74LS373、译码器 74LS138、8255A、0～5V 模拟信号电压源、7 段数码显示器、或门及与门等逻辑电路，进行 CPU 接口及电路布线、设置相应元件相关参数。本例设置 ADC0809 的地址为 0200H，8255A 端口地址分别为 80H、82H、84H、86H（控制口），ADC0809 接口电路仿真原理图如图 9-23 所示。

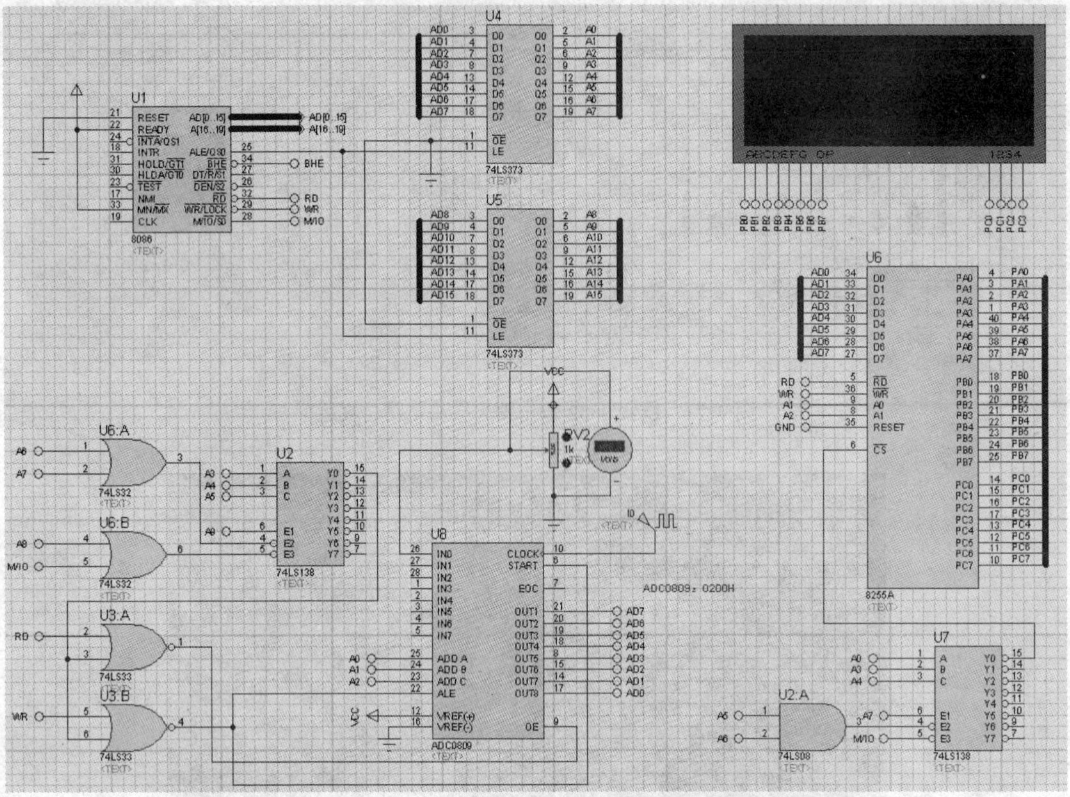

图 9-23　ADC0809 接口电路仿真原理图

2）程序设计。

汇编语言源程序如下。

```
CODE SEGMENT
        ASSUME CS:CODE
START:
MOV AL,10000000B                ;8255 控制字
OUT 86H,AL                      ;写入控制口
MOV DX,200H                     ;0809IO 端口地址
OUT DX,AL                       ;启动 AD 转换
DEBUG:                          ;循环扫描数码管
MOV AL,0FFH
OUT 82H,AL
MOV DL,20H
```

```
MOV AL,08H
OUT 84H,AL
MOV AL,[1000H]
OUT 82H,AL
SIM0: DEC DL
    JNZ SIM0                        ;数码管第 0 位显示
MOV AL,0FFH
OUT 82H,AL
MOV DL,20H
MOV AL,04H
OUT 84H,AL
MOV AL,[1002H]
OUT 82H,AL
SIM1: DEC DL
    JNZ SIM1                        ;数码管第 1 位显示
MOV AL,0FFH
OUT 82H,AL
MOV DL,20H
MOV AL,02H
OUT 84H,AL
MOV AL,[1004H]
OUT 82H,AL
SIM2: DEC DL
    JNZ SIM2                        ;数码管第 2 位显示
MOV DX,200H
MOV AX,0000H
IN    AL,DX                         ;采集 AD 数据
MOV DL,0FAH
MUL DL
MOV DL,0FFH
DIV DL
MOV DL,02H
MUL DL                              ;数据处理
MOV DL,64H
DIV DL
;PUSH BX
MOV BX,OFFSET TABLE
XLAT
MOV DL,80H
SUB AL,DL                           ;处理后加小数点
MOV [1004H],AL                      ;最高位值存入内存
MOV AL,AH
MOV AH,00H
MOV DL,0AH
DIV DL
XLAT
```

```
MOV [1002H],AL              ;小数点后两位值
MOV AL,AH
XLAT
MOV [1000H],AL
;POP BX
MOV DX,200H
OUT DX,AL                   ;启动 AD 转换
;INC BX
JMP DEBUG
TABLE DB 0C0H,0F9H,0A4H,0B0H,99H,92H,82H,0F8H,80H,90H ;LED 共阴极显示代码表
CODE ENDS
END START
```

3）加载程序。

可以在 EMU8086 中输入汇编语言程序并保存，编译生成 EXE 文件。

在 ISIS 绘制好原理图 8086CPU 中加载 EMU8086 生成的 EXE 文件。

4）调试与仿真。

调试程序，仿真运行如图 9-24 所示。

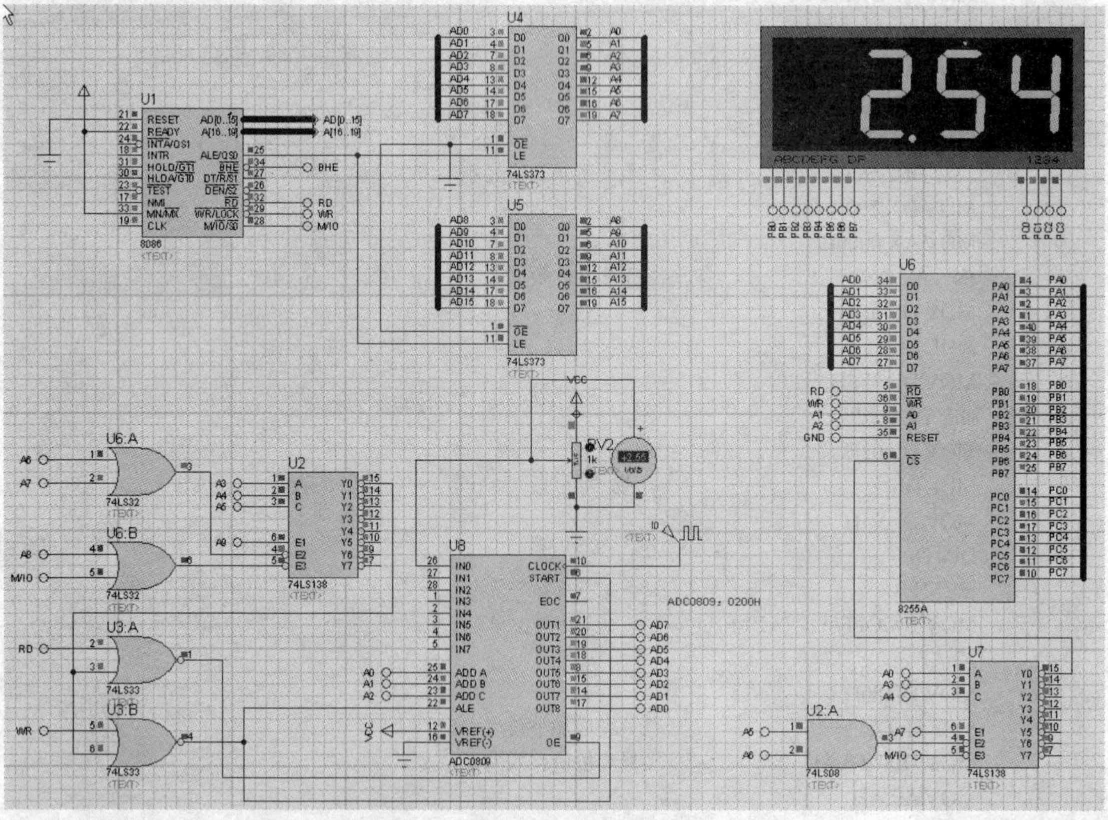

图 9-24　ADC0809 接口电路仿真运行

5）保存仿真源文件。

9.5 习题

1. 问答题

（1）A-D 转换和 D-A 转换在什么环境下使用？在控制系统中需要计算机自动控制某一电动机的运行，在什么情况下需要 D-A 转换？在什么情况下不需要 D-A 转换？

（2）A-D 转换器和 D-A 转换器的分辨率和精度的含义是什么？二者有什么区别？

（3）某 8 位 D-A 转换器，若转换后的电压相应为 0～1V，它能输出可分辨的最小电压是多少？采用 12 位 D-A 转换器其分辨率又是多少？

（4）ADC0809 通道地址的控制选择可利用数据总线或地址总线两种方法，这两种方法有什么区别？是如何实现的？

（5）ADC0809 内部没有直接片选控制端，也没有专设的控制端口。在接口电路中，CPU 如何选中芯片并启动 A/D 转换？CPU 如何读取转换结果？

2. 编程题

（1）将存储器数据段 D1 开始的连续 10 个字节单元的内容分别转换为 0～5V 的电压，每隔 1s 输出一个模拟电压，设分配给 DAC0832 的地址为 80H，DAC0832 为直通工作方式。

1）画出 CPU 与 DAC0832 的接口电路。

2）编写控制程序。

（2）在图 9-18b 的接口电路中，设 EOC 悬空，采用恒定延时方式，ADC0809 的地址为 03FFH。编写控制程序，实现将 IN0～IN5 输入模拟信号依次转换，其转换结果存放在数据段起始单元为 DATA1 的连续 6 个字节单元中。

（3）某工控现场使用图 9-18a 的接口电路，采用中断方式实现将 8 路经变送传感器处理后的模拟信号（0～5V 电压），分别送入 ADC0809 的 IN0～IN7 输入端依次进行转换，其转换结果存放在数据段起始单元为 DATA2 的连续 8 个字节单元中。EOC 接在 8259A 的引脚 IRQ2 端、ADC0809 的地址为 38AH，编写控制程序。

附　录

附录 A　ASCII（美国标准信息交换码）码表

行	列	0	1	2	3	4	5	6	7
	位 654→ ↓ 3210	000	001	010	011	100	101	110	111
0	0000	NUL	DLE	SP	0	@	P	`	p
1	0001	SOH	DC1	!	1	A	Q	a	q
2	0010	STX	DC2	"	2	B	R	b	r
3	0011	ETX	DC3	#	3	C	S	c	s
4	0100	EOT	DC4	$	4	D	T	d	t
5	0101	ENQ	NAK	%	5	E	U	e	u
6	0110	ACK	SYN	&	6	F	V	f	v
7	0111	BEL	ETB	,	7	G	W	g	w
8	1000	BS	CAN	(	8	H	X	h	x
9	1001	HT	EM	)	9	I	Y	i	y
A	1010	LF	SUB	*	:	J	Z	j	z
B	1011	VT	ESC	+	;	K	[	k	{
C	1100	FF	FS	,	<	L	\	l	|
D	1101	CR	GS	—	=	M	]	m	}
E	1110	SO	RS	.	>	N	Ω	n	~
F	1111	ST	US	/	?	O	—	o	DEL

该表中列码为高 3 位，行码为低 4 位。例如，字符“1”的代码为 011 0001。

附录 B　80x86 指令系统表

使用说明：

1）本表源于 Pentium 用户手册，仅列出了 80x86 程序设计指令和系统指令。

2）表中 ac 表示累加器、reg 表示通用寄存器、imm 表示立即数。

3）标志位使用符号：0 表示置 0、1 表示置 1、x 表示根据结果设置、- 表示不影响、u 表示无定义、r 表示恢复原先保存的值。

4）表中所列部分变化时钟周期数和指令字节数为该指令的所有格式（寻址方式）下的变化范围值。

助 记 符	功 能 操 作	时钟周期数	字节数	标志位 ODITSZAPC	备 注
AAA	(AL)←把 AL 中的和调整到非压缩的 BCD 格式 (AH)←(AH)+调整产生的进位值	3	1	u---uuxux	
AAD	(AL)←10*(AH)+(AL)　(AH)←0 实现除法的非压缩的 BCD 调整	10	2	u---xxuxu	
AAM	(AX)←把 AH 中的积调整到非压缩的 BCD 格式	18	2	u---xxuxu	
AAS	(AL)←把 AL 中的差调整到非压缩的 BCD 格式 (AH)←(AH)-调整产生的借位值	3	1	u---uuxux	
ADC dst,src	(dst)←(src)+(dst)+CF	1～3	2～11	x---xxxxx	
ADD dst,src	(dst)←(src)+(dst)	1～3	2～11	x---xxxxx	
AND dst,src	(dst)←(src)∧(dst)	1～3	2～11	0---xxux0	
ARPL dst,src	调整选择器的 RPL 字段	7	2～7	-----x---	自 286 起有
BOUND rsg,mem	测数组下标(reg)是否在指定的上下界(mem)之内，若在内，则往下执行；否则产生 INT5	8 INT+32	2～5	---------	自 286 起有
BSF reg,src	自右向左扫描(src)，遇第一个为 1 的位，则 ZF←0，该位位置装入 reg；如(src)=0，则 ZF←1	6～43	3～8	u---uxuuu	自 386 起有
BSR reg,src	自左向右扫描(src)，遇第一个为 1 的位，则 ZF←0,该位位置装入 reg；如(src)=0，则 ZF←1	7～72	3～8	u---uxuuu	自 386 起有
BSWAP r32	(r32)字节次序变反	1	2	---------	自 486 起有
BT dst,src	把由(src)指定的(dst)中的内容送 CF	4～9	3～9	u---uuuux	自 386 起有
BTC dst,src	把由(src)指定的(dst)中的内容送 CF，并把该位变反	7～13	3～9	u---uuuux	自 386 起有
BTR dst,src	把由(src)指定的(dst)中的内容送 CF，并把该位置 0	7～13	3～9	u---uuuux	自 386 起有
BTS dst,src	把由(src)指定的(dst)中的内容送 CF，并把该位置 1	7～13	3～9	u---uuuux	自 386 起有

助 记 符	功 能 操 作	时钟周期数	字节数	标志位 ODITSZAPC	备 注
CALL dst	段内直接：push(IP 或 EIP) (IP)←(IP)+D16 或 (EIP)←(EIP)+D32 段内间接：push(IP 或 EIP) (IP 或 EIP)←(EA) 段间直接：push(CS)push(IP 或 EIP) (IP 或 EIP) ←dst 指定的偏移地址 (CS)←dst 指定的段地址 段间间接：push(CS) push(Ip 或 EIP) (IP 或 EIP)←(EA) (CS)←(EA＋2 或 4)	2～5*	2～7	---------	
CBW	(AL)符号扩展到(AH)	3	1		
CWDE	(AX)符号扩展到(EAX)	3	1	---------	自 386 起有
CLC	进位位置 0	2	1	--------0	
CLD	方向标志置 0	2	1	-0-------	
CLI	中断标志置 0	7	1	--0------	
CLTS	清除 CR0 中的任务切换标志	10	2		自 386 起有
CMC	进位位变反	2	1	--------x	
CMP oprl,opr2	(opr1)－(opr2)	1～2	2～7	x---xxxxx	
CMPSB CMPSW CMPSD	((SI 或 ESI))－((DI 或 EDI)) (SI 或 ESI)－(SI 或 ESI) ±1 或±2 或± 4 (DI 或 EDI)←(DI 或 EDI) ±1 或±2 或± 4	5	1	x---xxxxx	
CMPXCHG dst，reg	(ac)－(dst) 相等：ZF←1，(dst)←(reg) 不相等：ZF←0，(ac)←(dst)	5~6	3～8	x--- xxxxx	
CMPXCHG8B dst	(EDX，EAX)←(dst) 相等：ZF←1，(dst)←(ECX，EBX) 不相等：ZF←0，(EDX，EAX)←(dst)	10	3～8	-----x---	自 586 起有
CPUID	(EAX)←CPU 识别信息	14	1	---------	自 586 起有
CWD	(AX)符号扩展到(DX)	2	1	---------	
CDQ	(EAX)符号扩展到(EDX)	2	1	---------	自 386 起有
DAA	(AL)←把 AL 中的和调整到压缩的 BCD 格式	3	1	u---xxxxx	
DAS	(AL)←把 AL 中的差调整到压缩的 BCD 格式	3	1	u---xxxxx	
DEC opr	(opr)←(opr)−1	1～3	1～7	x---xxxxx	
DIV src	(AL)←(AX) / (src)的商 (AH)←(AX) / (src)的余数 (AX)←(DX，AX) / (src)的商 (DX)←(DX，AX) / (src)的余数 (EAX)←(EDX，EAX) / (src)的商 (EDX)←(EDX，EAX) / (src)的余数	17～41	2～7	u---uuuuu	
ENTER imml6，mm8	建立堆栈帧	11	4	---------	自 386 起有
	Imm16 为堆栈帧的字节数	15			
	imm8 为堆栈帧的层数 L	15＋2L			

（续）

助 记 符	功 能 操 作	时钟周期数	字节数	标志位 ODITSZAPC	备 注
HLT	停机		1	---------	
IDIV src	(AL)←(AX) / (src)的商 (AH)←(Ax) / (src)的余数	22~30	2～7	u---uuuuu	
	(AX)←(Dx，Ax) / (src)的商 (DX)←(DX，AX) / (src)的余数	22~46			
	(EAX)←(EDX，EAX) / (src)的商 (EDX)←(EDX，EAX) / (src)的余数	30~46			
IMUL src	(AX)←(AL)*(src)	11	2～7	x---uuuux	
	(DX，AX)←(AX)*(src)	11			
	(EDX，EAX)←(EAX)*(src)	10~11			
IMUL reg，src	(reg16)←(reg16)*(src)	10	3～8	x---uuuux	自 286 起有
	(reg32)←(reg32)*(src)	10			
IN ac，PORT	(ac)←(PORT)	7*	2		
IN ac，DX	(ac)←((DX))	7*	1		
INC opr	(opr)←(opr)＋1	1~3	1～7	x---xxxx-	
INSB INSW INSD	((DI 或 EDI))←((DX)) (DI 或 EDI)←(DI 或 EDI)±1 或 2 或 4	9*	1	---------	自 286 起有
INT type INT (当 type＝3 时)	push(flag) push(CS) push(IP) (IP)←(type*4) (CS)←(type*4＋2)	INT＋6 INT＋5	2 1	--00-----	
INTO	若 OF＝1，则 push(FLAGS)push(CS)push(IP) (IP)←(10H)　　(CS)←(12H)	4(OF＝0) INT＋5(OF＝1)	1	--00-----	
INVD	使高速缓存无效	15	2	---------	自 486 起有
INVLPG opr	使 TLB 入口无效	29	3～8	---------	自 486 起有
IRET	(IP)←POP( ) (CS)←POP( ) (FLAGS)←POP()	7*	1	rrrrrrrrr	
IRETD	(EIP)←POP() (CS)←POP() (EFLAGS)←POP()	7*	1	rrrrrrrrr	自 386 起有
JZ/JE opr	ZF=1 则转移	1	2~6		
JNZ/JNE opr	ZF=0 则转移				
JS　opr	SF=1 则转移				
JNS opr	SF=0 则转移				
JO　opr	OF=1 则转移				
JNO opr	OF=0 则转移			---------	
JP/JPE opr	PF=1 则转移				
JNP/JPO opr	PF=0 则转移				
JC/JB/JNAE opr	CF=1 则转移				
JNC/JNB/JAE opr	CF=0 则转移				
JBE/JNA opr	CF∨ZF=1 则转移				

（续）

助记符	功能操作	时钟周期数	字节数	标志位 ODITSZAPC	备注
JNBE/JA opr	CF∨ZF=0 则转移				
JL/JNGE opr	SF∀OF=1 则转移				
JNL/JGE opr	SF∀OF=0 则转移				
JLE/ING opr	(SF∀OF)∨ZF=1 则转移				
JNLE/JG opr	(SF∀OF)∨ZF=0 则转移				
JCXZ opt	(cx)=0 则转移	6 / 5	2	---------	
JECXZ opt	(ECX)=0 则转移	6 / 5	2	---------	自 386 起有
JMP opr	无条件转移 段内直接短 (IP 或 EIP)←(IP 或 EIP)+D8 段内直接近 (IP)←(IP)+D16 或(EIP)←(EIP)+D32 段内间接 (IP 或 EIP)←(EA) 段间直接 (IP 或 EIP)←opr 指定的偏移地址 (CS)←opr 指定的段地址 段间间接 (IP 或 EIP)←(EA) (CS)←(EA+2 或 4)	1～4	2～7	---------	
LAHF	(AH)←(FLAGS 的低字节)	2	1	---------	
LAR reg，src	取访问权字节	8	3～8	-----x---	自 286 起有
LDS reg，src	(reg)←(src) (DS)←(src+2 或 4)	4～13	2～7	---------	
LEA reg，src	(reg)←src	1	2～7	---------	
LEAVE	释放堆栈帧	3	1	---------	自 286 起有
LES reg，src	(reg)←(src)　　(ES)←(src+2 或 4)	4～13		---------	
LFS reg，src	(reg)←(src) (FS)←(src+2 或 4)	4～13	3～8	---------	自 386 起有
LGDT mem	装入全局描述符表寄存器 (GDTR)←(mem)	6	3～8	---------	自 286 起有
LGS reg，src	(reg)←(src) (GS)←(src+2 或 4)	4～13	3～8	---------	自 386 起有
LIDT mem	装入中断描述符表寄存器 (IDTR)←(mere)	6	3～8	---------	自 286 起有
LLDT src	装入局部描述符表寄存器 (LDTR)←(src)	8	3～8	---------	自 286 起有

（续）

助　记　符	功 能 操 作	时钟周期数	字节数	标志位 ODITSZAPC	备　注
LMSW src	装入机器状态字(在 CR0 寄存器中) (MSW)←(src)	8	3～8	---------	自 286 起有
LOCK	插入 LOCK#信号前缀	1	1	---------	
LODSB L0DSW LODSD	(ac)←((SI 或 ESI)) (SI 或 ESI)←(sI 或 ESI)士 1 或 2 或 4	2	1	---------	
LOOP opr	(cx 或 ECX)≠0 则循环	5/6	2	---------	
LOOPZ / LOOPE opr	ZF=1 且(CX 或 ECX)≠0 则循环	7/8	2	---------	
LOOPNZ / LOOPNE opr	ZF=0 且(CX 或 ECX)≠0 则循环	7/8	2	---------	
LSL reg，src	取段界限	8	3～8	-----x---	自 286 起有
LSS reg，src	(reg)←(src) (SS)←(src+2 或 4)	4～13*	3～8	---------	自 386 起有
LTR src	装入任务寄存器	10	3～8	---------	自 286 起有
MOV dst，src	(dst)←(src)	1	2～11	---------	
MOV reg，CR0-4 (控制寄存器)	(reg)←(CR0-4)	4	3	u---uuuuu	有系统指令
MOV CR0-4，reg	(CR0 一 4)←(reg)	12～22	3		
MOV reg，DR(调试寄存器)	(reg)←(DR)	2～12	3	u---uuuuu	自 386 起有
MOV DR，reg	(DR)←(reg)	11～12	3		
MOV dst，SR(段寄存器)	(dst)←(SR)	1	2～7	---------	
MOV　SR，src	(SR)←(src)	2～12	2～7		
MOVSB MOVSW MOVSD	((DI 或 EDI))←((SI 或 ESI)) (SI 或 ESI)←(SI 或 ESI)士 1 或 2 或 4 (DI 或 EDI)←(DI 或 EDI)士 1 或 z 或 4	4	1	---------	
MOVSX dst, src	(dst)←符号扩展(src)	3	3～8	---------	自 386 起有
MOVZX dst，src	(dst)←零扩展(src)	3	3～8	---------	
MUL src	(AX)←(AL)*(src) (DX，AX)←(AX)*(src) (EDX，EAX)←(EAX)*(src)	11 11 10～11	2～7	x---uuuux	
NEG opr	(opr)←0－(opr)	1～3	2～7	x---xxxxx	
NOP	无操作	1	1	---------	
NOT　opr	(opr)←(opr)求反	1、3	2～7	---------	
OR　dst, src	(dst)←(dst)V(src)	1～3	2～11	0---xxux0	
OUT port，ac	(port)←(ac)	12*	2	---------	
0UT DX，ac	((DX))←(ac)	12*	1		

（续）

助 记 符	功 能 操 作	时钟周期数	字节数	标志位 ODITSZAPC	备 注
OUTSB OUTSW OUTSD	((DX))←((SI 或 ESI)) (SI 或 ESI)←(SI 或 ESI)±1 或 2 或 4	13*	1	---------	
POP dst	(dst)←((SP 或 ESP)) (SP 或 ESP)←(SP 或 ESP)+2 或 4	1～12	1～7	---------	
POPA	出栈送 16 位通用寄存器	5	1	---------	自 286 起有
POPAD	出栈送 32 位通用寄存器	5	1	---------	自 386 起有
POPF	出栈送 FLAGS	4*	1	rrrrrrrrr	
POPFD	出栈送 EFLAGS	4*	1	rrrrrrrrr	自 386 起有
PUSH src	(sP 或 ESP)←(SP 或 ESP)-2 或 4 (SP 或 ESP)←(src)	1、2	1~7	---------	
PUSHA	16 位通用寄存器进栈	5	1	---------	自 286 起有
PUSHAD	32 位通用寄存器进栈	5	1	---------	自 386 起有
PUSHF	FLAGS 进栈	3*	1	---------	自 286 起有
PUSHFD	EFLAGS 进栈	3*	1	---------	自 386 起有
RCL opr，cnt	带进位循环左移	1～27	2～8	x-------x u-------x	自 286 起有
RCR opr，cnt	带进位循环右移	1～27	2～8	x-------x u-------x	
RDMSR	读模型专用寄存器 (EDX，EAX) ←MSR[ECX]	20～24	2		自 586 起有
REP string tive	当(CX 或 ECX)=0，退出重复；否则，(CX 或 ECX)←(CX 或 ECX)-1，执行其后的串指令				
REP INS	当(CX 或 ECX)=0，退出重复；否则，(CX 或 ECX)←(CX 或 ECX)-1，执行其后的串指令	11+3C	2	---------	
REP LODS		7、7+3C	2	---------	
REP MOVS		6、13	2	---------	
REP OUTS		13+4C	2	---------	
REP STOS	当(CX 或 ECX)=0，退出重复；否则，(CX 或 ECX)←(CX 或 ECX)-1，执行其后的串指令	6、9+C	2		
REPE/REPZ string priminve	当(CX 或 ECX)=0 或 ZF=0，退出重复；否则，(CX 或 ECX) ←(CX 或 ECX)-1，执行其后的串指令				
REPE CMPS	当(CX 或 ECX)=0 或 ZF=0，退出重复；否则，(CX 或 ECX) ←(CX 或 ECX)-1，执行其后的串指令	7、8+4C	2	x---xxxxx	
REPE SCAS	当(CX 或 ECX)=0 或 ZF=0，退出重复；否则，(CX 或 ECX) ←(CX 或 ECX)-1，执行其后的串指令	7、8+4C	2	x---xxxxx	

（续）

助记符	功能操作	时钟周期数	字节数	标志位 ODITSZAPC	备注
REPNE / REPNZ string primitive	当(CX 或 ECX)=0 或 ZF=1 退出重复；否则，(CX 或 ECX) ←(CX 或 ECX)−1，执行其后的串指令				
REPNE CMPS	当(CX 或 ECX)=0 或 ZF=1 退出重复；否则，(CX 或 ECX) ←(CX 或 ECX)−1，执行其后的串指令.	7、9+4C	2	x---xxxxx	
REPNZ SCAS	当(CX 或 ECX)=0 或 ZF=1 退出重复；否则，(CX 或 ECX)--(CX 或 ECX)−1，执行其后的串指令.	7、8+4C	2	x---xxxxx	
RET	段内：(IP)←POP()	2	1	---------	
	段间：(IP)←POP() (CS)←POP()	4*	1		
RET exp	段内:(IP)←POP() (SP 或 ESP)←(SP 或 ESP)+D16	3	3		
	段间：(IP)←POP() (CS)←POP() (SP 或 ESP)←(SP 或 ESP)+D16	4*	3		
ROL opr,cnt	循环左移	1～3	2～8	x-------x	
ROR opr,cnt	循环右移	1～4	2～8		
RSM	从系统管理方式恢复		2	xxxxxxxxx	自 586 起有
SAHF	(FLAGS 的低字节)←(AH)	2	1	----rrrrr	
SAL opr，cnt	算术左移	1～4	2～8	x---xxuxx	
SAR opr，cnt	算术右移	l～4	2～8	x---xxuxx	
SBB dst．src	(dst)←(dst)−(src)−CF	1～3	2～11	x---xxxxx	
SCASB SCASW SCASD	(ac)一((DI 或 EDI) (DI 或 EDI)←(DI 或 EDI)±1 或 2 或 4	4	1	x---xxxxx	
SETcc dst	条件设置	1、2	3～8		自 386 起有
SGDT mem	从全局描述符表寄存器取 (mem)←(GDTR)	4	3～8	---------	自 286 起有
SHL opt，cnt	逻辑左移				
SHLD dst, reg，cnt	双精度左移	4、5	3～9	u---xxuxx	自 386 起有
SHR opr，cnt	逻辑右移	1～4	2～8	x---xxuxx	自 286 起有
SHRD dst，reg，cnt	双精度右移	3～5	3～9	u---xxuxx	自 386 起有

（续）

助 记 符	功 能 操 作	时钟周期数	字节数	标志位 ODITSZAPC	备 注
SIDT mem	从中断描述符表取 (mem)←(IDTR)	4	3～8	---------	自 286 起有
SLDT dst	从局部描述符表取 (dst)←(LDTR)	2	3～8	---------	自 286 起有
SMSW dst	从机器状态字取 (dst)←(MSW)	4	3～8	---------	自 286 起有
STC	进位位置 1	2	1	--------1	
STD	方向标志置 1	2	1	-1-------	
STI	中断标志置 1	7	1	--1------	
STOSB STOSW STOSD	((DI 或 EDI))←(ac) (DI 或 EDI)←(DI 或 EDI)士 1 或 2 或 4	3	1	---------	
STR dst	从任务寄存器取 (dst)←(TR)	2	3～8	---------	自 286 起有
SUB dst,src	(dst)←(dst)−(src)	1～3	2～11	x--- xxxxx	
TEST oprl，opr2	(oprl)∧(opr2)	1～2	2～11	0---xxux0	
VERR opt	检验 opr 中的选择器所表示的段 是否可读	7	3～8	-----x---	自 286 起有
VERW opr	检验 opr 中的选择器所表示的段是否可写	7	3～8	-----x---	自 286 起有
WAIT	等待	1	1	---------	
WBINVD	写回并使高速缓存无效	2000+	2	---------	自 486 起有
WRMSR	写入模型专用寄存器 MSR(ECX)−(EDX，EAX)	30～45	2	---------	自 586 起有
XADD dst, src	TEMP←(src)+(dst) (src)←(dst) (dst)←TEMP	3、4	3～8	x--- xxxxx	自 486 起有
XCHG oprl，opr2	(oprl)与(opr2)交换	2、3	1～7	---------	
XLAT	(AL)←((BX 或 EBX)+(AL))	4	1	---------	
XOR dst，src	(dst)←(dst)∀(src)	1～3	2～11	0---xxux0	

附录C　DOS系统功能调用

INT　21H

AH	功　能	入 口 参 数	出 口 参 数
00	程序终止	CS=程序段前缀地址	
01	键盘输入并回显		AL=输入字符
02	显示输出字符	DL=输出字符的ASCII码	
03	异步通讯口输入		AL=输入字符
04	异步通讯口输出	DL=输出	
05	打印机输出	DL=输出	
06	直接控制台I/O	DL=FF(输入)　DL≠FF(输出) DL=输出字符	AL=输入字符
07	键盘输入无回显		AL=输入字符
08	键盘输入无回显 检测Ctrl+Break		AL=输入字符
09	显示字符串	DS:DX=指向字符串首地址 字符串以“$”字符为结束符	
0A	键盘输入字符串	DS:DX=输入缓冲区首地址 （其中第一字节为实际长度，第二字节为输入的字符数，第三字节为输入字符串的首址）	（DS:DX+1）=实际输入的字符数）
0B	检测键盘状态		AL=00 有输入 AL=FF 无输入
0C	清除输入缓冲区并请求指定的键盘输入功能	AL=01H，06H，07H，08H，0AH	
0D	刷新DOS磁盘缓冲区		
0E	指定当前默认的磁盘驱动器	DL=驱动器号 0＝A,1=B,…	AL=驱动器数
0F	打开文件	DS:DX=FCB首地址 （FCB为文件控制块）	AL=00 文件找到 AL=FF 文件未找到
10	关闭文件	DS:DX=FCB首地址	AL=00 文件找到 AL=FF 目录中未找到文件
11	查找第一个目录项	DS:DX=FCB首地址	AL=00 找到 AL=FF 未找到
12	查找下一个目录项	DS:DX=FCB首地址 （文件名中带*或?）	AL=00 找到 AL=FF 未找到
13	删除文件	DS:DX=FCB首地址	AL=00 删除成功 AL=FF 未找到
14	顺序读一个记录	DS:DX=FCB首地址	AL=00 读成功 AL=01 文件结束，记录中无数据 AL=02 缓冲区空间不够 AL=03 缓冲区不满
15	顺序写一个记录	DS:DX=FCB首地址 DTA（数据缓冲区）	AL=00 写成功 AL=01 盘满 AL=02 DTA满
16	建立文件	DS:DX=FCB首地址	AL=00 建立成功 AL=FF 磁盘空间不够
17	更改文件名	DS:DX=FCB首地址 (DS:DX+1)=旧文件名 (DS:DX+17)=新文件名	AL=00 成功 AL=FF 未成功

（续）

AH	功　能	入口参数	出口参数
19	取当前默认磁盘驱动器		AL=默认的驱动器号 0=A,1=B,…
1A	设置磁盘传送缓冲区（DTA)	DS:DX=DTA 首地址	
1B	取文件分配表（FAT）信息（当前盘）		DS:BX=FAT 标识字节 CX=每扇区字节数 AL=每簇的扇区数 DX=当前驱动器的簇数
1C	任取一驱动器的 FAT 信息	DL=驱动器号	同上
21	从磁盘随机读一个记录数	DS:DX=FCB 首地址 （DAT 已设置）	AL=00 读成功 AL=01 文件结束 AL=02 缓冲区溢出 AL=03 缓冲区不满
22	随机写一个记录数到磁盘	DS:DX=FCB 首地址 （DTA 已设置）	AL=00 写成功 AL=01 盘满 AL=02 缓冲区溢出
23	测定文件长度	DS:DX=FCB 首地址	AL=00 测定成功 文件长度填入 FCB AL=FF 测定失败
24	设置随机记录号	DS:DX=FCB 首地址	
25	设置中断向量	DS:DX=中断向量　AL=中断类型号	
26	建立程序段前缀	DX=新的程序段的段前缀	
27	随机分块读若干记录	DS:DX=FCB 首地址 CX=记录数 （DTA 已设置）	AL=00 读成功 AL=01 文件结束 AL=02 缓冲区不够，传输结束 AL=03 缓冲区不满 CX=读取记录数
28	随机分块写若干记录	DS:DX=FCB 首地址 CX=记录数 （DTA 已设置）	AL=00 写成功 AL=01 盘满 AL=02 缓冲区溢出
29	建立 FCB	ES:DI=FCB 首地址 CS:SI=字符串首地址 AL=控制分析标志 AL=OEH 非法字符检查	AL=00 标准文件 AL=01 多义文件 AL=FF 非法盘符
2A	取日期		CX=年 DH:DL=月:日(二进制)
2B	设置日期	CX=年（1980～2099） DH:DL=月:日（二进制）	AL=00 成功 AL=FF 无效
2C	取时间		CH:CL=时:分 DH:DL=秒:1/100 秒
2D	设置时间	CH:CL=时:分 DH:DL=秒:1/100 秒	AL=00 成功 AL=FF 无效
2E	置磁盘自动读写标志	AL=00 关闭标志 AL=01 打开标志	

（续）

AH	功　能	入 口 参 数	出 口 参 数
2F	取磁盘缓冲区的首址 （DTA)		ES:BX=缓冲区首址
30	取 DOS 版本号		AH=发行号 AL=版号
31	程序常驻退出	AL=退出码 DX=程序长度	
33	Ctrl-Break 检测	AL=00 取状态 AL=01 置状态（DL) DL=00 关闭状态 DL=01 打开检测	DL=00 关闭 Ctrl+Break 检测 DL=01 打开 Ctrl+Break 检测
35	取中断向量	AL=中断类型号	ES:BX=中断向量
36	取空闲磁盘空间	DL=驱动器号 0＝默认，1＝A，2＝B，…	成功：AX=每簇扇区数 BX=有效簇数 CX=每扇区字节数 DX=总簇数 失败：AX=FFFF
38	置/取国家信息	DS:DX=信息区首地址（32B）	BX=国家码（国际电话前缀码） AX=错误码
39	建立子目录（MKDIR)	DS:DX=字符串首地址	AX=错误码
3A	删除子目录（RMDIR)	DS:DX=字符串首地址	AX=错误码
3B	改变当前目录（CHDIR)	DS:DX=字符串首地址	AX=错误码
3C	建立文件	DS:DX=字符串首地址 CX=文件属性	成功：AX=文件代码 失败：AX=错误码
3D	打开文件	DS:DX=字符串首地址 AL=00 读 AL=01 写 AL=02 读/写	成功：AX=文件代码 失败：AX=错误码
3E	关闭文件	BX=文件号	失败：AX=错误码
3F	读文件或设备	DS:DX=数据缓冲区首地址 BX=文件代号 CX=读取的字节数	成功：AX=实际读入的字节数 AX=0 已到文件尾 失败：AX=错误代码
40	写文件或设备	DS:DX=数据缓冲区首地址 BX=文件代号 CX=写入的字节数	成功：AX=实际写入的字节数 失败：AX=错误代码
41	删除文件	DS:DX=字符串首地址	成功：AX=00 出错：AX=错误码
42	移动文件读写指针	BX=文件代号 CX:DX=位移量 AL=移动方式（0，1，2） AL=0 从文件头移动 AL=1 从当前位置移动 AL=2 从文件尾部移动	成功：DX:AX=移动后指针位置 出错：AX=错误码
43	置/取文件属性	DS:DX=字符串首地址 AL=0 取文件属性 AL=1 置文件属性 CX＝文件属性	成功：CX=文件属性 失败：AX=错误码
44	设备文件 I/O 控制	BX=文件代号 AL=0 取状态 AL=1 置状态 DX AL=2 读数据 AL=3 写数据 AL=6 取输入状态 AL=7 取输出状态	DX=设备信息

（续）

AH	功　能	入 口 参 数	出 口 参 数
45	复制文件代号	BX=文件代号 1	成功：AX=文件代号 2 失败：AX=错误码
46	人工复制文件代号	BX=文件代号 1 CX=文件代号 2	成功：AX=文件代号 1 失败：AX=错误码
47	取当前目录路径名	DL=驱动器号 DX:SI=字符串首地址 （64B 长）	(DS:SI)=目录路径全名 失败：AX=错误码
48	分配内存空间	BX=申请内存容量	成功：AX=分配内存首址 失败：BX=最大可用的空间， AX=错误代码
49	释放内存空间	ES=内存起始段地址	失败：AX=错误码
4A	调整已分配的存储块	ES=原内存块段地址 BX＝再申请的容量	失败：BX=最大可用的空间 AX=错误代码
4B	装配/执行程序	DS:DX=字符串首地址 ES:BX=参数区首地址 AL=0 装入并执行 AL=3 装入不执行	失败：AL=错误码
4C	带返回码终结程序	AL＝返回码	AL=返回码（0 正常终止）
4D	取返回代码		成功：AX=返回代码 失败：AX=错误代码
4E	查找第一个匹配文件	DS:DX=字符串首地址 CX=属性	AX=出错代码(02，18)
4F	查找下一个匹配文件	DS:DX=字符串首地址 （文件名中带＊或?）	AX=出错代码(18)
54	取自动读写标志		AL=00 为关 AL=01 为开
56	更改文件名	DS:DX=旧字符串首地址 ES:DI=新字符串首地址	AX=出错代码(03，05，17)
57	置/取文件日期和时间	BX=文件代号 AL=0 读取　AL=1 设置（DX:CX）	DX:CX=日期和时间 失败：AX＝错误码
58	取/置分配策略码	AL=0 读取 AL=1 设置(BX) BX=策略码	成功：AX=策略码 失败：AX=错误码
59	取扩充错误码	BX=00	AX=扩充错误码 BH=错误类型 BL=建议的操作 CH=错误场所
5A	建立临时文件	CX=文件属性 DS:DX=字符串首地址	成功：AX=文件代号 失败：AX=错误码
5B	建立新文件	CX=文件属性 DS:DS=字符串首地址	成功：AX=文件代号 失败：AX=错误码
5C	文件内容加锁与开启	AL=00 封锁 AL=01 开启 BX=文件代号 CX:DX=文件区域偏移值 SI:DI=文件区域长度	失败：AX=错误码
62	得到程序段前缀地址		BX=当前程序段地址

附录 D　BIOS 中断调用

INT	AH	功　能	入 口 参 数	出 口 参 数
10	0	设置显示方式	AL=00　40×25 黑白文本方式，16 级灰度 AL=01　40×25 彩色文本方式，16 色文本 AL=02　80×25 黑白文本方式，16 级灰度 AL=03　80×25 彩色文本方式，16 色文本 AL=04　320×200 彩色图形方式 AL=05　320×200 黑白图形方式 AL=06　640×200 黑白图形方式 AL=07　80×25 单色文本方式 AL=08　160×200　16 色图形方式 AL=09　320×200　16 色图形方式 AL=0A　640×200　16 色图形方式 AL=0B　保留(EGA) AL=0C　保留(EGA) AL=0D　320×200　彩色图形(EGA)方式 AL=0E　640×200　彩色图形(EGA)方式 AL=0F　640×350　黑白图形(EGA)方式 AL=10　640×350　彩色图形(EGA)方式 AL=11　640×480　单色图形(EGA)方式 AL=12　640×480　16 色图形(EGA)方式 AL=13　320×200　256 色图形(EGA)方式 AL=40　80×30　彩色文本(CGE400) AL=41　80×50　彩色文本(CGE400) AL=42　640×400　彩色文本(CGE400)	
10	1	置光标类型	$(CH)_{0\text{-}3}$=光标起始行 $(CL)_{0\text{-}3}$=光标结束行	
10	2	置光标位置	BH=页号 DH/DL=行/列	
10	3	读光标位置	BH=页号	CH=光标起始行 DH/DL=行/列
10	4	读光笔位置		AH=0 光笔未触发 AH=1 光笔触发 CH=像素行 BX=像素列 DH=字符行 DL=字符列
10	5	置显示页	AL=页号	
10	6	屏幕初始化或上卷	AL=上卷行数 AL=0 为整个屏幕 BH=卷入行属性 CH=左上角行号 CL=左上角列号 DH=右下角行号 DL=右下角列号	
10	7	屏幕初始化或下卷	AL=下卷行数 AL=0 整个屏幕 BH=卷入行属性 CH=左上角行号 CL=左上角列号 DH=右下角行号 DL=右下角列号	

（续）

INT	AH	功　能	入 口 参 数	出 口 参 数
10	8	读光标位置的字符和属性	BH=显示页	AH=属性 AL=字符
10	9	在光标位置显示字符和属性	BH=显示页 AL=字符 BL=属性 CX=字符重复次数	
10	A	在光标位置显示字符	BH=显示页 AL=字符 CX=字符重复次数	
10	B	置彩色调板（320×200 图形）	BH=彩色调板 ID BL=和 ID 配套使用的颜色	
10	C	写像素	DX=行（0-199） CX=列（0-639） AL=像素值	
10	D	读像素	DX=行（0-199） CX=列（0-639）	AL=像素值
10	E	显示字符	AL=字符 ASCII 码 BL=前景色	
10	F	取当前显示方式		AH=字符列数 AL=显示方式
10	13	显示字符串（适用 AT）	ES:BP=串地址 CX=串长度 DH,DL=起始行列 BH=页号 AL=0,BL=属性 串：char，char…	光标返回起始位置
			AL=1,BL=属性 串：char，char…	光标跟随移动
			AL=2 串：char，attr，char，attr…	光标返回起始位置
			AL=3 串：char，attr，char，attr…	光标跟随移动
11		设备检验		AX=返回值 bit0=1，配有磁盘 bit1=1，配有 80287 协处理器 bit4，5=01，配有 40×25BW（彩色板） =10,配有 80×25BW（彩色板） =11,配有 80×25BW（黑白板） bit6，7＝软盘驱动器号 bit9，10，11＝RS-232 板号 bit12＝游戏适配器 bit13＝串行打印机 bit14，15＝打印机号
12		测定存储器容量		AX=字节数（KB）
13	0	软盘系统复位		
13	1	读软盘状态		AL=状态字节
13	2	读磁盘	AL=扇区数 CH,CL=磁道号，扇区号 DH,DL=磁头号，驱动器号 ES:BX=数据缓冲区地址	成功：AH=0 AL=读取的扇区数 失败：AH=出错代码
13	3	写磁盘	同上	成功：AH=0 AL=写入的扇区数 失败：AH=出错代码

（续）

INT	AH	功　能	入口参数	出口参数
13	4	检查磁盘扇区	同上（ES:BX 不设置）	成功：AH=0 AL=检验的扇区数 失败：AH=出错代码
13	5	格式化磁道	ES:BX=磁道地址	成功：AH=0 失败：AH=出错代码
14	0	初始化串行通讯口	AL=初始化参数 DX=通讯口号（0 或 1）	AH=通讯口状态 AL=调节解调器状态
14	1	向串行通讯口写字符	AL=字符 DX=通讯口号（0 或 1）	成功：AH(b7)=0 失败：AH(b7)=1 AH(b0～b6)通讯口状态
14	2	从串行通讯口读字符	DX=通讯口号（0 或 1）	成功：AH(b7)=0 AL=字符 失败：AH(b7)=1 AH(b0～b6)通讯口状态
14	3	取通讯口状态	DX=通讯口号（0 或 1）	AH=通讯口状态 AL=调节解调器状态
15	0	启动盒式磁带马达		
15	1	停止盒式磁带马达		
15	2	磁带分块表	ES:BX＝数据传输区地址 CX=字节数	AH=状态字节 AH=00 读成功 AH=01 冗余检验错 AH=02 无数据传输 AH=04 无引导 AH=80 非法命令
15	3	磁带分块写	ES:BX＝数据传输区地址 CX=字节数	AH=状态字节（同上）
16	0	从键盘读字符		AL=字符码 AH=扫描码
16	1	读键盘缓冲区字符		ZF=O AL=字符码 AH=扫描码 ZF=1 缓冲区空
16	2	取键盘状态字节		AL=键盘状态字节
17	0	打印字符回送状态字节	AL=字符 DX=打印机号	AH=打印机状态字节
17	1	初始化打印机并回送状态字节	DX=打印机号	AH=打印机状态字节
17	2	取打印机状态字节	DX=打印机号	AH=打印机状态字节
1A	0	读时钟		CH:CL=时：分 DH:DL=秒：1/100 秒
1A	1	设置时钟	CH:CL=时：分 DH:DL=秒：1/100 秒	
1A	2	读实时钟（适用 AT）		CH:CL=时：分 DH:DL=秒：1/100 秒(BCD)
1A	6	置报警时间（适用 AT）	CH:CL=时：分(BCD) DH:DL=秒：1/100 秒(BCD)	
1A	7	消除报警时间（适用 AT）		

参 考 文 献

[1] 张云龙．微型计算机原理及接口技术[M]．西安：西安电子科技大学出版社，2013.

[2] 朱金钧，麻新旗，等．微型计算机原理及应用技术[M]．3 版．北京：机械工业出版社，2015.

[3] 赵全利．单片机原理及应用[M]．3 版．北京：机械工业出版社，2013.

[4] 赵全利．微型计算机原理及接口技术[M]．北京：机械工业出版社，2009.

[5] 李文英，刘星，等．微机原理与接口技术[M]．北京：清华大学出版社，2004.

[6] 顾元刚，韩雁．汇编语言与微机原理教程[M]．北京：电子工业出版社，2005.

[7] 陆鑫，廖建明，等．微机原理与接口技术[M]．北京：机械工业出版社，2005.

[8] 喻宗泉．80x86 微机原理与接口技术[M]．西安：西安电子科技大学出版社，2005.

[9] 白霞，孙艳秋．微机原理及接口技术[M]．北京：清华大学出版社，2007.